计算机基础与实训教材系列

# 中文版 Photoshop CC 2018图像处理实用教程

李立新　汤国红　编著



清华大学出版社
北　京

## 内 容 简 介

本书由浅入深、循序渐进地介绍了Adobe公司最新推出的Photoshop CC 2018版的操作方法和使用技巧。全书共分12章，分别介绍了Photoshop工作区，Photoshop的基础操作，选区的创建与编辑，图层的基础操作和高级操作，图像的修饰与美化，图像影调与色彩的调整，绘图功能的应用，路径和形状工具的应用，通道与蒙版的应用，文字工具的应用以及滤镜的应用等内容。

本书内容丰富、结构清晰、语言简练、图文并茂，具有很强的实用性和可操作性，是一本适合于高等院校的优秀教材，也是广大初、中级电脑用户的自学参考书。

本书对应的电子课件、实例源文件和习题答案可以到http://www.tupwk.com.cn/edu网站下载。



**图书在版编目(CIP)数据**

中文版Photoshop CC 2018图像处理实用教程 / 李立新，汤国红 编著. —北京：清华大学出版社，2018(2024.2重印)

(计算机基础与实训教材系列)

ISBN 978-7-302-49784-4

Ⅰ.①中… Ⅱ.①李… ②汤… Ⅲ. ①图像处理软件—教材 Ⅳ. ①TP391.413

中国版本图书馆CIP数据核字(2018)第037065号

**责任编辑：**胡辰浩 袁建华
**装帧设计：**牛艳敏
**责任校对：**孔祥峰
**责任印制：**刘海龙

**出版发行：**清华大学出版社
网 址：https://www.tup.com.cn, https://www.wqxuetang.com
地 址：北京清华大学学研大厦A座 邮 编：100084
社 总 机：010-83470000 邮 购：010-62786544
投稿与读者服务：010-62776969，c-service@tup.tsinghua.edu.cn
质 量 反 馈：010-62772015，zhiliang@tup.tsinghua.edu.cn
**印 装 者：**三河市龙大印装有限公司
**经 销：**全国新华书店
**开 本：**190mm×260mm **印 张：**19.25 **字 数：**505千字
**版 次：**2018年3月第1版 **印 次：**2024年2月第7次印刷
**定 价：**68.00元

产品编号：073981-02

# 编审委员会

计算机基础与实训教材系列

# 丛书序



计算机已经广泛应用于现代社会的各个领域，熟练使用计算机已经成为人们必备的技能之一。因此，如何快速地掌握计算机知识和使用技术，并应用于现实生活和实际工作中，已成为新世纪人才迫切需要解决的问题。

为适应这种需求，各类高等院校、高职高专、中职中专、培训学校都开设了计算机专业的课程，同时也将非计算机专业学生的计算机知识和技能教育纳入教学计划，并陆续出台了相应的教学大纲。基于以上因素，清华大学出版社组织一线教学精英编写了这套“计算机基础与实训教材系列”丛书，以满足大中专院校、职业院校及各类社会培训学校的教学需要。

## 一、丛书书目

本套教材涵盖了计算机各个应用领域，包括计算机硬件知识、操作系统、数据库、编程语言、文字录入和排版、办公软件、计算机网络、图形图像、三维动画、网页制作以及多媒体制作等。众多的图书品种可以满足各类院校相关课程设置的需要。

⊙　已出版的图书书目

| | |
|---|---|
| 《计算机基础实用教程（第三版）》 | 《Excel 财务会计实战应用（第三版）》 |
| 《计算机基础实用教程(Windows 7+Office 2010 版)》 | 《Excel 财务会计实战应用（第四版）》 |
| 《新编计算机基础教程（Windows 7+Office 2010）》 | 《Word+Excel+PowerPoint 2010 实用教程》 |
| 《电脑入门实用教程（第三版）》 | 《中文版 Word 2010 文档处理实用教程》 |
| 《电脑办公自动化实用教程（第三版）》 | 《中文版 Excel 2010 电子表格实用教程》 |
| 《计算机组装与维护实用教程（第三版）》 | 《中文版 PowerPoint 2010 幻灯片制作实用教程》 |
| 《中文版 Office 2007 实用教程》 | 《Access 2010 数据库应用基础教程》 |
| 《中文版 Word 2007 文档处理实用教程》 | 《中文版 Access 2010 数据库应用实用教程》 |
| 《中文版 Excel 2007 电子表格实用教程》 | 《中文版 Project 2010 实用教程》 |
| 《中文版 PowerPoint 2007 幻灯片制作实用教程》 | 《中文版 Office 2010 实用教程》 |
| 《中文版 Access 2007 数据库应用实例教程》 | 《Office 2013 办公软件实用教程》 |
| 《中文版 Project 2007 实用教程》 | 《中文版 Word 2013 文档处理实用教程》 |
| 《网页设计与制作(Dreamweaver+Flash+Photoshop)》 | 《中文版 Excel 2013 电子表格实用教程》 |
| 《ASP.NET 4.0 动态网站开发实用教程》 | 《中文版 PowerPoint 2013 幻灯片制作实用教程》 |
| 《ASP.NET 4.5 动态网站开发实用教程》 | 《Access 2013 数据库应用基础教程》 |
| 《多媒体技术及应用》 | 《中文版 Access 2013 数据库应用实用教程》 |

(续表)

| | |
|---|---|
| 《中文版 Office 2013 实用教程》 | 《中文版 Photoshop CC 图像处理实用教程》 |
| 《AutoCAD 2014 中文版基础教程》 | 《中文版 Flash CC 动画制作实用教程》 |
| 《中文版 AutoCAD 2014 实用教程》 | 《中文版 Dreamweaver CC 网页制作实用教程》 |
| 《AutoCAD 2015 中文版基础教程》 | 《中文版 InDesign CC 实用教程》 |
| 《中文版 AutoCAD 2015 实用教程》 | 《中文版 Illustrator CC 平面设计实用教程》 |
| 《AutoCAD 2016 中文版基础教程》 | 《中文版 CorelDRAW X7 平面设计实用教程》 |
| 《中文版 AutoCAD 2016 实用教程》 | 《中文版 Photoshop CC 2015 图像处理实用教程》 |
| 《中文版 Photoshop CS6 图像处理实用教程》 | 《中文版 Flash CC 2015 动画制作实用教程》 |
| 《中文版 Dreamweaver CS6 网页制作实用教程》 | 《中文版 Dreamweaver CC 2015 网页制作实用教程》 |
| 《中文版 Flash CS6 动画制作实用教程》 | 《Photoshop CC 2015 基础教程》 |
| 《中文版 Illustrator CS6 平面设计实用教程》 | 《中文版 3ds Max 2012 三维动画创作实用教程》 |
| 《中文版 InDesign CS6 实用教程》 | 《Mastercam X6 实用教程》 |
| 《中文版 Premiere Pro CS6 多媒体制作实用教程》 | 《Windows 8 实用教程》 |
| 《中文版 Premiere Pro CC 视频编辑实例教程》 | 《计算机网络技术实用教程》 |
| 《中文版 Illustrator CC 2015 平面设计实用教程》 | 《Oracle Database 11g 实用教程》 |
| 《AutoCAD 2017 中文版基础教程》 | 《中文版 AutoCAD 2017 实用教程》 |
| 《中文版 CorelDRAW X8 平面设计实用教程》 | 《中文版 InDesign CC 2015 实用教程》 |
| 《Oracle Database 12c 实用教程》 | 《Access 2016 数据库应用基础教程》 |

## 二、丛书特色

### 1. 选题新颖，策划周全——为计算机教学量身打造

本套丛书注重理论知识与实践操作的紧密结合，同时突出上机操作环节。丛书作者均为各大院校的教学专家和业界精英，他们熟悉教学内容的编排，深谙学生的需求和接受能力，并将这种教学理念充分融入本套教材的编写中。

本套丛书全面贯彻“理论→实例→上机→习题”4 阶段教学模式，在内容选择、结构安排上更加符合读者的认知习惯，从而达到老师易教、学生易学的目的。

### 2. 教学结构科学合理、循序渐进——完全掌握“教学”与“自学”两种模式

本套丛书完全以大中专院校、职业院校及各类社会培训学校的教学需要为出发点，紧密结合学科的教学特点，由浅入深地安排章节内容，循序渐进地完成各种复杂知识的讲解，使学生

能够一学就会、即学即用。

对教师而言，本套丛书根据实际教学情况安排好课时，提前组织好课前备课内容，使课堂教学过程更加条理化，同时方便学生学习，让学生在学习完后有例可学、有题可练；对自学者而言，可以按照本书的章节安排逐步学习。

### 3. 内容丰富，学习目标明确——全面提升“知识”与“能力”

本套丛书内容丰富，信息量大，章节结构完全按照教学大纲的要求来安排，并细化了每一章内容，符合教学需要和计算机用户的学习习惯。在每章的开始，列出了学习目标和本章重点，便于教师和学生提纲挈领地掌握本章知识点，每章的最后还附带有上机练习和习题两部分内容，教师可以参照上机练习，实时指导学生进行上机操作，使学生及时巩固所学的知识。自学者也可以按照上机练习内容进行自我训练，快速掌握相关知识。

### 4. 实例精彩实用，讲解细致透彻——全方位解决实际遇到的问题

本套丛书精心安排了大量实例讲解，每个实例解决一个问题或是介绍一项技巧，以便读者在最短的时间内掌握计算机应用的操作方法，从而能够顺利解决实践工作中的问题。

范例讲解语言通俗易懂，通过添加大量的“提示”和“知识点”的方式突出重要知识点，以便加深读者对关键技术和理论知识的印象，使读者轻松领悟每一个范例的精髓所在，提高读者的思考能力和分析能力，同时也加强了读者的综合应用能力。

### 5. 版式简洁大方，排版紧凑，标注清晰明确——打造一个轻松阅读的环境

本套丛书的版式简洁、大方，合理安排图与文字的占用空间，对于标题、正文、提示和知识点等都设计了醒目的字体符号，读者阅读起来会感到轻松愉快。

## 三、读者定位

本丛书为所有从事计算机教学的老师和自学人员而编写，是一套适合于大中专院校、职业院校及各类社会培训学校的优秀教材，也可作为计算机初、中级用户和计算机爱好者学习计算机知识的自学参考书。

## 四、周到体贴的售后服务

为了方便教学，本套丛书提供精心制作的 PowerPoint 教学课件(即电子教案)、素材、源文件、习题答案等相关内容，可在网站上免费下载，也可发送电子邮件至 wkservice@vip.163.com 索取。

此外，如果读者在使用本系列图书的过程中遇到疑惑或困难，可以在丛书支持网站(http://www.tupwk.com.cn/edu)的互动论坛上留言，本丛书的作者或技术编辑会及时提供相应的技术支持。咨询电话：010-62796045。

# 前　言



中文版 Photoshop CC 2018 是 Adobe 公司最新推出的图像编辑处理软件，集图像编辑修改、版式设计、创意合成、输入与输出于一体，深受广大平面设计人员和电脑美术爱好者的喜爱。新版本的 Photoshop CC 2018 在原有版本的基础上进一步加强了图像的编辑功能。

本书从教学实际需求出发，合理安排知识结构，从零开始、由浅入深、循序渐进地讲解 Photoshop CC 2018 的基本知识和使用方法，本书共分为 12 章，主要内容如下。

第 1 章介绍 Photoshop CC 2018 工作区的设置以及辅助工具的使用。

第 2 章介绍图像文件处理的基础操作，以及图像的查看等内容。

第 3 章介绍选区的创建、编辑的操作方法与技巧。

第 4 章介绍创建不同类型图层的操作方法及技巧。

第 5 章介绍图层混合模式和图层样式的使用方法。

第 6 章介绍对图像文件进行修饰与美化的操作方法及技巧。

第 7 章介绍处理图像文件影调与色彩的操作方法及技巧。

第 8 章介绍绘画工具的使用与设置方法。

第 9 章介绍各种路径和形状工具的使用，以及路径的创建与编辑方法。

第 10 章介绍在图像文件编辑操作中，通道与蒙版的使用方法及技巧。

第 11 章介绍在图像文件中文本内容的创建与编辑方法。

第 12 章介绍 Photoshop 中主要滤镜的使用方法与技巧。

本书图文并茂、条理清晰、通俗易懂、内容丰富，在讲解每个知识点时都配有相应的实例，方便读者上机实践。同时，在难于理解和掌握的部分内容上给出相关提示，让读者能够快速地提高操作技能。此外，本书配有大量综合实例和练习，让读者在不断的实际操作中更加牢固地掌握书中讲解的内容。

为了方便老师教学，我们免费提供本书对应的电子课件、实例源文件和习题答案，您可以到 http://www.tupwk.com.cn/edu 网站的相关页面上进行下载。

除封面署名的作者外，参加本书编写的人员还有陈笑、孔祥亮、杜思明、高娟妮、熊晓磊、曹汉鸣、何美英、陈宏波、潘洪荣、王燕、谢李君、李珍珍、王华健、柳松洋、陈彬、刘芸、高维杰、张素英、洪妍、方峻、邱培强、顾永湘、王璐、管兆昶、颜灵佳、曹晓松等。由于作者水平所限，本书难免有不足之处，欢迎广大读者批评指正。我们的邮箱是 huchenhao@263.net，电话是 010-62796045。

作　者

2018 年 1 月

# 推荐课时安排



| 章　名 | 重 点 掌 握 内 容 | 教 学 课 时 |
|---|---|---|
| 第 1 章　初识 Photoshop CC 2018 | 1. 熟悉 Photoshop CC 2018 工作区<br>2. 快捷键的设置<br>3. 菜单的设置<br>4. 工具面板的设置<br>5. 图像编辑的辅助设置 | 2 学时 |
| 第 2 章　Photoshop 的基础操作 | 1. 图像文件的基本操作<br>2. 查看图像文件<br>3. 设置图像和画布大小<br>4. 拷贝与粘贴操作<br>5. 还原与重做操作 | 2 学时 |
| 第 3 章　创建与编辑选区 | 1. 选区的创建<br>2. 选区的基本操作<br>3. 选区的编辑操作 | 3 学时 |
| 第 4 章　图层的基础操作 | 1. 使用【图层】面板<br>2. 创建图层<br>3. 使用智能对象<br>4. 编辑图层操作<br>5. 对齐与分布图层 | 3 学时 |
| 第 5 章　图层的高级操作 | 1. 图层不透明度的设置<br>2. 图层混合模式的设置<br>3. 图层样式的应用<br>4. 编辑图层样式<br>5. 使用图层复合 | 4 学时 |
| 第 6 章　图像的修饰与美化 | 1. 图像的裁剪<br>2. 图像的变换<br>3. 修复工具<br>4. 润饰工具 | 2 学时 |
| 第 7 章　图像影调与色彩的调整 | 1. 快速调整图像<br>2. 调整图像的影调<br>3. 调整图像色彩 | 3 学时 |

(续表)

| 章　名 | 重点掌握内容 | 教学课时 |
|---|---|---|
| 第 8 章　绘图功能的应用 | 1. 选择颜色<br>2. 填充与描边<br>3. 使用【渐变】工具<br>4. 绘图工具的运用<br>5. 【画笔】面板<br>6. 橡皮擦工具的运用 | 3 学时 |
| 第 9 章　路径和形状工具的应用 | 1. 使用形状工具<br>2. 创建自由路径<br>3. 路径的基本操作<br>4. 编辑路径<br>5. 使用【路径】面板 | 3 学时 |
| 第 10 章　通道与蒙版的应用 | 1. 【通道】面板<br>2. 通道的基础操作<br>3. 通道的高级操作<br>4. 认识蒙版<br>5. 图层蒙版的运用 | 3 学时 |
| 第 11 章　文字的应用 | 1. 认识文字工具<br>2. 创建不同形式的文字<br>3. 编辑文本对象<br>4. 【字符样式】和【段落样式】面板<br>5. 将文字转换为形状 | 3 学时 |
| 第 12 章　滤镜的应用 | 1. 初识滤镜<br>2. 校正和改善数字图片<br>3. 【滤镜库】命令<br>4. 【模糊】滤镜组<br>5. 【扭曲】滤镜组<br>6. 【锐化】滤镜组<br>7. 【像素化】滤镜组 | 4 学时 |

注：1. 教学课时安排仅供参考，授课教师可根据情况作调整。

2. 建议每章安排与教学课时相同时间的上机练习。

CONTENTS

# 第1章 初识 Photoshop CC 2018

## 学习目标

Photoshop 是一款世界顶级的图像设计软件，它是美国 Adobe 公司开发的图形图像处理软件中最为专业的一款。该软件集图像设计、编辑、合成以及高品质输出功能于一体，具有十分完善且强大的功能。

## 本章重点

- 熟悉 Photoshop CC 2018 工作区
- 快捷键的设置
- 设置工具面板
- 图像编辑的辅助设置

## 1.1 熟悉 Photoshop CC 2018 工作区

在 Photoshop 中，用户可以使用各种程序元素，如面板、控制面板以及文档窗口来创建和处理图像文件。这些元素的排列方式称为工作区。用户可以通过选择预设工作区，或创建自己的工作区，以适应个人的工作方式。

### 1.1.1 【开始】工作区

通过 Photoshop 中的【开始】工作区，用户可以快速访问最近打开的文件、库和预设。根据用户的订阅状态，【开始】工作区还可以显示专门针对用户的需求定制的内容。此外，还可以直接从【开始】工作区中为您的项目查找对应的 Adobe Stock 资源。

启动 Photoshop 应用程序时，或没有打开的文档时，显示如图 1-1 所示【开始】工作区。

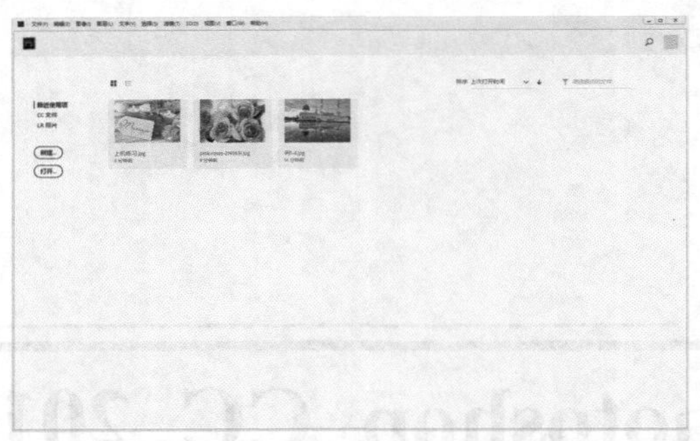

图 1-1　【开始】工作区

**提示**

如果需要自定义【开始】工作区中显示的最近打开的文档数。选择【编辑】|【首选项】|【文件处理】命令，打开【首选项】对话框。然后在【近期文件列表包含】数值框中指定所需的值(0~100)，默认数值为 20。

## 1.1.2 【基本功能】工作区

启动 Adobe Photoshop CC 2018 应用程序后，打开任意图像文件，即可显示如图 1-2 所示的【基本功能】工作区。该工作区由菜单栏、控制面板、工具面板、面板、文档窗口和状态栏等部分组成。下面将分别介绍工作区中各个部分的功能及其使用方法。

图 1-2　【基本功能】工作区

### 1. 菜单栏

菜单栏是 Photoshop 中的重要组成部分，如图 1-3 所示。Photoshop CC 2018 按照功能分类，提供了包含【文件】、【编辑】、【图像】、【图层】、【文字】、【选择】、【滤镜】、3D、【视图】、【窗口】和【帮助】这 11 个命令菜单。

Ps　文件(F)　编辑(E)　图像(I)　图层(L)　文字(Y)　选择(S)　滤镜(T)　3D(D)　视图(V)　窗口(W)　帮助(H)

图 1-3　菜单栏

用户只要单击其中一个菜单，随即会出现相应的下拉式命令菜单，如图 1-4 所示。在弹出的菜单中，如果命令显示为浅灰色，则表示该命令目前状态为不可执行；命令右方的字母组合代表该命令的键盘快捷键，按下该快捷键即可快速执行该命令；若命令后面带省略号，则表示执行该命令后，工作区中将会显示相应的设置对话框。

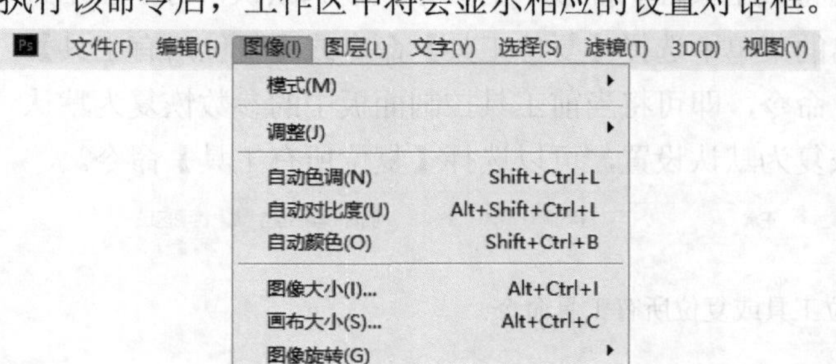


图 1-4　选择菜单

**知识点**

有些命令只提供了快捷键字母，要通过快捷键方式执行命令。可以按下 Alt 键+主菜单的字母，再按下命令后的字母，执行该命令。

## 2. 工具面板

在 Photoshop 工具面板中，包含很多工具图标。其中工具依照功能与用途大致可分为选取、编辑、绘图、修图、路径、文字、填色以及预览类工具。

单击工具面板中的工具按钮图标，即可选中并使用该工具。如果某工具按钮图标右下方有一个三角形符号，则表示该工具还有弹出式的工具组，如图 1-5 所示。

单击该工具按钮则会出现一个工具组，将鼠标移动到工具图标上即可切换不同的工具。也可以按住 Alt 键单击工具按钮图标以切换工具组中不同的工具。另外，选择工具还可以通过快捷键来执行，工具名称后的字母即是工具快捷键。

工具面板底部还有三组控件，如图 1-6 所示。填充颜色控制用于设置前景色与背景色；工作模式控制用来选择以标准工作模式还是快速蒙版工作模式进行图像编辑；更改屏幕模式控制用来切换屏幕模式。

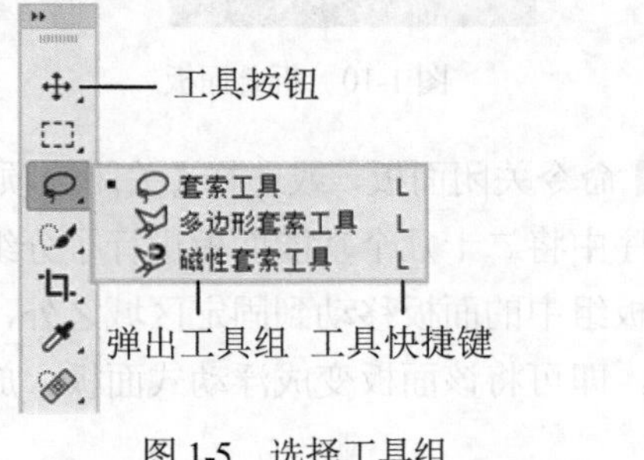


图 1-5　选择工具组

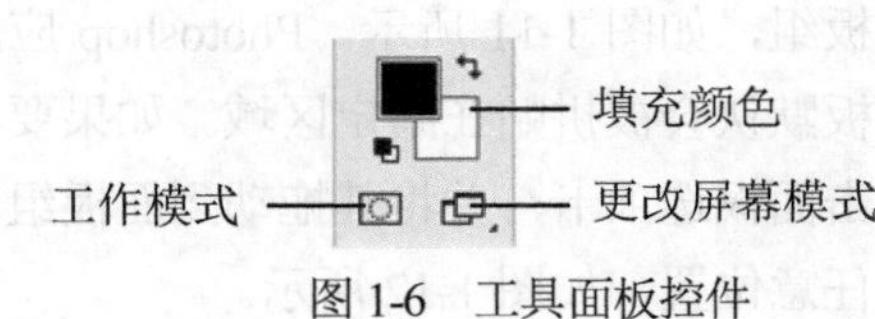


图 1-6　工具面板控件

## 3. 控制面板

控制面板在 Photoshop 的应用中具有非常关键的作用。它位于菜单栏的下方。当选中工具面板中的任意工具时，控制面板就会显示相应的工具属性设置选项。用户可以很方便地利用它来设置工具的各种属性，如图 1-7 所示。

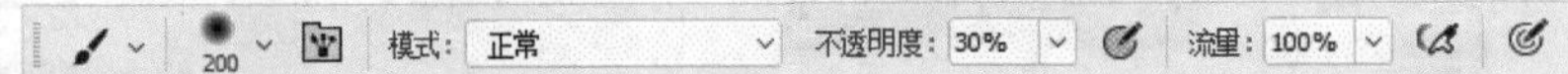


图 1-7　工具控制面板

在控制面板中设置完参数后，如果想将该工具控制面板中的参数恢复为默认，可以在工具控制面板左侧的工具图标处右击，从弹出的菜单中选择【复位工具】命令或【复位所有工具】命令，如图 1-8 所示。选择【复位工具】命令，即可将当前工具控制面板中的参数恢复为默认值。如果想将所有工具控制面板的参数恢复为默认设置，可以选择【复位所有工具】命令。

图 1-8　复位工具或复位所有工具命令

### 4. 面板

面板是 Photoshop 工作区中最常使用的组成部分。通过面板可以完成图像编辑处理时命令参数的设置，以及图层、路径、通道编辑等操作。

打开 Photoshop 后，常用面板会停放在工作区右侧的面板组堆栈中。另外一些未显示的面板，可以通过选择【窗口】菜单中相应的命令使其显示在操作窗口内，如图 1-9 所示。

对于暂时不需要使用的面板，可以将其折叠或关闭，以增大文档窗口显示区域的面积。单击面板右上角的 » 按钮，可以将面板折叠为图标状。再次单击面板右上角的 « 按钮可以再次展开面板，如图 1-10 所示。

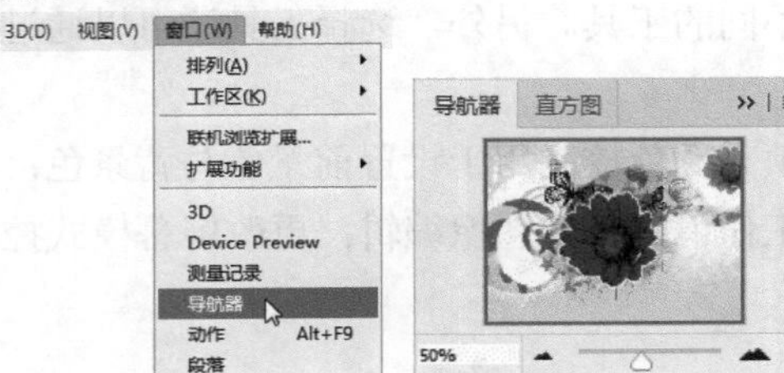


图 1-9　打开面板

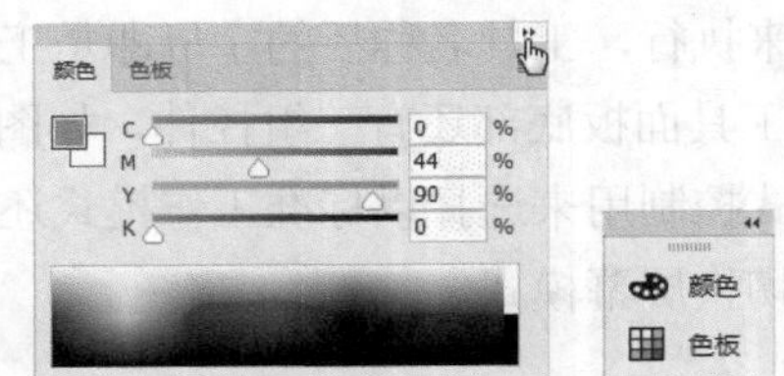


图 1-10　折叠面板

要关闭面板，用户可以通过面板菜单中的【关闭】命令关闭面板，或选择【关闭选项卡组】命令关闭面板组，如图 1-11 所示。Photoshop 应用程序中将二十几个功能面板进行了分组。显示的功能面板默认会被拼贴在固定区域。如果要将面板组中的面板移动到固定区域之外，可以使用鼠标单击面板选项卡，并将其拖动到面板组以外，即可将该面板变成浮动式面板，放置在工作区中的任意位置，如图 1-12 所示。

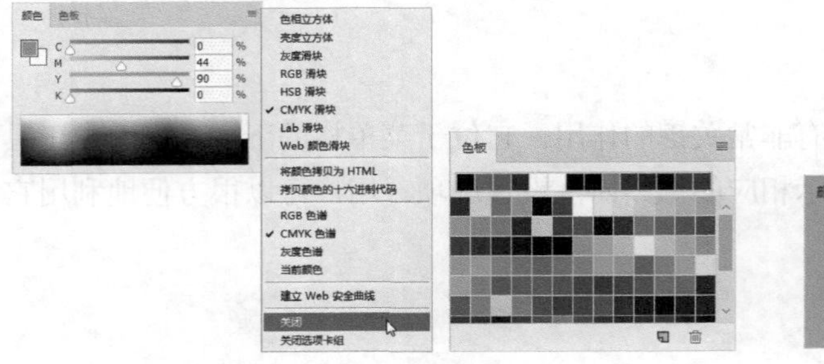


图 1-11　关闭面板

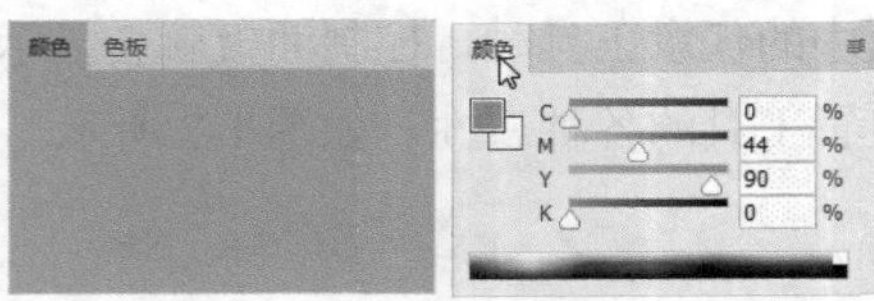


图 1-12　拆分面板

在一个独立面板的选项卡名称位置处单击，然后将其拖动到另一个面板上，当目标面板周围出现蓝色的边框时释放鼠标，即可将两个面板组合在一起，如图 1-13 所示。

为了节省空间，还可以将组合的面板停靠在右侧工作区的边缘位置，或与其他的面板组停靠在一起。拖动面板组上方的标题栏或选项卡位置，将其移动到另一组或一个面板边缘位置。当看到一条垂直的蓝色线条时，释放鼠标即可将该面板组停靠在其他面板或面板组的边缘位置，如图 1-14 所示。

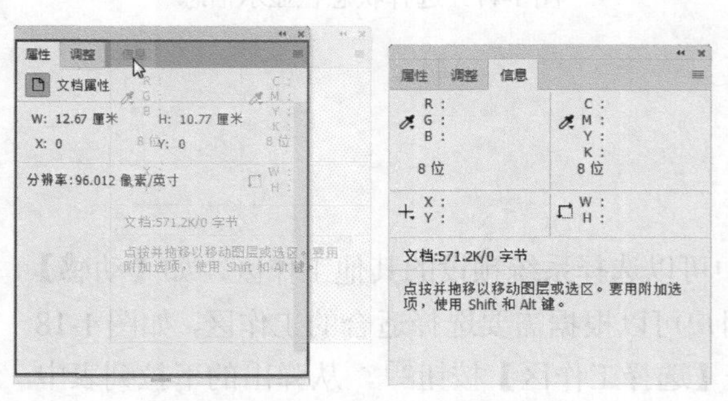

图 1-13　组合面板

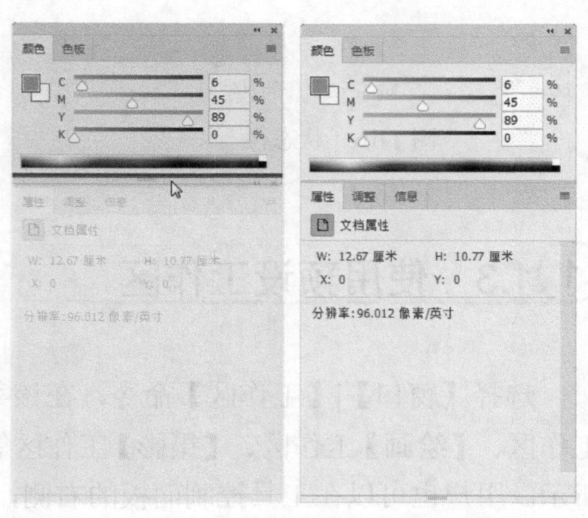

图 1-14　停靠面板

### 5. 文档窗口

文档窗口是图像内容的所在，如图 1-15 所示。打开的图像文件默认以选项卡模式显示在工作区中，其上方的标签会显示图像的相关信息，包括文件名、显示比例、颜色模式和位深度等。

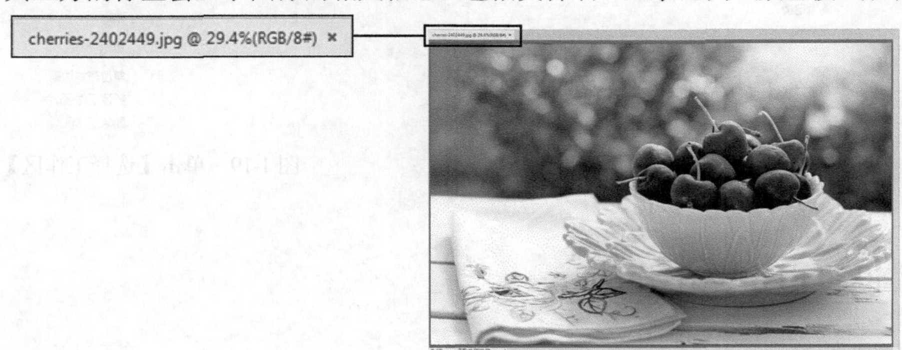


图 1-15　文档窗口

### 6. 状态栏

状态栏位于文档窗口的底部，用于显示诸如当前图像的缩放比例、文件大小以及有关当前使用工具的简要说明等信息，如图 1-16 所示。在状态栏最左端的文本框中输入数值，然后按下 Enter 键，可以改变图像在文档窗口的显示比例。单击右侧的按钮，从弹出的菜单中可以选择状态栏将显示的说明信息，如图 1-17 所示。

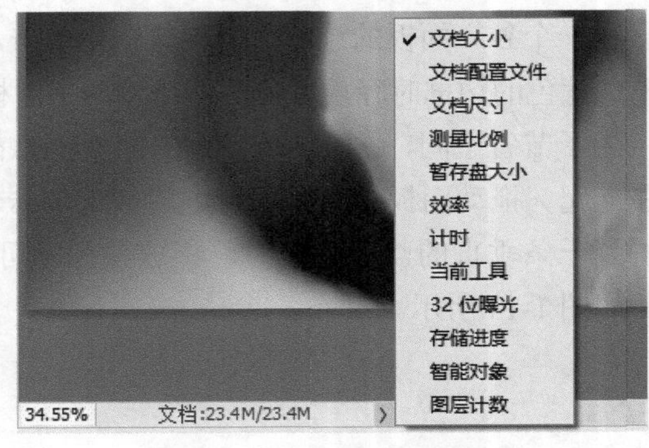


16.67%　文档:95.2M/95.2M

图 1-16　状态栏

图 1-17　选择状态栏显示信息

## 1.1.3　使用预设工作区

选择【窗口】|【工作区】命令，在该菜单中可以选择系统预设的其他工作区，如【动感】工作区、【绘画】工作区、【摄影】工作区等。用户可以根据需要选择适合的工作区，如图 1-18 所示。用户也可以在工具控制面板的右侧，单击【选择工作区】按钮，从弹出的下拉列表中选择适合的工作区，如图 1-19 所示。

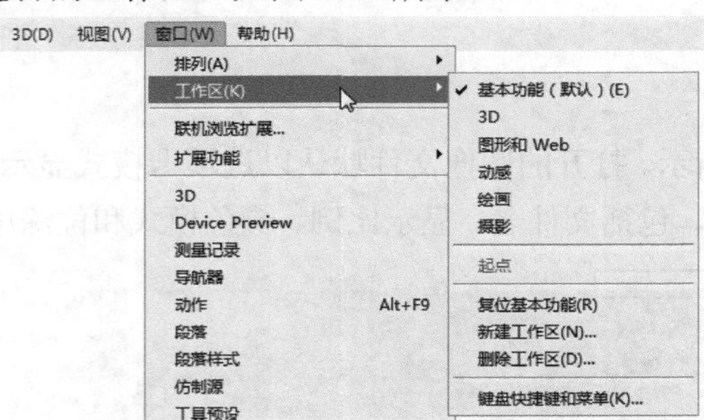


图 1-18　选择预设工作区

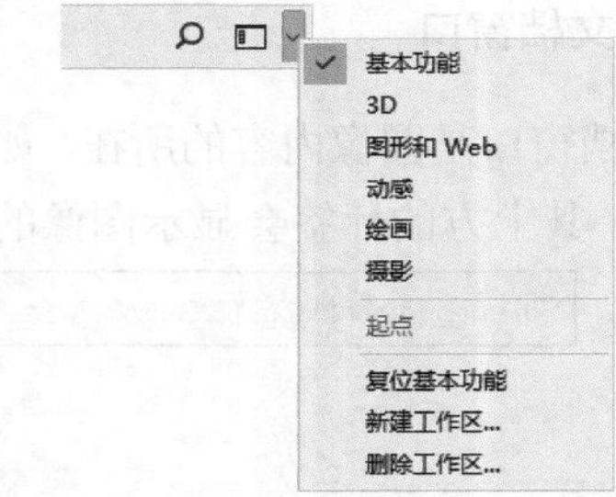


图 1-19　单击【选择工作区】按钮

## 1.1.4　设置自定义工作区

在图像处理过程中，用户可以根据需要调配工作区中显示的面板及位置，并且将其存储为预设工作区，以便下次使用。

【例 1-1】自定义工作区。

(1) 启动 Photoshop CC 2018，在工作区中设置所需的操作界面，如图 1-20 所示。

(2) 选择【窗口】|【工作区】|【新建工作区】命令，打开【新建工作区】对话框。在对话框的【名称】文本框中输入“自定义工作区”，并选中【键盘快捷键】、【菜单】和【工具栏】复选框，然后单击【存储】按钮，如图 1-21 所示。

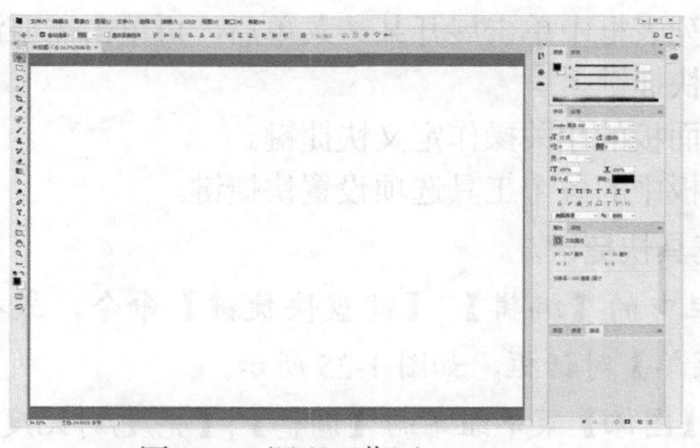

图 1-20　调配工作区

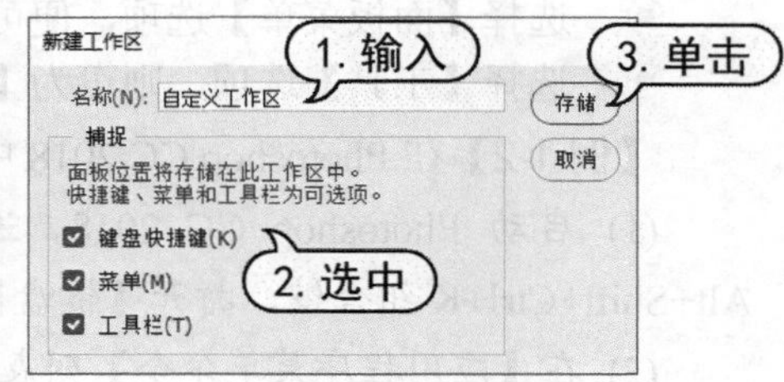


图 1-21　新建工作区

(3) 重新选择【窗口】|【工作区】命令，即可看到刚存储的“自定义工作区”工作区已包含在菜单中，如图 1-22 所示。

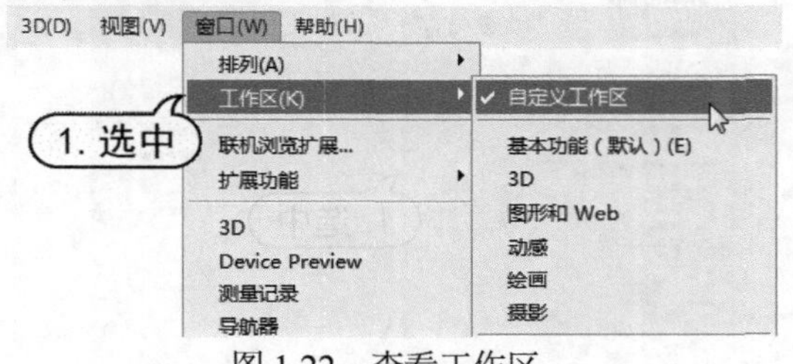


图 1-22　查看工作区

**知识点**

选择【窗口】|【工作区】|【删除工作区】命令，打开【删除工作区】对话框。在对话框中的【工作区】下拉列表中选择需要删除的工作区，然后单击【删除】按钮，即可删除已存储的自定义工作区。

## 1.2　快捷键的设置

Photoshop 给用户提供了自定义修改快捷键的权限，可根据用户的操作习惯来定义菜单快捷键、面板快捷键以及工具面板中各个工具的快捷键。选择【编辑】|【键盘快捷键】命令，打开【键盘快捷键和菜单】对话框，如图 1-23 所示。

在【键盘快捷键和菜单】对话框的【快捷键用于】下拉列表框中提供了【应用程序菜单】、【面板菜单】和【工具】这 3 个选项，如图 1-24 所示。

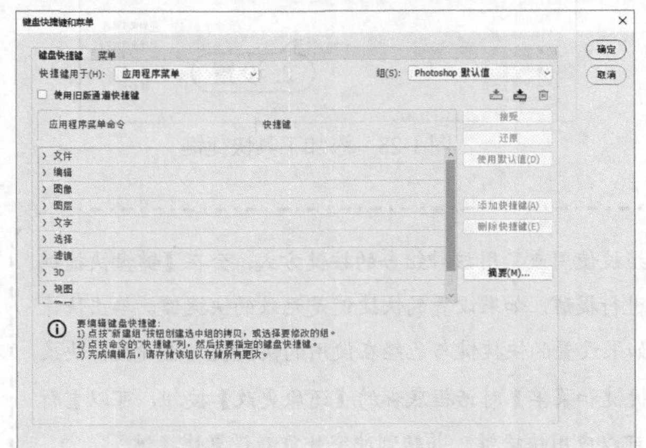

图 1-23　【键盘快捷键和菜单】对话框

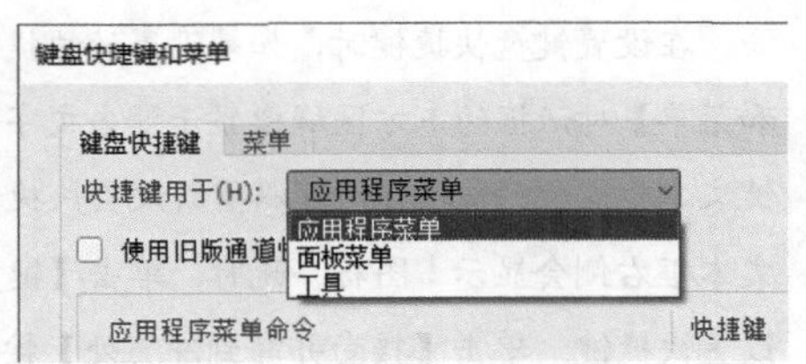


图 1-24　【快捷键用于】选项

计算机基础与实训教材系列

- 选择【应用程序菜单】选项后，在下方列表框中单击展开某一菜单后，再单击需要添加或修改快捷键的命令，即可输入新的快捷键。
- 选择【面板菜单】选项，便可以对某个面板的相关操作定义快捷键。
- 选择【工具】选项，则可为【工具】面板中的各个工具选项设置快捷键。

【例 1-2】在 Photoshop CC 2018 中，创建工具快捷键。

(1) 启动 Photoshop CC 2018，选择菜单栏中的【编辑】|【键盘快捷键】命令，或按 Alt+Shift+Ctrl+K 组合键，打开【键盘快捷键和菜单】对话框，如图 1-25 所示。

(2) 在【应用程序菜单命令】列表中，选中【图像】菜单组下的【调整】|【亮度/对比度】命令。此时，会出现一个用于定义快捷键的文本框，如图 1-26 所示。

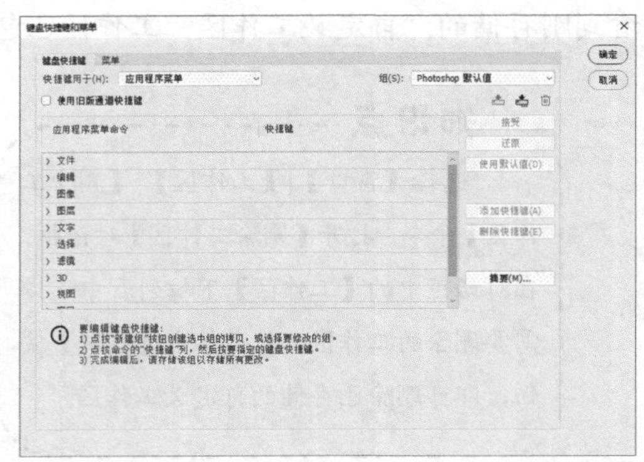

图 1-25 打开【键盘快捷键和菜单】对话框

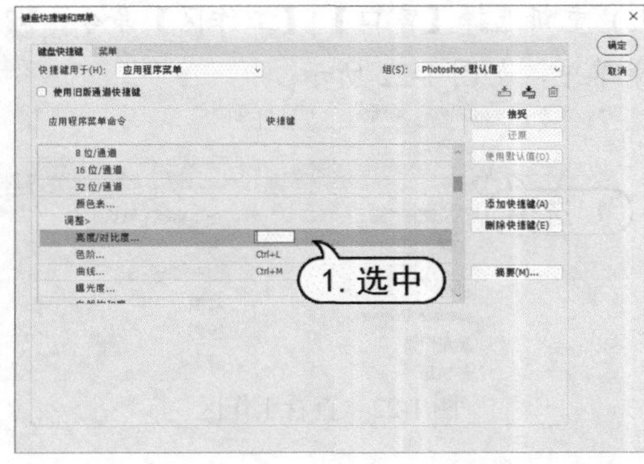


图 1-26 选择应用程序菜单命令

(3) 同时按住 Ctrl 键和/键。此时文本框中就会出现 Ctrl+/组合键，然后在对话框空白处单击添加快捷键，如图 1-27 所示。

(4) 在【快捷键用于】下拉列表中选择【工具】选项。在【工具面板命令】列表中，选中【单行选框工具】选项，并在定义快捷键文本框中设置快捷键为 M，如图 1-28 所示。

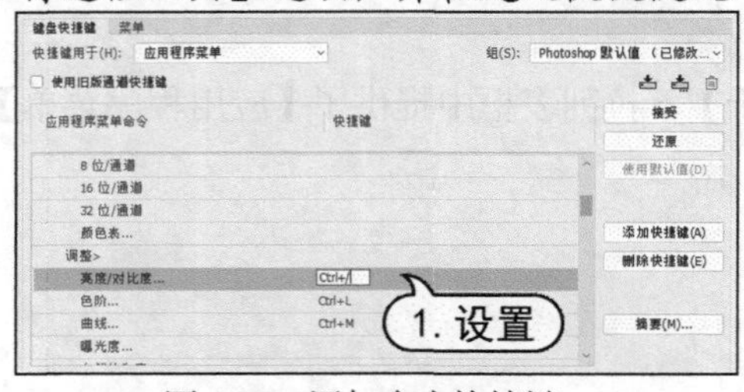


图 1-27 添加命令快捷键

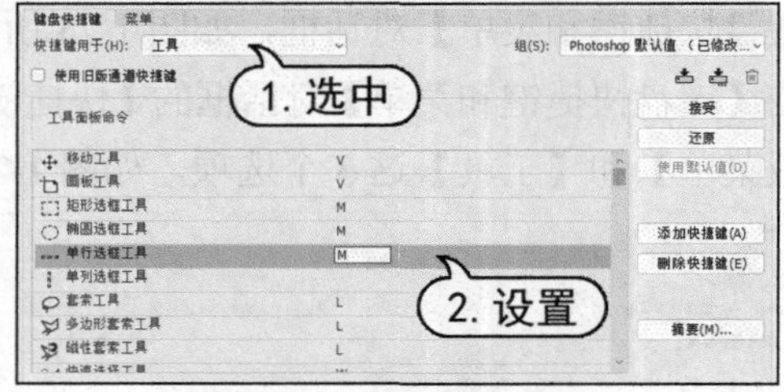


图 1-28 添加工具快捷键

**知识点**

在设置键盘快捷键时，如果设置的快捷键已经被使用或禁用该种组合的按键方式，会在【键盘快捷键和菜单】对话框的下方区域中显示警告文字信息进行提醒。如果设置的快捷键是无效的快捷键，单击快捷键文本框右侧的⊗按钮，可以重新设置快捷键。如果设置的快捷键与已经在使用的快捷键发生冲突，快捷文本框右侧会显示⚠图标。此时，单击【键盘快捷键和菜单】对话框底部的【还原更改】按钮，可以重新设置快捷键；单击【接受并转到冲突处】按钮，可以应用快捷键，并转到冲突处重新设置快捷键。

(5) 单击【根据当前的快捷键组创建一组新的快捷键】按钮，在打开的【另存为】对话框中的【文件名】文本框中输入“Photoshop 默认值(修改)”，并单击【保存】按钮关闭【另存为】对话框，如图 1-29 所示。

(6) 设置完成后，单击【确定】按钮关闭【键盘快捷键和菜单】对话框。此时，选择【图像】|【调整】|【亮度/对比度】命令，就可以看到命令名称后显示了刚设定的快捷键，如图 1-30 所示。

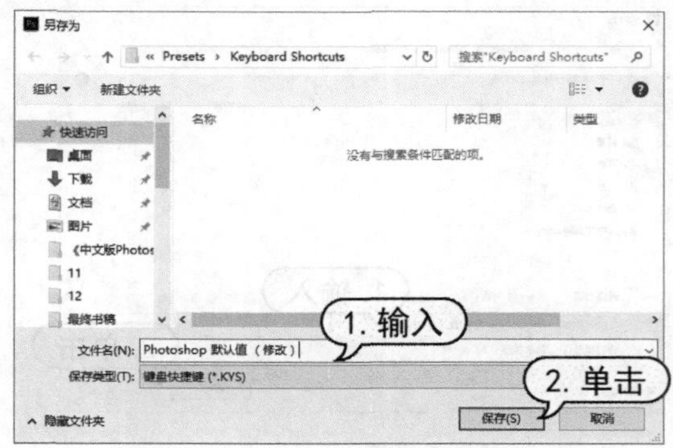


图 1-29　存储快捷键

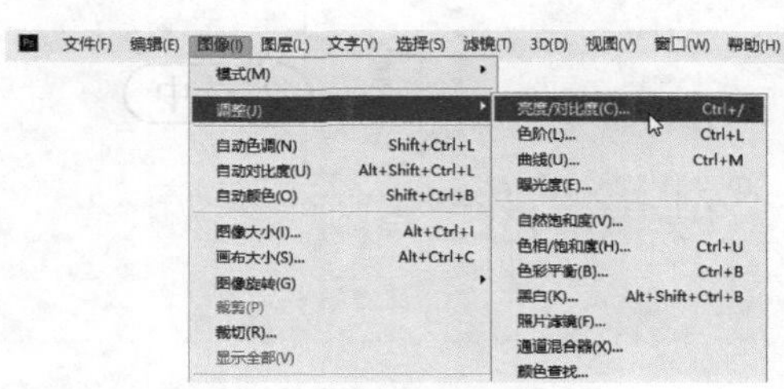


图 1-30　查看快捷键

## 1.3　菜单的设置

在 Photoshop CC 2018 中，用户可以设置常用菜单命令显示和显示颜色，以便在编辑过程中快速查找到所需的命令。

【例 1-3】在 Photoshop CC 2018 中，设置菜单命令颜色。

(1) 启动 Photoshop CC 2018，选择【编辑】|【菜单】命令，或按 Alt+Shift+Ctrl+M 组合键，打开【键盘快捷键和菜单】对话框，如图 1-31 所示。

(2) 在【应用程序菜单命令】选项组中，单击【文件】菜单组前的›图标，展开其子命令，如图 1-32 所示。

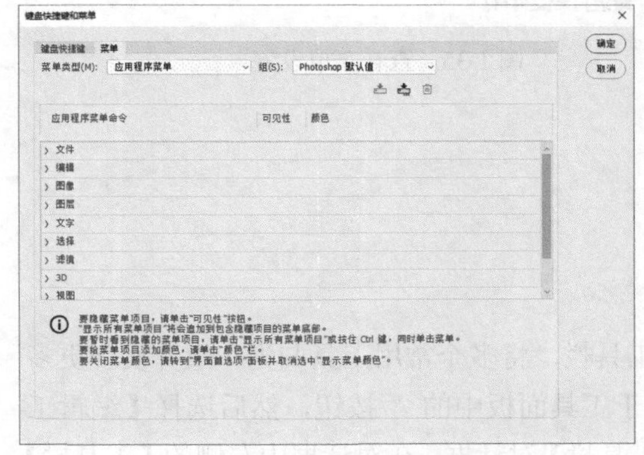


图 1-31　打开【键盘快捷键和菜单】对话框

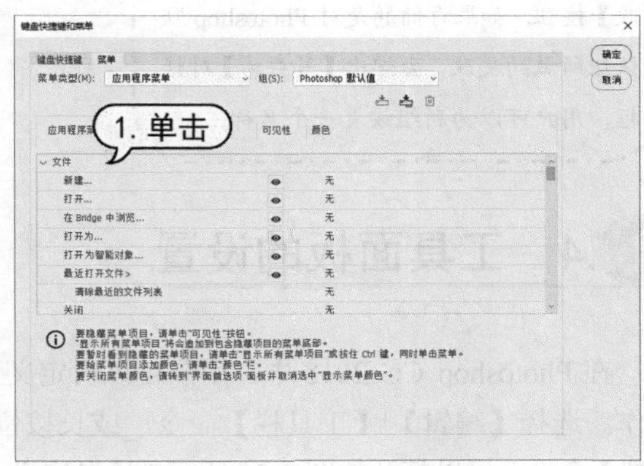


图 1-32　展开菜单命令

(3) 选择【新建】命令，单击【颜色】栏中的选项，在下拉列表中选择【红色】选项，设置菜单颜色，如图 1-33 所示。

(4) 单击【根据当前菜单组创建一个新组】按钮，在打开的【另存为】对话框中的【文件名】文本框中输入“Photoshop 默认值(修改)”，并单击【保存】按钮关闭【另存为】对话框，如图 1-34 所示。

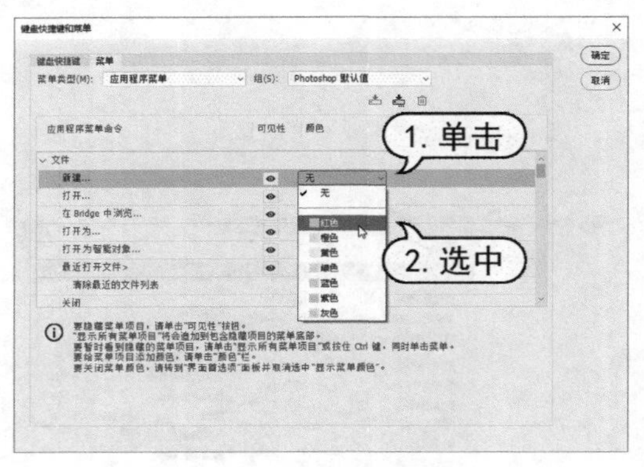

图 1-33 设置菜单颜色

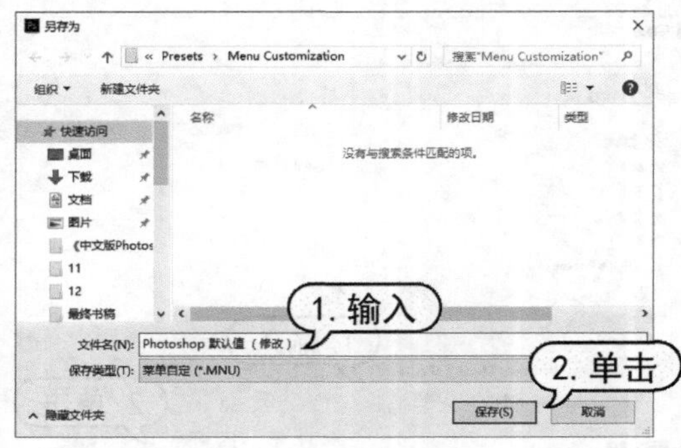

图 1-34 保存菜单设置

**知识点**

在选择命令后，单击【可见性】栏中的👁图标可以关闭其在菜单栏中的显示。再次单击可以重新将其显示在菜单栏中。

(5) 设置完成后，单击【确定】按钮关闭【键盘快捷键和菜单】对话框。此时，再次选择菜单栏中的【文件】|【新建】命令，即可看到【新建】命令添加了所选颜色，如图 1-35 所示。

**知识点**

如果要存储对当前菜单组所做的所有更改，需要在【键盘快捷键和菜单】对话框中单击【存储对当前菜单组的所有更改】按钮；如果存储的是对 Photoshop 默认组所做的更改，会弹出【另存为】对话框，用户可以为新组设置一个名称。

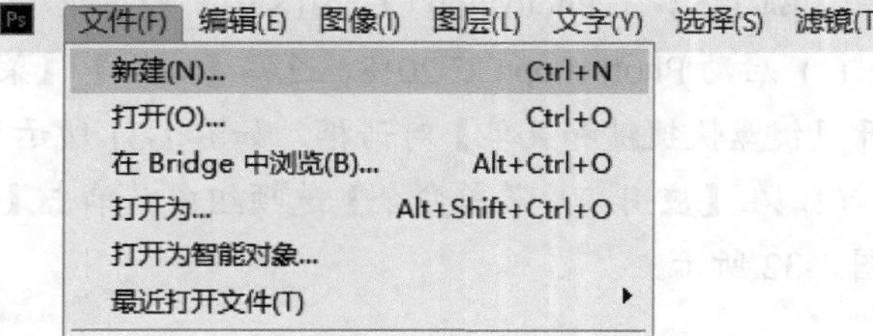

图 1-35 查看菜单设置

## 1.4 工具面板的设置

在 Photoshop CC 2018 中，用户可以自定义工具栏，将多个常用工具归为一组并实现更多操作。选择【编辑】|【工具栏】命令，或长按位于工具面板中的⋯按钮，然后选择【编辑工具栏】命令，可以打开如图 1-36 所示的【自定义工具栏】对话框。在对话框中左侧的【工具栏】

列表框中显示了当前工作面板中所包含的工具及工具分组。用户可以在【工具栏】列表框中根据个人操作需求重新排列、组合工具，以便简化编辑处理的工作流程，提高工作效率。

如要重新组织工具栏，在【自定义工具栏】对话框的【工具栏】列表框中选中需要调整位置的工具或工具组，当其周围出现蓝色边框线时，将其拖动到所需位置(出现蓝色线条)时，释放鼠标即可，如图 1-37 所示。

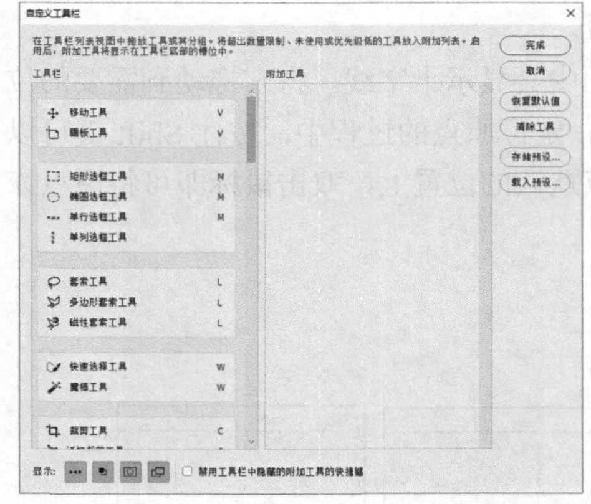


图 1-36　【自定义工具栏】对话框

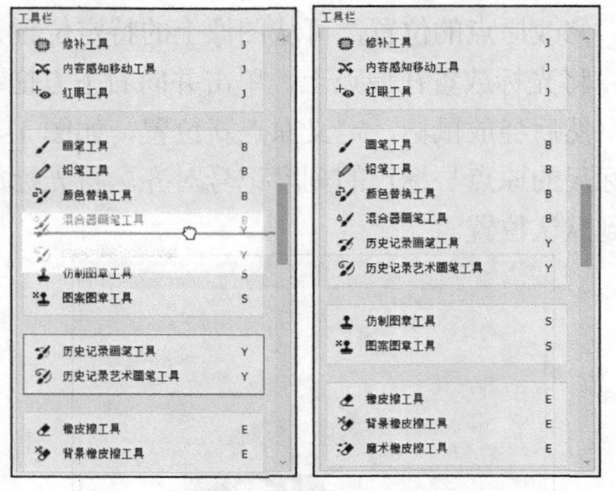


图 1-37　重新组织工具栏

如要将超出数量限制、未使用或优先级低的工具放入到【附加工具】栏中。在【工具栏】列表框中选中需放入到【附加工具】栏中的工具或工具组，当其周围出现蓝色边框线时，将其拖动至对话框右侧的【附加工具】列表框中即可，如图 1-38 所示。

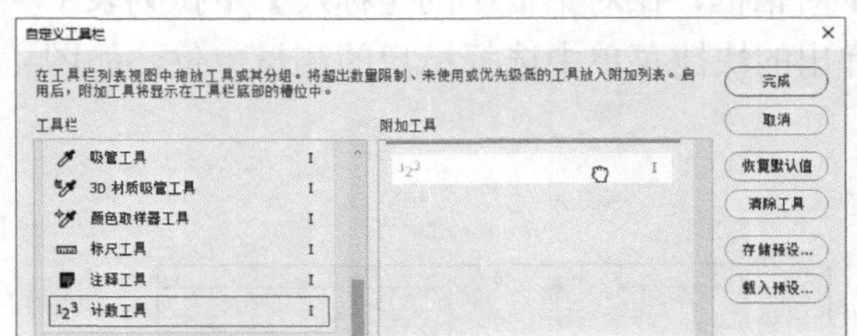
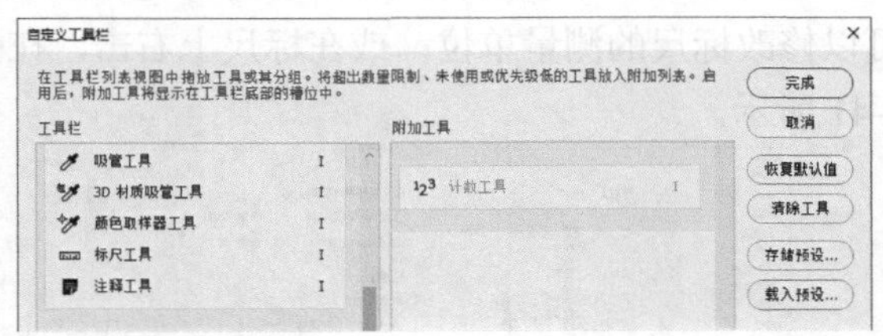

图 1-38　将工具放入【附加工具】栏

【自定义工具栏】对话框中，还有几个功能按钮，其作用如下。

- 单击【恢复默认值】按钮，可以恢复默认【工具栏】。
- 单击【清除工具】按钮，可以将【工具栏】中所有工具移动至【附加工具】列表框中。
- 单击【存储预设】按钮，可以存储自定义工具栏。
- 单击【载入预设】按钮，可以打开先前存储的自定义工具栏。

## 1.5　图像编辑的辅助设置

在 Photoshop 中使用辅助工具可以快速对齐、测量或排布对象。辅助工具包括标尺、参考线、网格和【标尺】工具等。它们的作用和特点各不相同。

## 1.5.1 标尺的设置

标尺可以帮助用户准确地定位图像或元素的位置。选择【视图】|【标尺】命令，或按 Ctrl+R 组合键，可以在图像文件窗口的顶部和左侧分别显示水平和垂直标尺，如图 1-39 所示。此时移动光标，标尺内的标记会显示光标的精确位置。默认情况下，标尺的原点位于文档窗口的左上角。修改原点的位置，可从图像上的特定位置开始测量。

将光标放置在原点上，单击并向右下方拖动，画面中会显示十字线。将它拖动到需要的位置，然后释放鼠标，定义原点新位置，如图 1-40 所示。定位原点的过程中，按住 Shift 键可以使标尺的原点与标尺的刻度记号对齐。将光标放在原点默认的位置上，双击鼠标即可将原点恢复到默认位置。

图 1-39　显示标尺

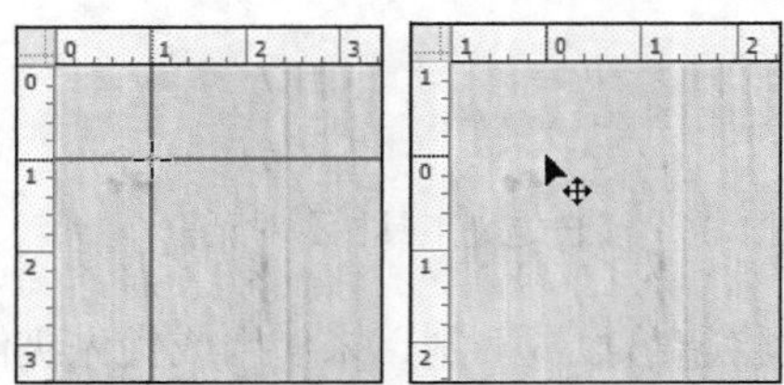
图 1-40　重新定义原点

在文档窗口中双击标尺，可以打开【首选项】对话框，在对话框中的【标尺】下拉列表中可以修改标尺的测量单位；或在标尺上右击，在弹出的快捷菜单中选择标尺的测量单位，如图 1-41 所示。

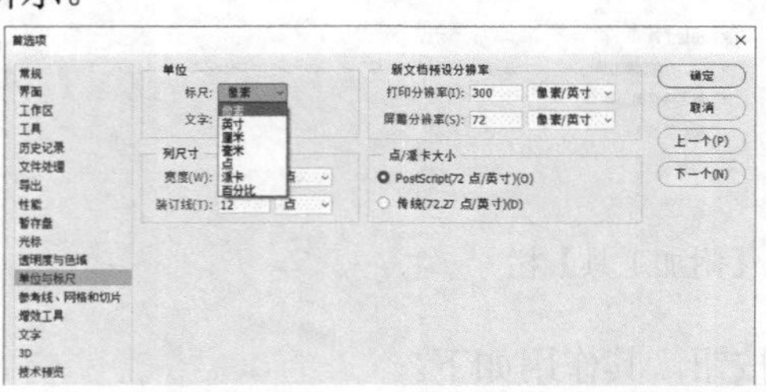

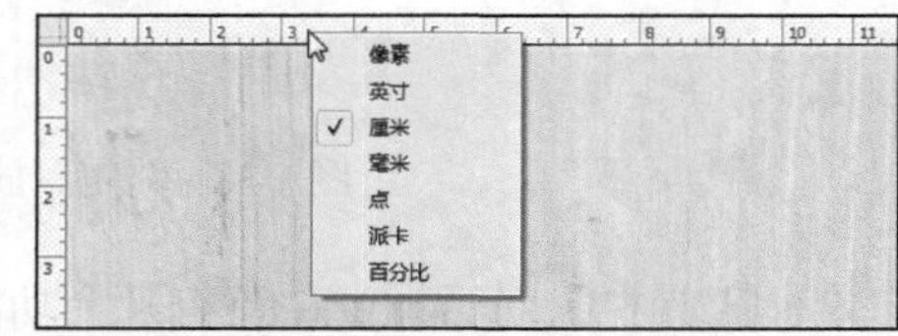

图 1-41　设置标尺单位

## 1.5.2 使用【标尺】工具

【标尺】工具主要用来测量图像中点到点之间的距离、位置和角度等。在工具面板中选择【标尺】工具，在如图 1-42 所示控制面板中可以观察到【标尺】工具的相关参数。

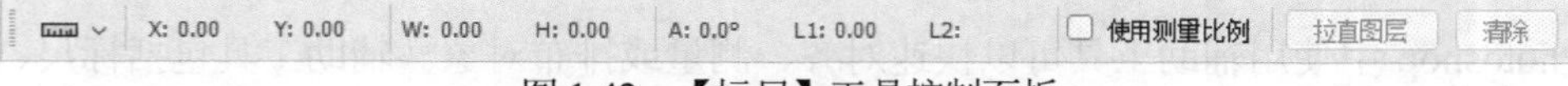

图 1-42　【标尺】工具控制面板

计算机 基础与实训教材系列

- X/Y：测量的起始坐标位置。
- W/H：在 X 轴和 Y 轴上移动的水平(W)和垂直(H)距离。
- A：相对于轴测量的角度。
- L1/L2：使用量角器时，测量角度两边的长度。
- 【使用测量比例】复选框：选中该复选框后，将会使用测量比例进行测量。
- 【拉直图层】按钮：单击该按钮，绘制测量线后，图像将按照测量线进行自动旋转。
- 【清除】按钮：单击该按钮，将清除画面中的标尺。

### 1. 测量长度

使用【标尺】工具在图像中需要测量长度的开始位置单击，然后拖动到结束的位置释放鼠标即可，如图 1-43 所示。测量完成后，从控制面板和【信息】面板中，可以看到测量的结果。

### 2. 测量角度

使用【标尺】工具在要测量角度的一边单击，拖动出一条直线，绘制测量角度的其中一条边。然后按住 Alt 键，将光标移动到要测量角度的测量线顶点位置。当光标变成形状时，拖动绘制出另一条测量线。两条测量线形成一个夹角，如图 1-44 所示。测量完成后，从控制面板和【信息】面板中，可以看到测量的角度信息。

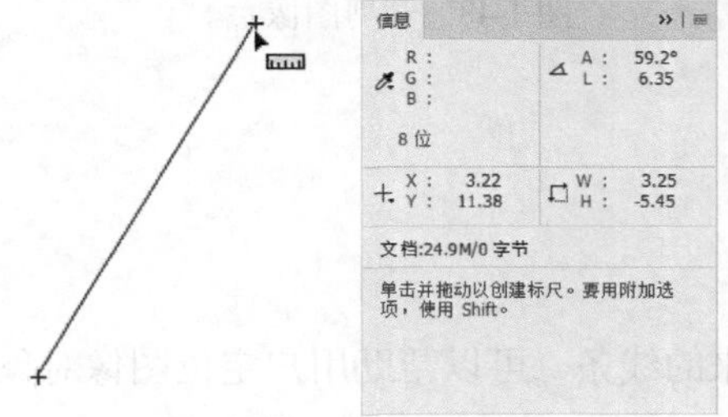


图 1-43　测量长度

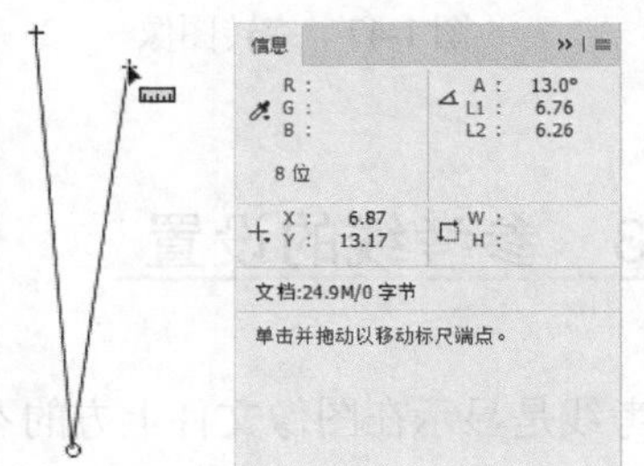


图 1-44　测量角度

【例 1-4】使用【标尺】工具校正图中景物水平线。

(1) 选择【文件】|【打开】命令，打开一幅素材图像文件，如图 1-45 所示。

(2) 选择【标尺】工具，在图像的左下角位置单击，根据地平线向右侧拖动绘制出一条具有一定角度的线段，如图 1-46 所示。

(3) 选择【图像】|【图像旋转】|【任意角度】命令，打开【旋转画布】对话框。在对话框中保持默认设置，单击【确定】按钮，即将以刚才【标尺】工具拖动出的线段角度来旋转图像，如图 1-47 所示。

(4) 选择【裁剪】工具将图像中间部分选中，然后按下 Enter 键确定，即可裁剪图像多余部分，如图 1-48 所示。

图 1-45　打开图像文件

图 1-46　绘制测量线

图 1-47　旋转图像

图 1-48　裁剪图像

## 1.5.3　参考线的设置

参考线是显示在图像文件上方的不会被打印出来的线条，可以帮助用户定位图像对象。创建的参考线可以移动和删除，也可以将其锁定。

### 1. 创建画布参考线

在 Photoshop 中，可以通过以下两种方法来创建参考线。一种方法是按 Ctrl+R 组合键，在图像文件中显示标尺。然后将光标放置在标尺上，并向文档窗口中拖动，即可创建画布参考线，如图 1-49 所示。如果想要使参考线与标尺上的刻度对齐，可以在拖动时按住 Shift 键。

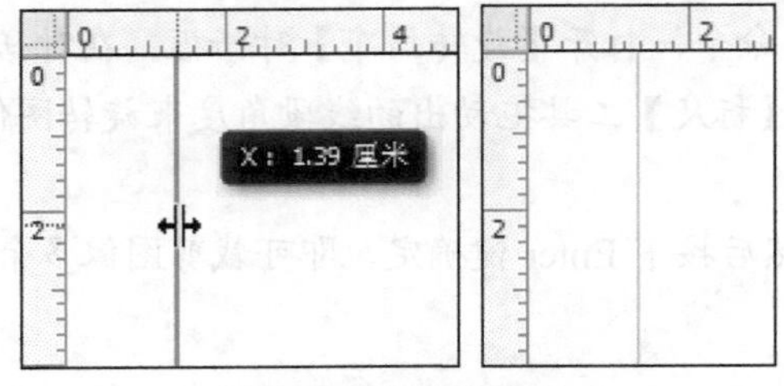


图 1-49　创建参考线

**提示**

在文档窗口中，没有选中画板时，拖动创建的参考线为画布参考线；选中画板后，拖动创建的参考线为画板参考线，如图 1-50 所示。

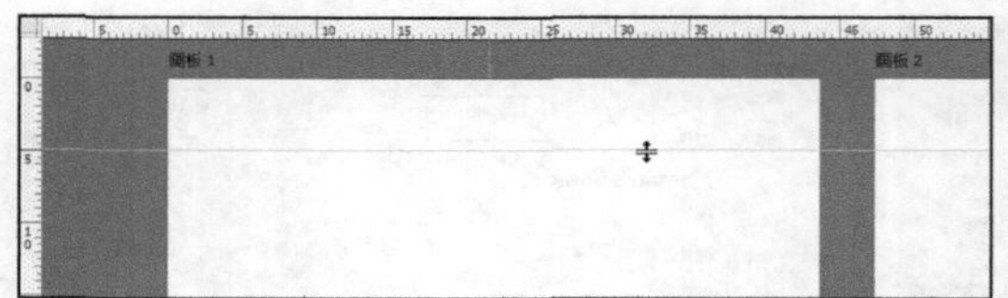
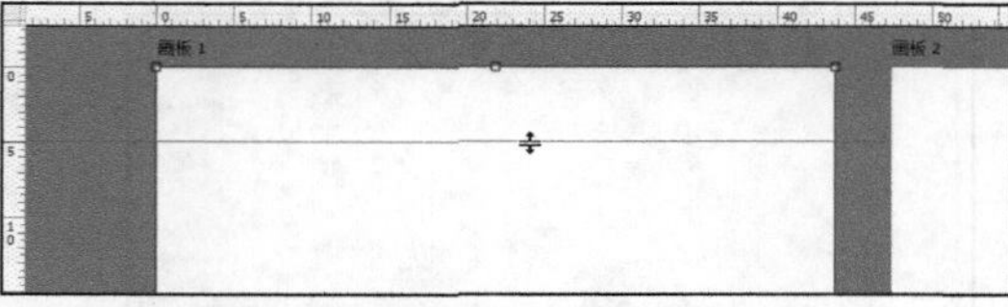

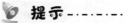

图 1-50　创建画布参考线和画板参考线

另一种方法是选择【视图】|【新建参考线】命令，打开如图 1-51 所示的【新建参考线】对话框。在对话框的【取向】选项组中选择需要创建参考线的方向；在【位置】文本框中输入数值，此值代表了参考线在图像中的位置，然后单击【确定】按钮，可以按照设置的位置创建水平或垂直的参考线。

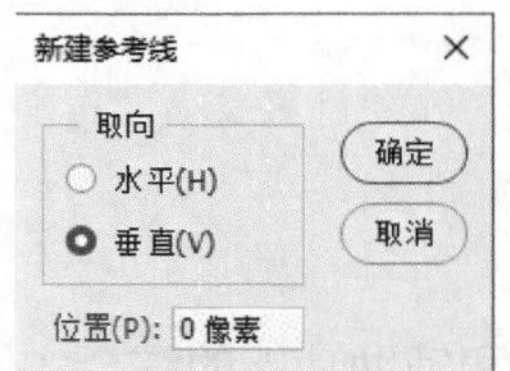


图 1-51　【新建参考线】对话框

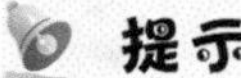

提示

选择【视图】|【显示】|【参考线】命令，或按快捷键 Ctrl+; 可以将当前参考线隐藏。

2. 锁定参考线

创建参考线后，将鼠标移动到参考线上，当鼠标显示为⇹图标时，单击并拖动鼠标，可以改变参考线的位置。在编辑图像文件的过程中，为了防止参考线被移动，选择【视图】|【锁定参考线】命令锁定参考线的位置。再次选择该命令，取消命令前的√标记，即可取消参考线的锁定。

3. 清除参考线

如果用户不需要再使用参考线，可以将其清除。选择【视图】|【清除参考线】、【清除所选画板参考线】命令或【清除画布参考线】命令即可。

- 选择【清除参考线】命令可以删除图像文件中的画板参考线和画布参考线。
- 选择【清除所选画板参考线】命令可以删除所选画板上的参考线。
- 选择【清除画布参考线】命令可以删除文档窗口中的画布参考线。

## 1.5.4 网格的设置

默认情况下，网格显示为不可打印的线条或网点。网格对于对称布置图像和图形的绘制都十分有用。选择【视图】|【显示】|【网格】命令，或按快捷键 Ctrl+’可以在当前打开的文件窗口中显示网格，如图 1-52 所示。

提示

用户可以通过【编辑】|【首选项】|【参考线、网格和切片】命令，打开【首选项】对话框。在对话框的【网格】选项组中，可以设置网格效果，如图 1-53 所示。

图 1-52 显示网格

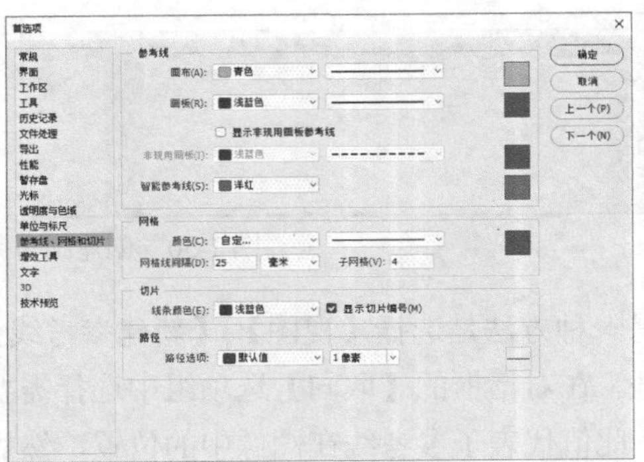

图 1-53 【网格】选项

## 1.6 上机练习



本章的上机练习通过设置 Photoshop CC 2018 工作环境和辅助功能的综合实例操作，让用户通过练习巩固本章所学知识。

(1) 启动 Photoshop CC 2018，打开任意一幅素材图像文件。选择【窗口】|【字符】命令，打开【字符】面板，如图 1-54 所示。

(2) 将【字符】面板拖动到【颜色】面板组和【属性】面板组中间释放鼠标，如图 1-55 所示。

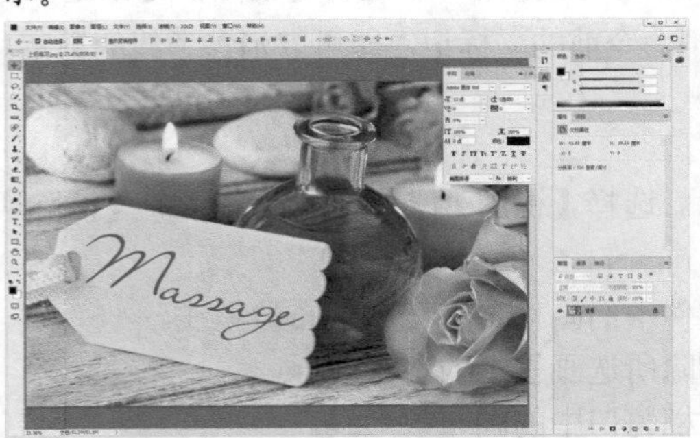

图 1-54 打开【字符】面板

图 1-55 调整面板组

(3) 选择【编辑】|【菜单】命令，打开【键盘快捷键和菜单】对话框。在【应用程序菜单命令】选项组中，单击【窗口】菜单组，展开其子命令。选择【工作区】命令，单击【颜色】栏中的选项，在下拉列表中选择【红色】选项，然后单击【确定】按钮关闭对话框，如图 1-56 所示。

(4) 选择【编辑】|【工具栏】命令，打开【自定义工具栏】对话框。在对话框的【工具栏】列表框中，分别将【计数工具】、【内容感知移动工具】和【红眼工具】拖动至【附加工具】列表框中，如图 1-57 所示。

(5) 在【工具栏】列表框中，选中文字工具组，将其拖动至移动工具组下方。然后单击【完成】按钮关闭【自定义工具栏】对话框，如图 1-58 所示。

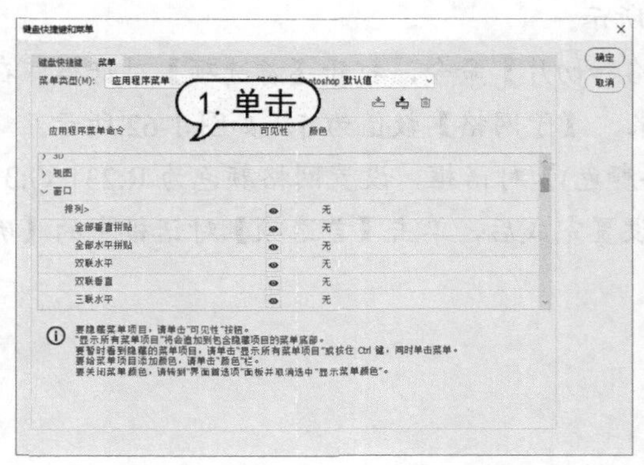

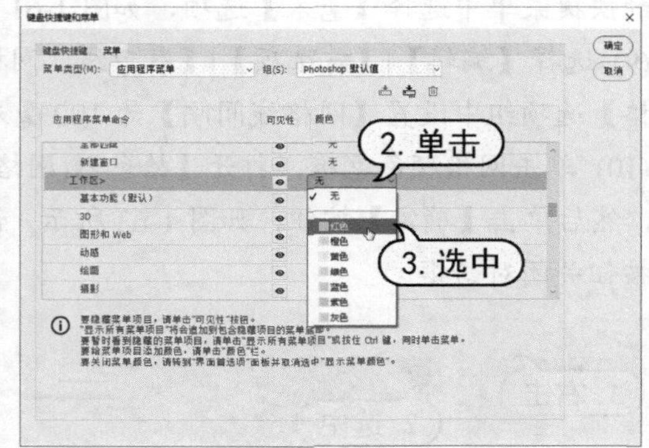


图 1-56　设置菜单命令颜色

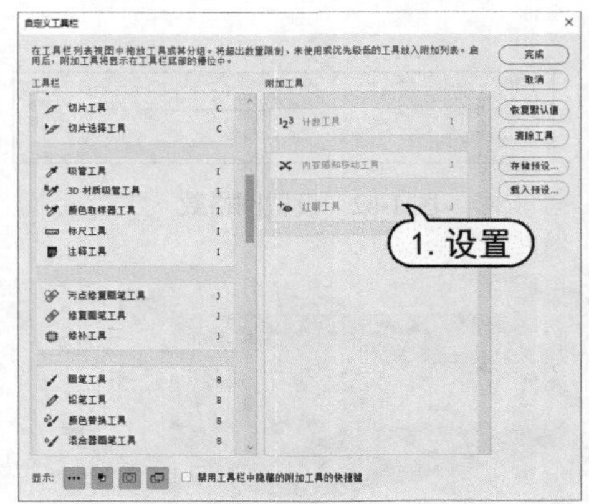


图 1-57　设置【附加工具】栏

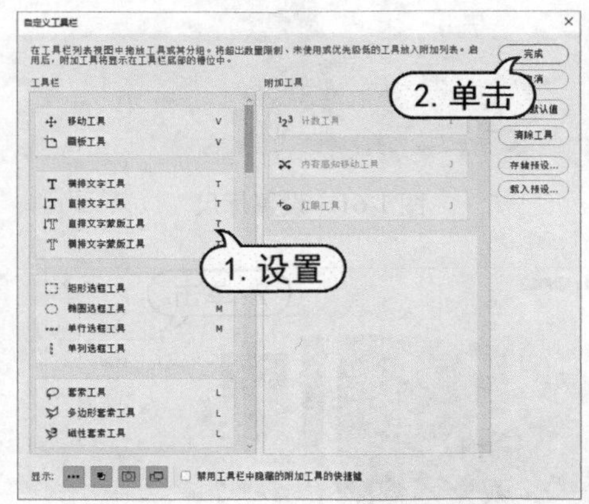


图 1-58　移动工具组

(6) 选择【窗口】|【工作区】|【新建工作区】命令，在打开的【新建工作区】对话框的【名称】文本框中输入“排版”。选中【菜单】和【工具栏】复选框，然后单击【存储】按钮，即可进行存储，如图 1-59 所示。

(7) 选择【视图】|【显示】|【网格】命令，在图像窗口中显示网格，如图 1-60 所示。

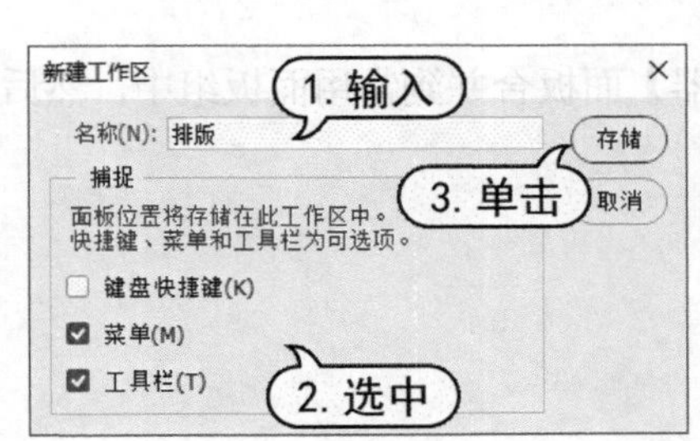


图 1-59　新建工作区

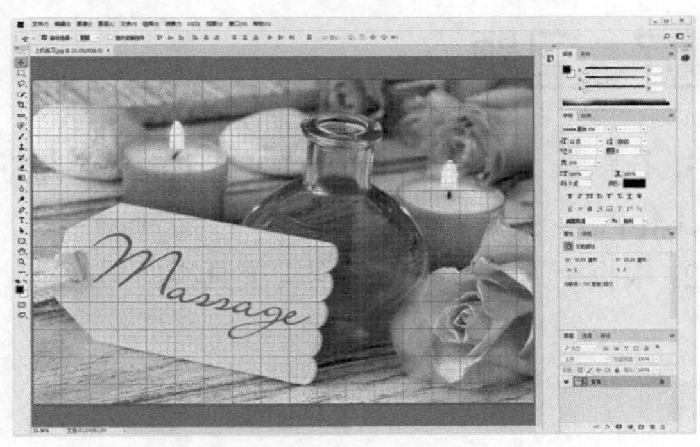


图 1-60　显示网格

(8) 按 Ctrl+R 组合键在文档窗口中显示标尺。将光标移动到标尺上，并在标尺上右击，在弹出的快捷菜单中选择【毫米】选项，如图 1-61 所示。

(9) 选择【编辑】|【首选项】|【参考线、网格和切片】命令，打开【首选项】对话框。在【网格】选项组中设置【网格线间隔】为 100 毫米，【子网格】数值为 5，如图 1-62 所示。

(10) 单击网格颜色色板，打开【拾色器(网格颜色)】对话框，设置网格颜色为 R:231 G:31 B:25，然后单击【确定】按钮，如图 1-63 所示。设置完成后，单击【首选项】对话框中的【确定】按钮关闭对话框。

图 1-61　设置标尺

图 1-62　设置网格数

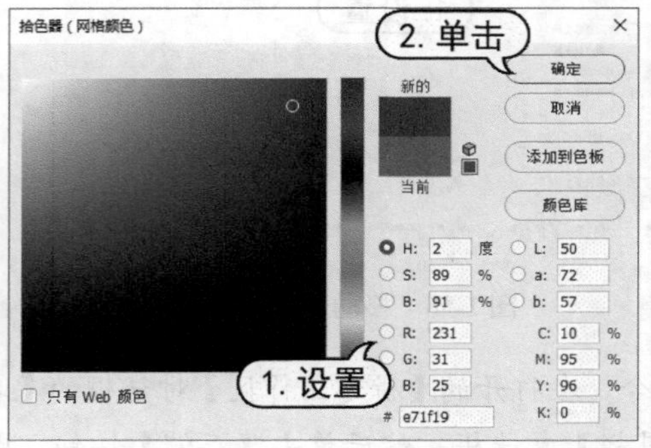


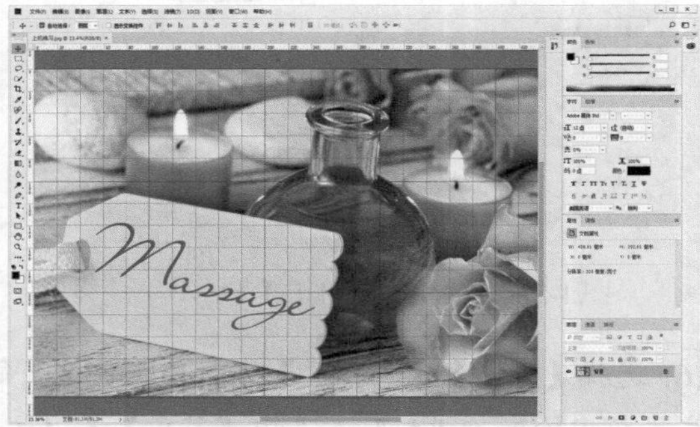

图 1-63　设置网格颜色

## 1.7　习题

1. 在默认工作区中，关闭【样式】面板，并将【导航器】面板合并到常用面板组中，然后存储工作区。

2. 根据个人操作习惯自定义工具栏。

# 第2章 Photoshop的基础操作

## 学习目标

使用 Photoshop 编辑处理图像文件之前，必须先掌握图像文件的基本操作。本章主要介绍 Photoshop CC 2018 中常用的文件操作命令，图像文件的显示、浏览和尺寸的调整，使用户能够更好、更有效地绘制和处理图像文件。

## 本章重点

- 图像文件的基本操作
- 查看图像文件
- 设置图像和画布大小
- 拷贝与粘贴操作
- 还原与重做操作

## 2.1 图像文件的基本操作

在 Photoshop 中，图像文件的基本操作包括新建、打开、存储和关闭等命令。执行相应命令或使用快捷键，可以使用户便利、高效地完成操作。

### 2.1.1 新建图像文件

启动 Photoshop CC 2018 后，用户还不能在工作区中进行任何编辑操作。因为 Photoshop 中的所有编辑操作都是在文档的窗口中完成的，所以用户可以通过现有的图像文件，或新建的空白图像文件进行编辑操作。

要新建图像文件，可以在【开始】工作区中单击【新建】按钮，或选择菜单栏中的【文件】|【新建】命令，或按 Ctrl+N 组合键，打开如图 2-1 所示的【新建文档】对话框。

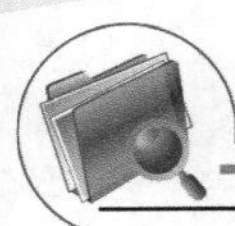


在【新建文档】对话框中可以设置文件的名称、尺寸、分辨率、颜色模式和背景内容等参数，完成后单击【创建】按钮即可新建一个空白文档。

在【新建文档】对话框的顶部选项中，可以选择最近使用过的文档设置、已保存的预设文档设置，或应用程序预设的常用尺寸，包含【照片】、【打印】、【图稿和插图】、Web、【移动设备】和【胶片和视频】选项组，如图 2-2 所示。选择一个预设选项组后，其下方会显示该类型中常用的设计尺寸。

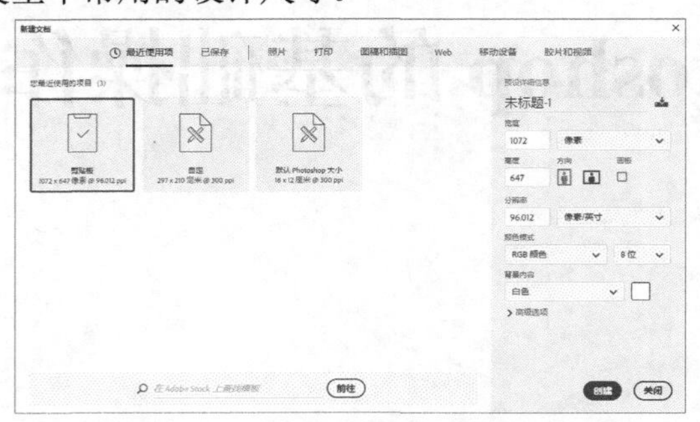

图 2-1 【新建文档】对话框

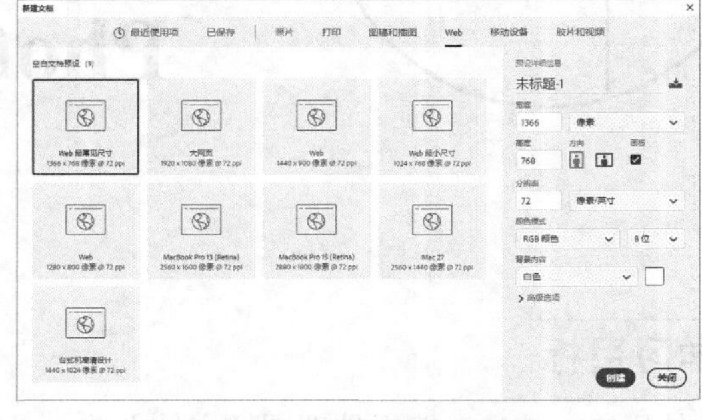

图 2-2 预设文档设置选项

在【新建文档】对话框底部的【在 Adobe Stock 上查找模板】文本处输入模板关键词，然后单击【前往】按钮，可在打开的浏览器中显示包含该关键词的文件模板，如图 2-3 所示。

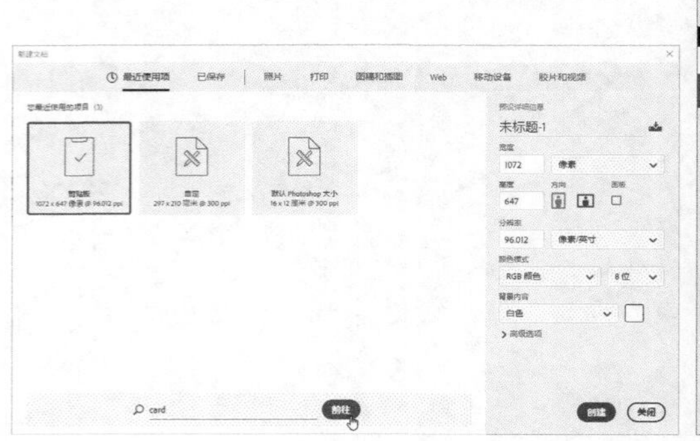

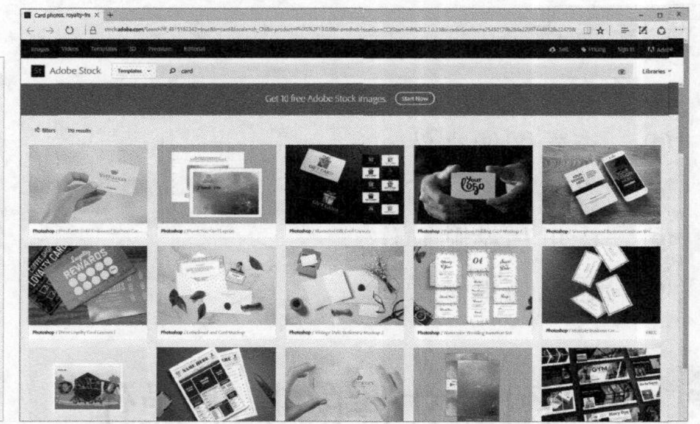

图 2-3 下载模板

要自定义新建图像文件，可以在打开【新建文档】对话框后，在右侧如图 2-4 所示的区域中进行设置。

- 【名称】文本框，可以输入文档名称，默认文档名称为“未标题-1”。
- 【宽度】/【高度】：设置文件的宽度和高度，其单位有【像素】、【英寸】、【厘米】、【毫米】、【磅】和【派卡】这 6 种选项，如图 2-5 所示。
- 【方向】：用来设置文档是【纵向】或【横向】。
- 【画板】：选中该复选框，可以在新建文档的同时创建画板。
- 【分辨率】：用来设置文件的分辨率大小，其单位有【像素/英寸】和【像素/厘米】两种。一般情况下，图像的分辨率越高，图像质量越好。

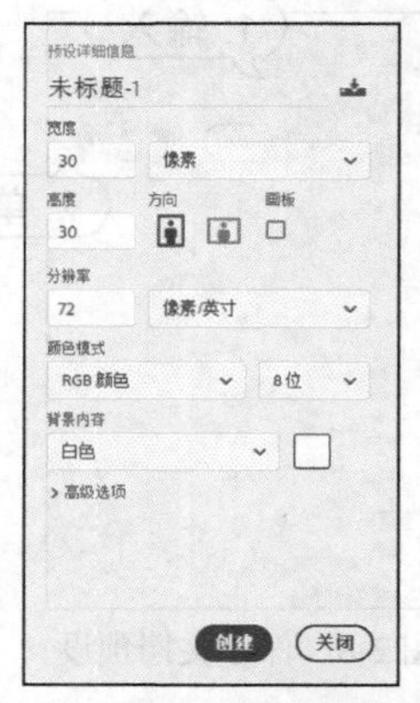

图 2-4　新建文档设置选项

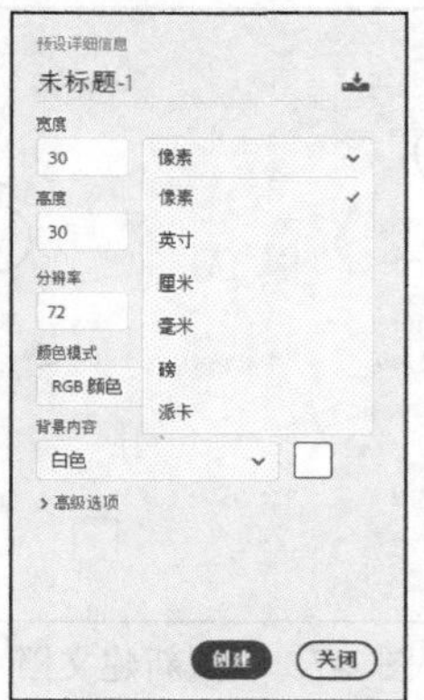
图 2-5　单位选项

- 【颜色模式】：设置文件的颜色模式以及相应的颜色位深度。
- 【背景内容】：设置文件的背景内容，有【白色】、【黑色】和【背景色】这 3 个选项。用户还可以单击【背景内容】选项右侧的色板图标，打开【拾色器(新建文档背景颜色)】对话框自定义背景颜色。
- 【高级选项】：其中包含【颜色配置文件】和【像素长宽比】选项。在【颜色配置文件】下拉列表中可以为文件选择一个颜色配置文件；在【像素长宽比】下拉列表中可以选择像素的长宽比。一般情况下，保持默认设置即可。

【例 2-1】在 Photoshop CC 2018 中，根据设置新建图像文件。

(1) 打开 Photoshop CC 2018，在【开始】工作区中单击【新建】按钮，打开【新建文档】对话框，如图 2-6 所示。

(2) 在【名称】文本框中输入“32 开”，在【宽度】和【高度】单位下拉列表中选中【毫米】，然后在【宽度】数值框中设置数值为 185，【高度】数值框中设置数值 130；在【分辨率】数值框中设置数值为 300；单击【颜色模式】下拉列表，选择【CMYK 颜色】，如图 2-7 所示。

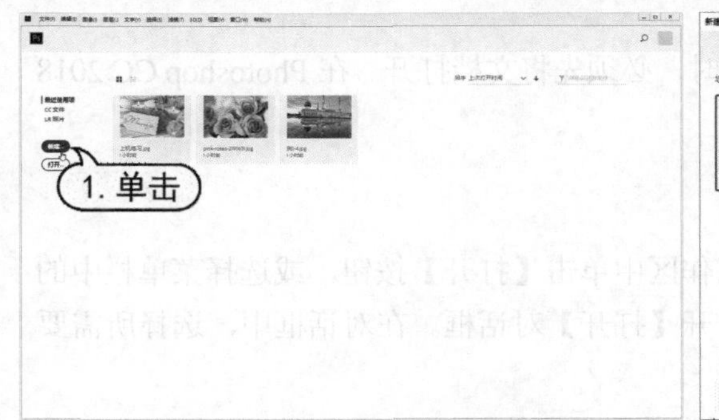

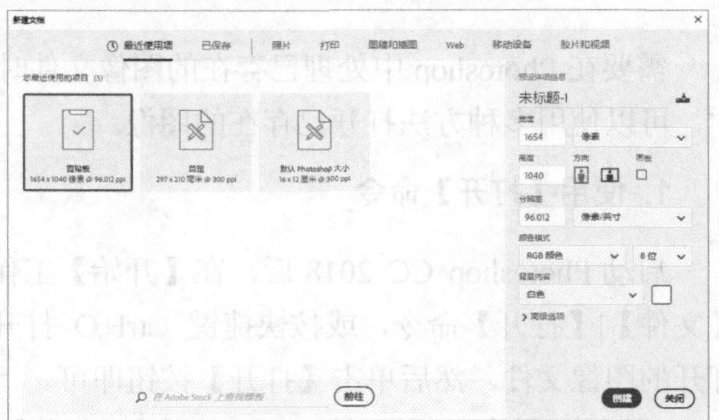
图 2-6　打开【新建文档】对话框

(3) 单击【新建文档】对话框中的【存储预设】按钮，在显示的【保存文档预设】选项中，输入文档预设名称“32 开”，然后单击【保存预设】按钮，如图 2-8 所示。

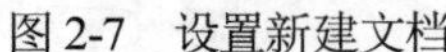
图 2-7　设置新建文档

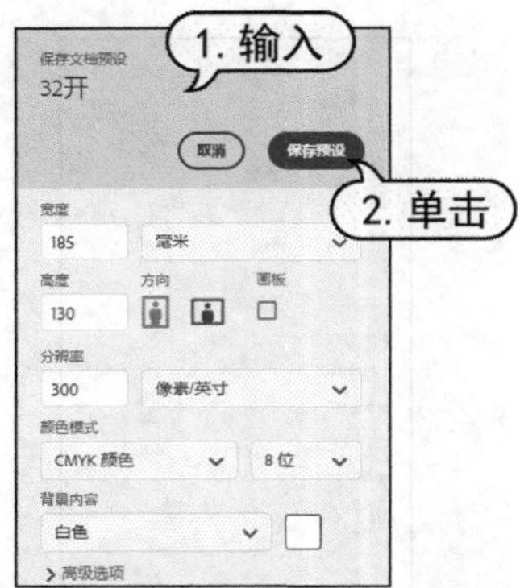


图 2-8　保存文档预设

(4) 此时，可以在【已保存】选项中看到刚存储的文档预设。设置完成后，单击【创建】按钮关闭【新建文档】对话框创建新文档，如图 2-9 所示。

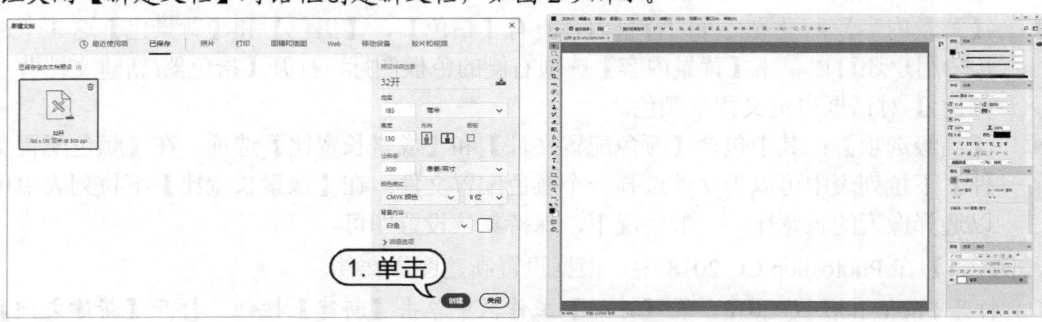


图 2-9　新建文档



## 2.1.2　打开图像文件

需要在 Photoshop 中处理已存在的图像文件时，必须先将文档打开。在 Photoshop CC 2018 中，可以使用多种方法打开已存在的图像。

### 1. 使用【打开】命令

启动 Photoshop CC 2018 后，在【开始】工作区中单击【打开】按钮，或选择菜单栏中的【文件】|【打开】命令，或按快捷键 Ctrl+O 打开【打开】对话框。在对话框中，选择所需要打开的图像文件，然后单击【打开】按钮即可。

【例 2-2】在 Photoshop CC 2018 中，打开已有的图像文件。

(1) 选择【文件】|【打开】命令，打开【打开】对话框，如图 2-10 所示。

(2) 在【打开】对话框的【组织】列表框中，选中所需打开图像文件所在的文件夹，如图 2-11 所示。

(3) 在【文件类型】下拉列表中选择要打开图像文件的格式类型，选中 PSD 图像格式，并选中要打开的图像文件。然后单击【打开】按钮，关闭【打开】对话框。此时，选中的图像文件在工作区中被打开，如图 2-12 所示。

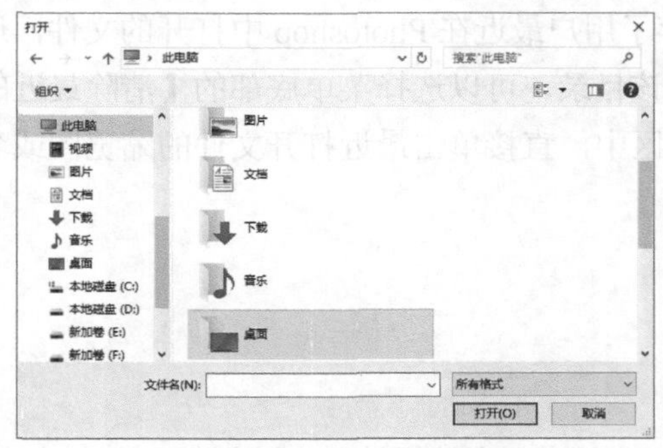


图 2-10　打开【打开】对话框

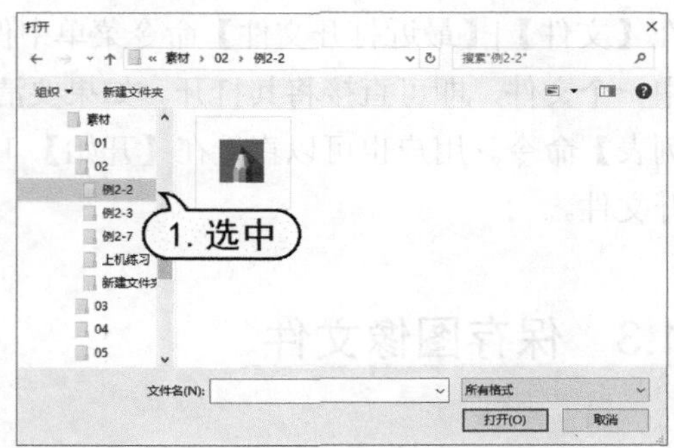


图 2-11　选择文件夹

图 2-12　打开图像文件

### 2. 使用【打开为】命令

如果使用与文件的实际格式不匹配的扩展名存储文件，或者文件没有扩展名，则 Photoshop 可能无法确定文件的正确格式，导致不能打开文件。

遇到这种情况，可以选择【文件】|【打开为】命令，打开【打开】对话框。选择文件并在【文件类型】列表中为它指定正确的格式，然后单击【打开】按钮将其打开。如果这种方法也不能打开文件，则选取的文件格式可能与文件的实际格式不匹配，或者文件已损坏。

### 3. 使用快捷方式打开

在 Photoshop 中，除了使用菜单命令打开图像文件外，还可以使用快捷方式打开图像文件。打开图像文件的快捷方式主要有以下 3 种方式。

- 选择一个需要打开的文件，然后将其直接拖动到 Photoshop 的应用程序图标上释放即可。
- 选择一个需要打开的文件，右击，在弹出的快捷菜单中选择【打开方式】|Adobe Photoshop CC 2018 命令即可。
- 打开 Photoshop 工作区后，可以直接在 Windows 资源管理器中将文件拖动到 Photoshop 的工作区中释放即可。

#### 4. 打开最近使用的文件

在【文件】|【最近打开文件】命令菜单中保存了用户最近在 Photoshop 中打开的文件，选择其中一个文件，即可直接将其打开。如果要清除该目录，可以选择菜单底部的【清除最近的文件列表】命令。用户也可以直接在【开始】工作区中，直接单击最近打开文件的缩览图或名称打开文件。

### 2.1.3 保存图像文件

新建文件或对打开的图像文件进行编辑处理后，应及时保存编辑结果，以免因 Photoshop 出现意外程序错误、计算机出现程序错误或突发断电等情况时没有进行保存造成的编辑效果丢失。

#### 1. 使用【存储】命令

在 Photoshop 中，对于第一次存储的图像文件可以选择【文件】|【存储】命令，或按 Ctrl+S 组合键打开【另存为】对话框进行保存。在打开的对话框中，可以指定文件保存位置、保存名称和文件类型。

如果对已打开的图像文件进行编辑后，想要将修改部分保存到原文件中，也可以选择【文件】|【存储】命令，或按快捷键 Ctrl+S。

#### 2. 使用【存储为】命令

如果想对编辑后的图像文件以其他文件格式或文件路径进行存储，可以选择【文件】|【存储为】命令，或按 Shift+Ctrl+S 组合键打开【另存为】对话框进行设置。在【保存类型】下拉列表框中选择另存图像文件的文件格式，然后单击【保存】按钮即可。

【例 2-3】在 Photoshop CC 2018 中，打开已有的图像文件，并将其以 JPEG 格式进行存储。

(1) 在 Photoshop 中，选择【文件】|【打开】命令。在【打开】对话框中，选中需要打开的图像文件。单击【打开】按钮，关闭【打开】对话框。此时，图像在 Photoshop 中被打开，如图 2-13 所示。

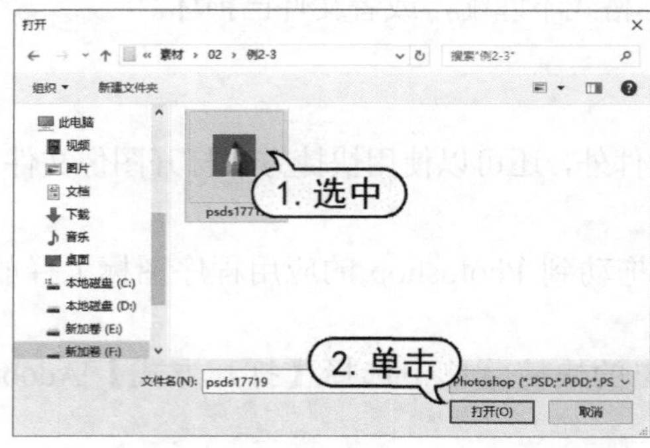

图 2-13　打开图像文件

(2) 选择【文件】|【存储为】命令，打开【另存为】对话框。在【文件名】文本框中输入“单页”，单击【保存类型】下拉列表，选择 JPEG(*.JPG;*.JPEG;*.JPE)格式。然后单击【保存】按钮以设定名称、格式存储图像文件，如图 2-14 所示。

(3) 在弹出的【JPEG 选项】对话框中可以设置保存图像的品质，然后单击【确定】按钮存储图像文件，如图 2-15 所示。

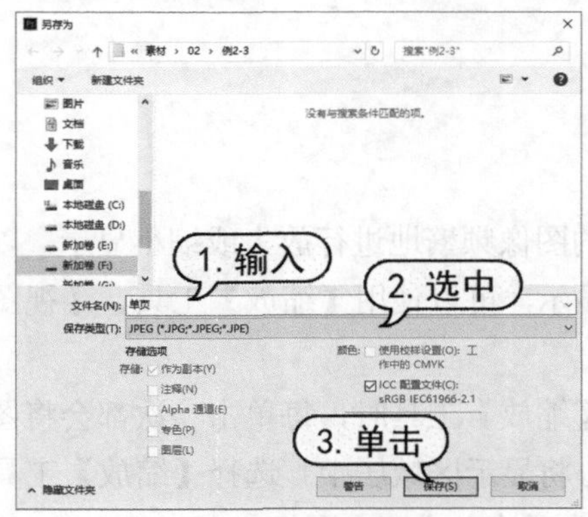


图 2-14　保存文件

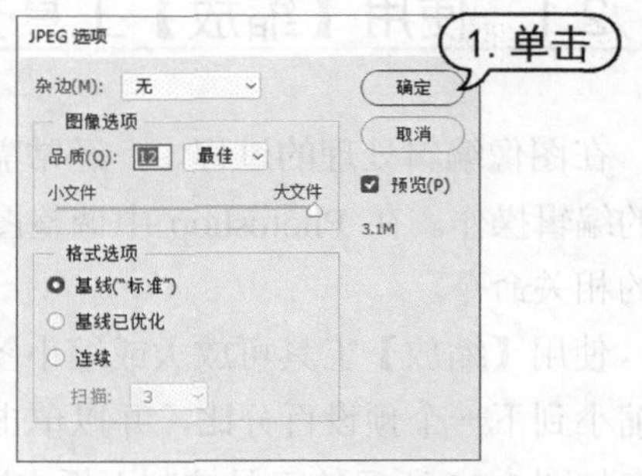


图 2-15　设置【JPEG 选项】

**知识点**

在【另存为】对话框下方的【存储】选项中，选中【作为副本】复选框可另存一个文件副本，副本文件与源文件存储在同一位置。选中【注释】、【Alpha 通道】、【专色】或【图层】复选框可以选择是否存储注释、Alpha 通道、专色和图层。

## 2.1.4　关闭图像文件

同时打开几个图像文件窗口会占用一定的屏幕空间和系统资源。因此，在完成图像的编辑后，可以使用【文件】菜单中的命令，或单击窗口中的按钮关闭图像文件。Photoshop 提供了 4 种关闭文件的方法。

- 选择【文件】|【关闭】命令，或按 Ctrl+W 组合键，或单击文档窗口文件名旁的【关闭】按钮，可以关闭当前处于激活状态的文件。使用这种方法关闭文件时，其他文件不受任何影响。
- 选择【文件】|【关闭全部】命令，或按 Alt+Ctrl+W 组合键，可以关闭当前工作区中打开的所有文件。
- 选择【文件】|【关闭并转到 Bridge】命令，可以关闭当前处于激活状态的文件，然后打开 Bridge 操作界面。
- 选择【文件】|【退出】命令或者单击 Photoshop 工作区右上角的【关闭】按钮，可以关闭所有文件并退出 Photoshop。

# 2.2 查看图像文件

编辑图像时，经常需要放大和缩小窗口的显示比例、移动画面的显示区域，以便更好地观察和处理图像。Photoshop 提供了用于缩放窗口的工具和命令，如切换屏幕模式、【缩放】工具、【抓手】工具、【导航器】面板等。

## 2.2.1 使用【缩放】工具查看

在图像编辑处理的过程中，经常需要对编辑的图像频繁地进行放大或缩小显示，以便于图像的编辑操作。在 Photoshop 中调整图像画面的显示，可以使用【缩放】工具、【视图】菜单中的相关命令。

使用【缩放】工具可放大或缩小图像。使用【缩放】工具时，每单击一次都会将图像放大或缩小到下一个预设百分比，并以单击的点为中心将显示区域居中。选择【缩放】工具后，可以在如图 2-16 所示的工具控制面板中通过相应的选项放大或缩小图像。

图 2-16 【缩放】工具控制面板

- 【放大】按钮/【缩小】按钮：切换缩放的方式。单击【放大】按钮可以切换到放大模式，在图像上单击可以放大图像；单击【缩小】按钮可以切换到缩小模式，在图像上单击可以缩小图像。
- 【调整窗口大小以满屏显示】复选框：选中该复选框，在缩放窗口的同时自动调整窗口的大小。
- 【缩放所有窗口】复选框：选中该复选框，可以同时缩放所有打开的文档窗口中的图像。
- 【细微缩放】复选框：选中该项，在画面中单击并向左侧或右侧拖动鼠标，能够以平滑的方式快速缩小或放大窗口。
- 100% 按钮：单击该按钮，图像以实际像素即 100%的比例显示。也可以双击缩放工具来进行同样的调整。
- 【适合屏幕】：单击该按钮，可以在窗口中最大化显示完整的图像。
- 【填充屏幕】：单击该按钮，可以使图像充满文档窗口。

使用【缩放】工具缩放图像的显示比例时，通过控制面板切换放大、缩小模式并不方便，因此用户可以使用 Alt 键来切换。在【缩放】工具的放大模式下，按住 Alt 就会切换成缩小模式，释放 Alt 键又可恢复为放大模式状态。

用户还可以通过选择【视图】菜单中相关命令实现。在【视图】菜单中，可以选择【放大】、【缩小】、【按屏幕大小缩放】、【按屏幕大小缩放画板】、100%、200%，或【打印尺寸】命令。还可以使用命令后显示的快捷键组合缩放图像画面的显示，如按 Ctrl++组合键可以放大显示图像画面；按 Ctrl+-组合键可以缩小显示图像画面；按 Ctrl+0 组合键按屏幕大小显示图像画面。

## 2.2.2 使用【抓手】工具查看

当图像放大到超出文件窗口的范围时，用户可以利用【抓手】工具将被隐藏的部分拖动到文件窗口的显示范围中，如图 2-17 所示。在使用其他工具时，可以按住空格键切换到【抓手】工具移动图像画面。

图 2-17 使用【抓手】工具

## 2.2.3 使用【导航器】面板查看

【导航器】面板不仅可以方便地对图像文件在窗口中的显示比例进行调整，而且还可以对图像文件的显示区域进行移动选择。选择【窗口】|【导航器】命令，可以在工作界面中显示【导航器】面板。

【例 2-4】在 Photoshop CC 2018 中，使用【导航器】面板查看图像。

(1) 选择【文件】|【打开】命令，选择打开图像文件。选择【窗口】|【导航器】命令，打开【导航器】面板，如图 2-18 所示。

(2) 在【导航器】面板的缩放数值框中显示了窗口的显示比例，在数值框中输入数值可以改变显示比例，如图 2-19 所示。

图 2-18 打开【导航器】面板

图 2-19 更改显示比例

(3) 在【导航器】面板中单击【放大】按钮可放大图像在窗口的显示比例，单击【缩小】按钮则反之。用户也可以使用缩放比例滑块，调整图像文件窗口的显示比例。向左移动缩放比例滑块，可以缩小画面的显示比例；向右移动缩放比例滑块，可以放大画面的显示比例。在调整画面显示比例的同时，面板中的红色矩形框大小也会进行相应地缩放，如图 2-20 所示。

(4) 当窗口中不能显示完整的图像时，将光标移至【导航器】面板的代理预览区域，光标会变为✋形状。单击并拖动鼠标可以移动画面，代理预览区域内的图像会显示在文档窗口的中心，如图 2-21 所示。

图 2-20　调整缩放比例

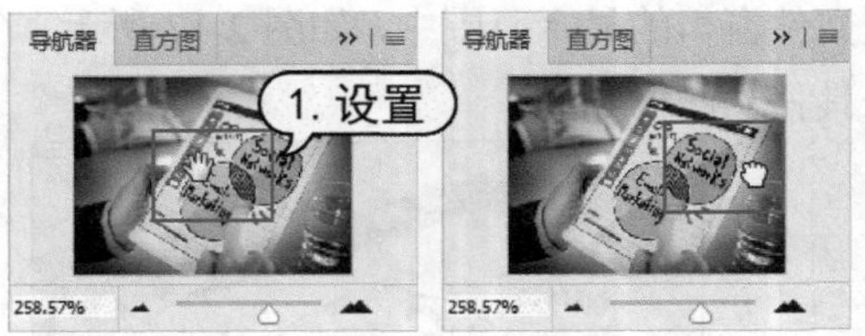


图 2-21　移动显示区域

## 2.2.4　切换屏幕模式

在 Photoshop 中提供了【标准屏幕模式】、【带有菜单栏的全屏幕模式】和【全屏模式】这 3 种屏幕模式。选择【视图】|【屏幕模式】命令，或单击工具面板底部的【更改屏幕模式】按钮，从弹出式菜单中选择所需要的模式，或直接按快捷键 F 键在屏幕模式间进行切换。

- 【标准屏幕模式】：为 Photoshop 默认的显示模式。在这种模式下显示全部工作界面的组件，如图 2-22 所示。
- 【带有菜单栏的全屏模式】：显示带有菜单栏和 50%灰色背景、隐藏标题栏和滚动条的全屏窗口，如图 2-23 所示。

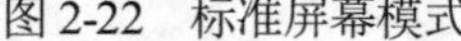

图 2-22　标准屏幕模式

图 2-23　带有菜单栏的全屏模式

- 【全屏模式】：在工作界面中，显示只有黑色背景的全屏窗口，隐藏标题栏、菜单栏或滚动条，如图 2-24 所示。

在选择【全屏模式】时，会弹出如图 2-25 所示的【信息】对话框。选中【不再显示】复选框，再次选择【全屏模式】时，将不再显示该对话框。

图 2-24　全屏模式

信息

在全屏模式下，面板是隐藏的。可以在屏幕的两侧访问面板，或者按 Tab 键显示面板。

在全屏模式下，可以通过按"F"或 Esc 键返回标准屏幕模式。

全屏　取消

□不再显示

图 2-25　【信息】对话框

在全屏模式下，两侧面板是隐藏的。可以将光标放置在屏幕的两侧访问面板，如图 2-26 所示。另外，在全屏模式下，按 F 键或 Esc 键可以返回标准屏幕模式。

图 2-26　显示面板

**知识点**

在任一视图模式下，按 Tab 键都可以隐藏工具面板、面板组或工具控制面板；再次按下 Tab 键可以重新显示工具面板、面板或工具控制面板。按 Shift+Tab 组合键可以隐藏面板组；再次按下 Shift+Tab 组合键可以重新显示面板组。

## 2.2.5　更改图像文件排列方式

在 Photoshop 中打开多幅图像文件时，只有当前编辑文件显示在工作区中。选择【窗口】|【排列】命令下的子命令可以根据需要排列工作区中打开的多幅图像的显示，包括【全部垂直拼贴】、【全部水平拼贴】、【双联水平】、【双联垂直】、【三联水平】、【三联垂直】、【双联堆积】、【四联】、【六联】和【将所有内容合并到选项卡】等选项。如图 2-27 所示为【四联】和【使所有内容在窗口中浮动】排列方式。

图 2-27　【四联】和【使所有内容在窗口中浮动】排列方式

在【排列】命令子菜单中，【匹配缩放】命令可将所有文档窗口都匹配到与当前文档窗口相同的缩放比例；【匹配位置】命令可将所有窗口中图像的显示位置都匹配到与当前窗口相同；【匹配旋转】命令可将所有窗口中画布的旋转角度都匹配到与当前窗口相同；【全部匹配】命令将所有窗口的缩放比例、图像显示位置、画布旋转角度与当前窗口匹配。

## 2.3 设置图像和画布大小

不同途径获得的图像文件在编辑处理时，经常会遇到图像的尺寸和分辨率并不符合编辑要求的问题。这时就需要用户对图像的大小和分辨率进行适当的调整。

### 2.3.1 查看和设置图像大小



更改图像的像素大小不仅会影响图像在屏幕上的大小，还会影响图像的质量及其打印效果。在 Photoshop 中，可以通过选择【图像】|【图像大小】命令，打开如图 2-28 所示的【图像大小】对话框。

在保留原有图像不被裁剪的情况下，通过改变图像的比例来实现图像大小的调整。如果要修改图像的像素大小，可以在【调整为】下拉列表中选择预设的图像大小；也可以在下拉列表中选择【自定】选项，然后在【宽度】、【高度】和【分辨率】数值框中输入数值。如果要保持宽度和高度的比例，可选中按钮。修改像素大小后，新的图像大小会显示在【图像大小】对话框的顶部，原文件大小显示在括号内，如图 2-29 所示。

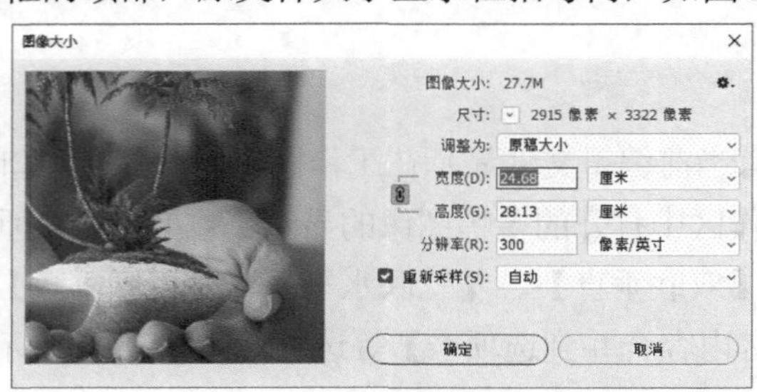


图 2-28 【图像大小】对话框

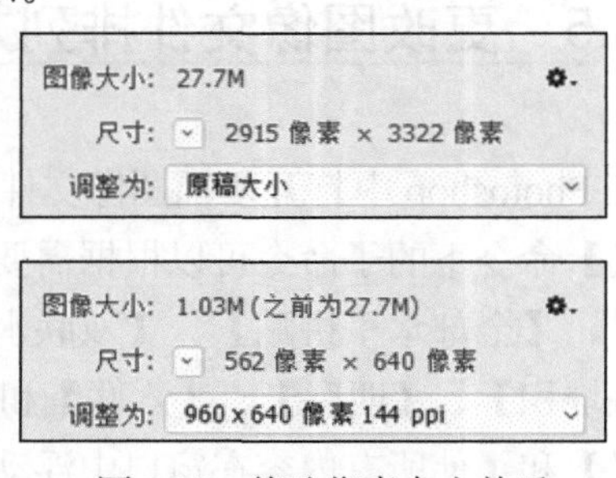


图 2-29 修改像素大小前后

**知识点**

修改图像的像素大小在 Photoshop 中称为【重新采样】。当减少像素的数量时，将从图像中删除一些信息；当增加像素的数量或增加像素取样时，将添加新像素。在【图像大小】对话框最下面的【重新采样】选项中可以选择一种插值方法来确定添加或删除像素的方式，如图 2-30 所示。

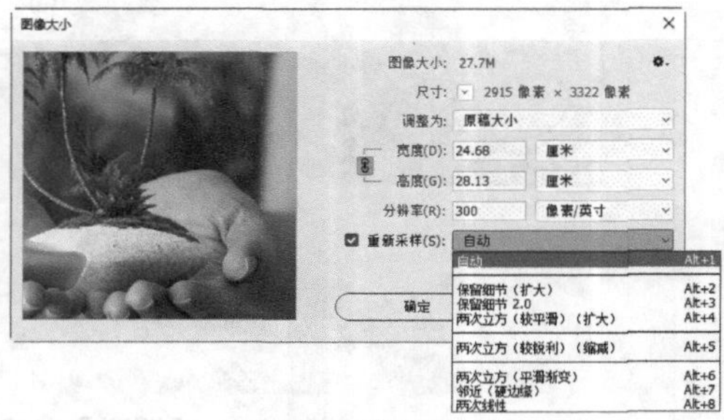


图 2-30 【重新采样】选项

【例 2-5】在 Photoshop CC 2018 中，更改图像文件大小。

(1) 选择【文件】|【打开】命令，在【打开】对话框中选中一幅图像文件，然后单击【打开】按钮，将其打开，如图 2-31 所示。

(2) 选择【图像】|【图像大小】命令，打开如图 2-32 所示的【图像大小】对话框。

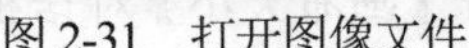

图 2-31　打开图像文件

图 2-32　打开【图像大小】对话框

(3) 在对话框的【调整为】下拉列表中选择【960 × 640 像素 144ppi】选项，然后单击【图像大小】对话框中的【确定】按钮应用调整，如图 2-33 所示。

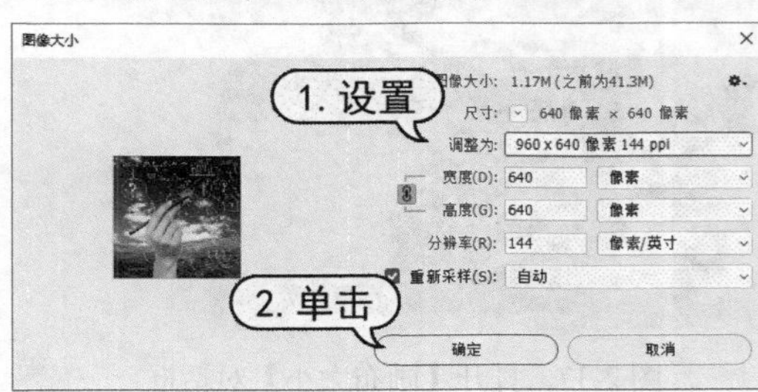


图 2-33　调整图像大小

**知识点**

如果只修改打印尺寸或分辨率，并按比例调整图像中的像素总数，应选中【重新采样】复选框；如果要修改打印尺寸和分辨率而又不更改图像中的像素总数，应取消选中【重新采样】复选框。

## 2.3.2　设置画布大小

画布是指图像文件可编辑的区域，对画布的尺寸进行调整可以在一定程度上影响图像尺寸的大小。使用【画布大小】命令可以增大或减小图像的画布大小。增大画布的大小会在现有图像画面周围添加空间。减小图像的画布大小会裁剪图像画面。

选择【图像】|【画布大小】命令，打开如图 2-34 所示的【画布大小】对话框。在打开的【画布大小】对话框中，上方显示了图像文件当前的宽度和高度。通过在【新建大小】选项组中重新设置，可以改变图像文件的宽度、高度和度量单位。在【定位】选项中，单击要减少或增加画面的方向按钮，可以使图像文件按设置的方向对图像画面进行删减或增加。如果减小画布大小，会打开询问对话框，提示用户若要减小画布必须将原图像文件进行裁切。单击【继续】按钮将改变画布大小，同时将裁剪部分图像，如图 2-35 所示。

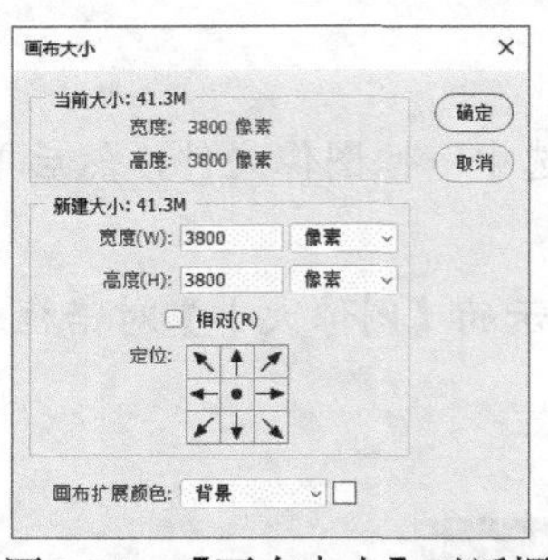


图 2-34 【画布大小】对话框

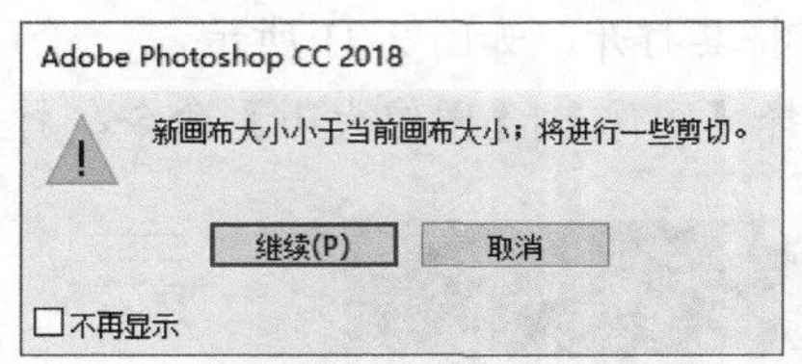


图 2-35 减小画布大小询问对话框

【例 2-6】在 Photoshop 中，更改图像文件画布大小。

(1) 选择菜单栏中的【文件】|【打开】命令，在【打开】对话框中，选中图像文件，然后单击【打开】按钮打开图像文件，如图 2-36 所示。

(2) 选择菜单栏中的【图像】|【画布大小】命令，可以打开【画布大小】对话框，如图 2-37 所示。

图 2-36 打开图像文件

图 2-37 打开【画布大小】对话框

(3) 选中【相对】复选框，在【宽度】和【高度】数值框中分别输入 5 厘米。在【画布扩展颜色】下拉列表中选择【其它】选项，打开【拾色器(画布扩展颜色)】对话框。在对话框中设置颜色为 R:166 G:38 B:38。然后单击【确定】按钮，关闭【拾色器(画布扩展颜色)】对话框，如图 2-38 所示。

(4) 设置完成后，单击【画布大小】对话框中的【确定】按钮即可应用设置，完成对图像文件大小的调整，如图 2-39 所示。

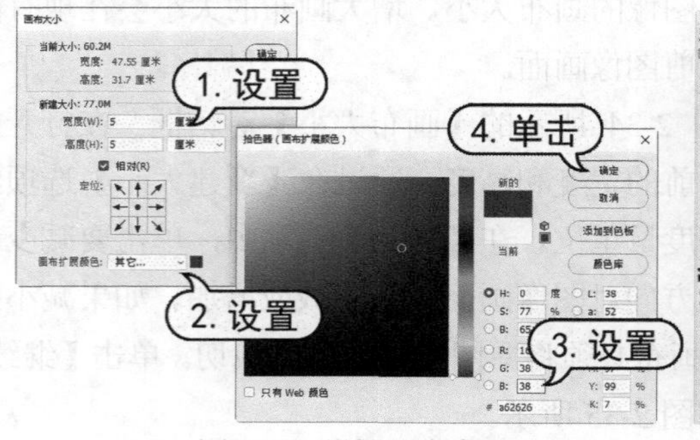


图 2-38 设置画布大小

图 2-39 应用画布大小设置

**知识点**

选中【相对】复选框，【宽度】和【高度】框中的数值代表实际增加或减少的区域的大小。此时，输入正值表示增加画布，输入负值则表示减少画布。

## 2.4　拷贝与粘贴操作

【拷贝】和【粘贴】命令是图像处理过程中最普通、最为常用的命令。它们用来完成图像编辑过程中选区内对象的复制与粘贴任务。与其他程序中不同的是，Photoshop 还可以对选区内的图像进行特殊的复制与粘贴操作。

创建选区后，选择【编辑】|【拷贝】命令，或按 Ctrl+C 组合键，可将选区内图像复制到剪贴板中。要想将选区内所有图层中的图像复制至剪贴板中，可选择【编辑】|【合并拷贝】命令，或按 Shift+Ctrl+C 组合键。

【粘贴】命令一般与【拷贝】或【剪切】命令配合使用。拷贝或剪切图像后，选择【编辑】|【粘贴】命令或按 Ctrl+V 组合键，可以将拷贝或剪切的图像粘贴到画布中，并生成一个新图层。

用户还可以将剪贴板中的图像内容原位粘贴或粘贴到另一个选区的内部或外部。选择【编辑】|【选择性粘贴】|【原位粘贴】命令可粘贴剪贴板中的图像至当前图像文件原位置，并生成新图层。

选择【编辑】|【选择性粘贴】|【贴入】命令可以粘贴剪贴板中的图像至当前图像文件窗口显示的选区内，并且自动创建一个带有图层蒙版的新图层，放置拷贝或剪切的图像内容。

选择【编辑】|【选择性粘贴】|【外部粘贴】命令可以粘贴剪贴板中的图像至当前图像文件窗口显示的选区外，并且自动创建一个带有图层蒙版的新图层。

【例 2-7】使用【选择性粘贴】命令拼合图像效果。

(1) 选择【文件】|【打开】命令，打开一幅素材图像文件，如图 2-40 所示。

(2) 选择【磁性套索】工具，在控制面板中单击【添加到选区】按钮，设置【羽化】数值为【1 像素】，如图 2-41 所示。

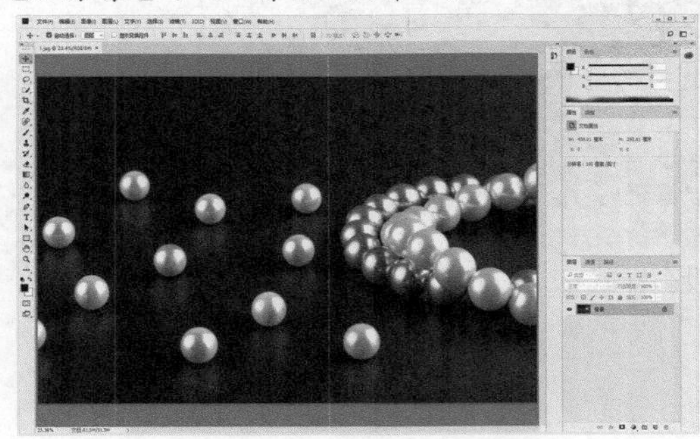

图 2-40　打开图像文件

图 2-41　设置【磁性套索】工具

(3) 使用【磁性套索】工具在图像中勾选珍珠部分，并按 Ctrl+C 组合键复制图像，如图 2-42 所示。

(4) 选择【文件】|【打开】命令，打开另一幅素材图像文件，如图 2-43 所示。

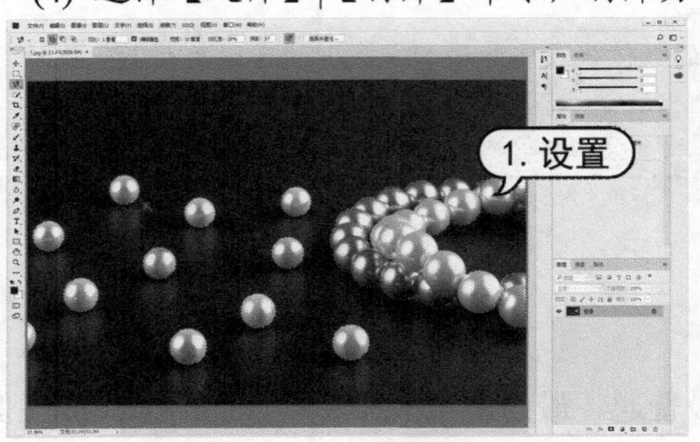


图 2-42 勾选并复制图像

图 2-43 打开另一幅图像文件

(5) 选择【编辑】|【选择性粘贴】|【原位粘贴】命令贴入复制的图像，按 Ctrl+T 组合键应用【自由变换】命令调整图像大小，如图 2-44 所示。

图 2-44 粘贴并调整图像

**提示**

创建选区后，选择【编辑】|【剪切】命令，或按 Ctrl+X 组合键，可以将选区中的内容剪切到剪贴板上，从而利用剪贴板交换图像数据信息。执行该命令后，图像从原图像中剪切，并以背景色填充。

(6) 在【图层】面板中，双击【图层 1】图层，打开【图层样式】对话框。在对话框中，选中【投影】样式选项，设置【不透明度】数值为 70%，【角度】数值为 110 度，【距离】数值为 6 像素，【大小】数值为 10 像素，然后单击【确定】按钮，如图 2-45 所示。

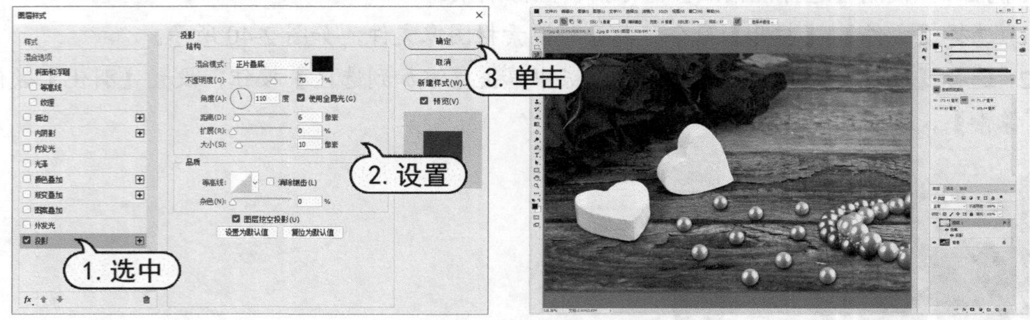


图 2-45 添加投影样式

## 2.5 还原与重做操作

在图像文件的编辑过程中，如果出现操作失误，用户可以通过菜单命令来方便地撤销或恢复图像处理的操作步骤。

## 2.5.1　通过菜单命令操作

在进行图像处理时，最近一次所执行的操作步骤在【编辑】菜单的顶部显示为【还原操作步骤名称】，执行该命令可以立即撤销该操作步骤；此时，菜单命令会变成【重做操作步骤名称】，选择该命令可以再次执行刚撤销的操作，如图 2-46 所示。

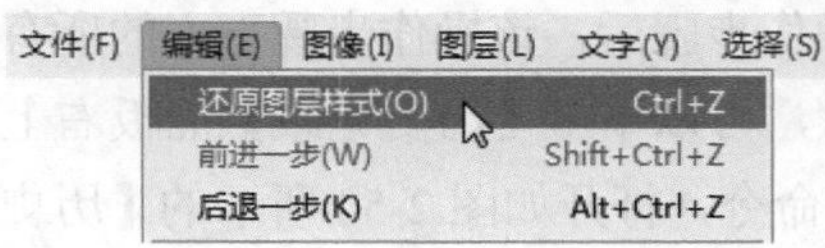


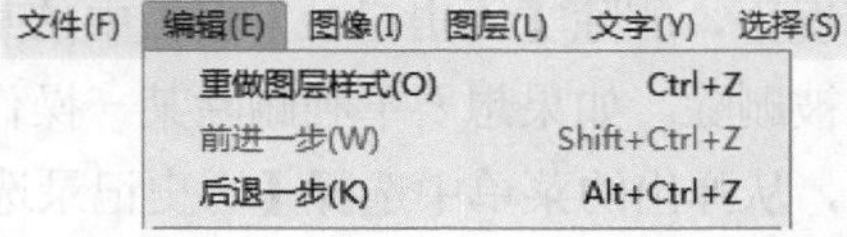


图 2-46　还原、重做操作步骤

在【编辑】菜单中多次选择【还原】命令，可以按照【历史记录】面板中排列的操作顺序，逐步撤销操作步骤。用户也可以在【编辑】菜单中多次选择【前进一步】命令，按照【历史记录】面板中排列的操作顺序，逐步恢复操作步骤。

**提示**

在图像编辑处理过程中，可以使用【还原】和【重做】命令的快捷键提高图像编辑效率。按 Ctrl+Z 组合键可以实现操作的还原与重做。按 Shift+Ctrl+Z 组合键可以前进一步图像操作，按 Alt+Ctrl+Z 组合键可以后退一步图像操作。

## 2.5.2　使用【历史记录】面板

使用【历史记录】面板，可以撤销关闭图像文件之前所进行的操作步骤，并且可以将图像文件当前的处理效果创建快照进行存储。选择【窗口】|【历史记录】命令，打开如图 2-47 所示的【历史记录】面板。

- 【设置历史记录画笔的源】：使用【历史记录画笔】工具时，该图标所在的位置将作为【历史记录画笔】工具的源。
- 【从当前状态创建新文档】按钮：单击该按钮，基于当前操作步骤中图像的状态创建一个新的文件。
- 【创建新快照】按钮：单击该按钮，基于当前的图像状态创建快照。
- 【删除当前状态】按钮：选择一个操作步骤后，单击该按钮可将该步骤及其后的操作删除。单击该按钮后，会弹出如图 2-48 所示的信息提示对话框询问是否要删除当前选中的操作步骤，单击【是】按钮即可删除指定的操作步骤。

使用【历史记录】面板还原被撤销的操作步骤，只需单击操作步骤中位于最后的操作步骤，即可将其前面的所有操作步骤(包括单击的该操作步骤)还原，如图 2-49 所示。还原被撤销操作步骤的前提是，在撤销该操作步骤后没有执行其他新的操作步骤，否则将无法恢复被撤销的操作步骤。

图 2-47 【历史记录】面板

图 2-48 信息提示对话框

默认情况下，删除【历史记录】面板中的某个操作步骤后，该操作步骤下方的所有操作步骤均会同时被删除。如果想要单独删除某一操作步骤，可以单击【历史记录】面板右上角的面板菜单按钮，从弹出的菜单中选择【历史记录选项】命令，打开如图 2-50 所示的【历史记录选项】对话框。

图 2-49 还原操作步骤

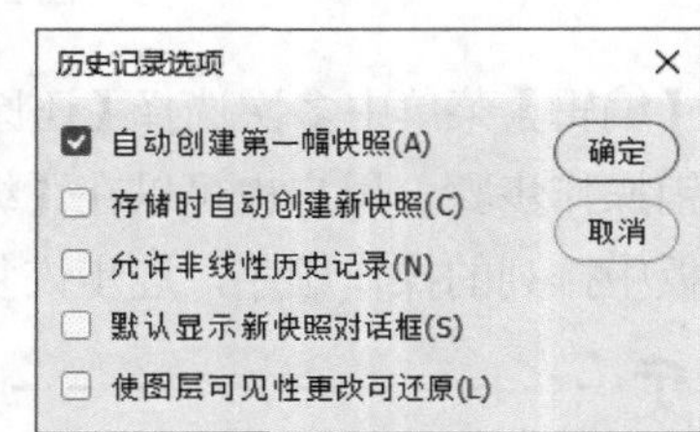

图 2-50 【历史记录选项】对话框

- 【自动创建第一幅快照】复选框：选中该项，打开图像文件时，图像的初始状态自动创建为快照。
- 【存储时自动创建新快照】复选框：选中该项，在编辑过程中，每保存一次文件，都会自动创建一个快照。
- 【允许非线性历史记录】复选框：选中该项，即可单独删除某一操作步骤，而不会影响到其他操作步骤。
- 【默认显示新快照对话框】复选框：选中该项，Photoshop 将强制提示操作者输入快照名称。
- 【使图层可见性更改可还原】复选框：选中该项，保存对图层可见性的更改。

【历史记录】面板中保存的操作步骤默认为 20 步，而在编辑过程中一些操作需要更多的步骤才能完成。这种情况下，用户可以将完成的重要步骤创建为快照。当操作发生错误时，可以单击某一阶段的快照，将图像恢复到该状态，以弥补历史记录保存数量的局限。

【例 2-8】使用【历史记录】面板记录图像编辑操作，并还原图像。

(1) 选择【文件】|【打开】命令，打开一幅图像文件，并按 Ctrl+J 组合键复制【背景】图层，如图 2-51 所示。

(2) 在【调整】面板中，单击【创建新的曝光度调整图层】图标，然后在【属性】面板中设置【位移】数值为 0.0455，【灰度系数校正】数值为 0.70，如图 2-52 所示。

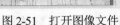

图 2-51　打开图像文件

图 2-52　调整曝光度

(3) 在【调整】面板中，单击【创建新的照片滤镜调整图层】图标。然后在展开的【属性】面板中，单击【滤镜】下拉按钮，从弹出的列表中选择【深褐】，设置【浓度】数值为 55%，如图 2-53 所示。

(4) 在【历史记录】面板中，单击【创建新快照】按钮创建【快照 1】，如图 2-54 所示。

图 2-53　使用【照片滤镜】

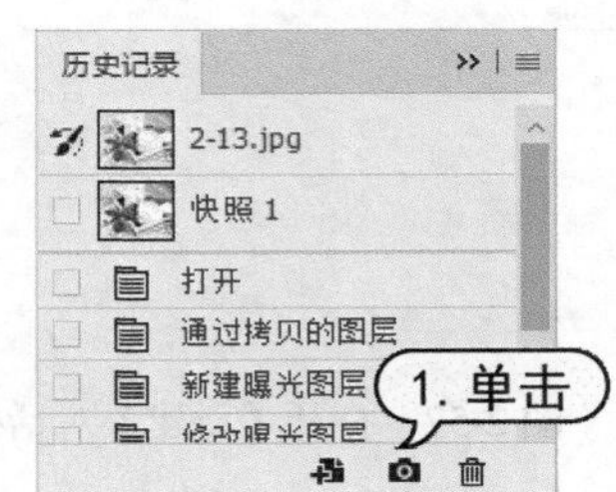


图 2-54　创建快照

(5) 按 Shift+Ctrl+Alt+E 组合键创建盖印图层，生成【图层 2】，选择【滤镜】|【滤镜库】命令，打开【滤镜库】对话框。在对话框中，单击【艺术效果】滤镜组中的【绘画涂抹】滤镜图标，设置【画笔大小】数值为 5，【锐化程度】数值为 9，然后单击【确定】按钮应用滤镜，如图 2-55 所示。

(6) 在【历史记录】面板中，单击【快照 1】，将图像状态还原到滤镜操作之前，如图 2-56 所示。

图 2-55　使用【绘画涂抹】滤镜

图 2-56　还原快照

## 2.6 上机练习

本章的上机练习通过 Photoshop 制作商业名片的综合实例操作，使用户通过练习可以巩固本章所学知识。

(1) 打开 Photoshop CC 2018，在【开始】工作区中单击【新建】按钮，打开【新建】对话框，如图 2-57 所示。

(2) 在对话框的【名称】文本框中输入 Business Card，在【宽度】和【高度】单位下拉列表中选中【毫米】，然后在【宽度】数值框中设置数值为 90，【高度】数值框中设置数值 50；在【分辨率】数值框中设置数值为 300；选中【画板】复选框。设置完成后，单击【创建】按钮，关闭【新建文档】对话框并创建新文档，如图 2-58 所示。

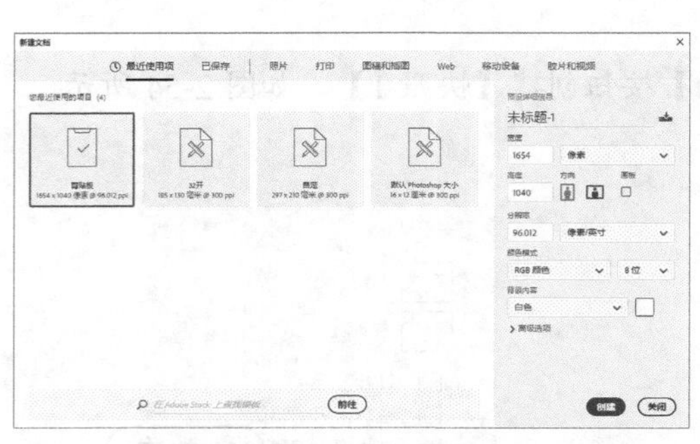

图 2-57 打开【新建】对话框

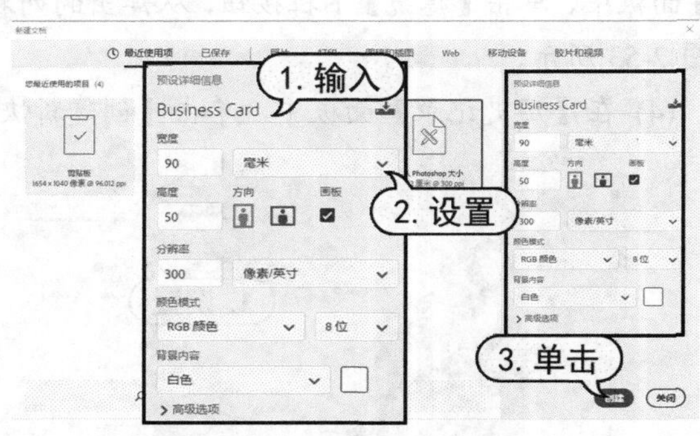


图 2-58 新建文档



(3) 选择【画板】工具，双击【图层】面板中的【画板 1】。在文档窗口中的【画板 1】四周出现添加画板图标，单击底部的添加画板图标创建【画板 2】，如图 2-59 所示。

(4) 在【图层】面板中，选中【画板 1】。选择【视图】|【新建参考线】命令，打开【新建参考线】对话框。在对话框中，选中【水平】单选按钮，设置【位置】数值为 3 厘米，然后单击【确定】按钮，如图 2-60 所示。

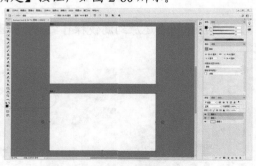

图 2-59 新建画板

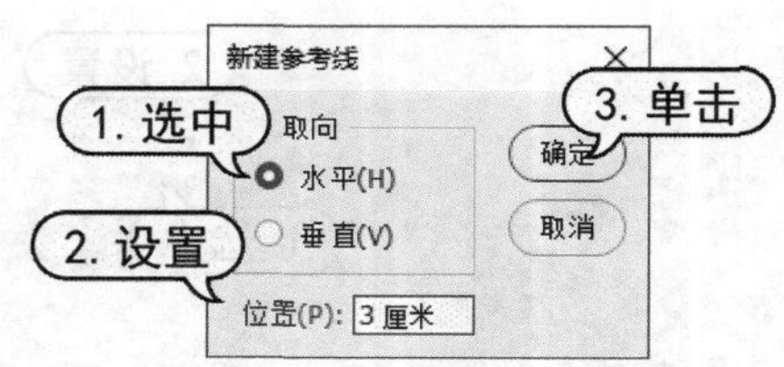


图 2-60 新建参考线

(5) 在【图层】面板中，选中【画板 1】下方的【图层 1】。选择【矩形选框】工具，在画板 1 中依据参考线，框选画板的下部，如图 2-61 所示。

(6) 在【颜色】面板中，单击面板菜单按钮，从弹出的菜单中选择【RGB 滑块】选项。然

后设置前景色为 R:0 G:73 B:137，并按 Alt+Delete 组合键使用前景色填充选区，如图 2-62 所示。

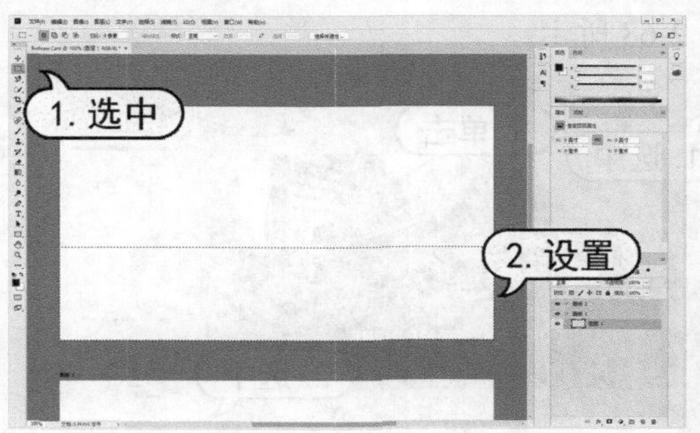


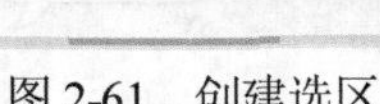

图 2-61　创建选区

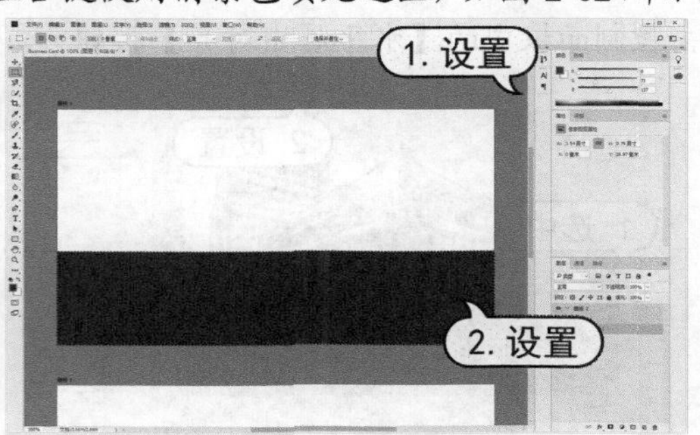


图 2-62　填充选区

(7) 选择【矩形选框】工具，在画板 1 中依据参考线，框选画板的上部，如图 2-63 所示。

(8) 选择【文件】|【打开】命令，在【打开】对话框中，选择所需要的图像文件。然后单击【打开】按钮，如图 2-64 所示。

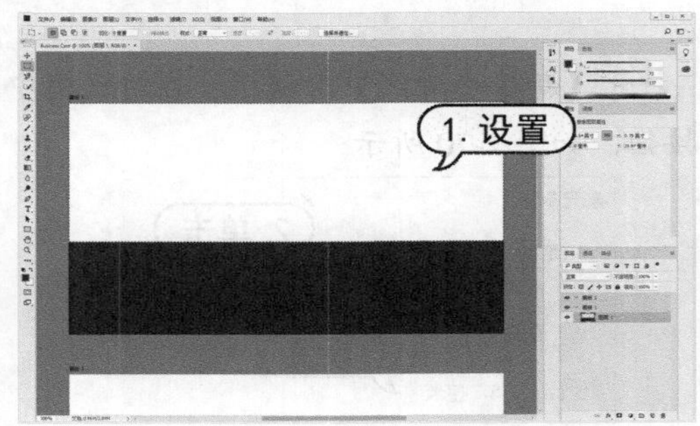


图 2-63　创建选区

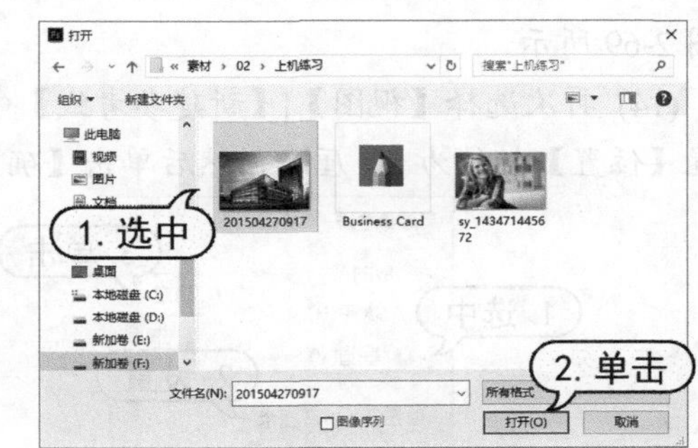


图 2-64　打开图像文件

(9) 按 Ctrl+A 组合键全选打开的图像素材，并按 Ctrl+C 组合键进行复制，如图 2-65 所示。

(10) 返回 Business Card 文件，选择【编辑】|【选择性粘贴】|【贴入】命令。然后按 Ctrl+T 组合键应用【自由变换】命令，调整贴入的图像素材大小，如图 2-66 所示。

图 2-65　复制图像

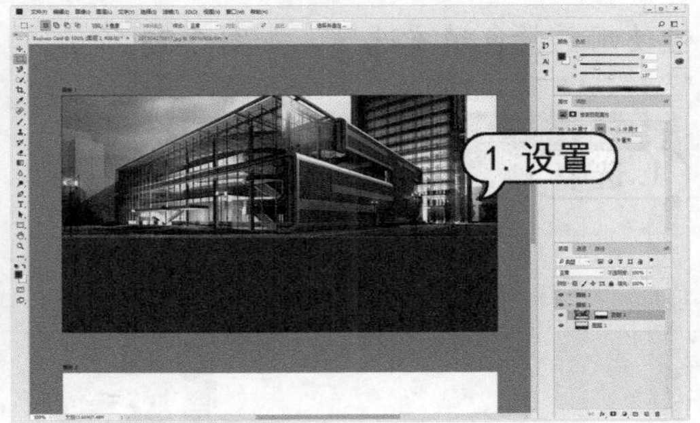


图 2-66　贴入并调整图像

(11) 选择【横排文字】工具在画板中单击，然后在工具控制面板中设置字体为 Candara，字体样式为 Bold，字体大小为 12 点，字体颜色为白色，并输入文字内容。文本内容输入结束后，按 Ctrl+Enter 组合键结束操作，如图 2-67 所示。

(12) 选择【移动】工具，在【图层】面板中，按 Ctrl 键选中文本图层和【图层 1】。然后单击控制面板中的【水平居中对齐】按钮，如图 2-68 所示。

图 2-67　输入文字

图 2-68　对齐对象

(13) 选中【画板 2】，选择【视图】|【新建参考线】命令，打开【新建参考线】对话框。在对话框中，选中【垂直】单选按钮，设置【位置】数值为 0.3 厘米，然后单击【确定】按钮，如图 2-69 所示。

(14) 再次选择【视图】|【新建参考线】命令，打开【新建参考线】对话框。在对话框中，设置【位置】数值为 8.7 厘米，然后单击【确定】按钮，如图 2-70 所示。

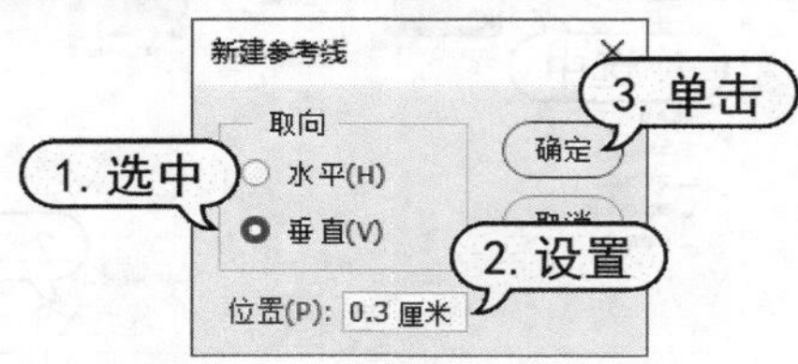


图 2-69　新建参考线

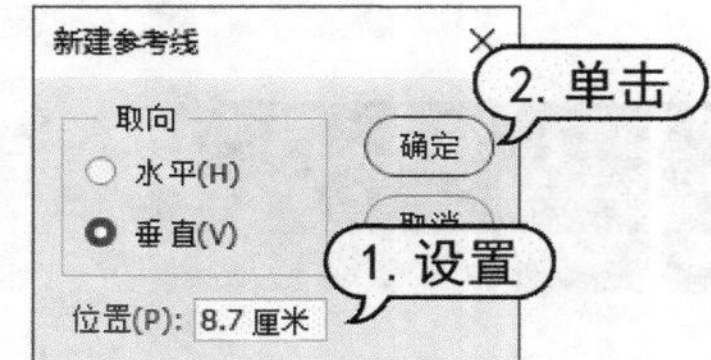


图 2-70　新建参考线

(15) 选择【矩形选框】工具，在工具控制面板中单击【添加到选区】按钮，然后依据参考线创建选区，如图 2-71 所示。

(16) 在【图层】面板中，单击【创建新图层】按钮，新建【图层 3】，然后按 Alt+Delete 组合键使用前景色填充选区，如图 2-72 所示。

图 2-71　创建选区

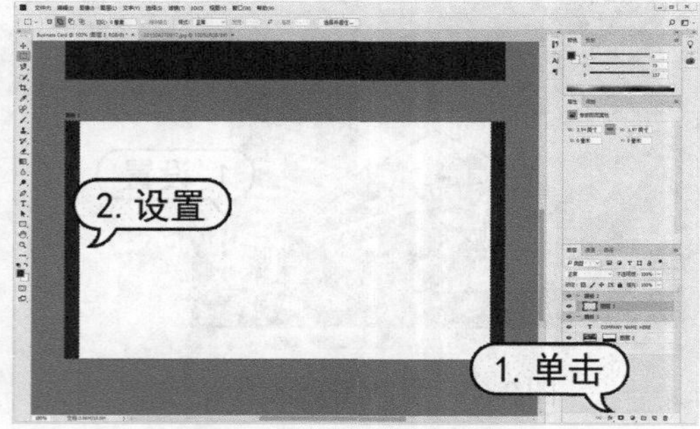


图 2-72　填充选区

(17) 按 Ctrl+D 组合键取消选区。选择【椭圆】工具，按 Alt+Shift 组合键在画板 2 中拖动绘制圆形，如图 2-73 所示。

(18) 选择【横排文字】工具在画板中单击，然后在工具控制面板中设置字体颜色为黑色，并输入文字内容。文本内容输入结束后，按 Ctrl+Enter 组合键结束操作，如图 2-74 所示。

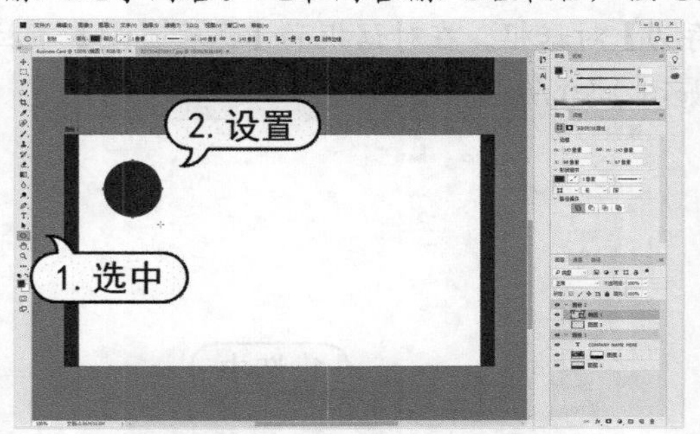


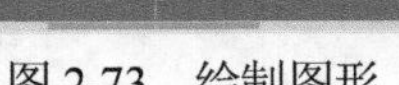

图 2-73　绘制图形

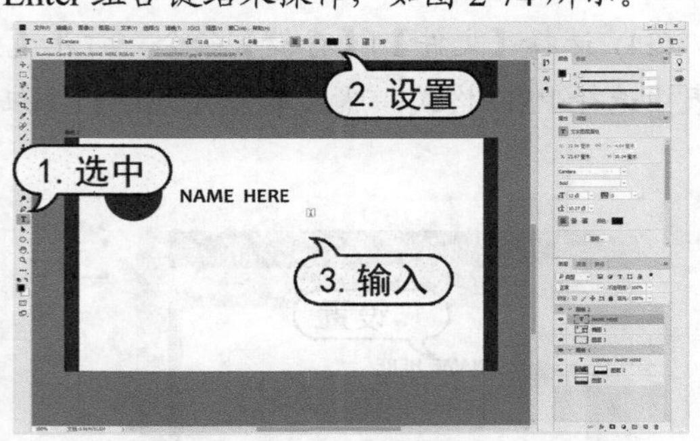


图 2-74　输入文本

(19) 继续使用【横排文字】工具在画板中单击并进行拖动，创建一个文本框，如图 2-75 所示。

(20) 在工具控制面板中设置字体为 Arial，字体样式为 Regular，字体大小为 6 点，并输入文字内容。文本内容输入结束后，按 Ctrl+Enter 组合键结束操作，如图 2-76 所示。

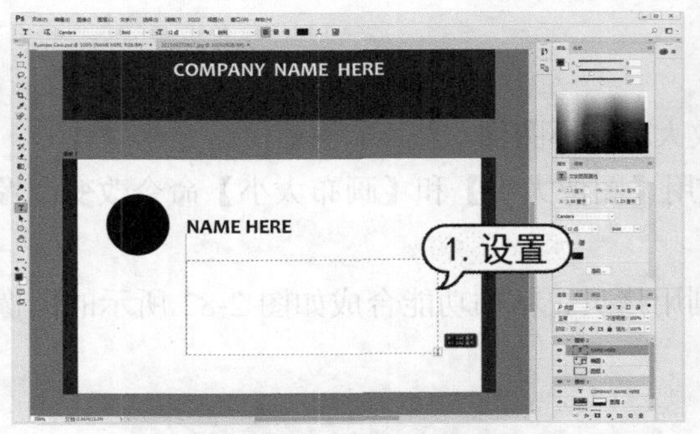


图 2-75　创建文本框

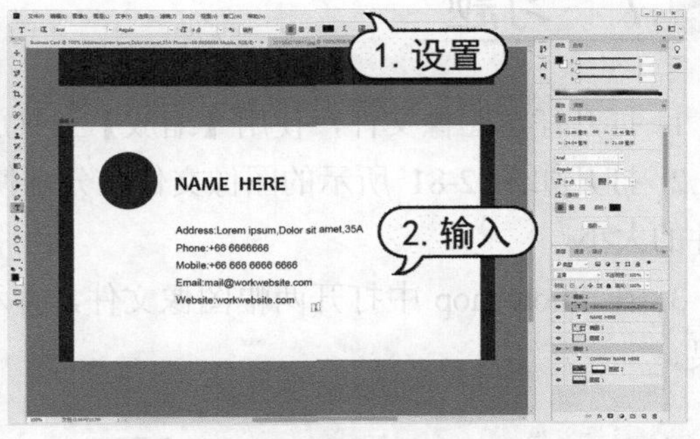


图 2-76　输入文本

(21) 在【图层】面板中，选中【画板 2】下的【椭圆 1】图层。选择【文件】|【置入嵌入对象】命令，打开【置入嵌入对象】对话框。在对话框中选择所需的图像文件，然后单击【置入】按钮，如图 2-77 所示。

(22) 按 Enter 键确定置入图像。在【图层】面板中，右击置入的图像图层，从弹出的快捷菜单中选择【创建剪贴蒙版】命令，创建剪贴蒙版，如图 2-78 所示。

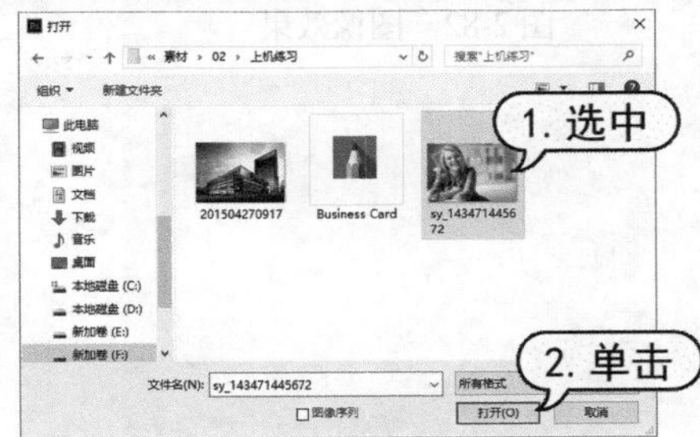


图 2-77　置入智能对象

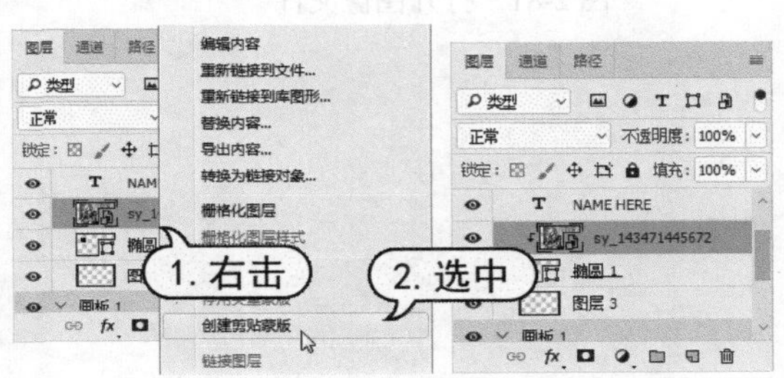


图 2-78　创建剪贴蒙版

(23) 按 Ctrl+T 组合键，应用【自由变换】命令调整置入图像的大小及位置。调整结束后，按 Enter 键结束操作，如图 2-79 所示。

(24) 选择【文件】|【存储】命令，打开【另存为】对话框。在对话框的【保存类型】下拉列表中选择 PSD 格式，然后单击【保存】按钮，如图 2-80 所示。

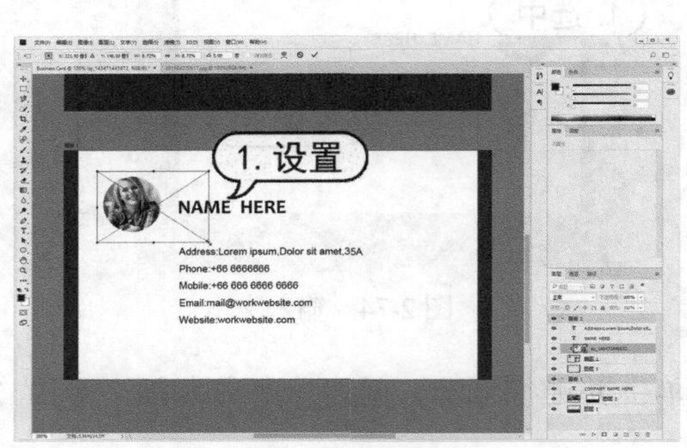


图 2-79　调整图像

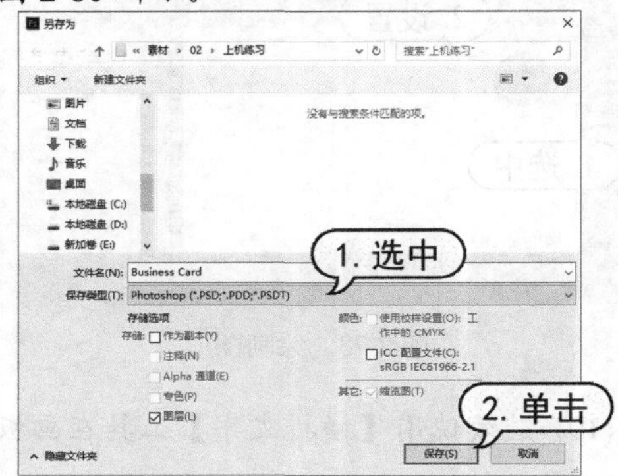


图 2-80　存储文件

## 2.7　习题

1. 打开任意图像文件，使用【缩放】工具放大、缩小图像。

2. 打开如图 2-81 所示的图像文件，分别使用【图像大小】和【画布大小】命令改变图像文件的大小。

3. 在 Photoshop 中打开两幅图像文件，并利用拷贝、粘贴功能合成如图 2-82 所示的图像效果。

图 2-81　打开图像文件

图 2-82　图像效果

# 创建与编辑选区

## 学习目标

选择操作区域是 Photoshop 操作的基础。无论是艺术绘画创作还是图像创意合成，都离不开选区操作。创建了选区，即可对不同图像区域进行调整、抠取等操作，实现对图像特定区域的精确掌控，从而使设计效果更加完善。

## 本章重点

- 选区的创建
- 选区的基本操作
- 选区的编辑操作

## 3.1 选区的定义

Photoshop 中的选区是指图像中选择的区域。它可以指定图像中进行编辑操作的区域。选区显示时，表现为浮动虚线组成的封闭区域。当图像文件窗口中存在选区时，用户进行的编辑或操作都将只影响选区内的图像，而对选区外的图像无任何影响，如图 3-1 所示。

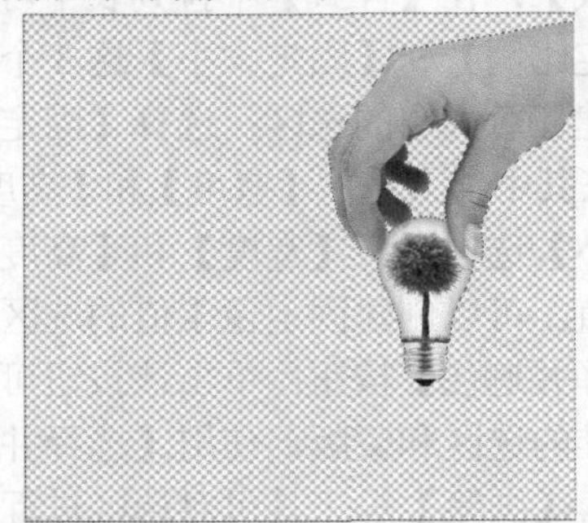

图 3-1　使用选区

Photoshop 中的选区有两种类型：普通选区和羽化选区。普通选区的边缘较硬，当在图像上绘制或使用滤镜时，可以很容易地看到处理效果的起始点和终点。相反，羽化选区的边缘会逐渐淡化。这使编辑效果能与图像无缝地混合到一起，而不会产生明显的边缘。选区在 Photoshop 的图像文件编辑处理过程中有着非常重要的作用。

## 3.2 选区的创建

Photoshop CC 2018 提供了多种工具和命令创建选区，在处理图像时用户可以根据不同需要来进行选择。打开图像文件后，先确定要设置的图像效果，然后再选择较为合适的工具或命令创建选区。

### 3.2.1 选区工具控制面板



选中任意一个创建选区工具，在控制面板中将显示该工具的属性。选框工具组中，相关选框工具的控制面板内容是一样的，主要有【羽化】、【消除锯齿】、【样式】等选项。下面以如图 3-2 所示的【矩形选框】工具控制面板为例来讲解各选项的含义及用法。

图 3-2 【矩形选框】工具控制面板

- 选区选项：可以设置选区工具工作模式，包括【新选区】、【添加到选区】、【从选区减去】、【与选区交叉】这 4 个选项。
- 【羽化】：在数值框中输入数值，可以设置选区的羽化程度。对被羽化的选区填充颜色或图案后，选区内外的颜色柔和过渡。数值越大，柔和效果越明显。
- 【消除锯齿】：图像由像素点构成，而像素点是方形的，所以在编辑和修改圆形或弧形图形时，其边缘会出现锯齿效果。选中该复选框，可以消除选区锯齿，平滑选区边缘。
- 【样式】：在【样式】下拉列表中可以选择创建选区时选区的样式。包括【正常】、【固定比例】和【固定大小】这 3 个选项。【正常】为默认选项，可在操作文件中随意创建任意大小的选区；选择【固定比例】选项后，【宽度】及【高度】文本框被激活，在其中输入选区【宽度】和【高度】的比例，可以创建固定比例的选区；选择【固定大小】选项后，【宽度】和【高度】文本框被激活，在其中输入选区宽度和高度的像素值，可以创建固定像素值的选区。
- 【选择并遮住】按钮：单击该按钮可以打开【选择并遮住】工作区。能够帮助用户创建精准的选区和蒙版。使用【选择并遮住】工作区中的【快速选择】、【调整边缘画笔】、【画笔】等工具可对选区进行更多操作。

## 3.2.2　使用选框工具

对于图像中的规则形状选区，如矩形、圆形等，使用 Photoshop 提供的选框工具创建选区是最直接、方便的选择。

长按工具面板中的【矩形选框】工具，在弹出的工具菜单中包括创建基本选区的各种选框工具，如图 3-3 所示。其中，【矩形选框】工具与【椭圆选框】工具是最为常用的选框工具，用于选取较为规则的选区。【单行选框】工具与【单列选框】工具则用来创建直线选区。

对于【矩形选框】工具和【椭圆选框】工具而言，直接将鼠标移动到当前图像中，在合适的位置单击，然后拖动到合适的位置释放鼠标，即可创建一个矩形或椭圆选区，如图 3-4 所示。

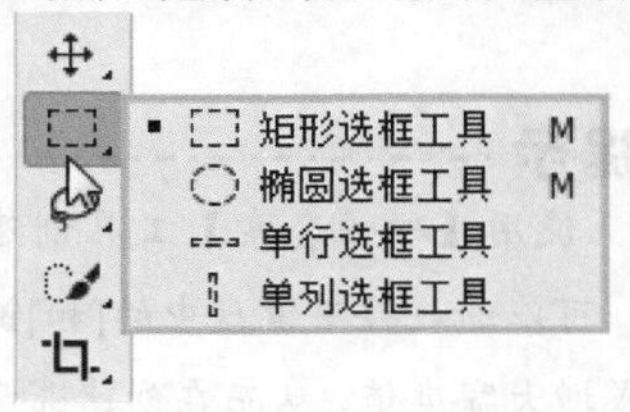


图 3-3　选框工具组

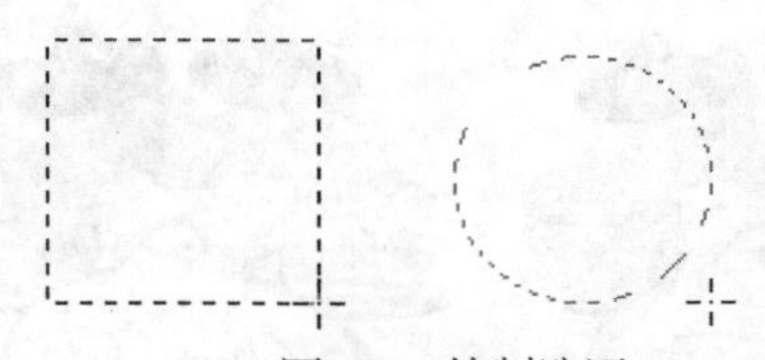

图 3-4　绘制选区

对于【单行选框】工具和【单列选框】工具，选择该工具后在画布中直接单击鼠标，即可创建宽度为 1 像素的行或列选区。

 **提示**

【矩形选框】和【椭圆选框】工具操作方法相同，在绘制选区时，按住 Shift 键可以绘制正方形或正圆形选区；按住 Alt 键以单击点为中心绘制矩形或椭圆选区；按住 Alt+Shift 组合键以单击点为中心绘制正方形或正圆选区。

## 3.2.3　使用套索工具

在实际操作过程中，需要创建不规则选区时可以使用工具面板中的套索工具。其中包括【套索】工具、【多边形套索】工具和【磁性套索】工具。

- 【套索】工具：以拖动光标的手绘方式创建选区范围，实际上就是根据光标的移动轨迹创建选区范围。该工具特别适用于对选取精度要求不高的操作。
- 【多边形套索】工具：通过绘制多个直线段并连接，最终闭合线段区域后创建出选区范围。该工具适用于对精度有一定要求的操作。
- 【磁性套索】工具：通过画面中颜色的对比自动识别对象的边缘，绘制出由连接点形成的连接线段，最终闭合线段区域后创建出选区范围。该工具特别适用于创建与背景对比强烈且边缘复杂的对象选区范围。【磁性套索】工具控制面板在另外两种套索工具控制面板的基础上进行了一些拓展，除了基本的选取方式和羽化外，还可以对宽度、对比度和频率进行设置。

【例 3-1】使用【磁性套索】工具创建选区。

(1) 选择【文件】|【打开】命令，打开图像文件。

(2) 选择【磁性套索】工具，在控制面板中，设置【羽化】数值为 1 像素，【宽度】像素值为 5 像素，【对比度】数值为 10%，在【频率】文本框中输入 60，如图 3-5 所示。

图 3-5　设置【磁性套索】工具

(3) 设置完成后，在图像文件中单击创建起始点，然后沿图像文件中对象的边缘拖动鼠标，自动创建路径。当鼠标回到起始点位置时，套索工具旁出现一个小圆圈标志。此时，单击鼠标可以闭合路径创建选区，如图 3-6 所示。

图 3-6　创建选区

**提示**

使用【磁性套索】工具创建选区时，可以通过按下键盘中的[和]键来减小或增大宽度值，从而在创建选区的同时灵活地调整选区与图像边缘的距离，使其与图像边缘更加匹配。

## 3.2.4　使用【魔棒】工具

【魔棒】工具根据图像的饱和度、色度或亮度等信息来创建对象选取范围。用户可以通过调整容差值来控制选区的精确度。容差值可以在控制面板中进行设置，另外如图 3-7 所示的控制面板还提供了其他一些参数设置，方便用户灵活地创建自定义选区。

图 3-7　【魔棒】工具控制面板

- 【取样大小】选项：设置取样点的像素范围大小。
- 【容差】数值框：用于设置颜色选择范围的容差值，容差值越大，所选择的颜色范围也就越大。
- 【消除锯齿】复选框：用于创建边缘较平滑的选区。
- 【连续】复选框：用于设置是否在选择颜色选取范围时，对整个图像中所有符合该单击颜色范围的颜色进行选择。
- 【对所有图层取样】复选框：可以对图像文件中所有图层中的图像进行取样操作。

【例 3-2】使用【魔棒】工具创建选区。

(1) 选择【文件】|【打开】命令，打开图像文件，如图 3-8 所示。

(2) 选择【魔棒】工具，在控制面板中设置【容差】数值为 30。然后使用【魔棒】工具在图像画面背景中单击创建选区，如图 3-9 所示。

图 3-8　打开图像文件

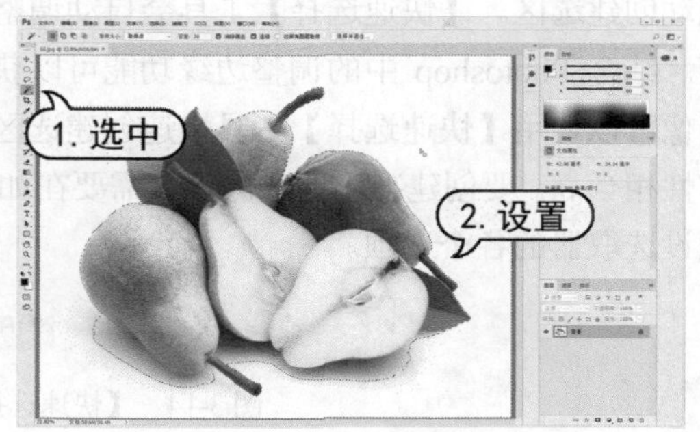


图 3-9　创建选区

(3) 在控制面板中，单击【添加到选区】按钮。继续在背景区域单击，添加选区，如图 3-10 所示。

(4) 选择【选择】|【反选】命令，并按 Ctrl+C 组合键复制图像，如图 3-11 所示。

图 3-10　添加选区

图 3-11　复制选区内图像

(5) 选择【文件】|【打开】命令，打开另一幅图像文件，如图 3-12 所示。

(6) 选择【编辑】|【粘贴】命令，粘贴复制的图像。并按 Ctrl+T 组合键应用【自由变换】命令，调整贴入的图像。然后按 Enter 键应用调整，如图 3-13 所示。

图 3-12　打开另一幅图像文件

图 3-13　粘贴并调整图像

## 3.2.5 使用【快速选择】工具

【快速选择】工具结合了【魔棒】工具和【画笔】工具的特点，以画笔绘制的方式在图像中拖动创建选区。【快速选择】工具会自动调整所绘制的选区大小，并寻找到边缘使其与选区分离。结合 Photoshop 中的调整边缘功能可以获得更加准确的选区。图像主体与背景相差较大的图像可以使用【快速选择】工具快速创建选区。并且在扩大颜色范围，连续选取时，其自由操作性相当高。要创建准确的选区首先需要在如图 3-14 所示的控制面板中进行设置，特别是画笔预设选取器的各个选项。

图 3-14 【快速选择】工具控制面板

- 选区选项：包括【新选区】、【添加到选区】、和【从选区减去】这 3 个选项按钮。创建选区后会自动切换到【添加到选区】的状态。
- 【画笔】选项：通过单击画笔缩览图或者其右侧的下拉按钮打开画笔选项面板。画笔选项面板中可以设置直径、硬度、间距、角度、圆度或大小等参数。
- 【自动增强】复选框：选中该复选框，将减少选区边界的粗糙度和块效应。



【例 3-3】使用【快速选择】工具创建选区。

(1) 选择【文件】|【打开】命令，打开图像文件。按 Ctrl+J 组合键复制【背景】图层，如图 3-15 所示。

(2) 选择【快速选择】工具，在控制面板中单击打开【画笔】选取器，在打开的下拉面板中设置【大小】数值为 40 像素，【间距】数值为 1%。或直接拖动其滑块，可以更改【快速选择】工具的画笔笔尖大小，如图 3-16 所示。

图 3-15 打开图像文件

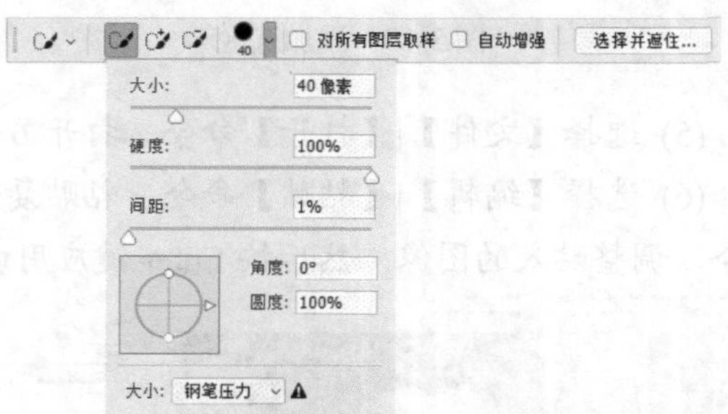


图 3-16 设置【快速选择】工具

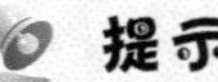

**提示**

在创建选区，需要调节画笔大小时，按键盘上的右方括号键]可以增大快速选择工具的画笔笔尖的大小；按左方括号键[可以减小快速选择工具画笔笔尖的大小。

(3) 使用【快速选择】工具，在图像文件的背景区域中拖动创建选区，如图 3-17 所示。

(4) 选择【选择】|【选择相似】命令，将图像背景区域全部选中，如图 3-18 所示。

图 3-17　创建选区

图 3-18　选择相似区域

(5) 选择【编辑】|【填充】命令，打开【填充】对话框。在对话框的【内容】下拉列表中选择【颜色】选项，打开【拾色器(填充颜色)】对话框。在对话框中设置颜色为 R:223 G:218 B:187，然后单击【确定】按钮关闭【拾色器(填充颜色)】对话框。设置完成后，单击【填充】对话框中的【确定】按钮关闭对话框并填充选区。然后按 Ctrl+D 组合键取消选区，如图 3-19 所示。

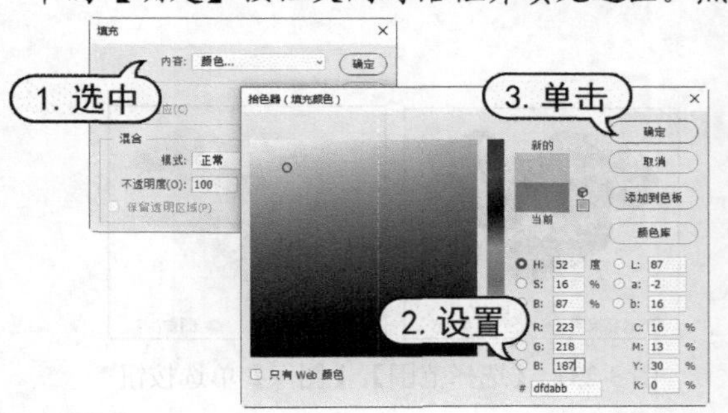

图 3-19　填充选区

## 3.2.6　使用【色彩范围】命令

在 Photoshop 中，使用【色彩范围】命令可以根据图像的颜色变化关系来创建选区，适用于颜色对比度大的图像。使用【色彩范围】命令可以选定一个标准色彩，或使用【吸管】工具吸取一种颜色，然后在容差设定允许的范围内，图像中所有在这个范围的色彩区域都将成为选区。

其操作原理和【魔棒】工具基本相同。不同的是，【色彩范围】命令能更清晰地显示选区的内容，并且可以按照通道选择选区。选择【选择】|【色彩范围】命令，打开如图 3-20 所示的【色彩范围】对话框。在对话框的【选择】下拉列表中可以指定图像中的红、黄、绿等颜色范围，也可以根据图像颜色的亮度特性选择图像中的高亮部分，中间色调区域或较暗的颜色区域，如图 3-21 所示。选择该下拉列表框中的【取样颜色】选项，可以直接在对话框的预览区域中单击选择所需颜色，也可以在图像文件窗口中单击进行选择操作。

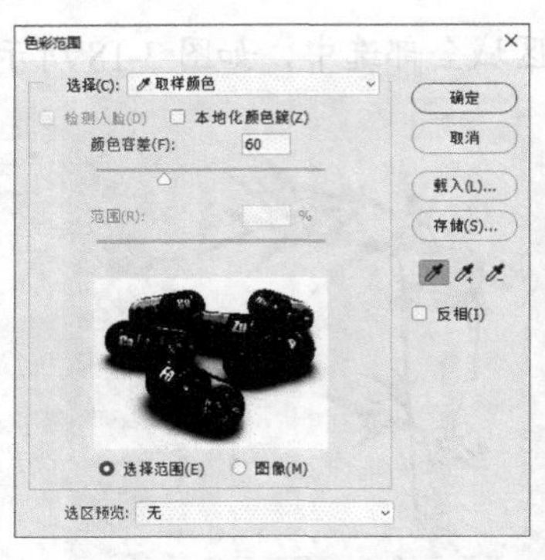


图 3-20　【色彩范围】对话框

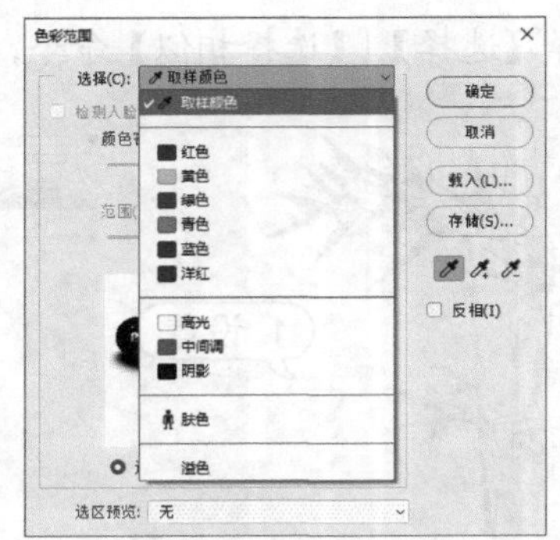


图 3-21　【选择】选项

移动【颜色容差】选项的滑块或在其文本框中输入数值，可以调整颜色容差的参数，如图 3-22 所示。

选中【选择范围】或【图像】单选按钮，可以在预览区域预览选择的颜色区域范围，或者预览整个图像以进行选择操作，如图 3-23 所示。



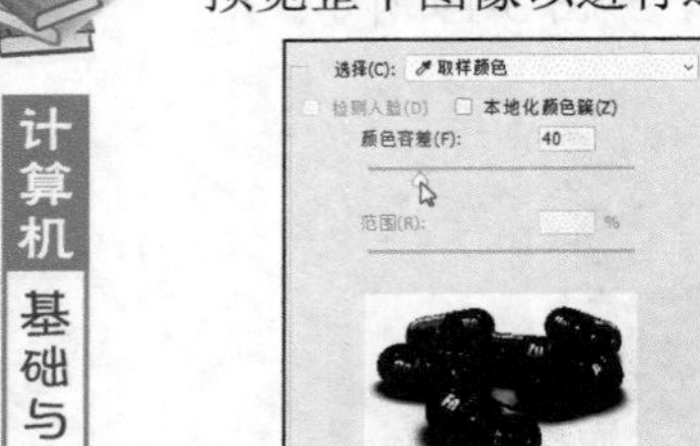


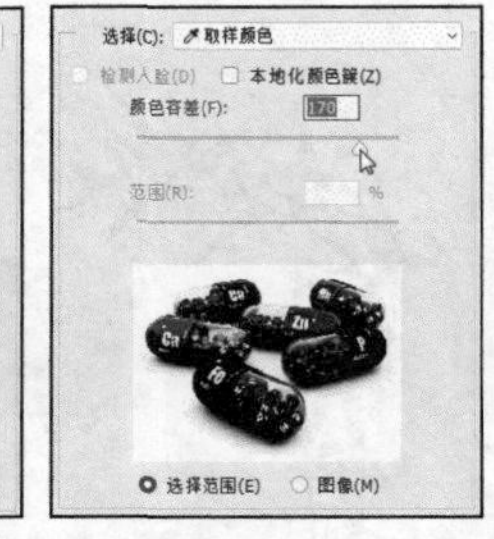


图 3-22　设置【颜色容差】选项

图 3-23　【选择范围】、【图像】单选按钮

选择【选区预览】下拉列表框中的相关预览方式，可以预览操作时图像文件窗口的选区效果，如图 3-24 所示。

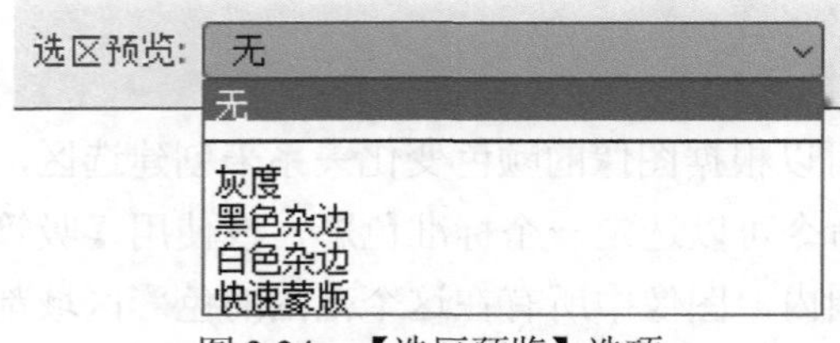


图 3-24　【选区预览】选项

**知识点**

对话框中【反相】复选框用于反转取样的色彩范围的选区。它提供了一种在单一背景上选择多个颜色对象的方法，即用【吸管】工具选择背景，然后选中该复选框以反转选区，得到所要对象的选区。

【吸管】工具/【添加到取样】工具/【从取样减去】工具用于设置选区后，添加或删除需要的颜色范围。

【例 3-4】使用【色彩范围】命令创建选区。

(1) 选择【文件】|【打开】命令打开图像文件，并按 Ctrl+J 组合键复制【背景】图层，如图 3-25 所示。

(2) 选择【选择】|【色彩范围】命令，打开【色彩范围】对话框。在对话框中，设置【颜

色容差】为 60，然后使用【吸管】工具在图像文件中单击，如图 3-26 所示。

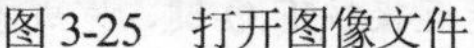

图 3-25　打开图像文件

图 3-26　选取色彩区域

(3) 在对话框中，单击【添加到取样】按钮，继续在图像中单击添加选区，如图 3-27 所示。

(4) 设置完成后，单击【确定】按钮关闭对话框，在图像文件中创建选区，如图 3-28 所示。

图 3-27　添加色彩区域　　图 3-28　创建选区

(5) 在【调整】面板中，单击【设置新的色相/饱和度调整图层】按钮。在打开的【属性】面板中，设置【色相】数值为-113，【饱和度】数值为 35，【明度】数值为 30，如图 3-29 所示，调整选区颜色。

图 3-29　调整色相/饱和度

**知识点**

在【色彩范围】对话框中，单击【载入】按钮，可以通过【载入】对话框载入存储的 AXT 格式的色彩范围文件。单击【存储】按钮，可以通过【存储】对话框存储 AXT 格式的色彩范围文件。

## 3.2.7　使用快速蒙版

使用快速蒙版创建选区，类似于使用快速选择工具的操作，即通过画笔的绘制方式来灵活创建选区。创建选区后，单击工具面板中的【以快速蒙版模式编辑】按钮，可以看到选区外转换为红色半透明的蒙版效果。

双击【以快速蒙版模式编辑】按钮，可以打开如图 3-30 所示的【快速蒙版选项】对话框。在对话框中的【色彩指示】选项组中，可以设置参数定义颜色表示被蒙版区域还是所选区域；【颜色】选项组用于定义蒙版的颜色和不透明度。

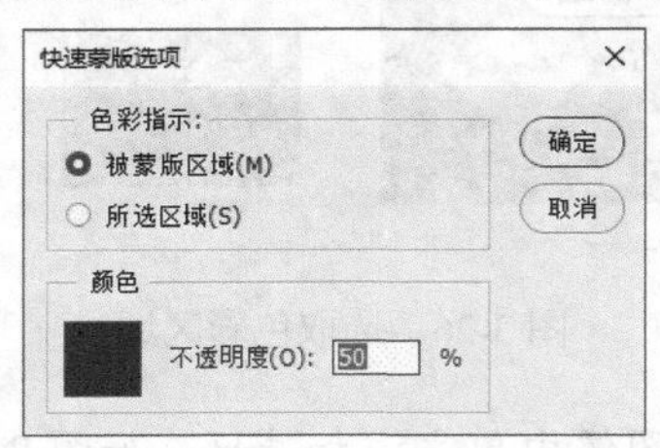


图 3-30　【快速蒙版选项】对话框

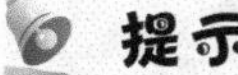

**提示**

【以快速蒙版模式编辑】按钮位于工具面板的最下端。进入快速蒙版模式的快捷方式是直接按下 Q 键，完成蒙版的绘制后再次按下 Q 键切换回标准模式。



【例 3-5】使用快速蒙版抠取图像。

(1) 选择【文件】|【打开】命令，打开图像文件，如图 3-31 所示。

(2) 单击工具面板中的【以快速蒙版模式编辑】按钮，选择【画笔】工具，在工具控制面板中单击打开【画笔预设】选取器，设置画笔样式为硬边圆，【大小】数值为 155 像素，【硬度】数值为 80%，如图 3-32 所示。

图 3-31　打开图像文件

图 3-32　设置画笔选项

(3) 使用【画笔】工具在图像中主体部分进行涂抹，创建快速蒙版，如图 3-33 所示。

(4) 按下 Q 键切换回标准模式，然后选择【选择】|【反选】命令创建选区，并按 Ctrl+C 组合键复制选区内图像，如图 3-34 所示。

图 3-33　创建快速蒙版

图 3-34　复制选区内图像

(5) 选择【文件】|【打开】命令，打开另一幅图像文件。然后按 Ctrl+V 组合键粘贴图像，并按 Ctrl+T 组合键调整图像大小，如图 3-35 所示。

图 3-35　粘贴并调整图像

> **知识点**
>
> 在快速蒙版模式下，通过绘制白色来删除蒙版，通过绘制黑色来添加蒙版区域。当转换到标准模式后绘制的白色区域将转换为选区。

(6) 在【图层】面板中，双击【图层 1】打开【图层样式】对话框。在对话框中，选中【投影】样式，设置【不透明度】为 75%，【角度】数值为 135 度，【距离】数值为 75 像素，【大小】数值为 84 像素。然后单击【确定】按钮应用投影样式，如图 3-36 所示。

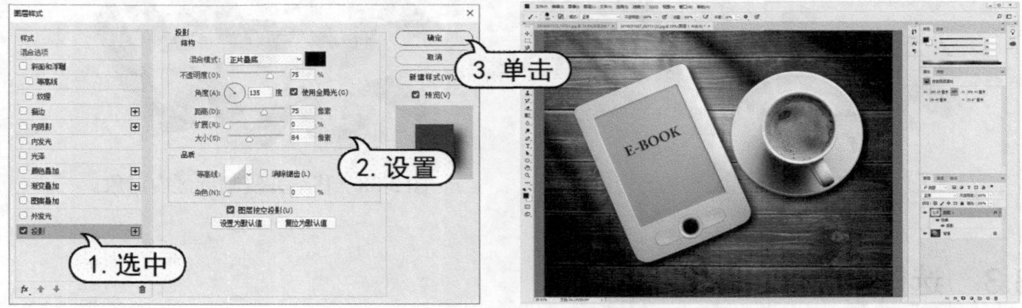


图 3-36　应用投影样式

## 3.3　选区的基本操作

为了使创建的选区更加符合不同的使用需要，在图像中绘制或创建选区后还可以对选区进行多次修改或编辑。这些编辑操作包括全选选区、取消选区、重新选择选区、移动选区等操作。

### 3.3.1　选区基本命令

在打开【选择】菜单后，最上端包括了 4 个常用的操作命令。

- 选择【选择】|【全部】命令，或按下 Ctrl+A 组合键，可选择当前文件中的全部图像内容。
- 选择【选择】|【取消选择】命令，或按下 Ctrl+D 组合键，可取消创建的选区。
- 选择【选择】|【重新选择】命令，可恢复前一选区范围。

◉ 选择【选择】|【反转】命令，或按下 Shift+Ctrl+I 组合键，可反转已创建的选区，即选择图像中未选中的部分。

## 3.3.2 移动图像选区

使用任意创建选区的工具创建选区后，在控制面板中单击【新选区】按钮，再将光标置于选区中，当光标显示为▹时，拖动鼠标即可移动选区，如图 3-37 所示。

复制选区内对象主要通过使用【移动】工具以及结合快捷键的使用。在使用【移动】工具时，按住 Ctrl+Alt 键，当光标显示为▶状态时，可以移动并复制选区内图像，如图 3-38 所示。

除此之外，用户也可以通过键盘上的方向键，将对象以 1 个像素的距离移动；如果按住 Shift 键，再按方向键，则每次可以移动 10 个像素的距离。

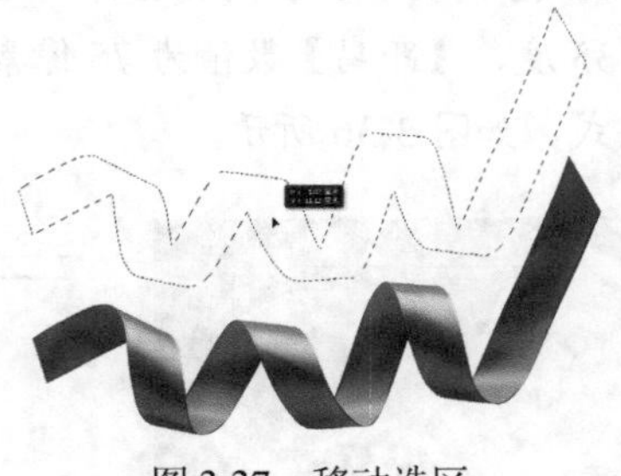

图 3-37 移动选区

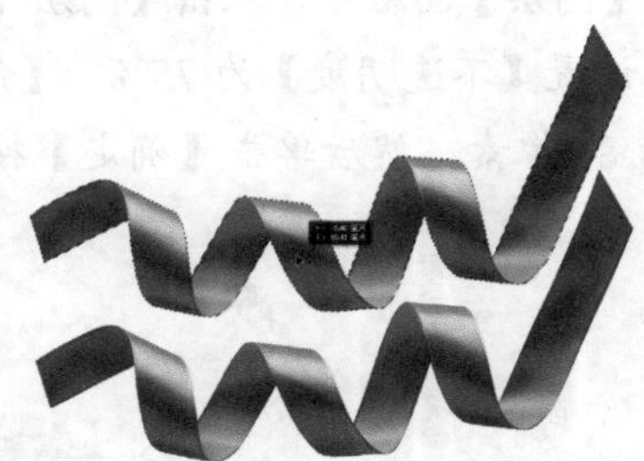

图 3-38 移动并复制选区内对象

## 3.3.3 选区的运算

选区运算是指在画面中存在选区的情况下，使用选框工具、套索工具和魔棒工具创建新选区时，新选区与现有选择区之间进行运算，从而生成新的选区。选择选框工具、套索工具或魔棒工具创建选区时，工具控制面板中就会出现选区运算的相关按钮，如图 3-39 所示。

◉ 【新选区】按钮：单击该按钮后，可以创建新的选区；如果图像中已存在选区，那么新创建的选区将替代原来的选区。

◉ 【添加到选区】按钮：单击该按钮，使用选框工具在画布中创建选区时，如果当前画布中存在选区，光标将变成+形状。此时绘制新选区，新建的选区将与原来的选区合并成为新的选区，如图 3-40 所示。

图 3-39 选区运算按钮

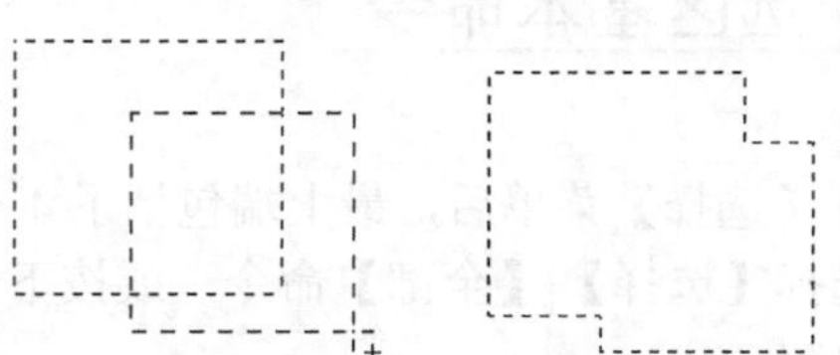

图 3-40 添加到选区

- 【从选区减去】按钮：单击该按钮，使用选框工具在图形中创建选区时，如果当前画布中存在选区，光标变为⁻形状。此时，如果新创建的选区与原来的选区有相交部分，将从原选区中减去相交的部分，余下的选择区域作为新的选区，如图 3-41 所示。
- 【与选区交叉】按钮：单击该按钮，使用选框工具在图形中创建选区时，如果当前画布中存在选区，光标将变成ₓ形状。此时，如果新创建的选区与原来的选区有相交部分，结果会将相交的部分作为新的选区，如图 3-42 所示。

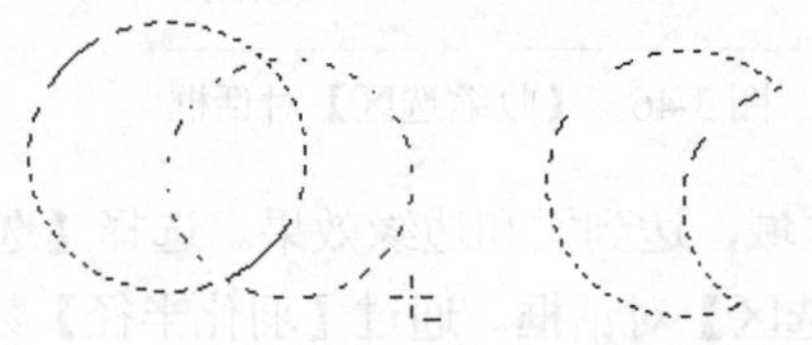

图 3-41　从选区减去

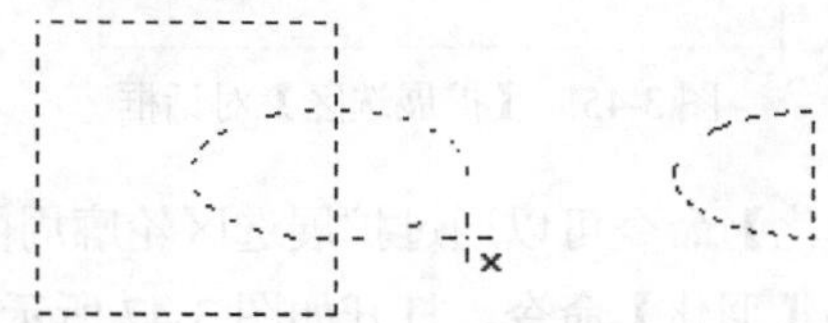

图 3-42　与选区交叉

## 3.4　选区的编辑操作

新建选区后还需要对选区进一步编辑处理，以达到所需的效果。【选择】菜单中包含用于编辑选区的各种命令，以供用户选择使用。

### 3.4.1　选区编辑命令

【边界】命令可以选择现有选区边界的内部和外部的像素宽度。当要选择图像区域周围的边界或像素带，而不是该区域本身时，此命令将很有用。

选择【选择】|【修改】|【边界】命令，打开如图 3-43 所示的【边界选区】对话框。在对话框中的【宽度】数值框中可以输入一个 1 到 200 之间的像素值，然后单击【确定】按钮。新选区将为原始选定区域创建框架，此框架位于原始选区边界的中间。如若边框宽度设置为 20 像素，则会创建一个新的柔和边缘选区，该选区将在原始选区边界的内外分别扩展 10 像素。

【平滑】命令用于平滑选区的边缘。选择【选择】|【修改】|【平滑】命令，打开如图 3-44 所示的【平滑选区】对话框。对话框中的【取样半径】数值用来设置选区的平滑范围。

【扩展】命令用于扩展选区范围。选择【选择】|【修改】|【扩展】命令，打开如图 3-45 所示的【扩展选区】对话框，设置【扩展量】数值可以扩展选区。其数值越大，选区向外扩展的范围就越广。

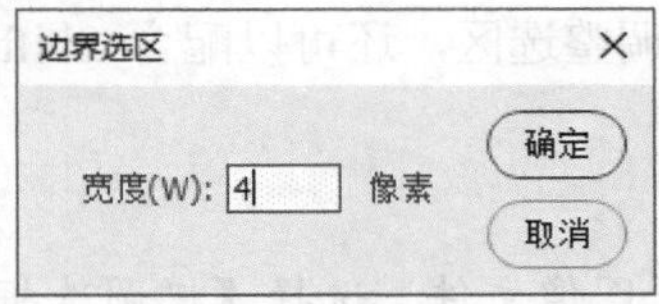



图 3-43　【边界选区】对话框

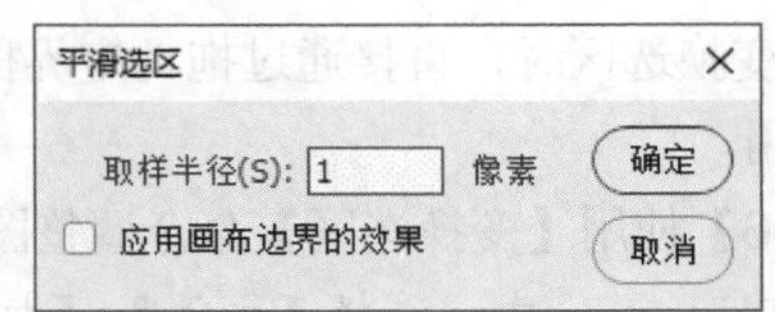



图 3-44　【平滑选区】对话框

【收缩】命令与【扩展】命令相反，用于收缩选区范围。选择【选择】|【修改】|【收缩】命令，打开如图 3-46 所示的【收缩选区】对话框。通过设置【收缩量】可以缩小选区。其数值越大，选区向内收缩的范围就越大。

图 3-45 【扩展选区】对话框

图 3-46 【收缩选区】对话框

【羽化】命令可以通过扩展选区轮廓周围的像素区域，达到柔和边缘效果。选择【选择】|【修改】|【羽化】命令，打开如图 3-47 所示的【羽化选区】对话框。通过【羽化半径】数值可以控制羽化范围的大小。当对选区应用填充、裁剪等操作时，可以看出羽化效果。如果选区较小而羽化半径设置较大，则会弹出如图 3-48 所示的警告对话框。单击【确定】按钮，可确认当前设置的羽化半径，而选区可能变得非常模糊，以至于在画面中看不到，但此时选区仍然存在。如果不想出现该警告，应减少羽化半径或增大选区的范围。

【选择】|【扩大选取】或【选取相似】命令常配合其他选区工具使用。【扩大选取】命令用于添加与当前选区颜色相似且位于选区附近的所有像素。可以通过在魔棒工具的控制面板中设置容差值扩大选取。容差值决定了扩大选取时颜色取样的范围。容差值越大，扩大选取时的颜色取样范围越大。

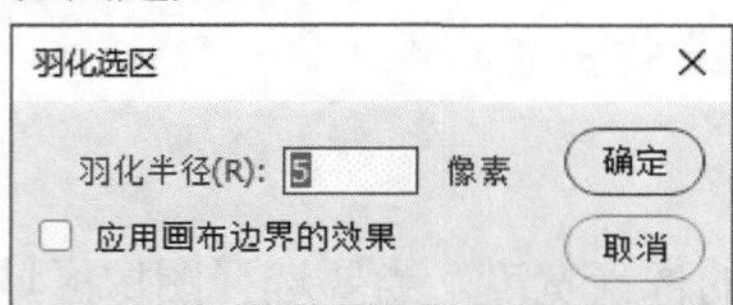


图 3-47 【羽化选区】对话框

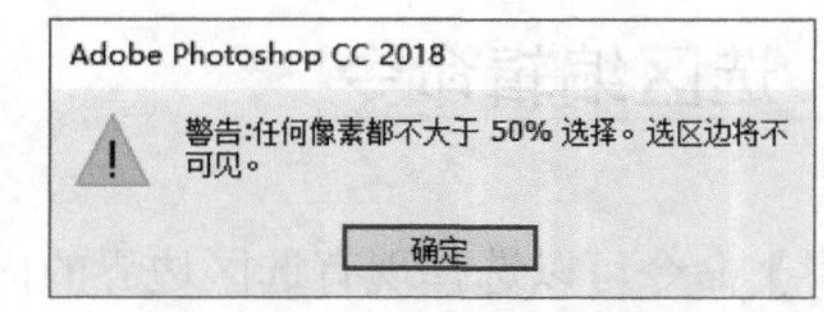


图 3-48 警告对话框

【选取相似】命令用于将所有不相邻区域内相似颜色的图像全部选取，从而弥补只能选取相邻的相似色彩像素的缺陷。

## 3.4.2 变换选区

创建选区后，选择【选择】|【变换选区】命令。或在选区内右击，在弹出的快捷菜单中选择【变换选区】命令，然后把光标移动到选区内，当光标变为▸形时，即可拖动选区。使用【变换选区】命令除了可以移动选区外，还可以改变选区的形状。例如，对选区进行缩放、旋转和扭曲等。在变换选区时，直接通过拖动定界框的手柄可以调整选区，还可以配合 Shift、Alt 和 Ctrl 键的使用。

【例 3-6】使用【变换选区】命令调整图像效果。

(1) 在 Photoshop 中，选择【文件】|【打开】命令打开图像文件。选择【椭圆选框】工具，在控制面板中设置【羽化】数值为 2 像素，然后在图像中拖动创建选区，如图 3-49 所示。

(2) 选择【选择】|【变换选区】命令，在控制面板中单击【在自由变换和变形模式之间切换】按钮。出现控制框后，调整选区形状，如图 3-50 所示。选区调整完成后，按 Enter 键应用选区变换。

图 3-49　创建选区

图 3-50　调整选区

(3) 选择【文件】|【打开】命令打开另一幅图像。选择【选择】|【全部】命令全选图像，并选择【编辑】|【拷贝】命令，如图 3-51 所示。

(4) 选择【编辑】|【选择性粘贴】|【贴入】命令将复制的图像贴入到步骤(2)创建的选区中，并设置【图层 1】图层的混合模式为【变亮】。然后按 Ctrl+T 组合键应用【自由变换】命令调整贴入图像大小效果，如图 3-52 所示。

图 3-51　拷贝图像

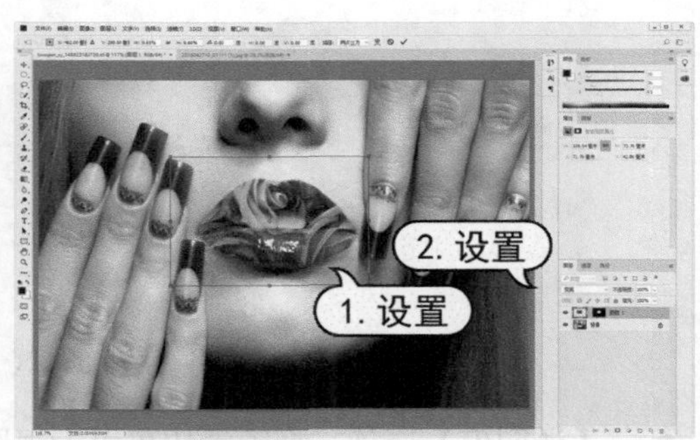


图 3-52　贴入图像

(5) 在【图层】面板中，选中【图层 1】图层蒙版缩览图，然后使用步骤(1)至步骤(2)的操作方法创建并调整选区形状，如图 3-53 所示。

(6) 按 Alt+Delete 组合键使用前景色填充选区，调整图层蒙版如图 3-54 所示。

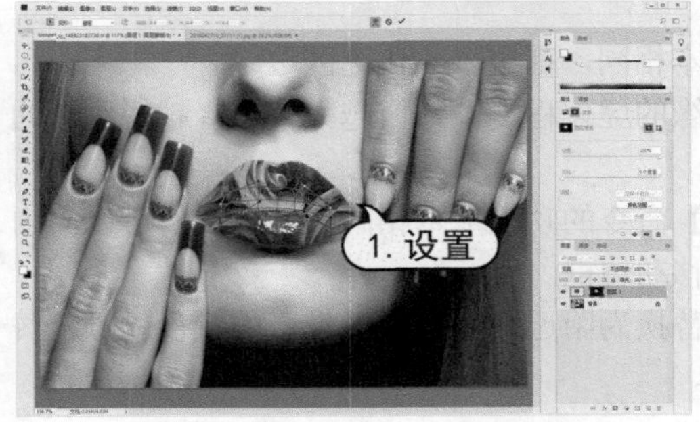


图 3-53　贴入图像

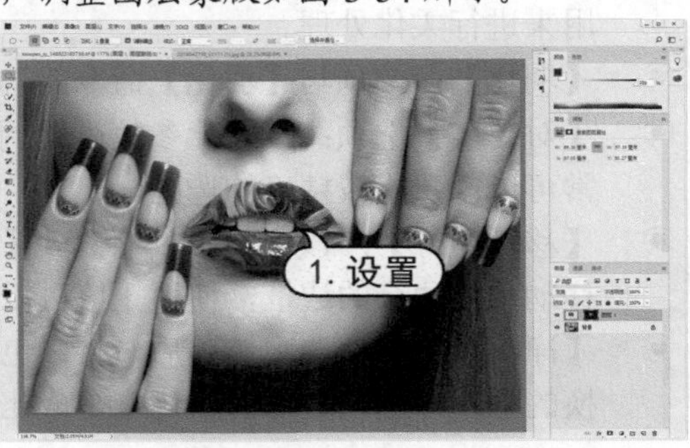


图 3-54　设置图层

## 3.4.3 调整选区边缘

在 Photoshop 中，用户可以更快捷、更简单地创建准确的选区和蒙版。使用选框工具、【套索】工具、【魔棒】工具和【快速选择】工具都会在控制面板中出现【选择并遮住】按钮。选择【选择】|【选择并遮住】命令，或是在选择了一种选区创建工具后，单击控制面板上的【选择并遮住】按钮，即可打开如图 3-55 所示的【选择并遮住】工作区。该工作区将用户熟悉的工具和新工具结合在一起，并可在【属性】面板中调整参数以创建更精准的选区。

- 【视图】：在下拉列表中可以根据不同的需要选择最合适的预览方式。按 F 键可以在各个模式之间循环切换，按 X 键可以暂时停用所有模式，如图 3-56 所示。
- 选中【显示边缘】复选框，可以显示调整区域。
- 选中【显示原稿】复选框，可以显示原始蒙版。
- 选中【高品质预览】复选框，显示较高分辨率预览，同时更新速度变慢。

图 3-55 【选择并遮住】工作区

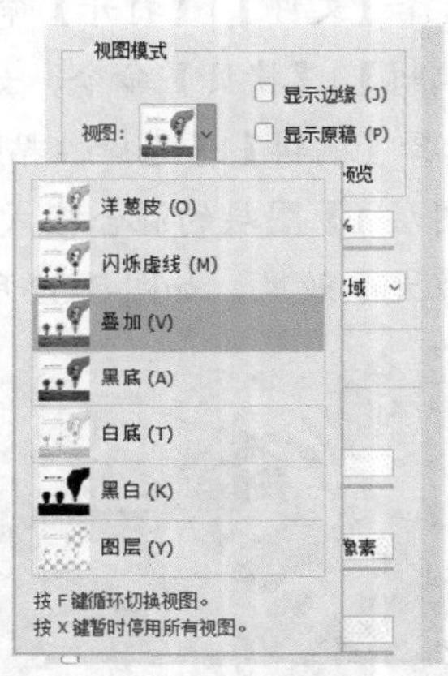


图 3-56 【视图】选项

- 【透明度】选项：拖动滑块可以为视图模式设置不透明度。
- 【半径】选项：用来确定选区边界周围的区域大小。对图像中锐利的边缘可以使用较小的半径数值，对于较柔和的边缘可以使用较大的半径数值。
- 【智能半径】选项：允许选区边缘出现宽度可变的调整区域。
- 【平滑】：当创建的选区边缘非常生硬，甚至有明显的锯齿时，使用此参数设置可以用来进行柔化处理。
- 【羽化】：该项与【羽化】命令的功能基本相同，都用来柔化选区边缘。
- 【对比度】选项：设置此参数可以调整边缘的虚化程度，数值越大则边缘越锐利。通常可以创建比较精确的选区。
- 【移动边缘】：该项与【收缩】、【扩展】命令的功能基本相同，使用负值可以向内移动柔化边缘的边框，使用正值可以向外移动边框。
- 【净化颜色】：选中该项后，将彩色杂边替换为附近完全选中的像素的颜色。颜色替换的强度与选区边缘的软化度是成比例的。

- 【输出到】：在下拉列表中，可以选择调整后的选区是变为当前图层上的选区或蒙版，还是生成一个新图层或文档，如图 3-57 所示。

**知识点**

如果需要双击图层蒙版后打开【选择并遮住】工作区，可以在首次双击图层蒙版后，在弹出的 Adobe Photoshop CC 2018 信息提示框中单击【进入选择并遮住】按钮，如图 3-58 所示。或选择【编辑】|【首选项】|【工具】命令，在打开的【首选项】对话框中，选中【双击图层蒙版可启动“选择并遮住”工作区】复选框。

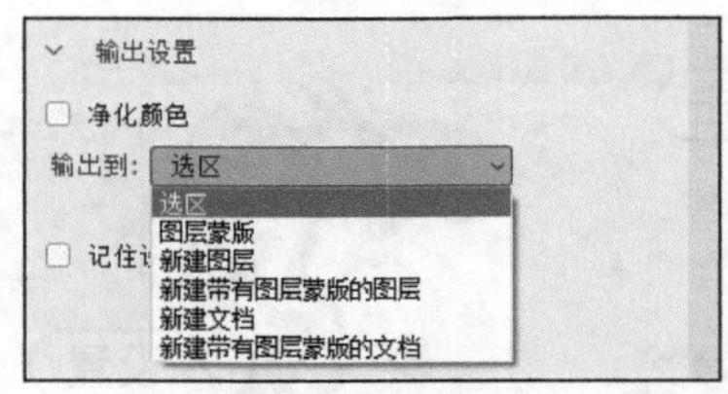


图 3-57　【输出到】选项

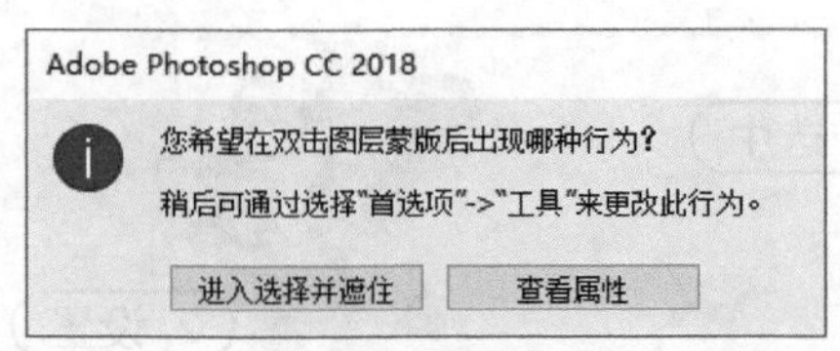


图 3-58　信息提示框

【例 3-7】使用【选择并遮住】命令抠取图像。

(1) 选择【文件】|【打开】命令，打开素材图像文件，如图 3-59 所示。

(2) 选择【选择】|【色彩范围】命令，打开【色彩范围】对话框。在对话框中，设置【颜色容差】数值为 45，然后使用【吸管】工具在图像的背景区域单击，如图 3-60 所示。

图 3-59　打开图像文件

图 3-60　设置色彩范围

(3) 在【色彩范围】对话框中，单击【添加到取样】工具，在图像背景深色部分单击添加取样，然后单击【确定】按钮，如图 3-61 所示。

(4) 选择【选择】|【选择并遮住】命令，打开【选择并遮住】工作区。在工作区的【属性】面板中，单击【视图】下拉列表，选择【叠加】选项，如图 3-62 所示。

(5) 在【选择并遮住】工作区的左侧选择【多边形套索】工具，在图像中添加选区范围，如图 3-63 所示。

(6) 单击【视图】下拉列表，选择【闪烁虚线】选项，在控制面板中单击【从选区中减去】按钮，继续使用【多边形套索】工具调整选区范围，如图 3-64 所示。

图 3-61　创建选区

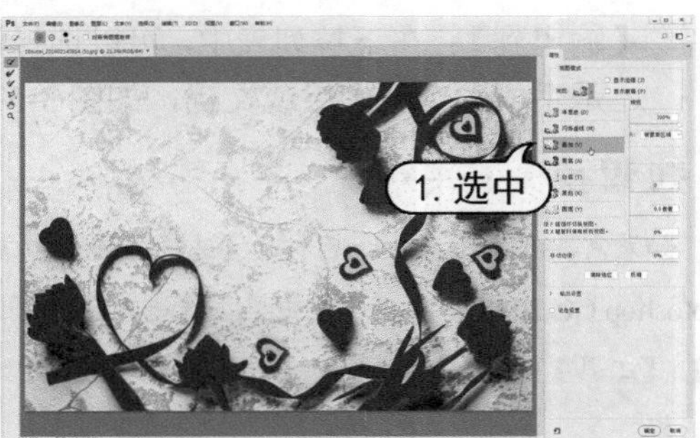


图 3-62　设置【视图】选项

图 3-63　添加选区范围

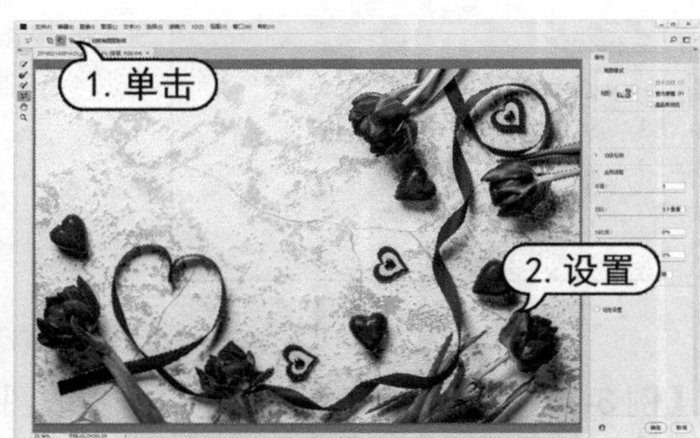


图 3-64　调整选区范围

(7) 在【全局调整】设置中，设置【平滑】数值为 5，【羽化】数值为 1 像素，单击【反相】按钮；在【输出设置】中选中【净化颜色】复选框，在【输出到】下拉列表中选择【新建图层】选项，如图 3-65 所示。

(8) 设置完成后，单击【确定】按钮关闭对话框，即可将对象从背景中抠取出来，如图 3-66 所示。

图 3-65　设置选区

图 3-66　抠取图像

(9) 按住 Ctrl 键单击【图层】面板中新建的【背景 拷贝】图层缩览图载入选区，再按 Shift+Ctrl+I 组合键反选选区。选择【文件】|【打开】命令，打开另一幅素材图像，并按 Ctrl+A 组合键全选图像，按 Ctrl+C 组合键复制，如图 3-67 所示。

(10) 返回先前创建选区的图像文件，选择【编辑】|【选择性粘贴】|【贴入】命令贴入图像，并按 Ctrl+T 组合键调整图像大小，如图 3-68 所示。

图 3-67　复制图像

图 3-68　粘贴并调整图像

**知识点**

单击【复位工作区】按钮，可恢复【选择并遮住】工作区的原始状态。另外，此选项还可以将图像恢复为进入【选择并遮住】工作区时，它所应用的原始选区或蒙版。选中【记住设置】复选框，可以存储设置，用于以后打开的图像。

## 3.4.4　存储和载入图像选区

在 Photoshop 中，可以通过存储和载入选区将选区重复应用到不同的图像中。创建选区后，用户可以选择【选择】|【存储选区】命令，也可以在选区上右击，打开快捷菜单，选择其中的【存储选区】命令，打开如图 3-69 所示的【存储选区】对话框。

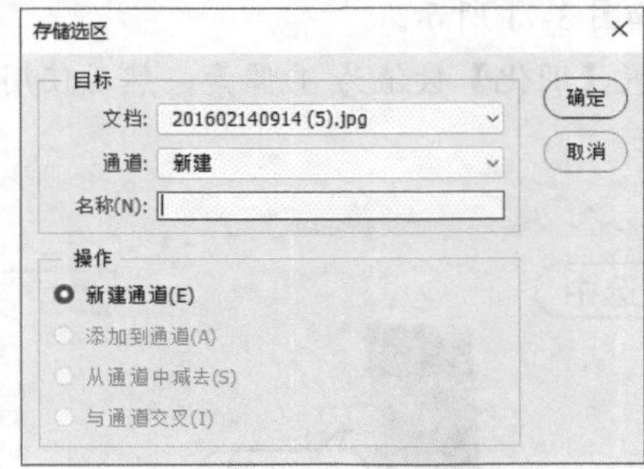


图 3-69　【存储选区】对话框

**知识点**

存储图像文档时，选择 PSB、PSD、PDF 和 TIFF 等格式可以保存多个选区。

- 【文档】下拉列表框：在该下拉列表框中，选择【新建】选项，创建新的图像文件，并将选区存储为 Alpha 通道保存在该图像文件中；选择当前图像文件名称可以将选区保存在新建的 Alpha 通道中。如果在 Photoshop 中还打开了与当前图像文件具有相同分辨率和尺寸的图像文件，这些图像文件名称也将显示在【文档】下拉列表中。选择它们，就会将选区保存到这些图像文件中新创建的 Alpha 通道内。
- 【通道】下拉列表框：在该下拉列表中，可以选择创建的 Alpha 通道，将选区添加到该通道中；也可以选择【新建】选项，创建一个新通道并为其命名，然后进行保存。

◉ 【操作】选项组：用于选择通道处理方式。如果选择新创建的通道，那么只能选择【新建通道】单选按钮；如果选择已经创建的 Alpha 通道，那么还可以选择【添加到通道】、【从通道中减去】和【与通道交叉】这 3 个单选按钮。

选择【选择】|【载入选区】命令，或在【通道】面板中按 Ctrl 键的同时单击存储选区的通道蒙版缩览图，即可重新载入存储起来的选区。选择【选择】|【载入选区】命令后，Photoshop 会打开如图 3-70 所示的【载入选区】对话框。

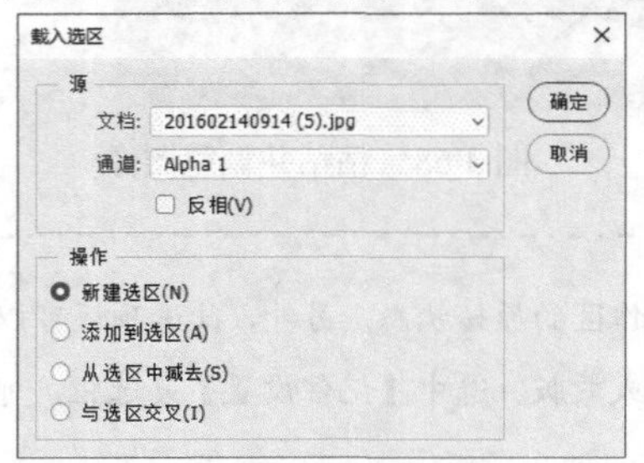


图 3-70 【载入选区】对话框

**知识点**

【载入选区】对话框与【存储选区】对话框中的设置参数选项基本相同，只是【载入选区】比【存储选区】多了一个【反相】复选框。如果选中该复选框，那么会将保存在 Alpha 通道中的选区反选并载入图像文件窗口中。

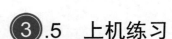

## 3.5 上机练习

本章的上机练习通过制作图像拼合的综合实例操作，使用户通过练习从而巩固本章所学的图像抠取方法。

(1) 在 Photoshop 中，选择打开一幅图像文件，如图 3-71 所示。

(2) 选择【多边形套索】工具，在控制面板中设置【羽化】数值为 1 像素，然后使用【多边形套索】工具沿手机屏幕创建选区，如图 3-72 所示。

图 3-71 打开图像文件

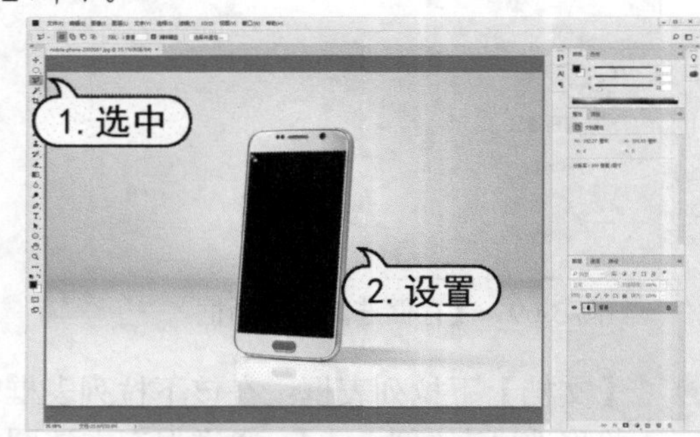


图 3-72 创建选区

(3) 选择【文件】|【打开】命令，打开另一幅图像，并按 Ctrl+A 组合键全选图像，如图 3-73 所示。

(4) 按 Ctrl+C 组合键复制滑雪人物图像。再次选中手机图像，选择【编辑】|【选择性粘贴】|【贴入】命令，贴入滑雪图像，如图 3-74 所示。

(5) 选择【移动】工具，按 Ctrl+T 组合键应用【自由变换】命令，并按 Ctrl 键调整定界框角点位置，如图 3-75 所示。

图 3-73　打开图像

图 3-74　贴入图像

(6) 按住 Shift 键，单击【图层 1】图层蒙版，停用蒙版。选择【磁性套索】工具，在控制面板中，设置【羽化】数值为 1 像素，【对比度】数值为 20%。然后沿滑雪人物创建选区，如图 3-76 所示。

图 3-75　调整图像

图 3-76　创建选区

(7) 按 Ctrl+J 组合键复制选区内图像，并按 Shift 键单击【图层 1】图层蒙版，重新启用蒙版，如图 3-77 所示。

(8) 在【图层】面板中，选中【图层 1】和【图层 2】图层，并单击【链接图层】按钮链接图层，如图 3-78 所示。

图 3-77　启用图层蒙版

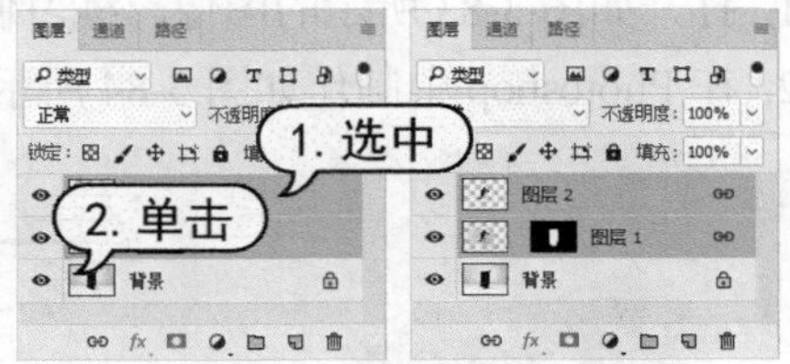


图 3-78　链接图层

(9) 按 Alt 键，双击【背景】图层，将其转换为【图层 0】图层。选择【多边形套索】工具，在控制面板中设置【羽化】数值为 1 像素，沿手机外观创建选区。然后按 Shift+Ctrl+I 键反选选区，如图 3-79 所示。

(10) 选择【文件】|【打开】命令，打开另一幅图像，并按 Ctrl+A 组合键全选图像，如图 3-80 所示。

图 3-79 创建选区

图 3-80 选择图像

(11) 按 Ctrl+C 组合键复制雪山图像，再次选中手机图像。选择【编辑】|【选择性粘贴】|【贴入】命令贴入雪山图像，如图 3-81 所示。

(12) 在【图层】面板中，设置【图层 3】图层混合模式为【颜色加深】，【不透明度】数值为 80%，如图 3-82 所示。

图 3-81 贴入图像

图 3-82 设置图层

## 3.6 习题

1. 打开如图 3-83 所示的图像，练习使用【磁性套索】工具创建选区。
2. 在 Photoshop 中制作如图 3-84 所示的图像效果。

图 3-83 图像文件

图 3-84 填充图层

# 第4章 图层的基础操作

## 学习目标

图层是 Photoshop 的重点学习内容。图层的应用，给图像的编辑带来了极大的便利。本章主要介绍如何使用【图层】面板的各种功能有效地管理众多的图层和对象。只有掌握好这些基础的知识，才能为以后的图像编辑处理打下坚实的基础。

## 本章重点

- 使用【图层】面板
- 创建图层
- 使用智能对象
- 编辑图层操作

## 4.1 使用【图层】面板

在 Photoshop 中对图像进行编辑，就必须对图层有所认识。它是 Photoshop 功能和设计的载体。

图层是 Photoshop 中非常重要的一个概念。Photoshop 中的图像可以由多个图层和多种图层组成。它是实现在 Photoshop 中绘制和处理图像的基础。把图像文件中的不同部分分别放置在不同的独立图层上，这些图层就好像带有图像的透明拷贝纸，互相堆叠在一起。将每个图像放置在独立的图层上，用户就可以自由地更改文档的外观和布局，而且这些更改结果不会互相影响。在绘图、使用滤镜或调整图像时，这些操作只影响所处理的图层。如果对某一图层的编辑结果不满意，则可以放弃这些修改，重新再做，其他图层不会受到影响。

对图层的操作都是在【图层】面板上完成的。在 Photoshop 中，任意打开一幅图像文件，选择【窗口】|【图层】命令，或按下 F7 键，可以打开如图 4-1 所示的【图层】面板。

【图层】面板用于创建、编辑和管理图层，以及为图层添加样式等操作。面板中列出了所有的图层、图层组和图层效果。如果要对某一图层进行编辑，首先需要在【图层】面板中单击选中该图层。所选中图层称为【当前图层】。

单击【图层】面板右上角的扩展菜单按钮，可以打开【图层】面板菜单，如图 4-2 所示。

图 4-1 【图层】面板

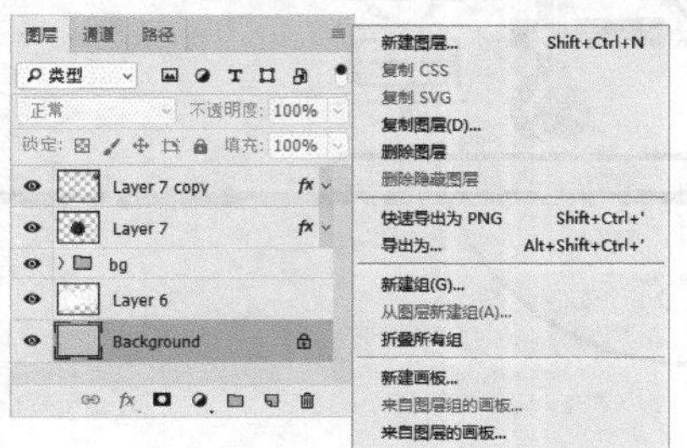


图 4-2 【图层】面板菜单

在【图层】面板中有一些功能设置按钮与选项，通过设置它们可以直接对图层进行相应的编辑操作。使用这些按钮等同于执行【图层】面板菜单中的相关命令。



- 【设置图层混合模式】：用来设置当前图层的混合模式，可以混合所选图层中的图像与下方所有图层中的图像。
- 【设置图层不透明度】：用于设置当前图层中图像的整体不透明度。
- 【设置填充不透明度】：设置图层中图像的不透明度。该选项主要用于图层中图像的不透明度设置，对于已应用于图层的图层样式将不产生任何影响。
- 【锁定】按钮组：用来锁定当前图层的属性，包括图像像素、透明像素和位置等。
- 【图层显示标志】：用于显示或隐藏图层。
- 【链接图层】按钮：可将选中的两个或两个以上的图层或组进行链接。链接后的图层或组可以同时进行相关操作。
- 【添加图层样式】按钮：用于为当前图层添加图层样式效果。单击该按钮，将弹出命令菜单，从中可以选择相应的命令，为图层添加特殊效果。
- 【添加图层蒙版】按钮：单击该按钮，可以为当前图层添加图层蒙版。
- 【创建新的填充或调整图层】按钮：用于创建调整图层。单击该按钮，在弹出的菜单中可以选择所需的调整命令。
- 【创建新组】按钮：单击该按钮，可以创建新的图层组。创建的图层组可以包含多个图层。并可将包含的图层作为一个对象进行查看、复制、移动和调整顺序等操作。
- 【创建新图层】按钮：单击该按钮，可以创建一个新的空白图层。
- 【删除图层】按钮：单击该按钮可以删除当前图层。

【图层】面板可以显示各图层中内容的缩览图，这样可以方便查找图层。Photoshop 默认使用小缩览图，用户也可以使用中缩览图、大缩览图或无缩览图。在【图层】面板中选中任意一个图层缩览图，然后右击，在打开的快捷菜单中更改缩览图大小，如图 4-3 所示。也可以单击【图层】面板右上角的≡按钮，在打开的面板菜单中选择【面板选项】命令，打开如图 4-4 所示的【图层面板选项】对话框。在该对话框中，可以选择需要的缩览图状态。

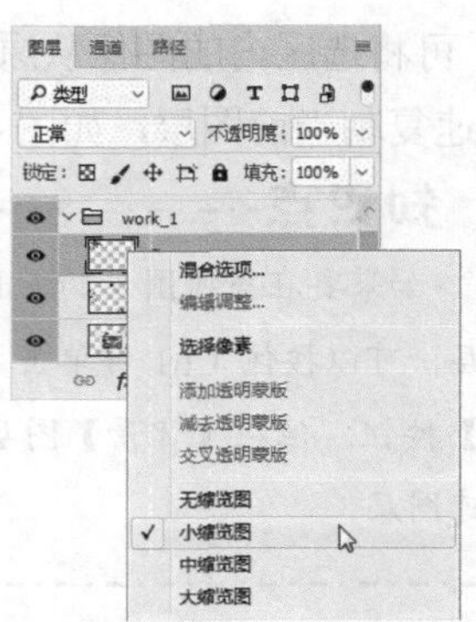

图 4-3　更改缩览图大小

图 4-4　【图层面板选项】对话框

## 4.2　创建图层

用户可以在图像中创建不同用途的图层，主要包括普通图层、调整图层、填充图层和形状图层等。图层的创建方法有很多种，包括在【图层】面板中创建、在编辑图像的过程中创建，以及使用命令创建等。

### 4.2.1　创建普通图层

普通图层是常规操作中使用频率最高的图层。通常情况下所说的新建图层就是指新建普通图层。普通图层包括图像图层和文字图层。

空白的图像图层是最普通的图层，在处理或编辑图像的时候经常要建立空白图像图层。在【图层】面板中，单击底部的【创建新图层】按钮，即可在当前图层上直接新建一个空白图层。新建的图层会自动成为当前图层，如图 4-5 所示。

用户也可以选择菜单栏中的【图层】|【新建】|【图层】命令，或从【图层】面板菜单中选择【新建图层】命令，或按住 Alt 键单击【图层】面板底部的【创建新图层】按钮，打开如图 4-6 所示的【新建图层】对话框。在该对话框中进行设置后，单击【确定】按钮即可创建新图层。

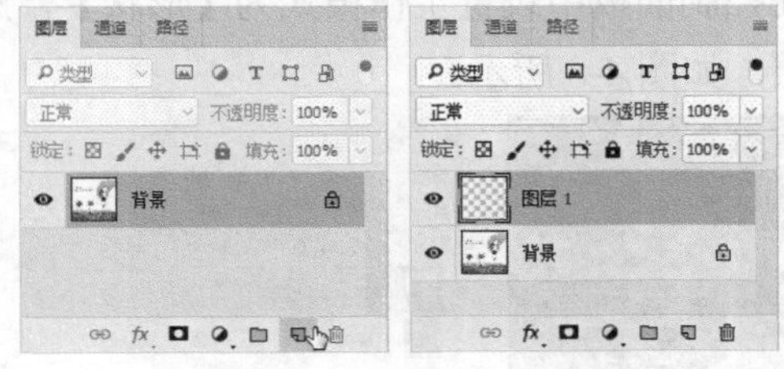

图 4-5　新建图层

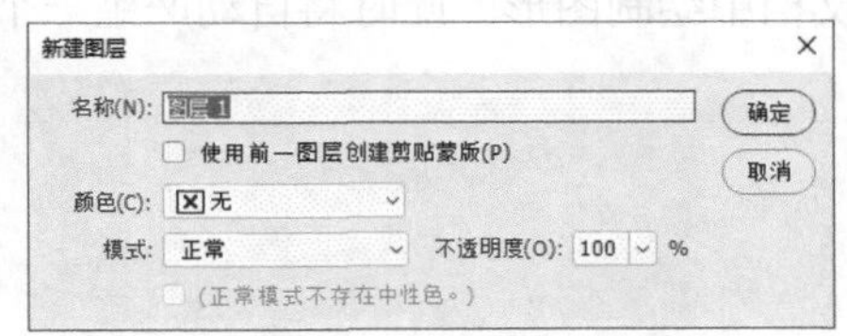

图 4-6　【新建图层】对话框

如果在图像中创建了选区，选择【图层】|【新建】|【通过拷贝的图层】命令，或按 Ctrl+J 组合键，可以将选中的图像复制到一个新的图层中，原图层内容保持不变。选择【图层】|【新

建】|【通过剪切的图层】命令，或按 Shift+Ctrl+J 组合键，可将选区内的图像从原图层中剪切到一个新的图层中。如果没有创建选区，执行该命令可以快速复制当前图层，如图 4-7 所示。

图 4-7　复制图层

**知识点**

如果要在当前图层的下面新建一个图层，可以按住 Ctrl 键单击【创建新图层】按钮。但在【背景】图层下面不能创建图层。

## 4.2.2　创建填充图层

填充图层就是创建一个填充纯色、渐变或图案的新图层，也可以基于图像中的选区进行局部填充。选择【图层】|【新建填充图层】|【纯色】、【渐变】或【图案】命令，打开【新建图层】对话框即可创建填充图层。用户也可以单击【图层】面板底部的【创建新的填充或调整图层】按钮，从弹出的菜单中选择【纯色】、【渐变】或【图案】命令创建填充图层。

- 选择【纯色】命令后，将在工作区中打开【拾色器】对话框来指定填充图层的颜色。因为填充的为实色，所以将覆盖下面的图层。
- 选择【渐变】命令后，将打开【渐变填充】对话框。通过该对话框设置，可以创建一个渐变填充图层，并可以修改渐变的样式、颜色、角度和缩放等属性。
- 选择【图案】命令，将打开【图案填充】对话框。可以应用系统默认预设的图案，也可以应用自定义的图案来填充，并可以修改图案的大小及图层的链接。

## 4.2.3　创建形状图层

形状图层是一种特殊的基于路径的填充图层。它除了具有填充和调整图层的可编辑性外，还可以随意调整填充颜色、添加样式，还可以通过编辑矢量蒙版中的路径来创建需要的形状。

选择工具面板中的【钢笔】工具或形状工具，在控制面板中设置工作模式为【形状】，然后在文档中绘制图形。此时将自动产生一个形状图层，如图 4-8 所示。

图 4-8　创建形状图层

## 4.2.4　创建调整图层

调整图层主要用来调整图像的色彩，通过创建以【色阶】、【色彩平衡】、【曲线】等调整命令功能为基础的调整图层，用户可以单独对其下方图层中的图像进行调整处理，并且不会破坏其下方的原图像文件。

要创建调整图层，可选择【图层】|【新建调整图层】命令，在其子菜单中选择所需的调整命令；或在【图层】面板底部单击【创建新的填充或调整图层】按钮，在打开的菜单中选择相应调整命令；或直接在【调整】面板中单击命令图标，并在【属性】面板中调整参数选项创建非破坏性的调整图层，如图 4-9 所示。

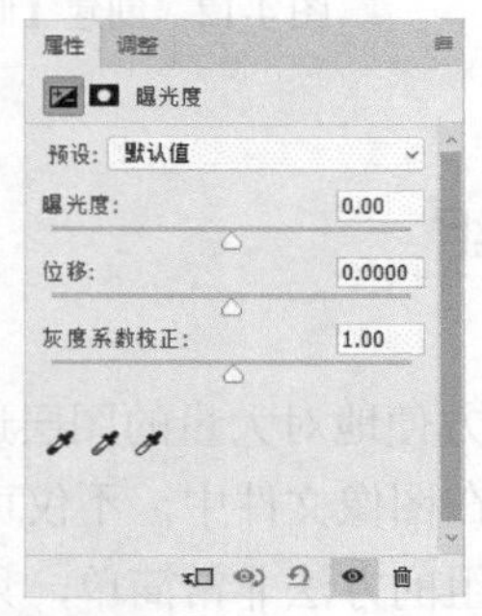

图 4-9　创建调整图层

**知识点**

在【属性】面板的底部，还有一排工具按钮。单击 按钮，可将当前的调整图层与它下面的图层创建为一个剪贴蒙版组，使调整图层仅影响它下面的一个图层；再次单击可将调整图层应用到下面所有图层。单击 按钮，可查看上一步属性调整效果。单击 按钮，可以复位调整默认值。单击 按钮，可切换调整图层可见性。单击 按钮，可删除调整图层。

【例 4-1】在图像文件中，创建调整图层。

(1) 选择【文件】|【打开】命令，打开图像文件，如图 4-10 所示。

(2) 单击【调整】面板中【创建新的色彩平衡调整图层】命令图标，然后在展开的【属性】面板中设置【中间调】的数值为-50、10、10，如图 4-11 所示。

图 4-10　打开图像文件

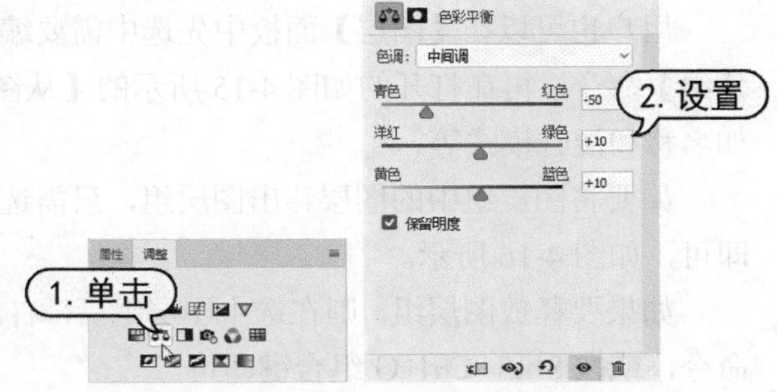


图 4-11　创建【色彩平衡】调整图层

(3) 单击【调整】面板中【创建新的色彩平衡调整图层】命令图标，然后在展开的【属性】面板中设置【曝光度】的数值为-0.13，【灰度系数校正】数值为 1.44，如图 4-12 所示。

图 4-12　创建【曝光度】调整图层

## 4.2.5　创建图层组



使用图层组功能可以方便地对大量的图层进行统一管理设置，如统一设置不透明度、颜色混合模式和锁定设置等。在图像文件中，不仅可以从选定的图层创建图层组，还可以创建嵌套结构的图层组。创建图层组的方法非常简单，只要单击【图层】面板底部中的【创建新组】按钮，即可在当前选择图层的上方创建一个空白的图层组，如图 4-13 所示。

用户可以在所需图层上单击并将其拖动至创建的图层组上释放，即可将选中图层放置在图层组中，如图 4-14 所示。

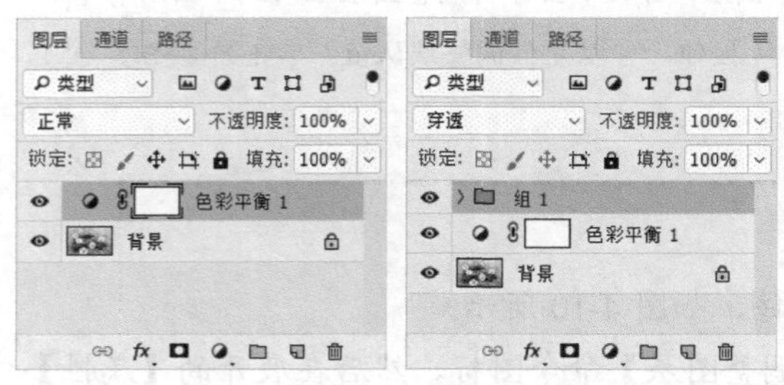


图 4-13　创建新组

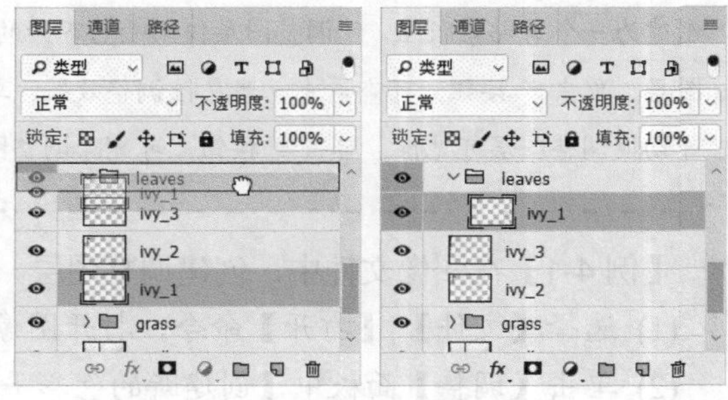


图 4-14　将图层放置到组中

用户也可以在【图层】面板中先选中需要编组的图层，然后在面板菜单中选择【从图层新建组】命令，再在打开的如图 4-15 所示的【从图层新建组】对话框中设置新建组的参数选项，如名称和混合模式等。

如要将图层组中的图层移出图层组，只需选择图层，然后将其拖动至图层组外，释放鼠标即可，如图 4-16 所示。

如果要释放图层组，则在选中图层组后，右击，在弹出的快捷菜单中选择【取消图层编组】命令，或按 Shift+Ctrl+G 组合键即可。

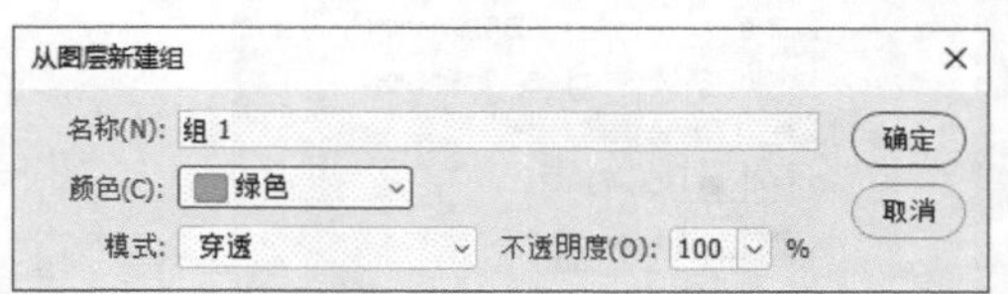


图 4-15　【从图层新建组】对话框

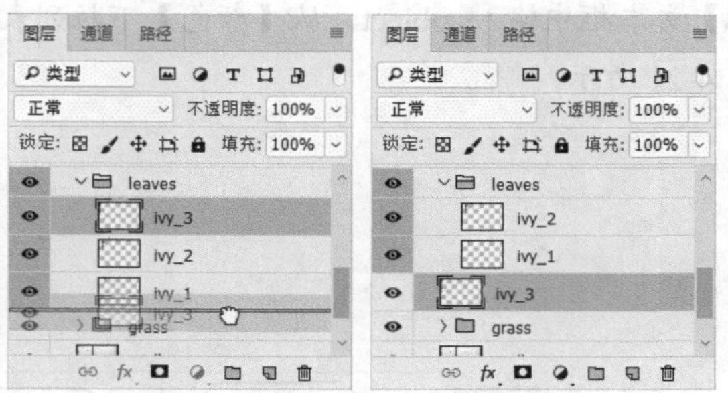

图 4-16　将图层移出图层组

【例 4-2】在图像文件中创建嵌套图层组。

(1) 选择【文件】|【打开】命令，打开一个带有多个图层的图像文件，如图 4-17 所示。

(2) 在【图层】面板中选中 flower R 图层、flower W 图层和 flower Leaf 图层，然后单击面板菜单按钮，在弹出的菜单中选择【从图层新建组】命令，如图 4-18 所示。

图 4-17　打开图像文件

图 4-18　从图层新建组

(3) 在打开的【从图层新建组】对话框中的【名称】文本框中输入 flower，在【颜色】下拉列表中选择【橙色】，然后单击【确定】按钮，如图 4-19 所示。

(4) 使用步骤(2)至步骤(3)相同的方法，选中 butterfly 图层、red trinket 图层、blue trinket 图层和 fan 图层，并新建 trinket 图层组，如图 4-20 所示。

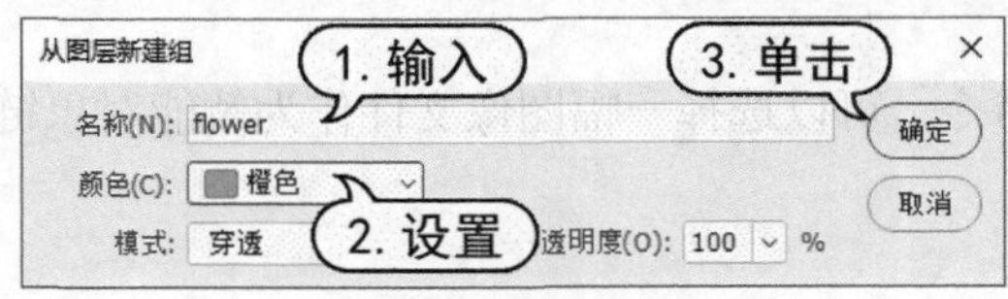


图 4-19　设置图层组

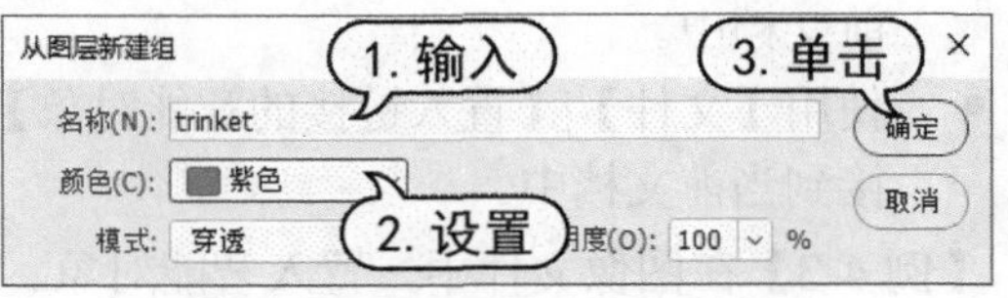


图 4-20　新建图层组

**知识点**

图层组的默认混合模式为【穿透】。它表示图层组不产生混合效果。如果选择其他混合模式，则组中图层将以该组的混合模式与下面的图层混合。

(5) 选中 flower 图层组、trinket 图层组、shoes 图层和 lucky bag 图层，然后单击面板菜单按钮，在弹出的菜单中选择【从图层新建组】命令。在打开的【从图层新建组】对话框中的【名称】文本框中输入 object，从【颜色】下拉列表中选择【蓝色】，然后单击【确定】按钮，如图 4-21 所示。

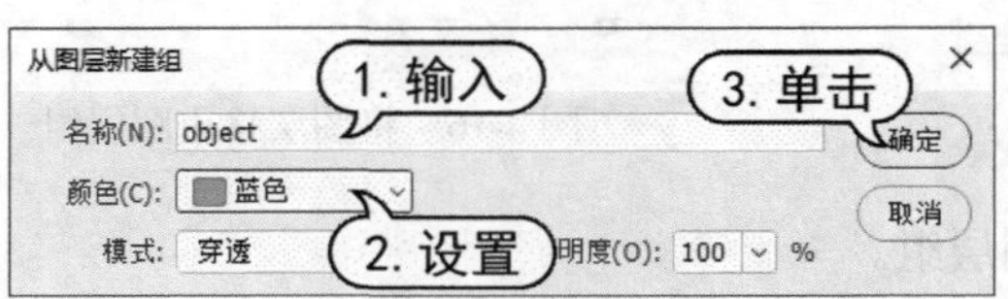


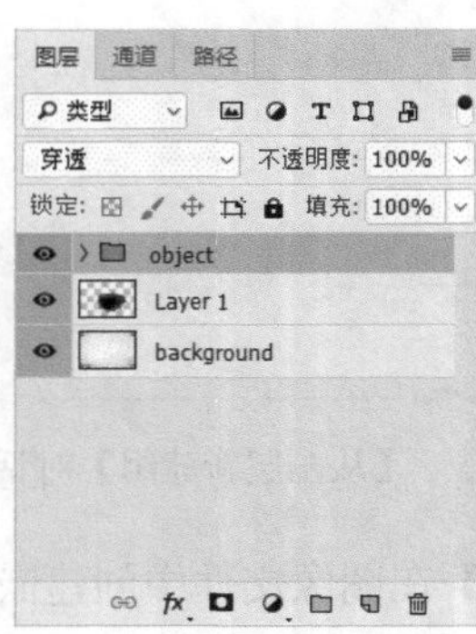


图 4-21　创建嵌套图层组

## 4.3　使用智能对象

在 Photoshop 中，可以通过打开或置入的方法在当前图像文件中嵌入或链接包含栅格或矢量图像数据的智能对象图层。智能对象图层将保留图像的源内容及其所有原始数据，从而可以使用户能够对图层执行非破坏性的编辑。

### 4.3.1　创建智能对象

在图像文件中要创建智能对象，可以使用以下几种方法。

- 使用【文件】|【打开为智能对象】命令，可以将选择的图像文件作为智能对象在工作区中打开。
- 使用【文件】|【置入嵌入对象】命令，可以选择一幅图像文件作为智能对象置入到当前文档中。
- 使用【文件】|【置入链接的智能对象】命令，可以选择一幅图像文件作为智能对象链接到当前文档中。

【例 4-3】在图像文件中，置入智能对象。

(1) 选择【文件】|【打开】命令，选择打开一幅图像文件，并在【图层】面板中选中 wall 图层，如图 4-22 所示。

(2) 选择【文件】|【置入链接的智能对象】命令，在【打开】对话框中选择 happy life.tif 文件，然后单击【打开】按钮，如图 4-23 所示。

(3) 将文件置入文件窗口后，可直接拖动对象来调整位置，或拖动对象四角的控制点来缩放对象大小。调整完毕后，按 Enter 键即可置入智能对象，如图 4-24 所示。

图 4-22　打开图像文件

图 4-23　置入链接对象

图 4-24　调整置入智能对象

**知识点**

选择【图层】|【智能对象】|【栅格化】命令可以将智能对象转换为普通图层。转换为普通图层后，原始图层缩览图上的智能对象标志也会消失。

## 4.3.2　编辑智能对象

创建智能对象后，可以根据需要修改它的内容。若要编辑智能对象，可以直接双击智能对象图层中的缩览图，则智能对象便会打开相关联的软件进行编辑。而在关联软件中修改完成后，只要重新存储，就会自动更新 Photoshop 中的智能对象。

【例 4-4】在图像文件中，编辑智能对象。

(1) 继续使用【例 4-3】中的图像文件，双击智能对象图层缩览图，在弹出的提示对话框中单击【确定】按钮。在 Photoshop 应用程序中打开智能对象源图像，如图 4-25 所示。

(2) 在【图层】面板中，选中 sky 图层，选择【文件】|【置入嵌入对象】命令，打开【打开】对话框。在该对话框中，选中 violin 图像文件，单击【打开】按钮，如图 4-26 所示。

(3) 将文件置入文件窗口后，可直接在对象上拖动调整位置及大小，调整完毕后按 Enter 键即可置入智能对象，如图 4-27 所示。

(4) 按 Ctrl+S 组合键存储文件的修改。返回【例 4-4】图像文件，可查看修改后效果，如图 4-28 所示。

图 4-25　打开智能对象源图像

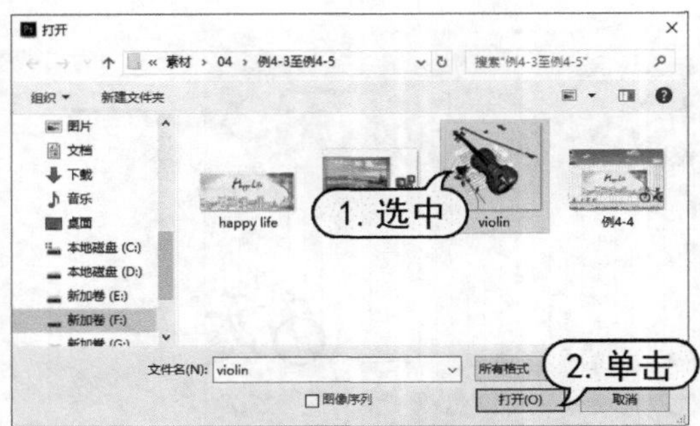


图 4-26　置入嵌入对象

图 4-27　调整置入智能对象

图 4-28　存储文件

## 4.3.3　替换对象内容

创建智能对象后，如果不是很满意，可以选择【图层】|【智能对象】|【替换内容】命令，打开【替换文件】对话框，重新选择图像替换当前选择的智能对象。

【例 4-5】替换智能对象内容。

(1) 选择【文件】|【打开】命令，打开一个包含智能对象的图像文件。并在【图层】面板中，选中 happy life 智能对象图层，如图 4-29 所示。

图 4-29　选中智能对象图层

> **提示**
>
> 在【图层】面板中选择智能对象图层，然后选择【图层】|【智能对象】|【通过拷贝新建智能对象】命令，可以复制一个智能对象。也可以将智能对象拖动到【图层】面板下方的【创建新图层】按钮上释放，或直接按 Ctrl+J 组合键复制。

(2) 选择【图层】|【智能对象】|【替换内容】命令，打开【打开】对话框。在该对话框中选择替换文件，然后单击【打开】按钮即可替换智能对象，如图 4-30 所示。

图 4-30　替换内容

## 4.3.4　更新链接的智能对象

如果与智能对象链接的外部源文件发生改变，即：不同步或丢失，则在 Photoshop 中打开文档时，智能对象的图标上会出现如图 4-31 所示的警告图标。

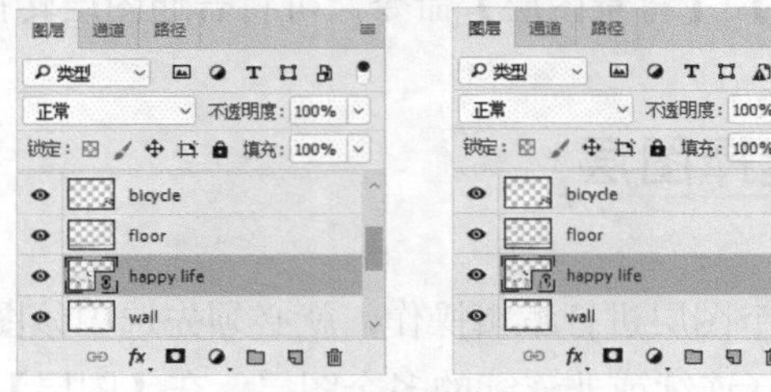

图 4-31　警告图标

如果智能对象与源文件不同步，选择【图层】|【智能对象】|【更新修改的内容】命令更新智能对象。选择【图层】|【智能对象】|【更新所有修改的内容】命令，可以更新当前文档中的所有链接的智能对象。如果要查看源文件的位置，可选择【图层】|【智能对象】|【在资源管理器中显示】命令。

如果智能对象的源文件丢失，Photoshop 会弹出提示对话框，要求用户重新指定源文件。单击【重新链接】按钮，会弹出【查找缺失文件】对话框。在该对话框中，重新选择源文件，单击【置入】按钮即可，如图 4-32 所示。

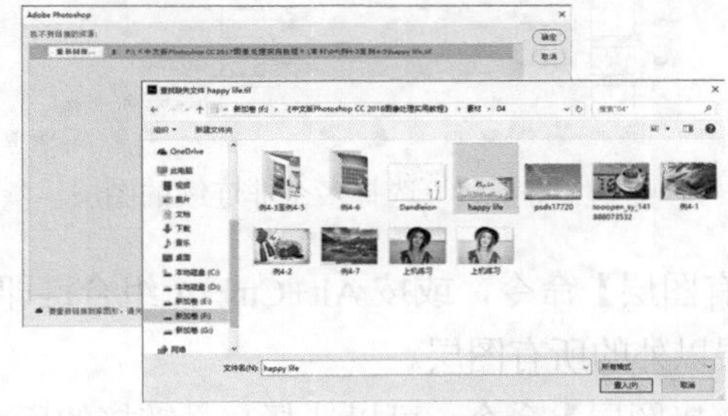

图 4-32　查找缺失文件

**知识点**

在 Photoshop 中编辑智能对象后，可将其按照原始的置入格式导出，以便其他程序使用。在【图层】面板中选中智能对象图层，选择【图层】|【智能对象】|【导出内容】命令，即可导出智能对象。

# 4.4 编辑图层操作

在 Photoshop 中，熟练掌握图层的编辑操作可以帮助用户更好地使用该软件功能。图层的编辑操作包括图层的选择、显示或隐藏、移动、复制、删除等操作。

## 4.4.1 图层的转换

【背景】图层是比较特殊的图层。它位于【图层】面板的最底层，不能调整堆叠顺序，并且不能设置不透明度、混合模式，也不能添加效果。要进行这些操作，需要先将背景图层转换为普通图层。

- 双击【背景】图层，在打开的【新建图层】对话框中输入图层名称，也可以使用默认的名称，然后单击【确定】按钮，即可将其转换为普通图层。用户也可以按住 Alt 键，双击【背景】图层将其转换为普通图层。
- 选择【图层】|【新建】|【背景图层】命令，可将普通图层转换为【背景】图层。

## 4.4.2 选择、取消选择图层

如果要对图像文件中的某个图层进行编辑操作，就必须先选中该图层。在 Photoshop 中，可以选择单个图层，也可以选择连续或非连续的多个图层。在【图层】面板中单击一个图层，即可将其选中。如果要选择多个连续的图层，可以选择位于连续一端的图层，然后按住 Shift 键单击位于连续另一端的图层，即可选择这些连续的图层，如图 4-33 所示。

如果要选择多个非连续的图层，可以选择其中一个图层，然后按住 Ctrl 键单击其他图层名称，如图 4-34 所示。

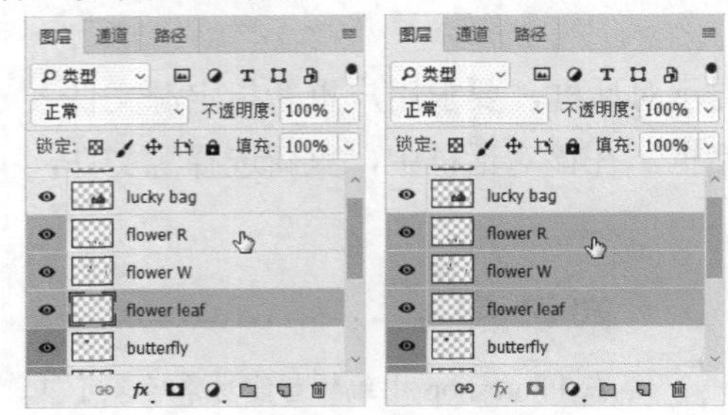


图 4-33 选择多个连续的图层

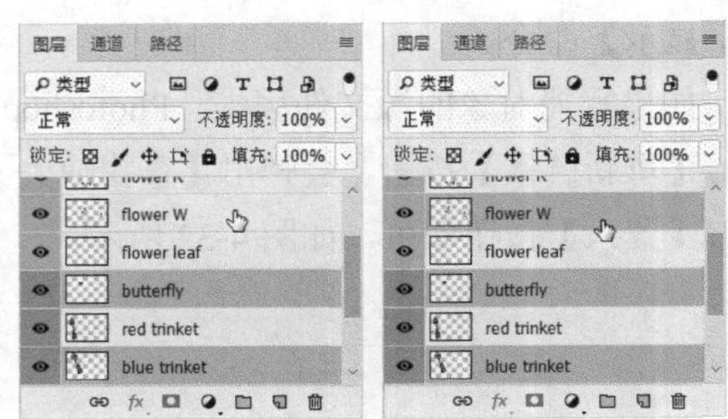


图 4-34 选择多个非连续的图层

如果要选择所有图层，可选择【选择】|【所有图层】命令，或按 Alt+Ctrl+A 组合键即可。需要注意的是，使用该命令只能选择【背景】图层以外的所有图层。

选择一个链接的图层，选择【图层】|【选择链接图层】命令，可以选择与之链接的所有图层，如图 4-35 所示。

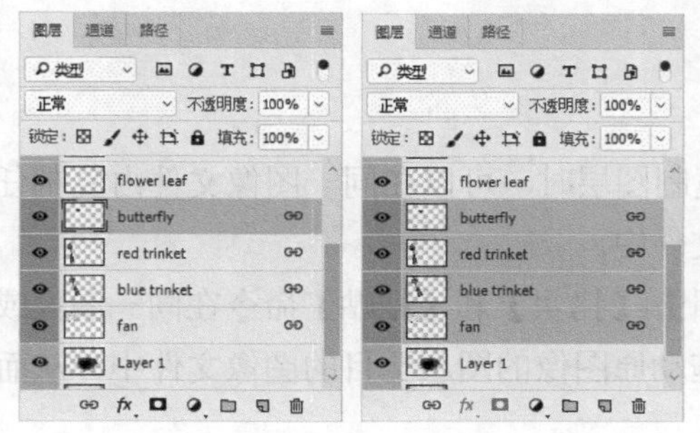


图 4-35　选择链接图层

**提示**

选择一个图层后，按 Alt+]组合可将当前选中图层切换为与之相邻的上一个图层。按 Alt+[组合键可以将当前选中图层切换为与之相邻的下一个图层。

如果不想选择图层，可选择【选择】|【取消选择图层】命令。另外，也可在【图层】面板的空白处单击，即可取消选择所有图层。

## 4.4.3　隐藏与显示图层

图层缩览图左侧的 图标用来控制图层的可见性。当在图层左侧显示有此图标时，表示图像窗口将显示该图层的图像。在【图层】面板中，单击此图标，图标消失并隐藏图像窗口中该图层的图像，如图 4-36 所示。

图 4-36　隐藏图层

如果同时选中了多个图层，选择【图层】|【隐藏图层】命令，可以将这些选中的图层隐藏起来。选择【图层】|【显示图层】命令，可将隐藏的图层再次显示出来。

**提示**

将光标放在一个图层左侧的 图标上，然后按住鼠标左键垂直向上或向下拖拽光标，可以快速隐藏多个相邻的图层，这种方法可以快速显示、隐藏多个图层。如果【图层】面板中有两个或两个以上的图层，按住 Alt 键单击图层左侧的 图标，可以快速隐藏该图层以外的所有图层；按住 Alt 键再次单击图标，可显示被隐藏的图层。

## 4.4.4 复制图层

Photoshop 提供了多种复制图层的方法。在复制图层时，可以在同一图像文件内复制任何图层，也可以复制选择操作的图层至另一个图像文件中。

选中图层内容后，可以利用菜单栏中的【编辑】|【拷贝】和【粘贴】命令在同一图像或不同图像间复制图层；也可以选择【移动】工具，拖动原图像的图层至目的图像文件中，从而进行不同图像间图层的复制。

用户还可以单击【图层】面板右上角的面板菜单按钮，在弹出的面板菜单中选择【复制图层】命令，或在需要复制的图层上右击，从打开的快捷菜单中选择【复制图层】命令，然后在打开的如图 4-37 所示的【复制图层】对话框中设置所需参数，复制图层。

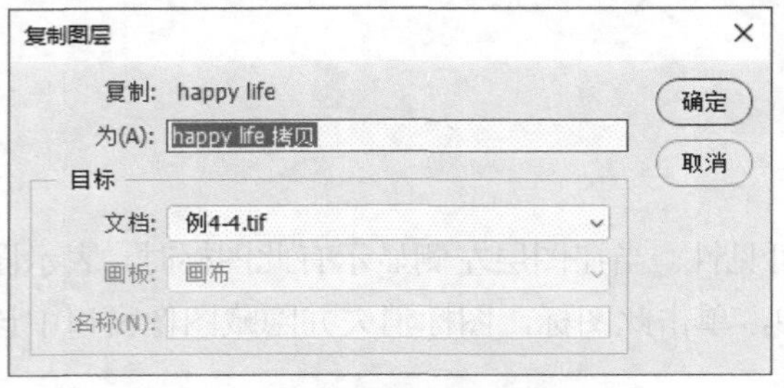


图 4-37　【复制图层】对话框

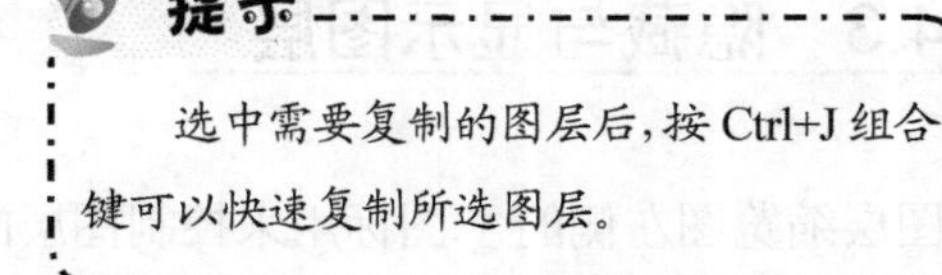
提示

选中需要复制的图层后，按 Ctrl+J 组合键可以快速复制所选图层。

- 【为】：在文本框中可以输入复制图层的名称。
- 【文档】：在下拉列表中选择其他打开的文档，可以将图层复制到目标文档中。如果选择【新建】，则可以设置文档的名称，将图层内容创建为新建的文件。

## 4.4.5 删除图层

在图像处理的过程中，对于一些不使用的图层，虽然可以通过隐藏图层的方式取消它们对图像整体显示效果的影响，但是它们仍然存在于图像文件中，并且占用一定的磁盘空间。因此，用户可以根据需要及时删除【图层】面板中不需要的图层，以精简图像文件。删除图层有以下几种方法。

- 选择需要删除的图层，将其拖动至【图层】面板底部的【删除图层】按钮上，释放鼠标，即可删除所选择的图层。也可以按键盘上 Delete 键，将其直接删除。
- 选择需要删除的图层，选择【图层】|【删除】|【图层】命令，即可删除所选图层。
- 选择需要删除的图层，右击，从弹出的快捷菜单中选择【删除图层】命令，然后在弹出的信息提示框中单击【是】按钮，即可删除所选择的图层。也可以直接单击【图层】面板中的【删除图层】按钮，在弹出的信息提示框中单击【是】按钮删除所选择的图层。

## 4.4.6　链接图层

链接图层可以链接两个或更多个图层或组进行同时移动或变换操作。但与同时选定的多个图层不同，链接的图层将保持关联，直至取消它们的链接为止。在【图层】面板中选择多个图层或组后，单击面板底部的【链接图层】按钮，即可将图层进行链接，如图 4-38 所示。

图 4-38　链接图层

【例 4-6】在打开的图像文件中，链接多个图层，并对链接图层进行图像的放大操作。

(1) 选择【文件】|【打开】命令，打开一个带有多个图层的图像文件，如图 4-39 所示。

(2) 在【图层】面板中选择 food 图层，然后按住 Ctrl 键，单击 Fork 和 Knife 图层，再单击【图层】面板底部的【链接图层】按钮，如图 4-40 所示。

图 4-39　打开图像文件

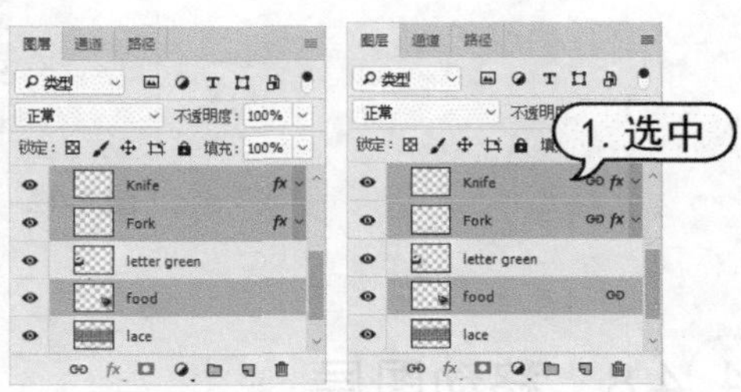


图 4-40　链接图层

(3) 选择【编辑】|【自由变换】命令，在图像文件窗口中等比例放大。调整完成后，按 Enter 键确定，这样就将链接图层中的图像一起等比例放大，如图 4-41 所示。

图 4-41　调整链接图层

**知识点**

要取消图层链接，选择一个链接的图层，然后单击【链接图层】按钮。或者在要临时停用链接的图层上，按住 Shift 键并单击链接图层的链接图标，图标上出现一个红色的 × 表示该图层链接停用。再次按住 Shift 键单击图标可再次启用链接。

## 4.4.7 锁定图层

在【图层】面板中有多个锁定按钮，具有保护图层透明区域、图像像素和位置的锁定功能。使用这些按钮可以根据需要完全锁定或部分锁定图层对象，以免因操作失误而对图层的内容造成破坏。

- 【锁定透明像素】⊠：单击该按钮后，可将编辑范围限定在图层的不透明区域，图层的透明区域会受到保护。
- 【锁定图像像素】✓：单击该按钮，只能对图层进行移动或变换操作，不能在图层上进行绘画、擦除或应用滤镜。
- 【锁定位置】✥：单击该按钮后，图层将不能移动。该功能对于设置了精确位置的图像非常有用。
- 【锁定全部】🔒：单击该按钮后，图层将不能进行任何操作。

在【图层】面板中选中多个图层，然后选择【图层】|【锁定图层】命令，打开如图 4-42 所示的【锁定图层】对话框。在该对话框中，可以选择需要锁定的图层属性。如果选中图层组，然后选择【图层】|【锁定组内的所有图层】命令，打开【锁定组内的所有图层】对话框，【锁定组内的所有图层】对话框中的设置与【锁定图层】对话框相同。

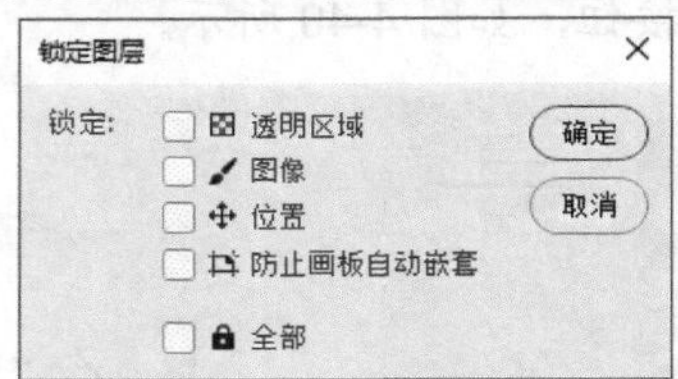


图 4-42 【锁定图层】对话框



## 4.4.8 移动图层

在【图层】面板中，图层的排列顺序决定了图层中图像内容是显示在其他图像内容的上方还是下方。因此，通过移动图层的排列顺序可以更改图像窗口中各图像的叠放位置，以实现所需的效果。

在 Photoshop 中，移动图层有两种解释。一种是调整图层顺序的移动，另一种是将图层移动到另一幅图像中。

在【图层】面板中单击需要移动的图层，将其拖动到需要调整的位置，当出现一条双线时释放鼠标，即可将图层移动到需要的位置，如图 4-43 所示。

在两个图像之间移动图层，首先选中需要移动的图层，然后使用【移动】工具，将图层拖动到另一幅图像文件上，释放左键即可。

图 4-43　移动图层

用户也可以通过菜单栏中的【图层】|【排列】命令子菜单中的【置为顶层】、【前移一层】、【后移一层】、【置为底层】和【反向】命令排列选中的图层。

- 【置为顶层】：将所选图层调整到最顶层。
- 【前移一层】、【后移一层】：将选择的图层向上或向下移动一层。
- 【置为底层】：将所选图层调整到最底层。
- 【反向】：选择多个图层后，选择该命令可以反转所选图层的堆叠顺序。

**提示**

在实际操作过程中，使用快捷键可以更加便捷、快速地调整图层堆叠顺序。选中图层后，按 Shift+Ctrl+]组合键可将图层置为顶层，按 Shift+Ctrl+[组合键可将图层置为底层；按 Ctrl+]组合键可将图层前移一层，按 Ctrl+[组合键可将图层后移一层。

## 4.4.9　合并与盖印图层

要想合并【图层】面板中的多个图层，可以在【图层】面板菜单中选择相关的合并命令。

- 【向下合并】命令：选择该命令，或按 Ctrl+E 组合键，可合并当前选择的图层与位于其下方的图层，合并后会以选择的图层下方的图层名称作为新图层的名称。
- 【合并可见图层】命令：选择该命令，或按 Shift+Ctrl+E 组合键，可以将【图层】面板中所有可见图层合并至当前选择的图层中，如图 4-44 所示。
- 【拼合图像】命令：选择该命令，可以合并当前所有的可见图层，并且删除【图层】面板中的隐藏图层。在删除隐藏图层的过程中，会打开如图 4-45 所示的系统提示对话框，单击其中的【确定】按钮即可完成图层的合并。

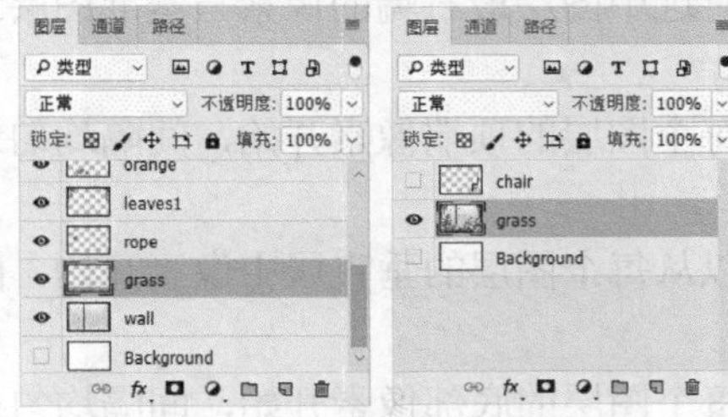

图 4-44　合并可见图层

图 4-45　系统提示对话框

除了合并图层外，用户还可以盖印图层。盖印图层操作可以将多个图层的内容合并为一个目标图层，并且同时保持合并的原图层独立、完好。要盖印图层可以通过以下两种方法。

- 按 Ctrl+Alt+E 组合键可以将选定的图层内容合并，并创建一个新图层。
- 按 Shift+Ctrl+Alt+E 组合键可以将【图层】面板中所有可见图层内容合并到新建图层中。

## 4.5 对齐与分布图层

对齐图层功能，可以使不同图层上的对象按照指定的对齐方式进行自动对齐，从而得到整齐的图像效果。分布图层功能，可以均匀分布图层和组，使图层对象或组对象按照指定的分布方式进行自动分布，从而得到具有相同距离或相同对齐点的图像效果。

### 4.5.1 对齐分布图层

在【图层】面板中选择两个图层，然后选择【移动】工具，这时控制面板中的对齐按钮被激活。如果选择了 3 个或 3 个以上的图层，控制面板中的【分布】按钮也会被激活，如图 4-46 所示。

图 4-46　对齐分布按钮

- 【顶对齐】按钮：单击该按钮，可以将所有选中的图层最顶端的像素与基准图层最上方的像素对齐。
- 【垂直居中对齐】按钮：单击该按钮，可以将所有选中的图层垂直方向的中间像素与基准图层垂直方向的中心像素对齐。
- 【底对齐】按钮：单击该按钮，可以将所有选中的图层最底端的像素与基准图层最下方的像素对齐。
- 【左对齐】按钮：单击该按钮，可以将所有选中的图层最左端的像素与基准图层最左端的像素对齐。
- 【水平居中对齐】按钮：单击该按钮，可以将所有选中的图层水平方向的中心像素与基准图层水平方向的中心像素对齐。
- 【右对齐】按钮：单击该按钮，可以将所有选中图层最右端的像素与基准图层最右端的像素对齐。
- 【按顶分布】按钮：单击该按钮，可以从每个图层的顶端像素开始，间隔均匀地分布选中图层。
- 【垂直居中分布】按钮：单击该按钮，可以从每个图层的垂直居中像素开始，间隔均匀地分布选中图层。
- 【按底分布】按钮：单击该按钮，可以从每个图层的底部像素开始，间隔均匀地分布选中图层。

◉　【按左分布】按钮：单击该按钮，可以从每个图层的左侧像素开始，间隔均匀地分布选中图层。

◉　【水平居中分布】按钮：单击该按钮，可以从每个图层的水平中心像素开始，间隔均匀地分布选中图层。

◉　【按右分布】按钮：单击该按钮，可以从每个图层的右边像素开始，间隔均匀地分布选中图层。

## 4.5.2　自动对齐图层

选中多个图层后，在控制面板中单击【自动对齐图层】按钮，可以打开【自动对齐图层】对话框。使用该功能可以根据不同图层中的相似内容自动对齐图层。可以指定一个图层作为参考图层，也可以让 Photoshop 自动选择参考图层。其他图层将与参考图层对齐，以便匹配的内容能够自行叠加。

【例 4-7】使用【自动对齐】命令拼合图像。

(1) 选择【文件】|【打开】命令，打开一个带有多个图层的图像文件。在【图层】面板中，按 Ctrl 键单击选中【图层 1】、【图层 2】和【图层 3】，如图 4-47 所示。

图 4-47　打开图像文件

**知识点**

【自动对齐图层】对话框底部的【镜头校正】选项可以自动校正镜头缺陷，对导致图像边缘比图像中心暗的镜头缺陷进行补偿，以及补偿桶形、枕形或鱼眼失真。

计算机基础与实训教材系列

(2) 在控制面板中单击【自动对齐图层】按钮，打开【自动对齐图层】对话框。选中【拼贴】单选按钮，然后单击【确定】按钮，如图 4-48 所示。

图 4-48　拼贴图像

(3) 按 Shift+Ctrl+Alt+E 组合键将图层拼贴效果合并到新图层中，如图 4-49 所示。

(4) 在【图层】面板中，右击【图层 4】图层，在弹出的快捷菜单中选择【复制图层】命令。

在打开的对话框的【文档】下拉列表中选择【新建】选项，在【名称】文本框中输入“合并图像”，然后单击【确定】按钮，如图 4-50 所示。

图 4-49 盖印图层

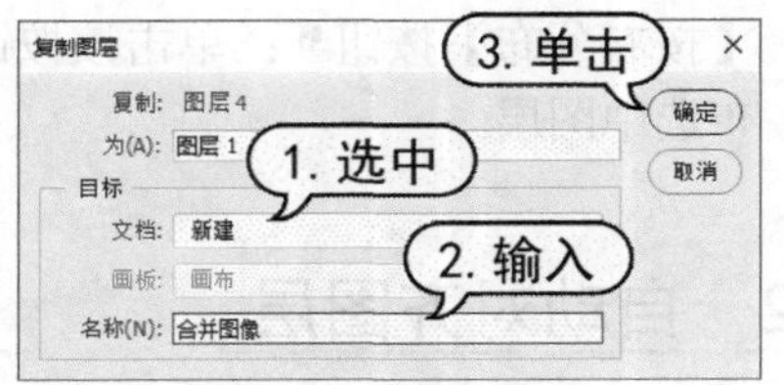


图 4-50 复制图层

(5) 在新建文档中，选择【裁剪】工具。在【裁剪】工具控制面板中，单击【拉直】按钮，然后沿图像边缘拖动创建拉直线矫正图像，如图 4-51 所示。

(6) 按如图 4-52 所示，调整图像画面中的裁剪区域，调整完成后单击控制面板中的【提交当前裁剪操作】按钮✓。

图 4-51 矫正图像

图 4-52 裁剪图像

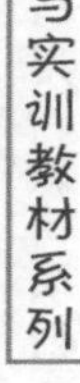



## 4.6 上机练习

本章的上机练习通过制作清新色调的图像效果的综合实例，使用户通过练习从而巩固本章所学的图层基础知识。

(1) 选择【文件】|【打开】命令，打开素材图像文件，并按 Ctrl+J 组合键复制【背景】图层，如图 4-53 所示。

(2) 选择【滤镜】|【Camera Raw 滤镜】命令，打开【Camera Raw】对话框。在对话框的【基本】面板中，设置【色温】数值为-30，然后单击【确定】按钮，如图 4-54 所示。

(3) 在【调整】面板中，单击【创建新的曝光度调整图层】图标，打开【属性】面板。在【属性】面板中，设置【曝光度】数值为 0.13，【灰度系数校正】数值为 1.3，如图 4-55 所示。

(4) 在【调整】面板中，单击【创建新的色阶调整图层】图标，打开【属性】面板。在【属性】面板中，设置 RGB 通道输入色阶数值为 11、1.55、255，如图 4-56 所示。

图 4-53　打开图像文件

图 4-54　应用【Camera Raw 滤镜】

图 4-55　创建【曝光度】调整图层

图 4-56　创建【色阶】调整图层

(5) 在【属性】面板中，选择【红】通道，并设置红通道输入色阶数值为 8、1.07、247，如图 4-57 所示。

(6) 在【调整】面板中，单击【创建新的色彩平衡调整图层】图标，打开【属性】面板。在【属性】面板中，设置中间调色阶数值为-100、0、60。然后选择【画笔】工具，在控制面板中设置柔边圆画笔样式，然后在【色彩平衡 1】图层蒙版中涂抹人物部分，如图 4-58 所示。

图 4-57　调整红通道

图 4-58　创建【色彩平衡】调整图层

(7) 在【调整】面板中，单击【创建新的可选颜色调整图层】图标，打开【属性】面板。在【属性】面板的【颜色】下拉列表中选择【洋红】选项，设置【青色】数值为 60%，【黄色】数值为 100%，如图 4-59 所示。

(8) 按 Shift+Ctrl+Alt+E 组合键盖印图层，生成【图层 2】图层。选择【加深】工具，在控制面板中设置柔边圆画笔样式，【曝光度】数值为 50%，然后使用【加深】工具加深人物五官部分，如图 4-60 所示。

图 4-59　创建【可选颜色】调整图层

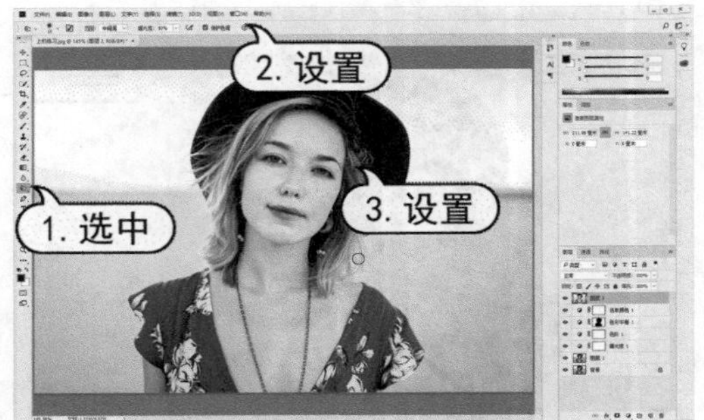


图 4-60　使用【加深】工具

## 4.7　习题

1. 打开图像文件，并创建【照片滤镜】调整图层调整图像效果，如图 4-61 所示。
2. 打开图像文件，置入智能对象并调整图像效果，如图 4-62 所示。

图 4-61　图像效果(1)

图 4-62　图像效果(2)

# 第5章 图层的高级操作

## 学习目标

创建图像特效是 Photoshop 中一个强大的功能，也是进行图像处理的重要方面。本章主要介绍应用图层样式的特效，让用户由浅入深、循序渐进地掌握不同图层样式的知识，从而灵活应用该功能制作出风格迥异的图像效果。

## 本章重点

- 图层混合模式的设置
- 图层样式的应用
- 编辑图层样式
- 使用图层复合

## 5.1 图层不透明度的设置

在【图层】面板中，【不透明度】和【填充】选项都可以控制图层的不透明度。在这两个选项中，100%代表完全不透明、50%代表半透明、0%代表完全透明。

【不透明度】用于控制图层、图层组中绘制的像素和形状的不透明度。如果对图层应用图层样式，则图层样式的不透明度也会受到该值的影响，如图 5-1 所示。

图 5-1 设置不透明度

【填充】只影响图层中绘制的像素和形状的不透明度，不会影响图层样式的不透明度，如图 5-2 所示。

**知识点**

Photoshop 中，在使用画笔工具、图章、橡皮擦等绘画和修复工具时，也可以在控制面板中设置不透明度。按下键盘中的数字键即可快速修改图层的不透明度。例如，按下 5，不透明度会变为 50%；按下 0，不透明度会恢复为 100%。

图 5-2　设置填充

## 5.2　图层混合模式的设置

混合模式是一项非常重要的功能。图层混合模式指当图像叠加时，上方图层和下方图层的像素进行混合，从而得到另外一种图像效果，且不会对图像造成任何的破坏。再结合对图层不透明度的设置，可以控制图层混合后显示的深浅程度，常用于合成和特效制作中。

在【图层】面板的【设置图层的混合模式】下拉列表中，可以选择【正常】、【溶解】、【滤色】等混合模式。使用这些混合模式，可以混合所选图层中的图像与下方所有图层中的图像效果。

- 【正常】模式：Photoshop 默认模式，使用时不产生任何特殊效果。
- 【溶解】模式：选择此选项后，降低图层的不透明度，可以使半透明区域上的像素离散，产生点状颗粒效果，如图 5-3 所示。【不透明度】值越小，颗粒效果越明显。
- 【变暗】模式：选择此选项，在绘制图像时，软件将取两种颜色的暗色作为最终色，亮于底色的颜色将被替换，暗于底色的颜色保持不变，如图 5-4 所示。
- 【正片叠底】模式：选择此选项，可以产生比底色与绘制色都暗的颜色，可以用来制作阴影效果，如图 5-5 所示。

图 5-3　【溶解】模式

图 5-4　【变暗】模式

图 5-5　【正片叠底】模式

- 【颜色加深】模式：选择此选项，可以使图像色彩加深，亮度降低，如图 5-6 所示。

- 【线性加深】模式：选择此选项，系统会通过降低图像画面亮度使底色变暗，从而反映绘制的颜色。当与白色混合时，将不发生变化，如图 5-7 所示。
- 【深色】模式：选择此选项，系统将从底色和混合色中选择最小的通道值来创建结果颜色，如图 5-8 所示。

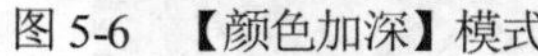

图 5-6　【颜色加深】模式

图 5-7　【线性加深】模式

图 5-8　【深色】模式

- 【变亮】模式：这种模式只有在当前颜色比底色深的情况下才起作用，底图的浅色将覆盖绘制的深色，如图 5-9 所示。
- 【滤色】模式：此选项与【正片叠底】选项的功能相反，通常这种模式的颜色都较浅。任何颜色的底色与绘制的黑色混合，原颜色都不受影响；与绘制的白色混合将得到白色；与绘制的其他颜色混合将得到漂白效果，如图 5-10 所示。
- 【颜色减淡】模式：选择此选项，将通过减低对比度，使底色的颜色变亮来反映绘制的颜色。与黑色混合没有变化。如图 5-11 所示。

图 5-9　【变亮】模式

图 5-10　【滤色】模式

图 5-11　【颜色减淡】模式

- 【线性减淡(添加)】模式：选择此选项，将通过增加亮度使底色的颜色变亮来反映绘制的颜色，与黑色混合没有变化，如图 5-12 所示。
- 【浅色】模式：选择此选项，系统将从底色和混合色中选择最大的通道值来创建结果颜色，如图 5-13 所示。
- 【叠加】模式：选择此选项，使图案或颜色在现有像素上叠加，同时保留基色的明暗对比，如图 5-14 所示。
- 【柔光】模式：选择此选项，系统将根据绘制色的明暗程度来决定最终是变亮还是变暗。当绘制的颜色比 50%的灰色暗时，图像通过增加对比度变暗，如图 5-15 所示。
- 【强光】模式：选择此选项，系统将根据混合颜色决定执行正片叠底还是过滤。当绘制的颜色比 50%的灰色亮时，底色图像变亮；当比 50%的灰色暗时，底色图像变暗，如图 5-16 所示。

- 【亮光】模式：选择此选项，可以使混合后的颜色更加饱和，如图 5-17 所示。如果当前图层中的像素比 50%灰色亮，则通过减小对比度的方式使图像变亮；如果当前图层中的像素比 50%灰色暗，则通过增加对比度的方式使图像变暗。

图 5-12 【线性减淡(添加)】模式

图 5-13 【浅色】模式

图 5-14 【叠加】模式

图 5-15 【柔光】模式

图 5-16 【强光】模式

图 5-17 【亮光】模式

- 【线性光】模式：选择此选项，可以使图像产生更高的对比度，如图 5-18 所示。如果当前图层中的像素比 50%灰色亮，则通过增加亮度使图像变亮；如果当前图层中的像素比 50%灰色暗，则通过减小亮度使图像变暗。
- 【点光】模式：选择此选项，系统将根据绘制色来替换颜色。当绘制的颜色比 50%的灰色亮时，则比绘制色暗的像素被替换，但比绘制色亮的像素不被替换；当绘制的颜色比 50%的灰色暗时，比绘制色亮的像素则被替换，但比绘制色暗的像素不被替换，如图 5-19 所示。
- 【实色混合】模式：选择此选项，将混合颜色的红色、绿色和蓝色通道数值添加到底色的 RGB 值。如果通道计算的结果总和大于或等于 255，则值为 255；如果小于 255，则值为 0，如图 5-20 所示。

图 5-18 【线性光】模式

图 5-19 【点光】模式

图 5-20 【实色混合】模式

- 【差值】模式：选择此选项，系统将用图像画面中较亮的像素值减去较暗的像素值，其差值作为最终的像素值。当与白色混合时将使底色相反，而与黑色混合则不产生任何变化，如图 5-21 所示。

- 【排除】模式：选择此选项，可生成与【正常】选项相似的效果，但比差值模式生成的颜色对比度要小，因而颜色较柔和，如图 5-22 所示。
- 【减去】模式：选择此选项，系统从目标通道中相应的像素上减去源通道中的像素值，如图 5-23 所示。

图 5-21 【差值】模式

图 5-22 【排除】模式

图 5-23 【减去】模式

- 【划分】模式：选择此选项，系统将比较每个通道中的颜色信息，然后从底层图像中划分上层图像，如图 5-24 所示。
- 【色相】模式：选择此选项，系统将采用底色的亮度与饱和度，以及绘制色的色相来创建最终颜色，如图 5-25 所示。
- 【饱和度】模式：选择此选项，系统将采用底色的亮度和色相，以及绘制色的饱和度来创建最终颜色，如图 5-26 所示。

图 5-24 【划分】模式

图 5-25 【色相】模式

图 5-26 【饱和度】模式

- 【颜色】模式：选择此选项，系统将采用底色的亮度，以及绘制色的色相、饱和度来创建最终颜色，如图 5-27 所示。
- 【明度】模式：选择此选项，系统将采用底色的色相、饱和度，以及绘制色的明度来创建最终颜色。此选项实现效果与【颜色】选项相反，如图 5-28 所示。

图 5-27 【颜色】模式

图 5-28 【明度】模式

> **提示**
>
> 图层混合模式只能在两个图层图像之间产生作用；【背景】图层上的图像不能设置图层混合模式。如果想为【背景】图层设置混合效果，必须先将其转换为普通图层后再进行设置。

**【例 5-1】** 在打开的图像文件中，使用混合模式调整图像效果。

(1) 选择【文件】|【打开】命令，打开一幅素材图像文件，如图 5-29 所示。

(2) 选择【文件】|【置入嵌入的智能对象】命令，打开【置入嵌入的对象】对话框。在对话框中选中需要置入的图像，然后单击【置入】按钮，如图 5-30 所示。

图 5-29　打开图像文件

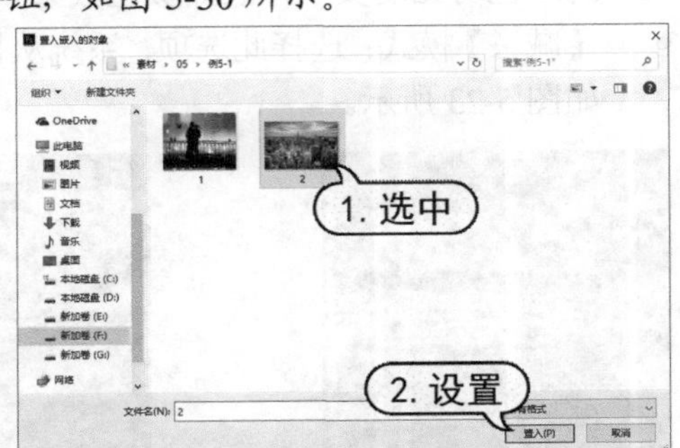


图 5-30　置入图像

(3) 在图像文件中单击置入图像，并调整置入图像的大小。然后按 Enter 键确认置入图像，如图 5-31 所示。

(4) 在【图层】面板中，设置置入图像图层的混合模式为【强光】，【不透明度】数值为 65%，如图 5-32 所示。

图 5-31　调整置入图像的大小

图 5-32　设置图层

## 5.3　图层样式的应用

图层样式也称为图层效果，它用于创建图像特效。图层样式可以随时修改、隐藏或删除，具有非常强的灵活性。

### 5.3.1　添加图层样式

在 Photoshop 中，可以通过【样式】面板对图像或文字快速应用预设的图层样式效果，并且可以对预设样式进行编辑处理。【样式】面板用来保存、管理和应用图层样式。用户也可以将 Photoshop 提供的预设样式库，或外部样式库载入到该面板中。选择【窗口】|【样式】命令，可以打开如图 5-33 所示的【样式】面板。

要添加预设样式，首先选择一个图层，然后单击【样式】面板中的一个样式，即可为所选图层添加样式。用户也可以打开【图层样式】对话框，在左侧的列表中选择【样式】选项，再从右侧的窗格中选择预设的图层样式，然后单击【确定】按钮即可，如图 5-34 所示。

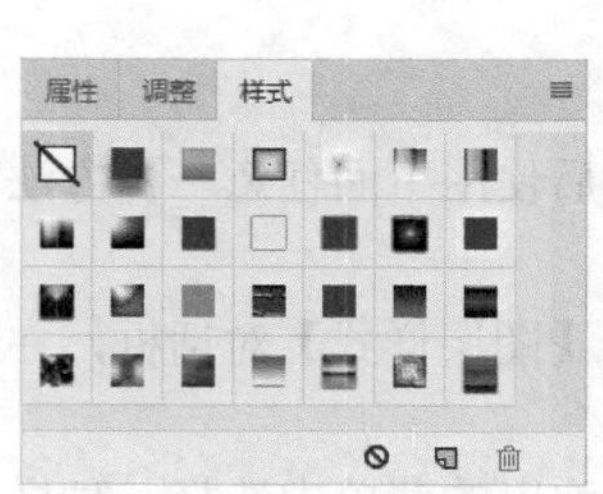


图 5-33　【样式】面板

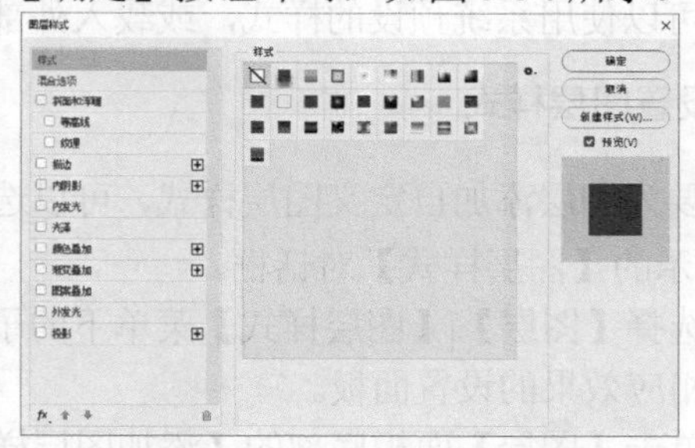

图 5-34　选择预设的图层样式

【例 5-2】为打开的图像添加预设图层样式。

(1) 选择【文件】|【打开】命令，选择打开一幅图像文件。按 Ctrl+J 组合键复制【背景】图层，如图 5-35 所示。

(2) 打开【样式】面板，单击【拼图(图像)】样式，为图层添加该样式，创建拼图效果，如图 5-36 所示。

图 5-35　打开图像文件

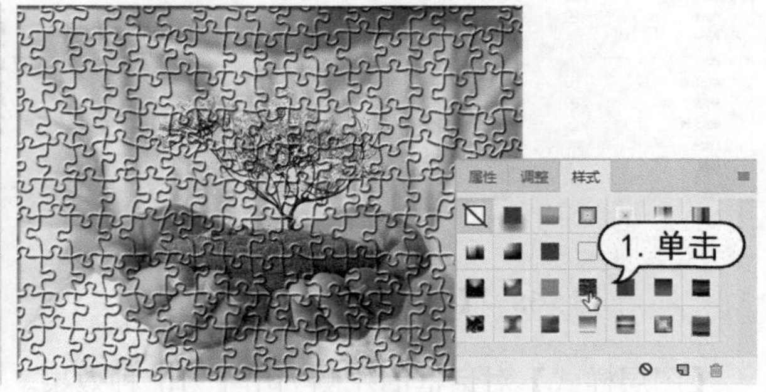


图 5-36　应用预设图层样式

(3) 选择【图层】|【图层样式】|【缩放效果】命令，打开【缩放图层效果】对话框。设置【缩放】数值为 200%，然后单击【确定】按钮调整样式的缩放比例，如图 5-37 所示。

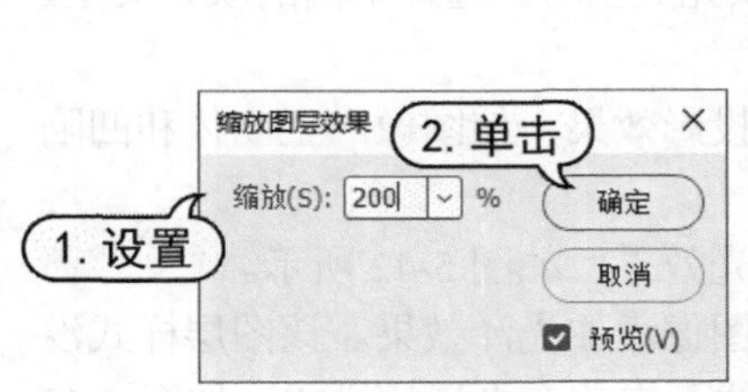

图 5-37　缩放图层效果

## 5.3.2 创建自定义图层样式

用户可以使用系统预设的样式，或载入外部样式，只需通过单击即可将效果应用于图像。

### 1. 设置图层样式

如果要为图层添加自定义图层样式，可以选中该图层，然后使用下面任意一种方法打开如图 5-38 所示的【图层样式】对话框。

- 选择【图层】|【图层样式】菜单下的子命令，可打开【图层样式】对话框，并进入到相应效果的设置面板。
- 单击【图层】面板底部的【添加图层样式】按钮，在弹出的菜单中选择一种样式，也可以打开【图层样式】对话框，并进入到相应效果的设置面板。
- 双击需要添加样式的图层，打开【图层样式】对话框，在对话框左侧选择要添加的效果。即可切换到该效果的设置面板。

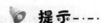

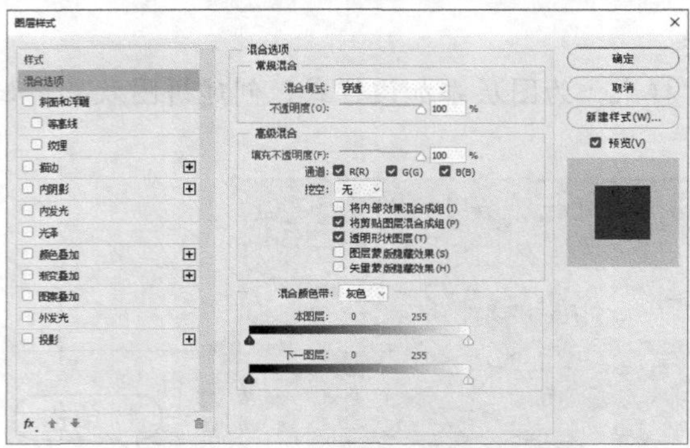

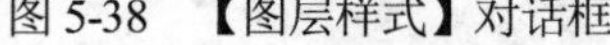
图 5-38 【图层样式】对话框

提示

【背景】图层不能添加图层样式。如果要为【背景】图层添加样式，需要先将其转换为普通图层。

【图层样式】对话框的左侧列出了 10 种效果。当效果名称前的复选框被选中时，表示在图层中添加了该效果。

- 【斜面和浮雕】样式可以对图层添加高光与阴影的各种组合，使图层内容呈现立体的浮雕效果。利用【斜面和浮雕】设置选项可以为图层添加不同的浮雕效果，还可以添加图案纹理，让画面展现出不一样的浮雕效果，如图 5-39 所示。
- 【描边】样式可在当前的图层上描画对象的轮廓。设置的轮廓可以是颜色、渐变色或图案，还可以控制描边的大小、位置、混合模式和填充类型等。选择不同的填充类型，则会显示不同的设置选项，如图 5-40 所示。
- 【内阴影】样式可以在图层中的图像边缘内部增加投影效果，使图像产生立体和凹陷的外观效果，如图 5-41 所示。
- 【内发光】样式可以沿图层内容的边缘向内创建发光效果，如图 5-42 所示。
- 【光泽】样式可以应用于创建光滑的内部阴影，为图像添加光泽效果。该图层样式没有特别的选项，但用户可以通过选择不同的【等高线】来改变光泽的样式，如图 5-43 所示。

◉　【颜色叠加】样式可以在图层上叠加指定的颜色，通过设置颜色的混合模式和不透明度来控制叠加的颜色效果，以达到更改图层内容颜色的目的，如图 5-44 所示。

图 5-39　斜面和浮雕

图 5-40　描边

图 5-41　内阴影

图 5-42　内发光

图 5-43　光泽

图 5-44　颜色叠加

◉　【渐变叠加】样式可以在图层内容上叠加指定的渐变颜色。在【渐变叠加】设置选项中可以编辑任意的渐变颜色，然后通过设置渐变的混合模式、样式、角度、不透明度和缩放等参数控制叠加的渐变颜色效果，如图 5-45 所示。

◉　【图案叠加】样式，可以在图层内容上叠加图案效果。利用【图层样式】面板中的【图案叠加】选项，可以选择 Photoshop 中预设的多种图案，然后缩放图案，设置图案的不透明度和混合模式，制作出特殊质感的效果，如图 5-46 所示。

◉　【外发光】样式可以沿图层内容的边缘向外创建发光效果，如图 5-47 所示。

图 5-45　渐变叠加

图 5-46　图案叠加

图 5-47　外发光

◉　【投影】样式可以为图层内容边缘外侧添加投影效果，利用【图层样式】面板中相应的选项，可以控制投影的颜色、大小、方向等，让图像效果更具立体感，如图 5-48 所示。

在对话框中设置样式参数后，单击【确定】按钮即可为图层添加样式，图层右侧会显示一个图层样式标志 fx。单击该标志右侧的 ⌃ 按钮可折叠或展开样式列表，如图 5-49 所示。

图 5-48　投影

图 5-49　展开图层样式

【例 5-3】为打开的图像添加自定义图层样式。

(1) 选择【文件】|【打开】命令，选择打开一幅图像文件，如图 5-50 所示。

(2) 在【图层】面板中，选中 paper 1 图层，单击【添加图层样式】按钮 fx，在弹出的菜单中选择【投影】命令，打开【图层样式】对话框。在【图层样式】对话框中，设置【不透明度】数值为 70%，【角度】数值为 55 度，【距离】数值为 12 像素，【扩展】数值为 5%，【大小】数值为 30 像素，如图 5-51 所示。

图 5-50　打开图像文件

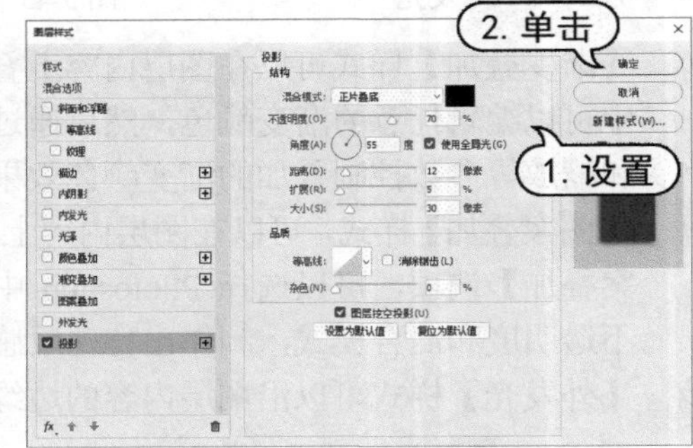


图 5-51　设置投影样式

(3) 在【图层样式】对话框左侧的图层样式列表中选中【描边】选项，设置【大小】数值为 35 像素，【位置】为【内部】。单击【颜色】选项右侧的色板块，打开【拾色器(描边颜色)】对话框。在【拾色器(描边颜色)】对话框中，设置颜色为 R:215 G:140 B:140，然后单击【确定】按钮关闭该对话框。设置完成后，单击【图层样式】对话框中的【确定】按钮应用图层样式，如图 5-52 所示。

(4) 在【图层】面板中，双击 flower 图层组，打开【图层样式】对话框。在该对话框中，选中【投影】选项，设置【不透明度】数值为 35%，【距离】数值为 37 像素，【扩展】数值为 65%，【大小】数值为 0 像素，然后单击【确定】按钮，如图 5-53 所示。

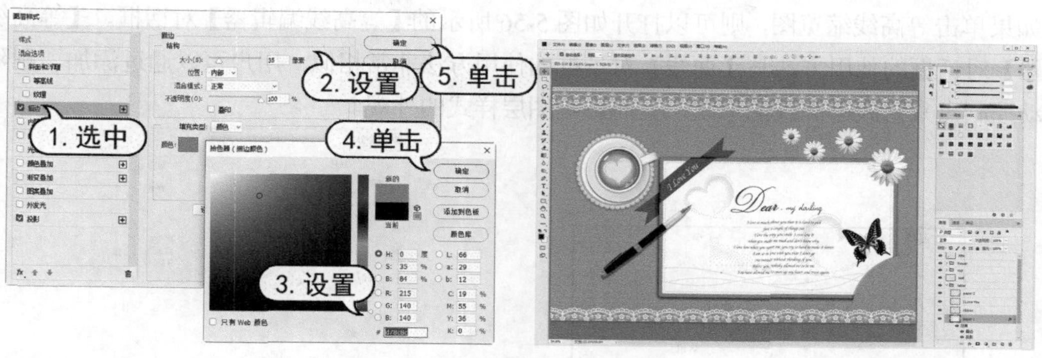


图 5-52　设置描边样式

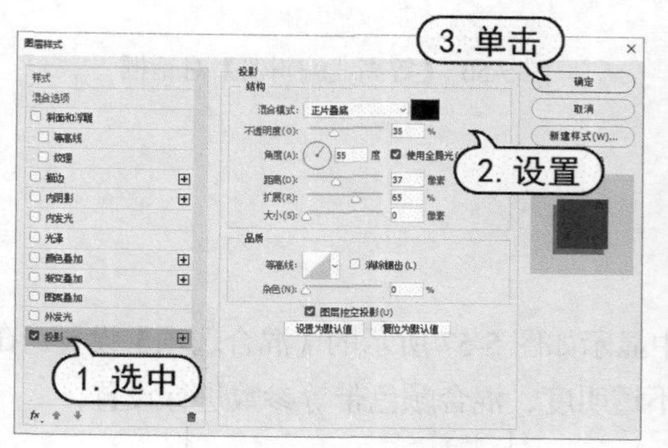

图 5-53　设置投影样式

## 2. 设置全局光

在【图层样式】对话框中，【投影】、【内阴影】、【斜面和浮雕】效果都包含了一个【使用全局光】选项，选择了该选项后，以上效果将使用相同角度的光源。如果要调整全局光的角度和高度，可选择【图层】|【图层样式】|【全局光】命令，打开如图 5-54 所示的【全局光】对话框进行设置。

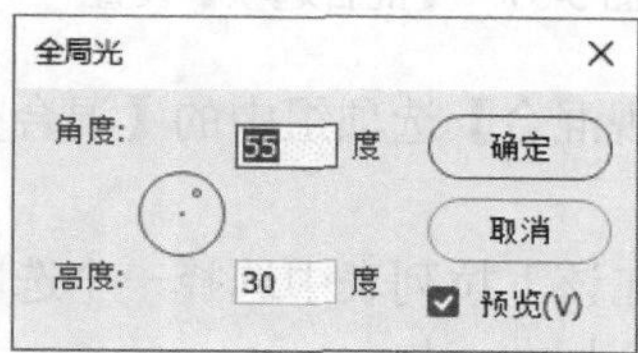


图 5-54　【全局光】对话框

## 3. 设置等高线

Photoshop 中的等高线用来控制效果在指定范围内的形状，以模拟不同的材质。在【图层样式】对话框中，【斜面和浮雕】、【内阴影】、【内发光】、【光泽】、【外发光】和【投影】效果都包含等高线设置选项。单击【等高线】选项右侧的按钮，可以在打开的如图 5-55 所示的下拉面板中选择预设的等高线样式。

如果单击等高线缩览图，则可以打开如图 5-56 所示的【等高线编辑器】对话框。【等高线编辑器】对话框的使用方法与【曲线】对话框的使用方法非常相似，用户可以通过添加、删除和移动控制点来修改等高线的形状，从而影响图层样式的外观。

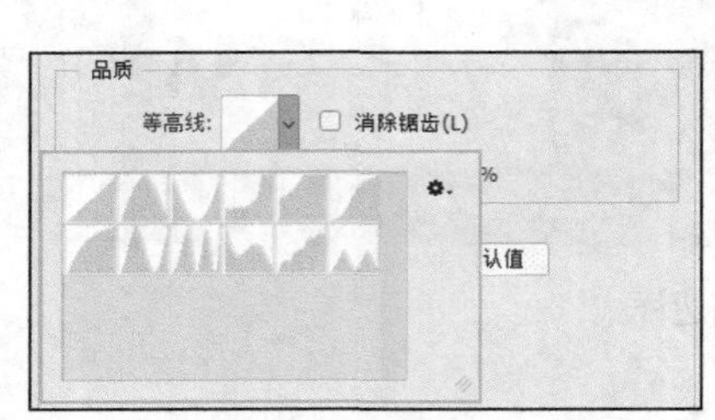


图 5-55　【等高线】下拉面板

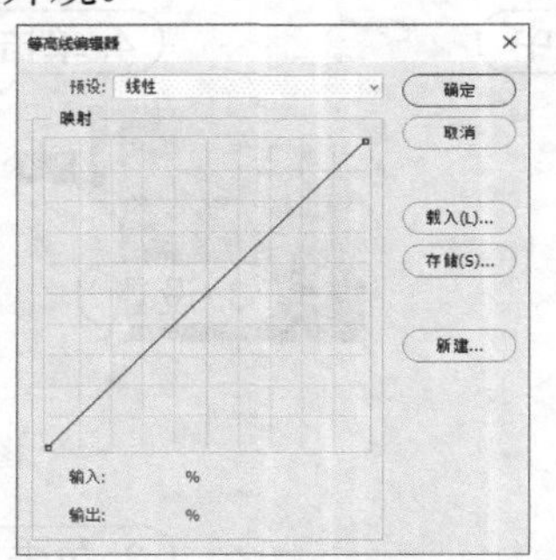


图 5-56 【等高线编辑器】对话框

## 5.3.3　混合选项的运用



默认情况下，在打开的【图层样式】对话框中显示如图 5-57 所示的【混合选项】设置。在其中可以对一些相对常见的选项，如混合模式、不透明度、混合颜色带等参数进行设置。

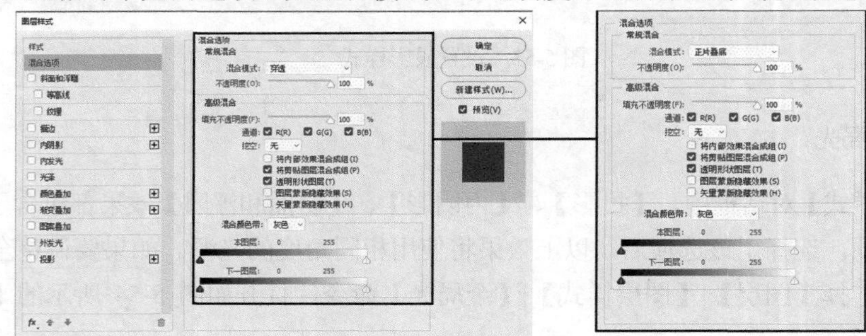


图 5-57　【混合选项】设置

在【混合选项】设置中，【常规混合】选项组中的【混合模式】和【不透明度】选项设置与【图层】面板中的设置作用相同。

- 【混合模式】下拉列表：在该下拉列表中选择一个选项，即可使当前图层按照选择的混合模式与图像下层图层叠加在一起。
- 【不透明度】数值框：通过拖动滑块或直接在数值框中输入数值，设置当前图层的不透明度。

【高级混合】选项组中的设置适用于控制图层蒙版、剪贴蒙版和矢量蒙版属性。它还可创建挖空效果。

- 【填充不透明度】数值框：通过拖动滑块或直接在数值框中输入数值，设置当前图层的填充不透明度。填充不透明度将影响图层中绘制的像素或图层中绘制的形状，但不影响已经应用于图层的任何图层效果的不透明度。

◉　【通道】复选框：通过选中不同通道的复选框，可以显示出不同的通道效果。

◉　【挖空】选项组：【挖空】选项组可以指定图像中哪些图层是穿透的，从而使其从其他图层中的内容显示出来。

【混合颜色带】选项用来控制当前图层与其下面的图层混合时，在混合结果中显示哪些像素。单击【混合颜色带】右侧的下拉按钮，在打开的下拉列表中选择不同的颜色选项，然后通过拖动下方的滑块，可调整当前图层对象的相应颜色。

◉　【本图层】是指当前正在处理的图层，拖动本图层滑块，可以隐藏当前图层中的像素，显示出下面图层中的图像。将左侧黑色滑块向右拖动时，当前图层中所有比该滑块所在位置暗的像素都会被隐藏；将右侧的白色滑块向左拖动时，当前图层中所有比该滑块所在位置亮的像素都会被隐藏。

◉　【下一图层】是指当前图层下面的一个图层。拖动下一图层中的滑块，可以使下面图层中的像素穿透当前图层显示出来。将左侧黑色滑块向右拖动时，可显示下面图层中较暗的像素；将右侧的白色滑块向左拖动时，则可显示下面图层中较亮的像素。

【例 5-4】在打开的图像文件中，使用混合选项调整图像效果。

(1) 选择【文件】|【打开】命令，打开一幅素材图像文件，并在【图层】面板中选中 Silent Spring 图层，如图 5-58 所示。

(2) 双击 Silent Spring 图层，打开【图层样式】对话框。在该对话框的【混合选项】设置区中，单击【混合模式】下拉列表，选择【叠加】选项。在【混合颜色带】选项组中，按住 Alt 键拖动【下一图层】滑竿黑色滑块的右半部分至 141。按 Alt 键拖动右侧白色滑块的左半部分至 186，如图 5-59 所示。

图 5-58　选中文字图层

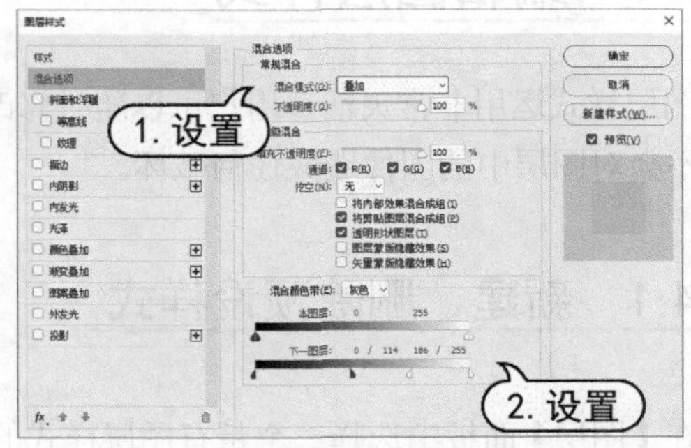


图 5-59　设置混合选项

(3) 单击【混合颜色带】下拉按钮，从弹出的下拉列表中选择【蓝】选项，然后按住 Alt 键拖动【下一图层】滑竿黑色滑块的右半部分至 183，按 Alt 键拖动右侧白色滑块的左半部分至 211，如图 5-60 所示。

(4) 在【图层样式】对话框左侧列表中选中【投影】选项，在【混合模式】下拉列表中选择【亮光】选项，设置【不透明度】数值为 40%，【距离】数值为 10 像素，【大小】数值为 2 像素，然后单击【确定】按钮应用图层样式，如图 5-61 所示。

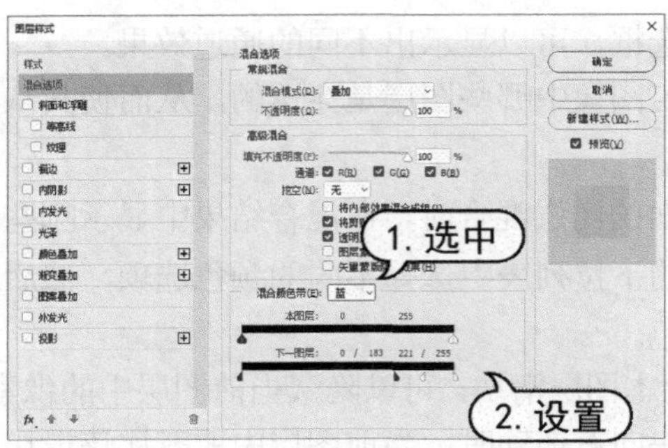


图 5-60　设置混合选项

**提示**

使用混合滑块只能隐藏像素，而不是真正删除像素。重新打开【图层样式】对话框后，将滑块拖回起始位置，便可以将隐藏的像素显示出来。

图 5-61　设置投影样式

## 5.4　编辑图层样式

图层样式运用非常灵活，用户可以随时修改效果的参数、隐藏效果或者删除效果。这些操作都不会对图层中的图像造成任何破坏。

### 5.4.1　新建、删除预设样式

在【图层】面板中选择一个带有图层样式的图层后，将光标放置在【样式】面板的空白处，当光标变为油漆桶图标时单击，或直接单击【创建新样式】按钮。在弹出的【新建样式】对话框中为样式设置一个名称，单击【确定】按钮后，新建的样式会保存在【样式】面板的末尾，如图 5-62 所示。

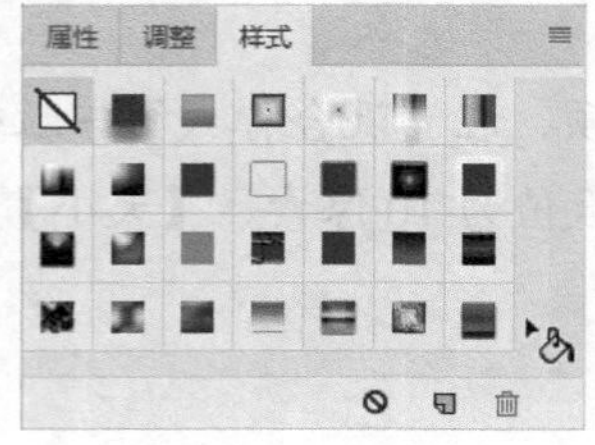


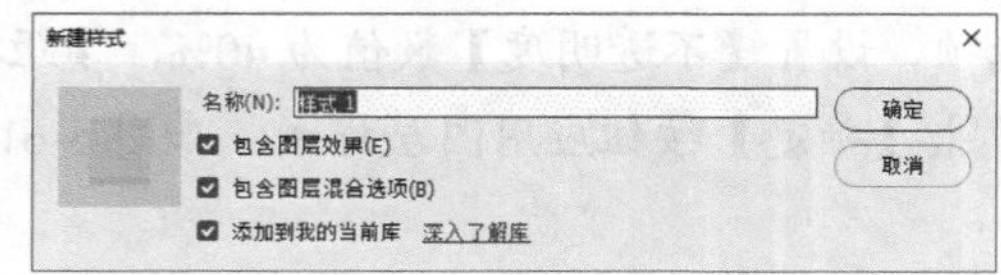


图 5-62　新建预设样式

- 【名称】：用来设置样式的名称。
- 【包含图层效果】：选中该选项，可以将当前的图层效果设置为样式。
- 【包含图层混合选项】：如果当前图层设置了混合模式，选中该选项，新建的样式将具有这种混合模式。

要删除样式，只需将样式拖动到【样式】面板底部的【删除样式】按钮上即可删除创建的样式。也可以在【样式】面板中按住 Alt 键，当光标变为剪刀形状时，单击需要删除的样式即可将其删除。

## 5.4.2　拷贝、粘贴图层样式

当需要对多个图层应用相同的样式效果时，复制和粘贴样式是最便捷的方法。复制方法为：在【图层】面板中，选择添加了图层样式的图层，选择【图层】|【图层样式】|【拷贝图层样式】命令复制图层样式；或直接在【图层】面板中，右击添加了图层样式的图层，在弹出的菜单中选择【拷贝图层样式】命令复制图层样式，如图 5-63 所示。

在【图层】面板中选择目标图层，然后选择【图层】|【图层样式】|【粘贴图层样式】命令，或直接在【图层】面板中，右击图层，在弹出的菜单中选择【粘贴图层样式】命令，可以将复制的图层样式粘贴到该图层中，如图 5-64 所示。

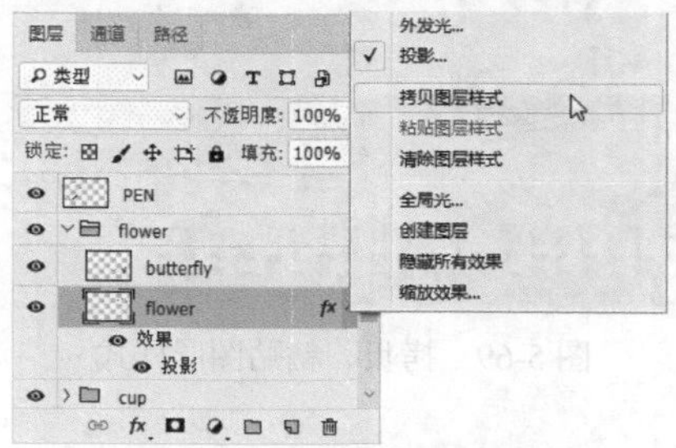

图 5-63　拷贝图层样式

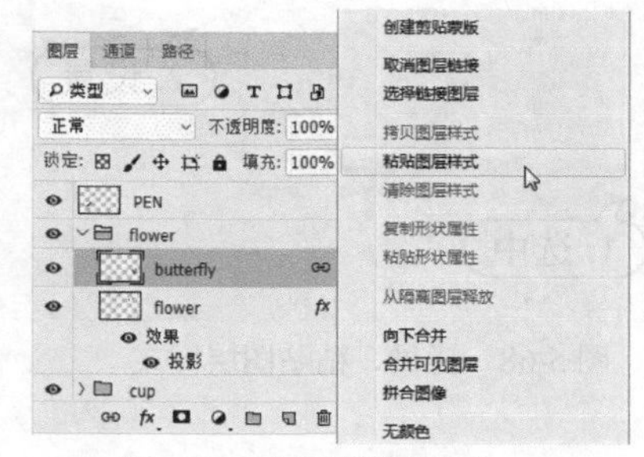

图 5-64　粘贴图层样式

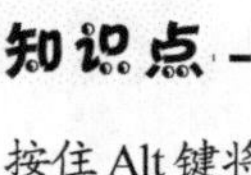

**知识点**

按住 Alt 键将效果图标从一个图层拖动到另一个图层，可以将该图层的所有效果都复制到目标图层，如图 5-65 所示。如果只需复制一个效果，可按住 Alt 键拖动该效果的名称至目标图层。如果没有按住 Alt 键，则可以将效果转移到目标图层。

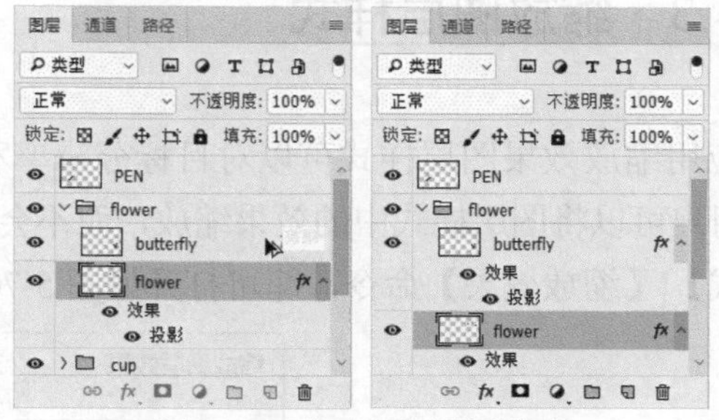

图 5-65　移动复制图层样式

【例 5-5】在图像文件中，拷贝、粘贴图层样式。

(1) 选择【文件】|【打开】命令，打开一幅图像文件，如图 5-66 所示。

(2) 双击【图层】面板中的 photo 1 图层，打开【图层样式】对话框。在该对话框中，选中【描边】样式，设置【大小】数值为 35 像素。单击【颜色】选项右侧色块，在弹出的【拾色器】

对话框中设置颜色为【白色】，如图 5-67 所示。

图 5-66　打开图像文件

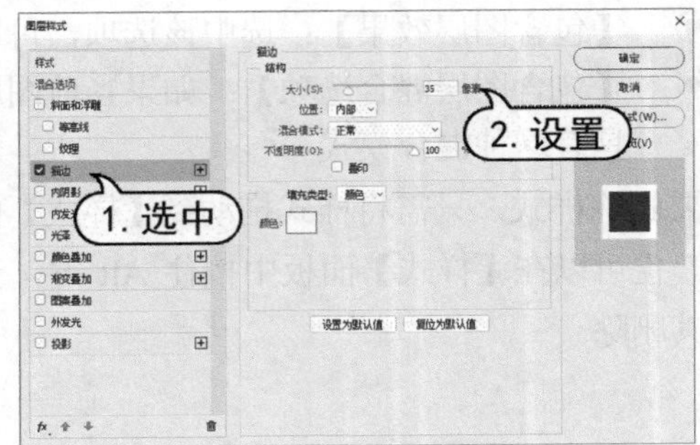


图 5-67　应用描边样式

(3) 在【图层样式】对话框中，选中【投影】样式，设置【不透明度】数值为 60%，【距离】数值为 35 像素，【大小】数值为 45 像素，然后单击【确定】按钮应用图层样式，如图 5-68 所示。

(4) 在 photo 1 图层上右击，在弹出的菜单中选择【拷贝图层样式】命令，再在 photo 2 图层上右击，在弹出的菜单中选择【粘贴图层样式】命令复制图层样式，如图 5-69 所示。

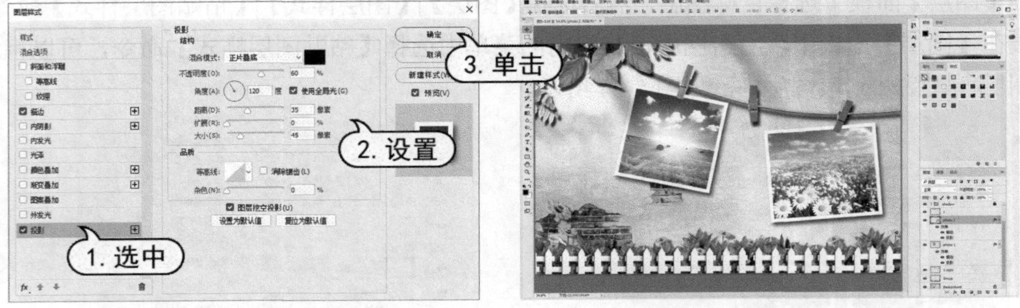


图 5-68　拷贝、粘贴图层样式

图 5-69　拷贝、粘贴图层样式

## 5.4.3　缩放图层样式

应用缩放效果图层样式可以对目标分辨率和指定大小的效果进行调整。通过使用缩放效果，用户可以将图层样式中的效果缩放，而不会缩放应用图层样式的对象。选择【图层】|【图层样式】|【缩放效果】命令，即可打开如图 5-70 所示的【缩放图层效果】对话框。

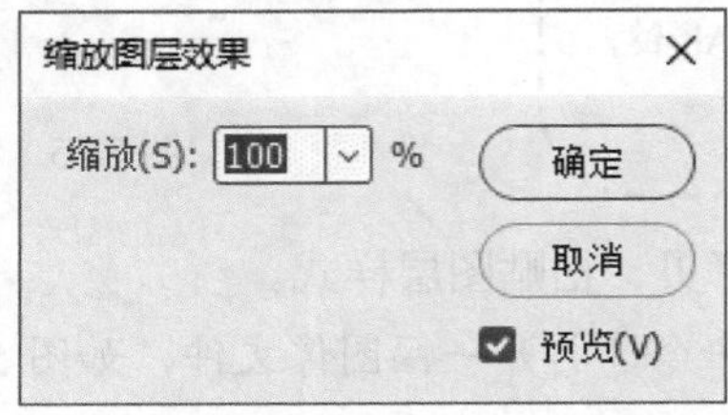


图 5-70　【缩放图层效果】对话框

## 5.4.4　清除图层样式

如果要清除一种图层样式，可将其拖动至【删除图层】按钮上即可；如果要删除一个图层的所有样式，可以将图层效果名称拖动至【删除图层】按钮上即可，如图 5-71 所示。也可以选择样式所在的图层，然后选择【图层】|【图层样式】|【清除图层样式】命令即可。

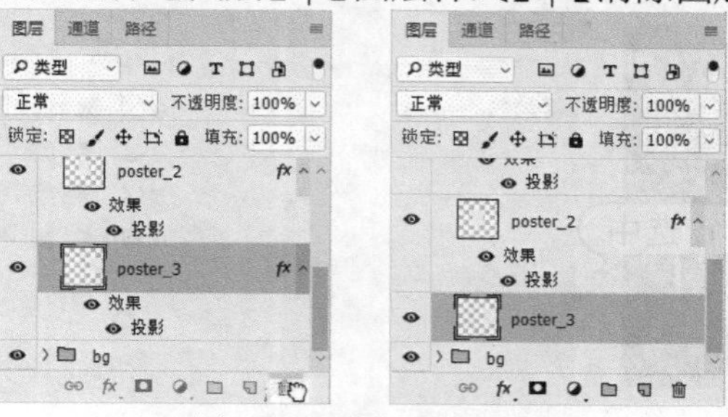

图 5-71　删除图层样式

## 5.4.5　存储、载入样式库

如果在【样式】面板中创建了大量的自定义样式，可以将这些样式单独保存为一个独立的样式库。选择【样式】面板菜单中的【存储样式】命令，在打开的【另存为】对话框中输入样式库名称和保存位置，单击【确定】按钮，即可将面板中的样式保存为一个样式库。

【样式】面板菜单的下半部分是 Photoshop 提供的预设样式库，如图 5-72 所示。选择一种样式库，系统会弹出如图 5-73 所示的提示对话框。单击【确定】按钮，可以载入样式库并替换【样式】面板中的所有样式；单击【取消】按钮，则取消载入样式的操作；单击【追加】按钮，则该样式库会添加到原有样式的后面。

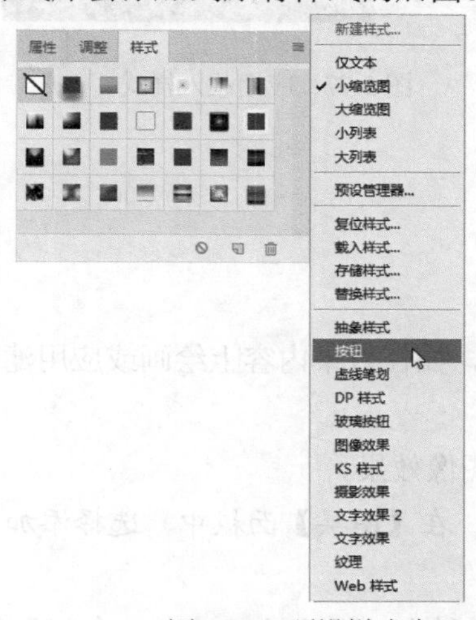

图 5-72　预设样式库

图 5-73　系统提示对话框

【例 5-6】在图像文件中，载入样式库并应用载入的样式。

(1) 在 Photoshop 中，选择【文件】|【打开】命令，打开一幅图像文件，并在【图层】面板中选中文字图层，如图 5-74 所示。

(2) 在【样式】面板中，单击面板菜单按钮，打开面板菜单。在该菜单中选择【载入样式】命令，如图 5-75 所示。

图 5-74　选中文字图层

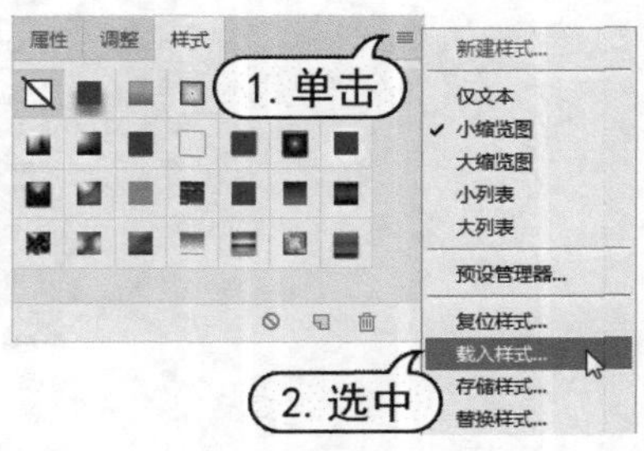


图 5-75　选择【载入样式】命令

(3) 在打开的【载入】对话框中，选中所需要载入的样式，然后单击【载入】按钮，如图 5-76 所示。

(4) 在【样式】面板中，单击刚载入样式库中的样式，即可将其应用到文字图层中，如图 5-77 所示。

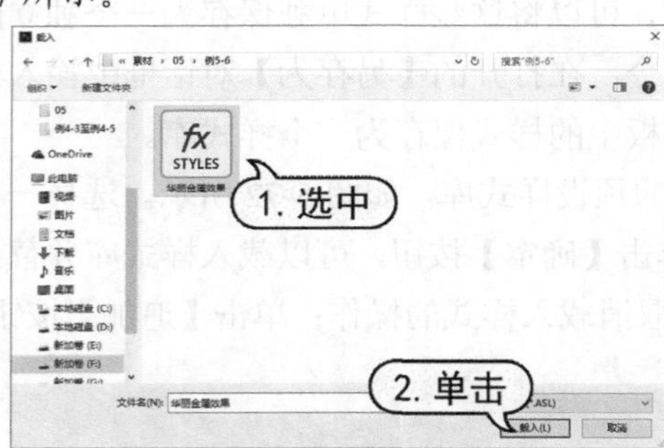


图 5-76　载入样式

图 5-77　应用载入样式

## 5.4.6　将效果创建为图层

图层样式效果虽然丰富，但要想进一步对其进行编辑，如在效果内容上绘画或应用滤镜，则需要先将样式创建为图层。

【例 5-7】在图像文件中，将效果创建为图层并调整图像效果。

(1) 选择【文件】|【打开】命令，打开一幅素材图像。在【图层】面板中，选择添加了样式的 main shape 图层，如图 5-78 所示。

(2) 选择【图层】|【图层样式】|【创建图层】命令，在弹出的提示对话框中，单击【确定】

按钮，将样式从图层中剥离出来成为单独的图层，如图 5-79 所示。

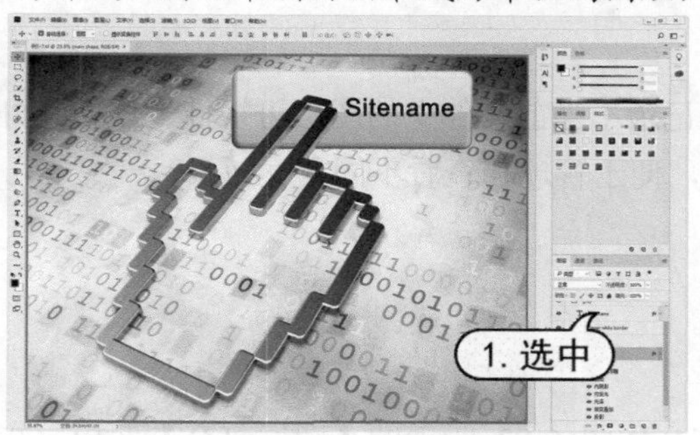


图 5-78　选择图层

图 5-79　创建图层

(3) 在【图层】面板中，选中 main shape 图层，右击，从弹出的菜单中选择【转换为智能对象】命令，如图 5-80 所示。

(4) 选择【滤镜】|【滤镜库】命令，在打开的【滤镜库】对话框中，选中【素描】滤镜组中的【半调图案】滤镜。单击【图案类型】下拉按钮，从弹出的列表中选择【直线】选项，并设置【大小】数值为 12，【对比度】数值为 40，然后单击【确定】按钮，如图 5-81 所示。

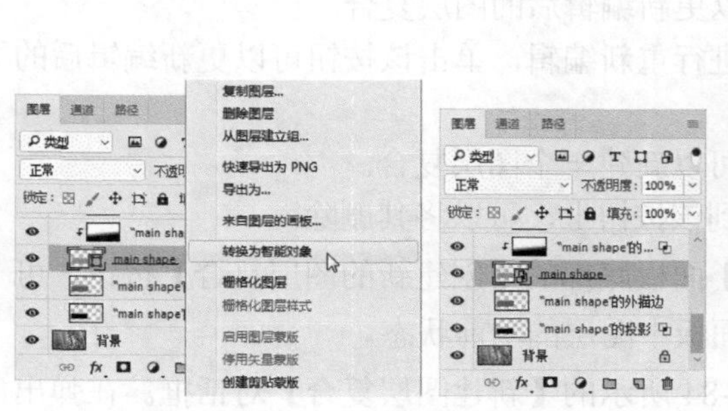


图 5-80　转换为智能对象

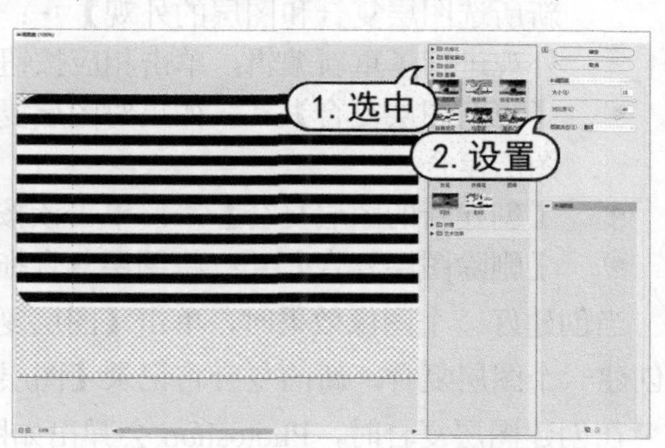


图 5-81　应用【素描】滤镜

(5) 在【图层】面板中，双击 main shape 图层滤镜库后的混合选项按钮，打开【混合选项(滤镜库)】对话框。在该对话框中，单击【模式】下拉按钮，从弹出的列表中选择【点光】选项，设置【不透明度】数值为 80%，然后单击【确定】按钮，如图 5-82 所示。

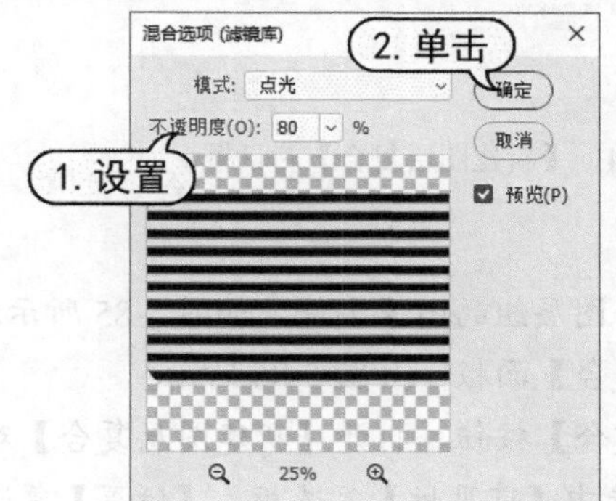


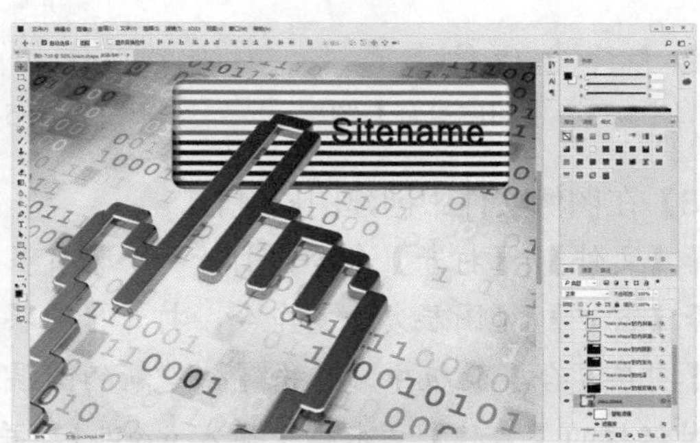


图 5-82　设置混合选项

# 5.5 使用图层复合

图层复合是【图层】面板状态的快照，它记录了当前文件中的图层可视性、位置和外观。通过图层复合，可在当前文件中创建多个方案，便于管理和查看不同方案效果。

## 5.5.1 创建图层复合

选择【窗口】|【图层复合】命令，可以打开如图 5-83 所示的【图层复合】面板。在【图层复合】面板中，可以创建、编辑、切换和删除图层复合。

- 【应用图层复合】图标：在【图层复合】面板中，如果图层复合名称前有该图标，则表示当前使用了图层复合效果。
- 【应用选中的上一图层复合】：切换到上一个图层复合。
- 【应用选中的下一图层复合】：切换到下一个图层复合。
- 【更新所选图层复合和图层的可见性】/【更新所选图层复合和图层的位置】/【更新所选图层复合和图层的外观】：如果对所选图层复合中的图层的可见性、位置或外观进行了重新编辑，单击相应按钮可以更新编辑后的图层复合。
- 【更新图层复合】：如果对图层复合进行重新编辑，单击该按钮可以更新编辑后的图层复合。
- 【创建新的图层复合】：单击该按钮可以新建一个图层复合。
- 【删除图层复合】：将图层复合拖动到该按钮上，可以将其删除。

当创建好一个图像效果时，单击【图层复合】面板底部的【创建新的图层复合】按钮，可以创建一个图层复合，新的复合将记录【图层】面板中图层的当前状态。

在创建图层复合时，Photoshop 会弹出如图 5-84 所示的【新建图层复合】对话框。在弹出的对话框中可以选择应用于图层的选项，包含【可见性】、【位置】和【外观(图层样式)】，也可以为图层复合添加文本注释。

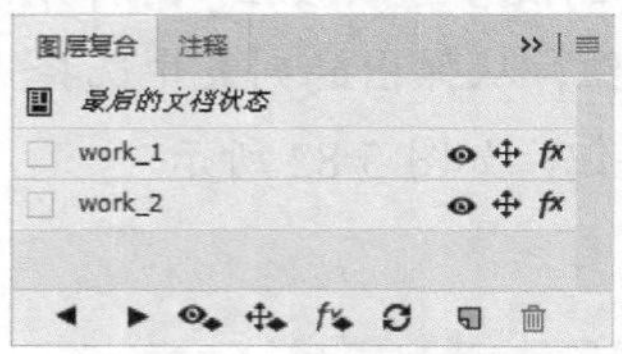


图 5-83 【图层复合】图层

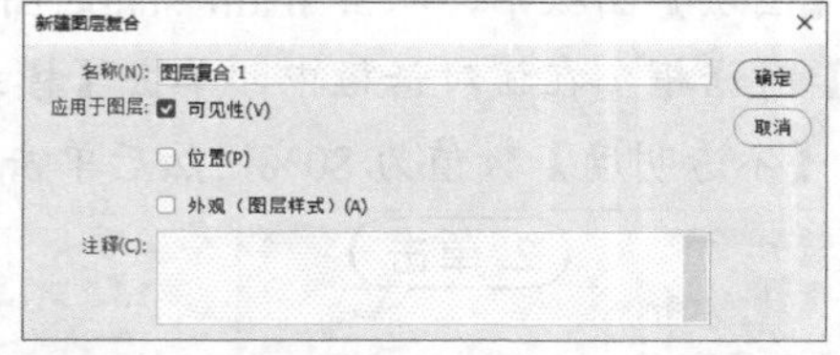


图 5-84 【新建图层复合】对话框

【例 5-8】在图像文件中创建图层复合。

(1) 选择【文件】|【打开】命令，打开一个带有多个图层组的图像文件，如图 5-85 所示。

(2) 选择【窗口】|【图层复合】命令，打开【图层复合】面板，如图 5-86 所示。

(3) 在【图层复合】面板中，单击【创建新的图层复合】按钮，打开【新建图层复合】对话框。在该对话框的【名称】文本框中输入 work_1，并选中【可见性】复选框、【位置】复选

框和【外观(图层样式)】复选框，然后单击【确定】按钮，如图 5-87 所示。

图 5-85　打开图像文件

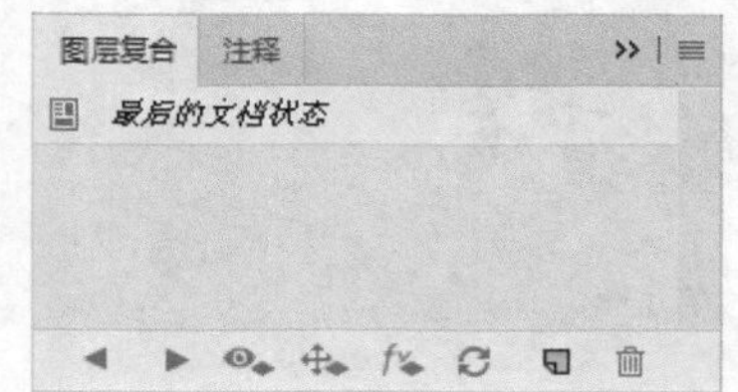


图 5-86　打开【图层复合】面板

(4) 在【图层】面板中，关闭 work_1 图层组视图，打开 work_2 图层组视图。在【图层复合】面板中单击【创建新的图层复合】按钮，打开【新建图层复合】对话框。在该对话框的【名称】文本框中输入 work_2，然后单击【确定】按钮，如图 5-88 所示。

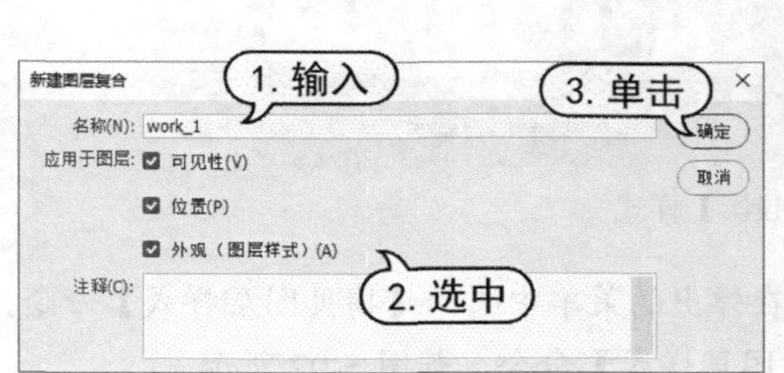


图 5-87　新建图层复合(1)

图 5-88　新建图层复合(2)

## 5.5.2　更改与更新图层复合

如果要更改创建好的图层复合，可以在【图层复合】面板菜单中选择【图层复合选项】命令，再次打开【图层复合选项】对话框重新设置。如果要更新修改后的图层复合，可以在【图层复合】面板底部单击【更新图层复合】按钮。

【例 5-9】在图像文件中，更改图层复合。

(1) 继续使用【例 5-8】创建的图层复合，在【图层复合】面板中单击“work_1”前的【应用图层复合标志】按钮，如图 5-89 所示。

(2) 在【图层】面板中，选中【背景】图层。选择【文件】|【置入嵌入对象】命令，打开【置入嵌入的对象】对话框。在该对话框中，选中所需的图像文件，然后单击【置入】按钮，置入图像并调整置入图像的大小，如图 5-90 所示。

(3) 展开 work_1 图层组，并双击 Layer 1 图层，打开【图层样式】对话框。在该对话框中，选中【投影】样式，设置【混合模式】为【正片叠底】，【不透明度】数值为 60%，【距离】

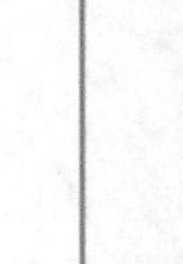

数值为 35 像素，【大小】数值为 45 像素，然后单击【确定】按钮，如图 5-91 所示。

图 5-89　选中图层复合

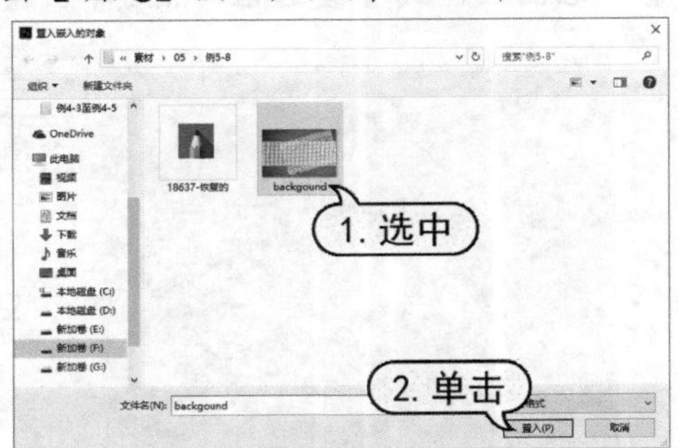


图 5-90　置入图像

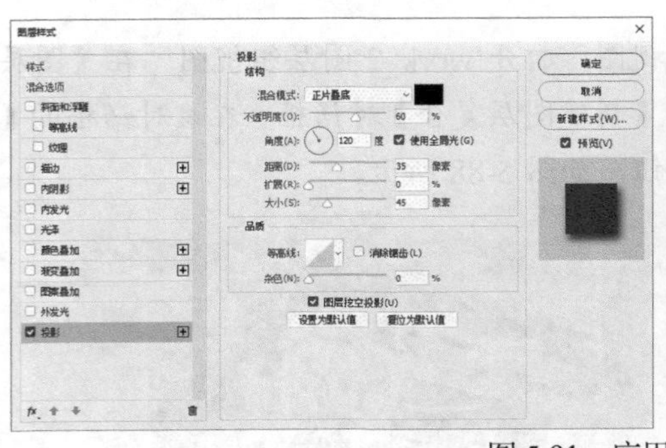

图 5-91　应用【投影】样式

(4) 在【图层】面板中，右击 Layer 1 图层，在弹出的菜单中选择【拷贝图层样式】命令。再右击 Layer 2 图层，在弹出的菜单中选择【粘贴图层样式】命令，如图 5-92 所示。

(5) 在【图层复合】面板中，单击【更新图层复合】按钮更新修改设置，如图 5-93 所示。

图 5-92　拷贝、粘贴图层样式

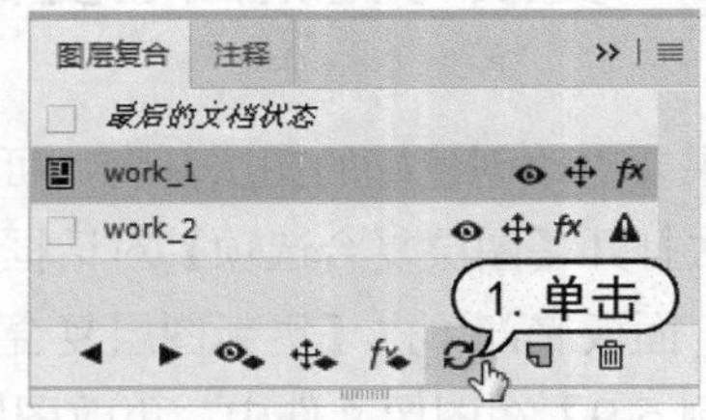


图 5-93　更新图层复合

## 5.6　上机练习

本章的上机练习通过制作图像拼合的综合实例操作，使用户通过练习从而巩固本章所学的图层高级操作的知识。

(1) 在 Photoshop 中，选择【文件】|【打开】命令，选择打开一幅图像文件，并按 Ctrl+J

组合键复制【背景】图层，如图 5-94 所示。

(2) 选择【滤镜】|【Camera Raw 滤镜】命令，打开 Camera Raw 对话框。在 Camera Raw 对话框的【基本】面板中，设置【色温】数值为-35，【曝光】数值为 0.35，【高光】数值为-23，【阴影】数值为 100，【黑色】数值为 60，然后单击【确定】按钮，如图 5-95 所示。

图 5-94　打开图像文件

图 5-95　应用【Camera Raw 滤镜】命令

(3) 选择【文件】|【置入嵌入对象】命令，打开【置入嵌入的对象】对话框。在该对话框中，选择所需的图像文件，然后单击【置入】按钮，如图 5-96 所示。

(4) 在窗口中，调整置入图像的大小及位置，并按 Enter 键应用置入，如图 5-97 所示。

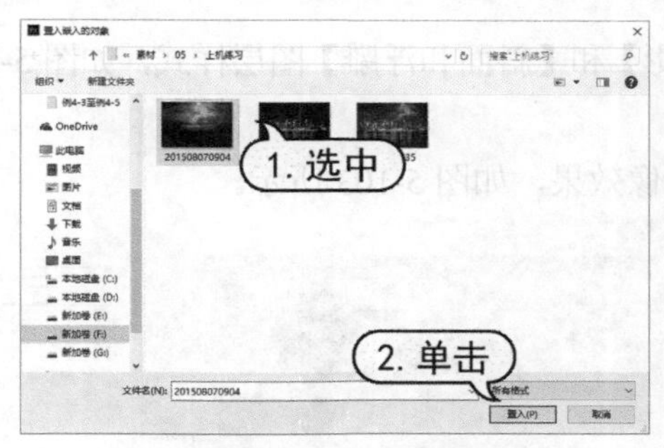


图 5-96　置入图像

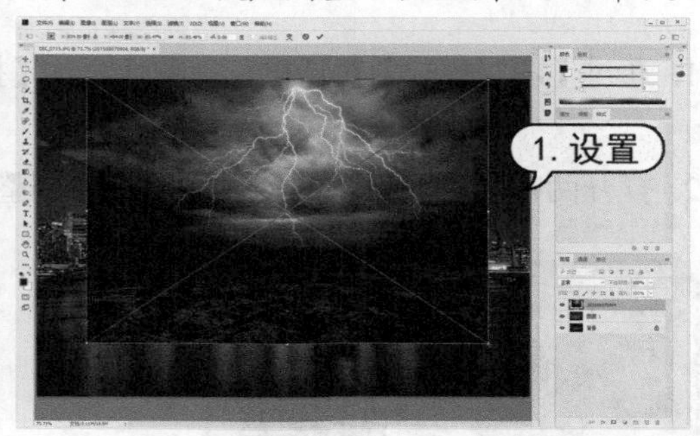


图 5-97　调整置入图像

(5) 双击置入图像图层，打开【图层样式】对话框。按住 Alt 键单击【混合选项】中【本图层】滑竿上黑色滑块的右侧滑块，将其拖动至靠近白色滑块处，如图 5-98 所示。

(6) 按住 Alt 键单击【混合选项】中【本图层】滑竿上黑色滑块的左侧滑块，将其拖动至数值 75 处，然后单击【确定】按钮关闭【图层样式】对话框，如图 5-99 所示。

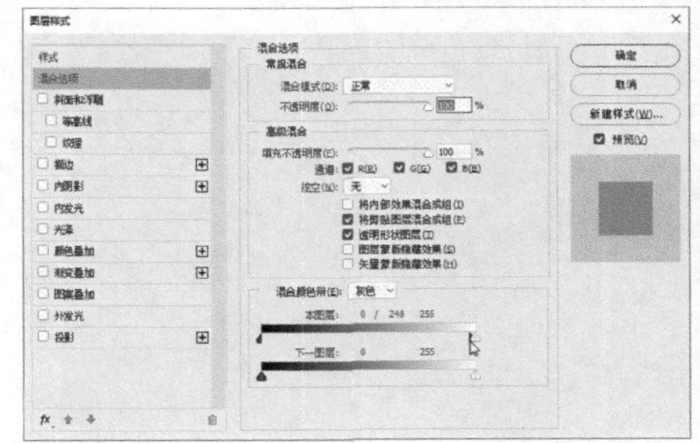

图 5-98　设置混合选项

图 5-99　设置混合选项

(7) 按 Ctrl+T 组合键应用【自由变换】命令，调整闪电位置及大小，如图 5-100 所示。

(8) 在【图层】面板中，单击【添加图层蒙版】按钮添加图层蒙版。选择【画笔】工具，在控制面板中设置柔边圆画笔样式，设置【不透明度】数值为 50%，然后使用【画笔】工具调整闪电效果，如图 5-101 所示。

图 5-100　应用【自由变换】命令

图 5-101　添加图层蒙版



## 5.7 习题

1. 通过【图层样式】对话框，为图像添加【投影】和【斜面和浮雕】图层样式，如图 5-102 所示。

2. 打开两幅图像文件，并通过图层操作调整图像效果，如图 5-103 所示。

图 5-102　图像效果(1)

图 5-103　图像效果(2)

# 第6章 图像的修饰与美化

## 学习目标

修饰美化图像是在 Photoshop 中应用领域最为广泛的功能之一。Photoshop 中不仅可以更改图像的大小、构图，还可以使用 Photoshop 提供的修饰工具及命令使用户获得更加优质的图像画面。

## 本章重点

- 图像的裁剪
- 图像的变换
- 修复工具
- 润饰工具

## 6.1 图像的裁剪

在对数码照片或扫描的图像进行处理时，经常会裁剪图像，以保留需要的部分，删除不需要的内容。在实际的编辑操作中，除了利用【图像大小】和【画布大小】命令修改图像外，还可以使用【裁剪】工具、【裁剪】命令和【裁切】命令修剪图像。

### 6.1.1 【裁剪】工具的使用

使用【裁剪】工具可以裁剪掉多余的图像范围，并重新定义画布的大小。选择【裁剪】工具后，在画面中调整裁剪框，以确定需要保留的部分，或拖动出一个新的裁切区域，然后按 Enter 键或双击完成裁剪。

选择【裁剪】工具后，可以在如图 6-1 所示的控制面板中设置裁剪方式。

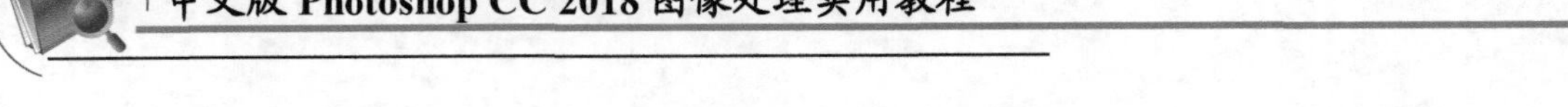

图 6-1 【裁剪】工具控制面板

- 【选择预设长宽比或裁剪尺寸】选项：在该下拉列表中，可以选择多种预设的裁切比例，如图 6-2 所示。
- 【清除】按钮：单击该按钮，可以清除长宽比值。
- 【拉直】按钮：通过在图像上画一条直线来拉直图像。
- 【叠加选项】按钮：在该下拉列表中可以选择裁剪的参考线的方式，包括三等分、网格、对角、三角形、黄金比例、金色螺线等。也可以设置参考线的叠加显示方式。
- 【设置其他裁切选项】选项：在该下拉面板中可以对裁切的其他参数进行设置，如可以使用经典模式，或设置裁剪屏蔽的颜色、透明度等参数，如图 6-3 所示。

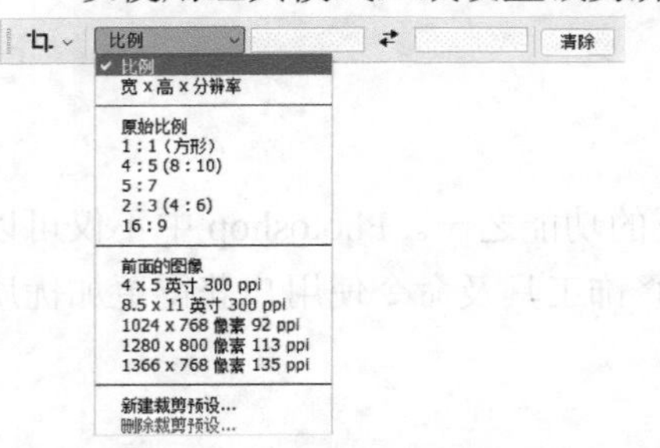


图 6-2 【选择预设长宽比或裁剪尺寸】选项

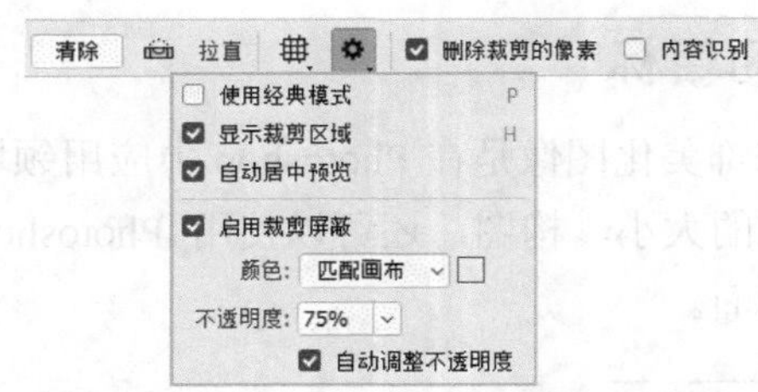


图 6-3 【设置其他裁切选项】选项

- 【删除裁剪的像素】复选框：确定是否保留或删除裁剪框外部的像素数据。如果取消选中该复选框，多余的区域可以处于隐藏状态；如果想要还原裁切之前的画面，只需要再次选择【裁剪】工具，然后随意操作即可看到原文档。
- 【内容识别】复选框：当裁剪区域大于原图像大小时，选中该复选框，可以使用图像边缘像素智能填充扩展区域。

【例 6-1】使用【裁剪】工具裁剪图像。

(1) 选择【文件】|【打开】命令打开素材图像文件，如图 6-4 所示。

(2) 选择【裁剪】工具，在控制面板中，单击预设选项下拉列表，选择【1:1(方形)】选项，如图 6-5 所示。

图 6-4 打开图像文件

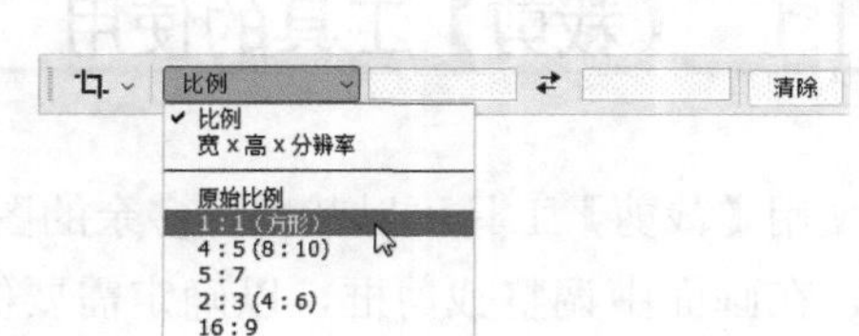


图 6-5 选择预设长宽比

(3) 将光标移动至图像裁剪框内，拖动调整裁剪框内保留图像，如图 6-6 所示。

(4) 调整完成后，单击控制面板中的【提交当前裁剪操作】按钮✓，或按 Enter 键即可裁剪图像画面，如图 6-7 所示。

图 6-6　调整裁剪框

图 6-7　应用裁剪

## 6.1.2　【裁剪】和【裁切】命令

【裁剪】命令的使用非常简单，将要保留的图像部分用选框工具选中，然后选择【图像】|【裁剪】命令即可，如图 6-8 所示。

裁剪的结果只能是矩形，如果选中的图像部分是圆形或其他不规则形状，然后选择【裁剪】命令后，会根据圆形或其他不规则形状的大小自动创建矩形。

使用【裁切】命令可以基于像素的颜色来裁剪图像。选择【图像】|【裁切】命令，可以打开如图 6-9 所示的【裁切】对话框。

图 6-8　使用【裁剪】命令

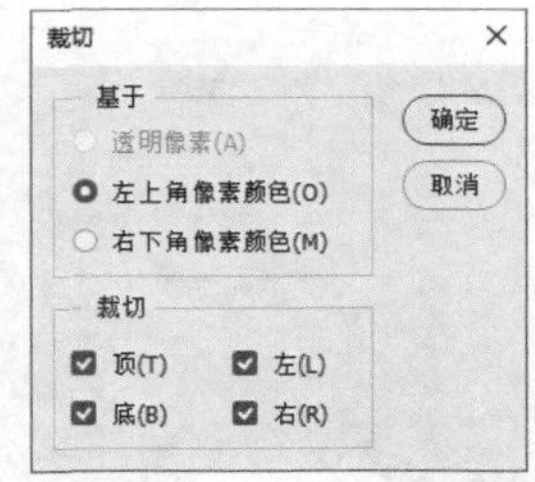


图 6-9　【裁切】对话框

- 【透明像素】：可以裁剪掉图像边缘的透明区域，只将非透明像素区域的最小图像保留下来。该选项只有图像中存在透明区域时才可用。
- 【左上角像素颜色】：从图像中删除左上角像素颜色的区域。
- 【右下角像素颜色】：从图像中删除右下角像素颜色的区域。
- 【顶】/【底】/【左】/【右】：设置修整图像区域的方式。

**知识点**

在图像中创建选区后，选择【编辑】|【清除】命令，或按 Delete 键，可以清除选区内的图像。如果清除的是【背景】图层上的图像，被清除的区域将填充背景色。

### 6.1.3 【透视裁剪】工具

使用【透视裁剪】工具可以在需要裁剪的图像上创建带有透视感的裁剪框，在应用裁剪后可以使图像根据裁剪框调整透视效果。

【例 6-2】使用【透视裁剪】工具调整图像。

(1) 选择【文件】|【打开】命令，打开一幅图像文件，如图 6-10 所示。

(2) 选择【透视裁剪】工具，在图像上拖动创建裁剪框，如图 6-11 所示。

图 6-10 打开图像文件

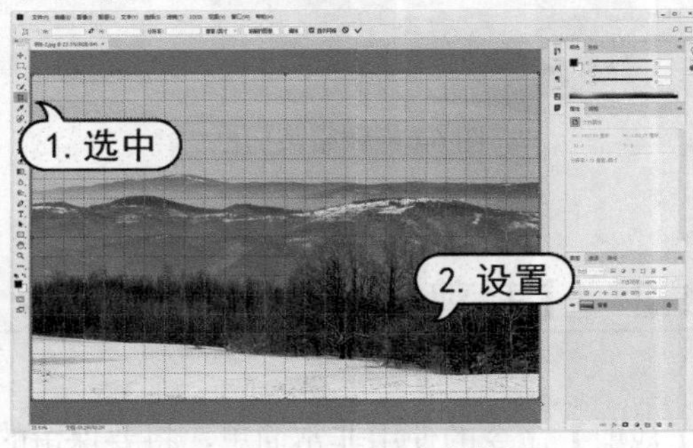


图 6-11 创建裁剪框

(3) 将光标移动到裁剪框的一个控制点上，并调整其位置。使用相同的方法调整其他控制点，如图 6-12 所示。

(4) 调整完成后，单击控制面板中的【提交当前裁剪操作】按钮✓，或按 Enter 键，即可得到带有透视感的画面效果，如图 6-13 所示。

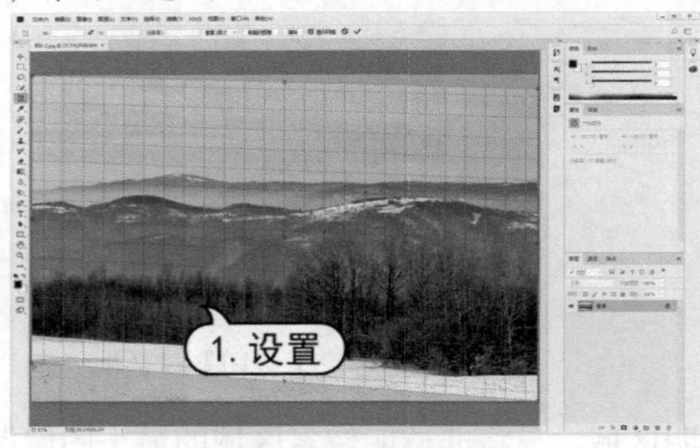
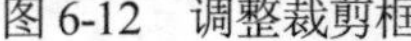


图 6-12 调整裁剪框

图 6-13 裁剪图像

## 6.2 图像的变换

利用【变换】和【自由变换】命令可以对整个图层、图层中选中的部分区域、多个图层、图层蒙版，甚至路径、矢量图形、选择范围和 Alpha 通道进行缩放、旋转、斜切和透视等操作。

## 6.2.1　设置变换的参考点

执行【编辑】|【变换】命令时，当前对象周围会出现一个定界框，定界框中央有一个中心点，四周有控制点，如图 6-14 所示。

默认情况下，中心点位于对象的中心，它用于定义对象的变换中心，拖动它可以移动对象的位置。拖动控制点则可以进行变换操作。

要想设置定界框的中心点位置，只需移动光标至中心点上，当光标显示为形状时，进行拖动即可将中心点到任意位置，如图 6-15 所示。

用户也可以在控制面板中，单击图标上不同的点位置，来改变中心点的位置。图标上各个点和定界框上的各个点一一对应。

图 6-14　使用【变换】命令

图 6-15　移动中心点

## 6.2.2　变换操作

使用 Photoshop 中提供的变换、变形命令可以对图像进行缩放、旋转、扭曲、翻转等各种编辑操作。选择【编辑】|【变换】命令，弹出的子菜单中包括【缩放】、【旋转】、【斜切】、【扭曲】、【透视】、【变形】，以及【水平翻转】和【垂直翻转】等各种变换命令。

### 1. 缩放

使用【缩放】命令可以相对于变换对象的中心点对图像进行任意缩放，如图 6-16 所示。如果按住 Shift 键，可以等比例缩放图像。如果按住 Shift+Alt 组合键，可以以中心点为基准等比例缩放图像。

### 2. 旋转

使用【旋转】命令可以围绕中心点转动变换对象，如图 6-17 所示。如果按住 Shift 键，可以以 15°为单位旋转图像。

执行【编辑】|【变换】命令子菜单中的【旋转 180 度】、【旋转 90 度(顺时针)】、【旋转 90 度(逆时针)】，可以直接对图像进行变换，不会显示定界框。选择【旋转 180 度】命令，可以将图像旋转 180 度。选择【旋转 90 度(顺时针)】命令，可以将图像顺时针旋转 90 度。选择【旋转 90 度(逆时针)】命令，可以将图像逆时针旋转 90 度。

图 6-16　使用【缩放】命令

图 6-17　使用【旋转】命令

3. 斜切

使用【斜切】命令可以在任意方向、垂直方向或水平方向上倾斜图像，如图 6-18 所示。如果移动光标至角控制点上，按下鼠标并拖动，可以在保持其他 3 个角控制点位置不动的情况下对图像进行倾斜变换操作。如果移动光标至边控制点上，按下鼠标并拖动，可以在保持与选择边控制点相对的定界框边不动的情况下进行图像倾斜变换操作。

4. 扭曲

使用【扭曲】命令可以任意拉伸对象定界框上的 8 个控制点以进行自由扭曲变换操作，如图 6-19 所示。

图 6-18　使用【斜切】命令

图 6-19　使用【扭曲】命令

5. 透视

使用【透视】命令可以对变换对象应用单点透视。拖动定界框 4 个角上的控制点，可以在水平或垂直方向上对图像应用透视，如图 6-20 所示。

6. 翻转

选择【水平翻转】命令，可以将图像在水平方向上进行翻转；选择【垂直翻转】命令，可以将图像在垂直方向上进行翻转，如图 6-21 所示。

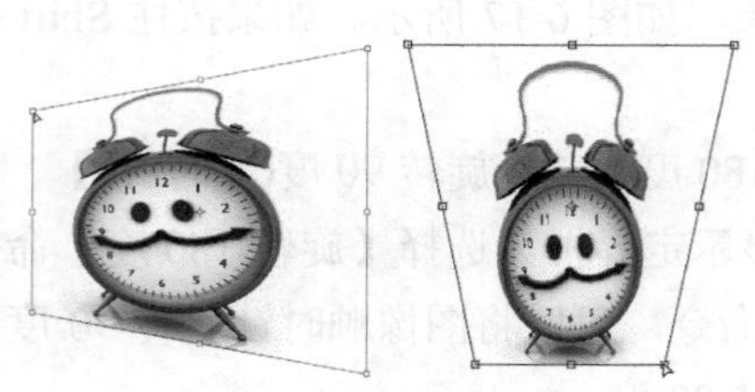

图 6-20　使用【透视】命令

图 6-21　使用【垂直翻转】命令

## 6.2.3　变形

如果要对图像的局部内容进行扭曲，可以使用【变形】命令来操作。选择【编辑】|【变换】|【变形】命令后，图像上将会出现变形网格和锚点。拖动锚点，或调整锚点的方向可以对图像进行更加自由、灵活的变形处理，如图 6-22 所示。用户也可以使用控制面板中【变形】下拉列表中的形状样式进行变形。

【例 6-3】使用【变形】命令拼合图像效果。

(1) 在 Photoshop 中，选择【文件】|【打开】命令打开素材图像文件，按 Ctrl+A 组合键全选图像，并按 Ctrl+C 组合键复制，如图 6-23 所示。

图 6-22　使用【变形】命令

图 6-23　复制图像

(2) 选择【文件】|【打开】命令打开另一幅素材图像文件，如图 6-24 所示。

(3) 按 Ctrl+V 组合键粘贴图像，并在【图层】面板中设置图层混合模式为【正片叠底】，如图 6-25 所示。

图 6-24　打开图像

图 6-25　粘贴图像

(4) 按 Ctrl+T 组合键应用【自由变换】命令，调整贴入图像的大小及位置，如图 6-26 所示。

(5) 在控制面板中单击【在自由变换和变形模式之间切换】按钮。当出现定界框后调整图像形状。图形调整完成后，单击控制面板中的【提交变换】按钮，或按 Enter 键应用变换，结果如图 6-27 所示。

**提示**

对图像进行变换操作后，选择【编辑】|【变换】|【再次】命令，可再次应用相同的变换。例如，按下 Alt+Shift+Ctrl+T 组合键不仅可以变换图像，还会复制出新的图像内容。

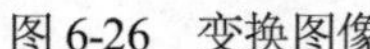

图 6-26　变换图像

图 6-27　变形图像

## 6.2.4　自由变换

选择【编辑】|【自由变换】命令，或按 Ctrl+T 组合键可以一次完成【变换】子菜单中的所有操作，而不用多次选择不同的命令，但需要一些快捷键配合进行操作。

- 拖动定界框上任何一个控制角点可以进行缩放，按住 Shift 键可按比例缩放。按数字进行缩放，可以在控制面板中的 W 和 H 后面的数值框中输入数字，W 和 H 之间的链接符号表示锁定比例。
- 将鼠标移动到定界框外，当光标显示为↻形状时，拖动即可进行自由旋转。在旋转操作过程中，图像的旋转会以定界框的中心点位置为旋转中心。拖动时按住 Shift 键保证旋转以 15°递增。在控制面板的⊿数值框中输入数字可以确保旋转的准确角度。
- 按住 Alt 键时，拖动控制点可对图像进行扭曲操作。按 Ctrl 键可以随意更改控制点位置，对定界框进行自由扭曲变换。
- 按住 Ctrl+Shift 组合键，拖动定界框可对图像进行斜切操作。也可以在控制面板中最右边的两组数据框中设定水平和垂直斜切的角度。
- 按住 Ctrl+Alt+Shift 组合键，拖动定界框角点可对图像进行透视操作。

## 6.2.5　精确变换

选择【编辑】|【自由变换】命令，或按 Ctrl+T 组合键显示定界框后，在控制面板中会显示各种变换选项，如图 6-28 所示。

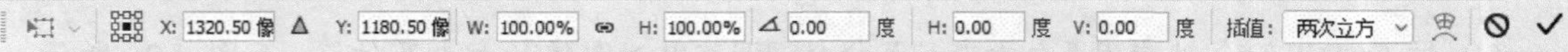


图 6-28　应用【自由变换】命令后的控制面板

- 在 X 数值框中输入数值可以水平移动图像；在 Y 数值框中输入数值，可以垂直移动图像。
- 【使用参考点相关定位】按钮△：单击该按钮，可以指定相对于当前参考点位置的新参考点位置。
- 在 W 数值框中输入数值，可以水平拉伸图像；在 H 数值框中输入数值，可以垂直拉伸图像。如果按下【保持长宽比】按钮，则可以进行等比缩放。

- 在⊿数值框中输入数值，可以旋转图像。
- 在 H 数值框中输入数值，可以水平斜切图像；在 V 数值框中输入数值，可以垂直斜切图像。

## 6.3 修复工具

要想制作出完美的创意作品，掌握修复图像技法是非常必要的。对不满意的图像可以使用图像修复工具，修改图像中指定区域的内容，修复图像中的缺陷和瑕疵。图像修复主要使用的是修复画笔工具组。

### 6.3.1 【污点修复画笔】工具

使用【污点修复画笔】工具可以快速去除画面中的污点、划痕等图像中不理想的部分。【污点修复画笔】工具的工作原理是从图像或图案中提取样本像素来涂改需要修复的地方，使需要修改的地方与样本像素在纹理、亮度和透明度上保持一致，从而达到使用样本像素遮盖需要修复的地方的目的。使用【污点修复画笔】工具不需要进行取样定义样本，只要确定需要修补图像的位置，然后在需要修补的位置单击并拖动鼠标，释放鼠标即可修复图像中的污点。

【例 6-4】使用【污点修复画笔】工具修复图像。

(1) 选择【文件】|【打开】命令，打开图像文件，并在【图层】面板中单击【创建新图层】按钮新建【图层 1】，如图 6-29 所示。

(2) 选择【污点修复画笔】工具，在控制面板中设置画笔【大小】数值为 30 像素，【硬度】数值为 0%，【间距】数值为 1%，单击【类型】选项中的【内容识别】按钮，并选中【对所有图层取样】复选框，如图 6-30 所示。

图 6-29 新建图层

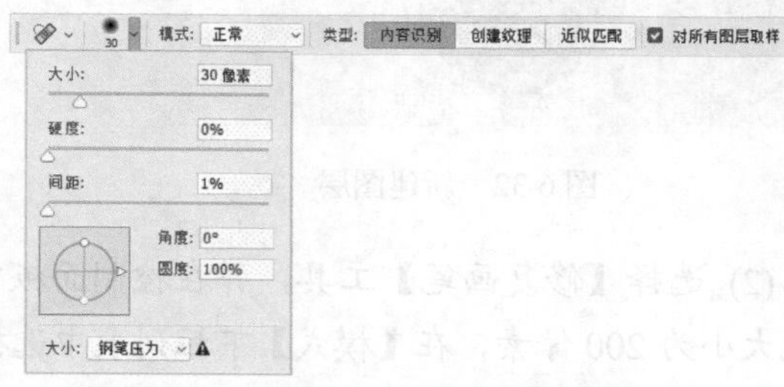


图 6-30 设置【污点修复画笔】工具

**知识点**

在【类型】选项中，单击【近似匹配】按钮，将使用选区边缘周围的像素用作选定区域修补的图像区域；单击【创建纹理】按钮，将使用选区中的所有像素创建一个用于修复该区域的纹理；单击【内容识别】按钮，会自动使用相似部分的像素对图像进行修复，同时进行完整匹配。

(3) 使用【污点修复画笔】工具直接在图像中需要去除的地方涂抹，就能立即修掉涂鸦；若修复点较大，可在控制面板中调整画笔大小再涂抹，如图 6-31 所示。

图 6-31　使用【污点修复画笔】工具

## 6.3.2 【修复画笔】工具



【修复画笔】工具与仿制工具的使用方法基本相同，也可以利用图像或图案中提取的样本像素来修复图像。但该工具可以从被修饰区域的周围取样，并将样本的纹理、光照、透明度和阴影等与所修复的像素匹配，从而去除照片中的污点和划痕。

【例 6-5】使用【修复画笔】工具修复图像。

(1) 选择【文件】|【打开】命令打开图像文件，单击【图层】面板中的【创建新图层】按钮创建新图层，如图 6-32 所示。

图 6-32　新建图层

**知识点**

选择【修复画笔】工具后，在控制面板中设置工具，按住 Alt 键在图像中单击创建参考点，然后释放 Alt 键，在图像中拖动即可修复图像。

(2) 选择【修复画笔】工具，并在控制面板中单击，打开【画笔】拾取器。根据需要设置画笔大小为 200 像素，在【模式】下拉列表中选择【替换】选项，在【源】选项中单击【取样】按钮，并选中【对齐】复选框，在【样本】下拉列表中选择【所有图层】，如图 6-33 所示。

图 6-33　设置【修复画笔】工具

(3) 按住 Alt 键在附近区域单击设置取样点，然后在图像中涂抹，即可遮盖掉图像区域，如图 6-34 所示。

图 6-34　使用【修复画笔】工具修复图像

**知识点**

在【源】选项中，单击【取样】按钮，使用【修复画笔】工具对图像进行修复时，以图像区域中某处颜色作为基点；单击【图案】按钮，可在其右侧的拾取器中选择已有的图案用于修复。

## 6.3.3　【修补】工具

【修补】工具可以使用图像中其他区域或图案中的像素来修复选中的区域。【修补】工具会将样本像素的纹理、光照和阴影与源像素进行匹配。使用该工具时，用户既可以直接使用已经制作好的选区，也可以利用该工具制作选区。使用【修补】工具同样可以保持被修复区的明暗度与周围相邻像素相近，通常适用于范围较大、不太细致的修复区域。

在工具面板中选择【修补】工具，显示该工具的控制面板。该工具控制面板的【修补】选项中包括【源】和【目标】两个选项。选择【源】单选按钮时，将选区拖动至要修补的区域，释放鼠标后，该区域的图像会修补原来的选区；如果选择【目标】单选按钮，将选区拖动至其他区域时，可以将原区域内的图像复制到该区域。

**提示**

使用选框工具、【魔棒】工具或套索工具等创建选区后，可以用【修补】工具拖动选中的图像进行修补复制，如图 6-35 所示。

图 6-35　修补复制图像

【例 6-6】使用【修补】工具修补图像画面。

(1) 在 Photoshop 中，选择菜单栏中的【文件】|【打开】命令，选择打开一幅图像文件，并按 Ctrl+J 组合键复制背景图层，如图 6-36 所示。

(2) 选择【修补】工具，在工具控制面板中单击【源】按钮，然后将光标放在画面中单击并拖动鼠标创建选区，如图 6-37 所示。

计算机　基础与实训教材系列

图 6-36 打开图像文件

图 6-37 使用【修补】工具创建选区

(3) 将光标移动至选区内，向周围区域拖动，将周围区域图像复制到选区内遮盖原图像。修复完成后，按 Ctrl+D 组合键取消选区，如图 6-38 所示。

图 6-38 使用【修补】工具修补图像

## 6.4 图章工具

在 Photoshop 中，使用图章工具组中的工具也可以通过提取图像中的像素样本来修复图像。【仿制图章】工具可以将取样的图像应用到其他图像或同一图像的其他位置，该工具常用于复制对象或去除图像中的缺陷。

选择【仿制图章】工具后，在如图 6-39 所示的控制面板中设置工具。按住 Alt 键在图像中单击创建参考点，然后释放 Alt 键，在图像中拖动即可仿制图像。对【仿制图章】工具可以使用任意的画笔笔尖，更加准确地控制仿制区域的大小。还可以通过设置不透明度和流量来控制对仿制区域应用绘制的方式。通过控制面板即可进行相关选项的设置。

图 6-39 【仿制图章】工具控制面板

**提示**

【仿制图章】工具并不限定在同一张图像中进行，也可以把某张图像的局部内容复制到另一张图像之中，如图 6-40 所示。在进行不同图像之间的复制时，可以将两张图像并排排列在 Photoshop 窗口中，以便对照源图像的复制位置以及目标图像的复制结果。

【例 6-7】使用【仿制图章】工具修复图像画面。

(1) 选择【文件】|【打开】命令，打开图像文件，单击【图层】面板中的【创建新图层】按钮创建新图层，如图 6-41 所示。

图 6-40　不同图像之间的复制

图 6-41　打开图像文件

(2) 选择【仿制图章】工具，在控制面板中设置一种画笔样式，在【样本】下拉列表中选择【所有图层】选项，如图 6-42 所示。

图 6-42　设置【仿制图章】工具

(3) 按住 Alt 键在要修复部位附近单击设置取样点。然后在要修复部位进行拖动涂抹，如图 6-43 所示。

**知识点**

选中【对齐】复选框，可以对图像画面连续取样，而不会丢失当前设置的参考点位置，即使释放鼠标后也是如此；禁用该项，则会在每次停止并重新开始仿制时，使用最初设置的参考点位置。默认情况下，【对齐】复选框为启用状态。

图 6-43　使用【仿制图章】工具

## 6.5　润饰工具

使用 Photoshop 可以对图像进行修饰、润色等操作。其中，对图像的细节修饰包括模糊图像、锐化图像、加深图像、减淡图像以及涂抹图像等。

### 6.5.1　【模糊】和【锐化】工具

【模糊】工具的作用是降低图像画面中相邻像素之间的反差，使边缘的区域变柔和，从而产生模糊的效果，还可以柔化模糊局部的图像，如图 6-44 所示。在使用【模糊】工具时，如果

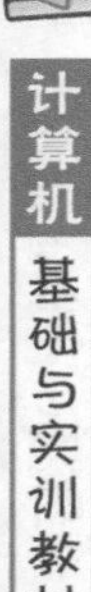


反复涂抹图像上的同一区域，会使该区域变得更加模糊不清。

模式: 正常　强度: 50%　对所有图层取样

图 6-44　使用【模糊】工具

【模糊】工具控制面板中各选项参数作用如下。

- 【模式】下拉列表：用于设置画笔的模糊模式。
- 【强度】数值框：用于设置图像处理的模糊程度，参数数值越大，模糊效果就越明显。
- 【对所有图层取样】复选框：选中该复选框，模糊处理可以对所有的图层中的图像进行操作；取消选中该复选框，模糊处理只能对当前图层中的图像进行操作。

【锐化】工具与【模糊】工具相反，它是一种图像色彩锐化的工具，也就是增大像素间的反差，达到清晰边线或图像的效果，如图 6-45 所示。使用【锐化】工具时，如果反复涂抹同一区域，则会造成图像失真。

图 6-45　使用【锐化】工具

> **提示**
>
> 【模糊】和【锐化】工具适合处理小范围内的图像细节。如要对整幅图像进行处理，可以使用模糊和锐化滤镜。

在工具面板中选择【锐化】工具，其控制面板与【模糊】工具的控制面板基本相同，如图 6-46 所示。

图 6-46　【锐化】工具控制面板

## 6.5.2　【涂抹】工具

【涂抹】工具用于模拟用手指涂抹油墨的效果，以【涂抹】工具在颜色的交界处作用，会有一种相邻颜色互相挤入而产生的模糊感，如图 6-47 所示。【涂抹】工具不能在【位图】和【索引颜色】模式的图像上使用。

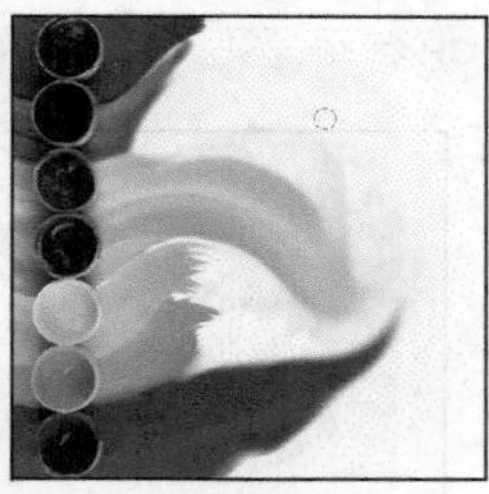

图 6-47　使用【涂抹】工具

> **提示**
>
> 【涂抹】工具适合扭曲小范围内的图像，图像太大不容易控制，并且处理速度较慢。如果要处理大面积图像，可以使用【液化】滤镜。

在如图 6-48 所示的【涂抹】工具控制面板中，可以通过【强度】来控制手指作用在画面上的工作力度。默认的【强度】为 50%，【强度】数值越大，手指拖出的线条就越长，反之则越短。如果【强度】设置为 100%，则可以拖出无限长的线条来，直至释放鼠标。

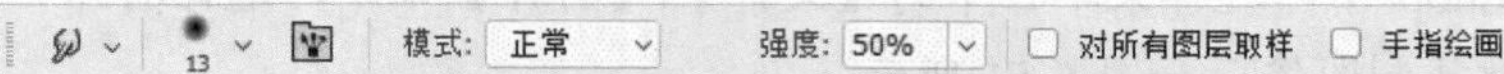


图 6-48　【涂抹】工具控制面板

## 6.5.3　【减淡】和【加深】工具

【减淡】工具通过提高图像的曝光度来提高图像的亮度，使用时在图像需要亮化的区域反复拖动即可亮化图像，如图 6-49 所示。

65　范围: 中间调　曝光度: 50%　保护色调

图 6-49　使用【减淡】工具

选择【减淡】工具后，工具控制面板中各选项参数作用如下。

- 【范围】：在其下拉列表中，【阴影】选项表示仅对图像的暗色调区域进行亮化；【中间调】选项表示仅对图像的中间色调区域进行亮化；【高光】选项表示仅对图像的亮色调区域进行亮化。
- 【曝光度】：用于设定曝光强度。可以直接在数值框中输入数值或单击右侧的按钮，然后在弹出的滑杆上拖动滑块来调整。

【加深】工具用于降低图像的曝光度，通常用来加深图像的阴影或对图像中有高光的部分进行暗化处理，如图 6-50 所示。【加深】工具控制面板与【减淡】工具控制面板内容基本相同，但使用它们产生的图像效果刚好相反。

图 6-50　使用【加深】工具

【例 6-8】使用【加深】工具调整图像。

(1) 在 Photoshop 中，选择菜单栏中的【文件】|【打开】命令，选择打开一幅图像文件，并按 Ctrl+J 组合键复制图像，如图 6-51 所示。

(2) 选择【加深】工具，在控制面板中设置柔边圆画笔样式，单击【范围】下拉按钮，从弹出的列表中选择【阴影】选项，【曝光度】数值为 30%，然后使用【加深】工具在图像中进行拖动加深颜色，如图 6-52 所示。

图 6-51　打开图像文件

图 6-52　使用【加深】工具

## 6.5.4　【海绵】工具

【海绵】工具可以精确地修改色彩的饱和度。如果图像是灰度模式，该工具可以通过使灰阶远离或靠近中间灰色来增加或降低对比度。选择【海绵】工具后，在画面单击并拖动鼠标涂抹即可进行处理。选择【海绵】工具后，显示如图 6-53 所示的工具控制面板。

图 6-53　【海绵】工具控制面板

- 【模式】选项：在该下拉列表中选择【去色】选项，可以降低图像颜色的饱和度；选择【加色】选项，可以增加图像颜色的饱和度。
- 【流量】数值框：用于设置修改强度。该值越高，修改强度越大。

- 【自然饱和度】复选框：选中该复选框，在增加饱和度操作时，可以避免颜色过于饱和而出现溢色。

【例 6-9】使用【海绵】工具调整图像。

(1) 在 Photoshop 中，选择菜单栏中的【文件】|【打开】命令，选择打开一幅图像文件，并按 Ctrl+J 组合键复制图像，如图 6-54 所示。

(2) 选择【海绵】工具，在控制面板中选择柔边圆画笔样式，设置【模式】为【去色】，【流量】为 90%，取消选中【自然饱和度】复选框。然后使用【海绵】工具在图像上涂抹，去除图像色彩，如图 6-55 所示。

图 6-54　打开图像文件

图 6-55　使用【海绵】工具

## 6.6　上机练习

本章的上机练习通过制作图像拼合效果的综合实例操作，使用户通过练习从而巩固本章所学的图像编辑操作知识。

(1) 在 Photoshop 中选择【文件】|【打开】命令，选择打开一幅图像文件。选择【多边形套索】工具，在控制面板中设置【羽化】数值为 1 像素，然后沿玻璃瓶边缘创建选区，如图 6-56 所示。

(2) 按 Ctrl+J 组合键复制选区内图像，并生成【图层 1】图层，如图 6-57 所示。

图 6-56　创建选区

图 6-57　复制选区内图像

(3) 选择【文件】|【打开】命令，打开另一幅图像，如图 6-58 所示。

(4) 在【通道】面板中，选中【红】通道。按 Ctrl+A 组合键全选通道图像，并按 Ctrl+C 组合键复制选区，如图 6-59 所示。

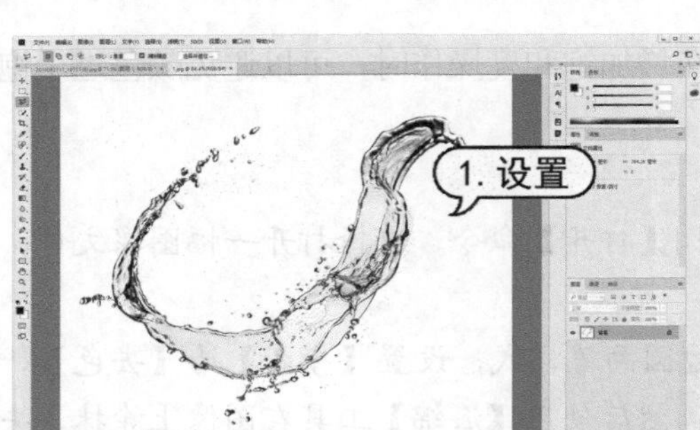


图 6-58　打开图像文件

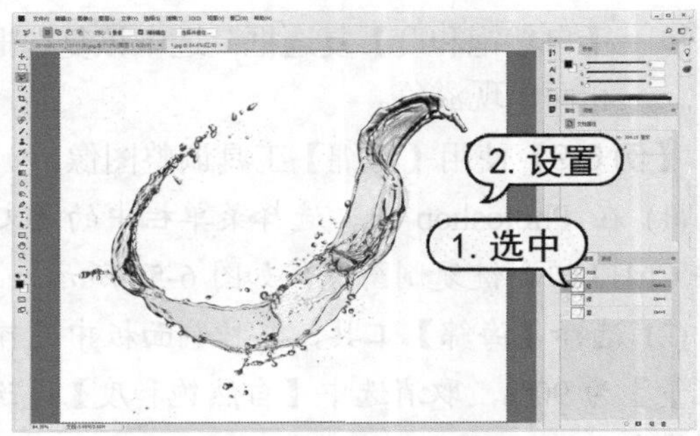


图 6-59　复制通道内图像

(5) 返回【图层】面板，单击【创建新图层】按钮新建【图层 1】图层，并按 Ctrl+V 组合键将红通道图像粘贴至【图层 1】图层中，如图 6-60 所示。

(6) 选择【图像】|【调整】|【色阶】命令，打开【色阶】对话框。在该对话框中，设置输入色阶数值为 83、0.82、245，然后单击【确定】按钮，如图 6-61 所示。

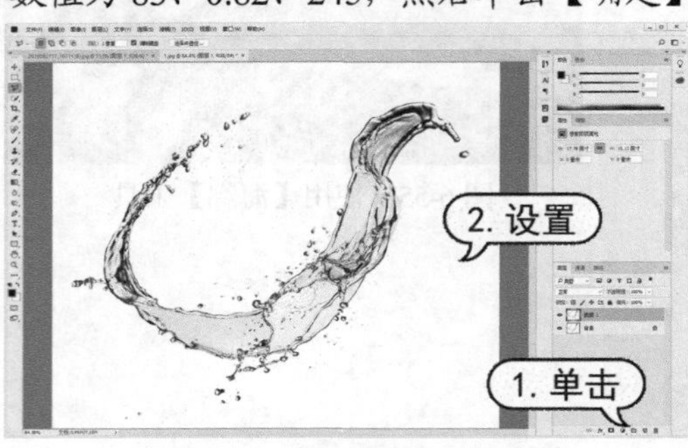


图 6-60　粘贴图像

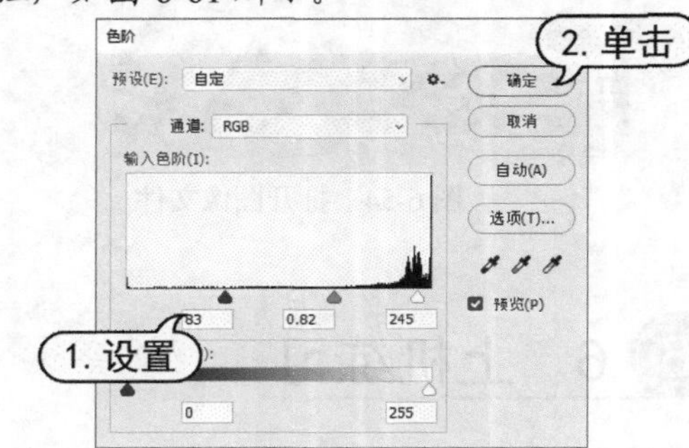


图 6-61　应用【色阶】命令

(7) 按住 Ctrl+I 组合键应用【反相】命令，调整图像效果，如图 6-62 所示。

(8) 在【图层】面板中，右击【图层 1】图层，从弹出的快捷菜单中选择【复制图层】命令，打开【复制图层】对话框。在该对话框的【文档】下拉列表中选择最先打开的图像文件，然后单击【确定】按钮，如图 6-63 所示。

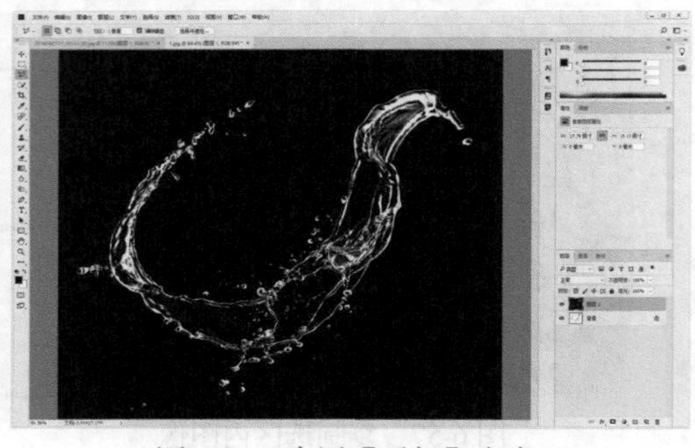

图 6-62　应用【反相】命令

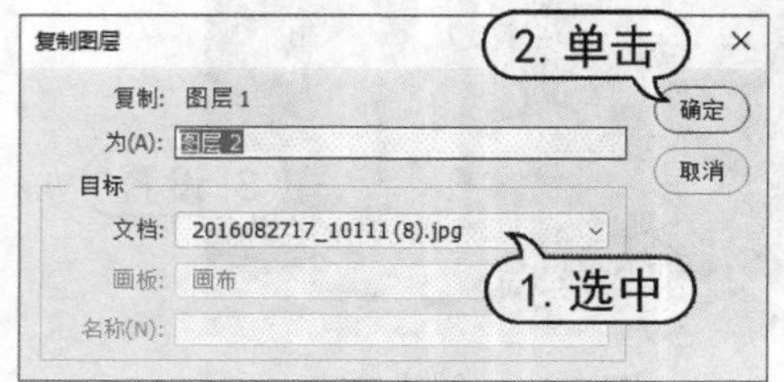


图 6-63　复制图层

(9) 在【图层】面板中，设置【图层 2】图层混合模式为【滤色】选项，如图 6-64 所示。

(10) 按 Ctrl+T 组合键应用【自由变换】命令，调整图像的大小及位置，如图 6-65 所示。

图 6-64　设置图层混合模式

图 6-65　应用【自由变换】命令

(11) 按 Ctrl 键单击【图层 1】图层缩览图，载入选区，如图 6-66 所示。

(12) 按 Shift+Ctrl+I 组合键反选选区，并在【图层】面板中单击【添加图层蒙版】按钮，如图 6-67 所示。

图 6-66　载入选区

图 6-67　添加图层蒙版

(13) 选择【画笔】工具，在控制面板中选择柔边圆画笔样式，将前景色设置为白色，然后在图层蒙版中涂抹，如图 6-68 所示。

(14) 按 Ctrl+J 组合键复制【图层 2】图层，生成【图层 2 拷贝】图层，如图 6-69 所示。

图 6-68　调整图层蒙版

图 6-69　复制图层

(15) 在 Photoshop 中打开另一幅图像文件，使用步骤(3)至步骤(10)的操作方法添加图像，如图 6-70 所示。

(16) 在【图层】面板中，单击【添加图层蒙版】按钮添加图层蒙版。将前景色设置为黑色，然后使用【画笔】工具在图层蒙版中涂抹，如图 6-71 所示。

图 6-70　添加图像

图 6-71　添加图层蒙版

## 6.7　习题

1. 使用【变换】命令，制作如图 6-72 所示的图像效果。
2. 打开图像文件，使用修复工具去除图像中的多余物体，如图 6-73 所示。

图 6-72　图像效果(1)

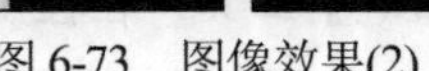

图 6-73　图像效果(2)

# 第7章 图像影调与色彩的调整

## 学习目标

Photoshop 应用程序中提供了强大的图像色彩调整功能，可以使图像文件更加符合用户编辑处理的需求。本章主要介绍了 Photoshop CC 2018 中常用的色彩、色调处理命令，使用户能够熟练应用处理图像画面色彩效果。

## 本章重点

- 快速调整图像
- 调整图像的影调
- 调整图像色彩

## 7.1 快速调整图像

在 Photoshop CC 2018 中使用快速调整图像命令，可以快速、直接地在图像上显示调整后的效果。

### 7.1.1 自动调整命令

选择菜单栏中的【图像】|【自动色调】、【自动对比度】或【自动颜色】命令，即可自动调整图像效果。

- 【自动色调】命令可以自动调整图像中的黑场和白场，将每个颜色通道中最亮和最暗的像素映射到纯白(色阶为 255)和纯黑(色阶为 0)，中间像素值按比例重新分布，从而增强图像的对比度。
- 【自动对比度】命令可以自动调整一幅图像亮部和暗部的对比度。它将图像中最暗的像素转换成为黑色，将最亮的像素转换为白色，从而增大图像的对比度。

- 【自动颜色】命令通过搜索图像来标识阴影、中间调和高光，从而调整图像的对比度和颜色。默认情况下，【自动颜色】使用 RGB128 灰色这一目标颜色来中和中间调，并将阴影和高光像素剪切 0.5%。用户可以在【自动颜色校正选项】对话框中更改这些默认值。

【例 7-1】使用自动调整命令调整图像效果。

(1) 选择【文件】|【打开】命令打开图像文件，并按 Ctrl+J 组合键复制【背景】图层，如图 7-1 所示。

(2) 选择【图像】|【自动色调】命令，再选择【图像】|【自动颜色】命令调整图像，如图 7-2 所示。

图 7-1 打开图像文件

图 7-2 自动调整图像

## 7.1.2 应用【色调均化】命令

选择【图像】|【调整】|【色调均化】命令可重新分配图像中各像素的像素值，如图 7-3 所示。Photoshop 会寻找图像中最亮和最暗的像素值，并且平均所有的亮度值，使图像中最亮的像素代表白色，最暗的像素代表黑色，中间各像素值按灰度重新分配。

图 7-3 使用【色调均化】命令

如果图像中存在选区，则选择【色调均化】命令时，将打开如图 7-4 所示的【色调均化】对话框。在该对话框中，选中【仅色调均化所选区域】单选按钮，则仅均化选区内的像素。选中【基于所选区域色调均化整个图像】单选按钮，则可以按照选区内的像素均化整个图像的像素。

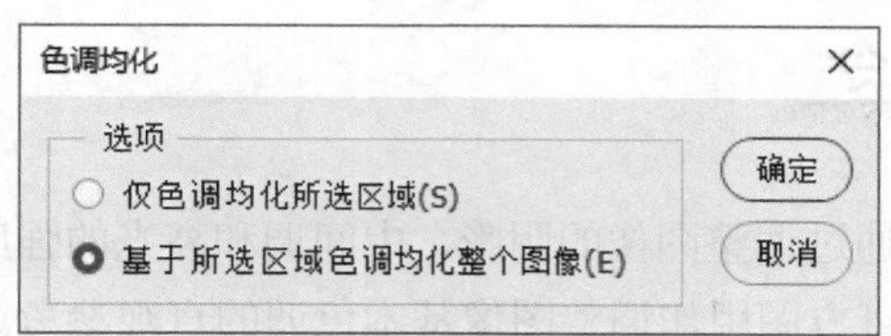


图 7-4 【色调均化】对话框

## 7.2 调整图像的影调

不同的图像获取方式会产生不同的曝光问题。Photoshop 中可以使用相应的调整命令调整图像的曝光问题。

### 7.2.1 【亮度/对比度】命令

亮度即图像的明暗。对比度表示的是图像中明暗区域最亮的白和最暗的黑之间不同亮度层级的差异范围，范围越大对比越大，反之则越小。【亮度/对比度】命令是一个简单直接的调整命令，使用该命令可以增亮或变暗图像中的色调。选择【图像】|【调整】|【亮度/对比度】命令，在打开的对话框中将【亮度】滑块向右拖动会增加色调值并扩展图像高光，而将【亮度】滑块向左拖动会减少色调值并扩展阴影。【对比度】滑块可扩展或收缩图像中色调值的总体范围。

【例 7-2】使用【亮度/对比度】命令调整图像。

(1) 选择【文件】|【打开】命令打开素材图像文件，并按 Ctrl+J 组合键复制图像【背景】图层，如图 7-5 所示。

(2) 选择【图像】|【调整】|【亮度/对比度】命令，打开【亮度/对比度】对话框。将【亮度】滑块向右拖动会增加色调值并扩展图像高光，相反会减少值并扩展阴影。【对比度】滑块可扩展或收缩图像中色调值的总体范围。设置【亮度】值为-50，【对比度】值为 70，然后单击【确定】按钮应用调整，如图 7-6 所示。

图 7-5　打开图像文件

图 7-6　使用【亮度/对比度】命令

## 7.2.2 【色阶】命令

使用【色阶】命令可以通过调整图像的阴影、中间调和高光的强度级别，校正图像的色调范围和色彩平衡。【色阶】直方图用作调整图像基本色调的直观参考。选择【图像】|【调整】|【色阶】命令，或按 Ctrl+L 组合键，打开如图 7-7 所示的【色阶】对话框。

- 【预设】下拉列表：该列表中有 8 个预设，选择任意选项，即可将当前图像调整为预设效果，如图 7-8 所示。
- 【通道】下拉列表：该列表中包含当前打开的图像文件所包含的颜色通道，选择任意选项，表示当前调整的通道颜色。

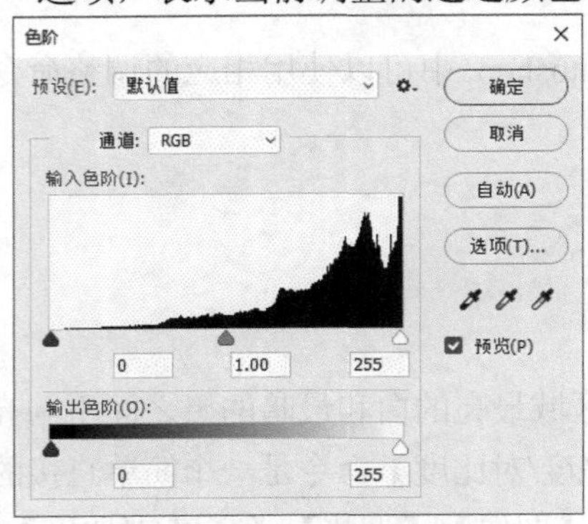

图 7-7 【色阶】对话框

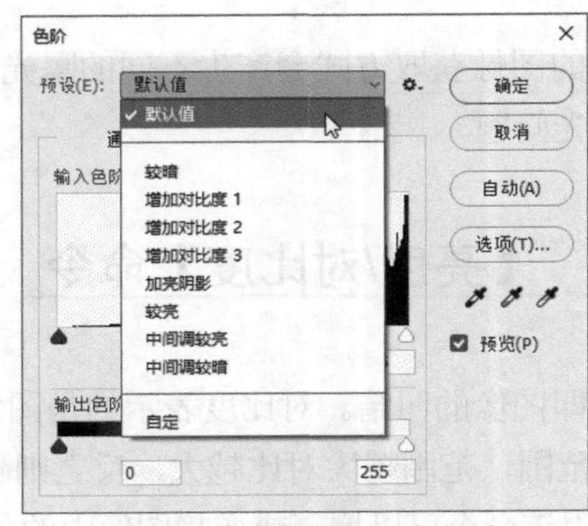

图 7-8 【预设】下拉列表



- 【输入色阶】：用于调节图像的色调对比度。它由暗调、中间调及高光这 3 个滑块组成。滑块往右移动图像越暗，反之则越亮。下端文本框内显示设定结果的数值，也可通过改变文本框内的值对【色阶】进行调整。
- 【输出色阶】：可以调节图像的明度，使图像整体变亮或变暗。左边的黑色滑块用于调节深色系的色调，右边的白色的滑块用于调节浅色系的色调。将左侧滑块向右侧拖动，明度升高；将右侧滑块向左侧拖动，明度降低。
- 吸管工具组：在此工具组中包含【在图像中取样以设置黑场】、【在图像中取样以设置灰场】、【在图像中取样以设置白场】这 3 个按钮。【在图像中取样以设置黑场】按钮的功能是选定图像的某一色调。【在图像中取样以设置灰场】的功能是将比选定色调暗的颜色全部处理为黑色。【在图像中取样以设置白场】的功能是将比选定色调亮的颜色全部处理为白色，并将与选定色调相同的颜色处理为中间色。

**提示**

调整过程中，如果对调整的结果不满意，可以按住 Alt 键。此时，对话框中的【取消】按钮会变成【复位】按钮。单击【复位】按钮，可将图像还原到初始状态。

【例 7-3】使用【色阶】命令调整图像。

(1) 选择【文件】|【打开】命令打开素材图像文件，并按 Ctrl+J 组合键复制图像【背景】图层，如图 7-9 所示。

(2) 选择菜单栏中的【图像】|【调整】|【色阶】命令，打开【色阶】对话框。在该对话框中，设置【输入色阶】数值为 113、0.69、255，然后单击【确定】按钮，如图 7-10 所示。

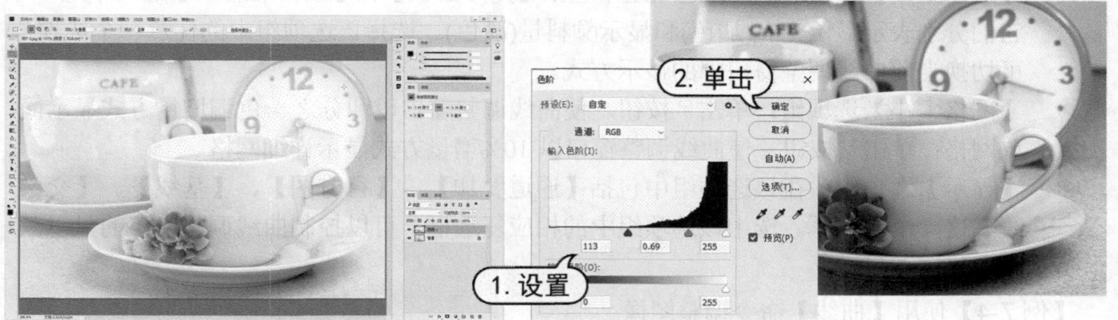


图 7-9　打开图像文件　　　　图 7-10　应用【色阶】命令

## 7.2.3　【曲线】命令

【曲线】命令和【色阶】命令类似，都用来调整图像的色调范围。不同的是，【色阶】命令只能调整亮部、暗部和中间灰度，而【曲线】命令可以对图像颜色通道中 0~255 范围内的任意点进行色彩调节，从而创造出更多种色调和色彩效果。

选择【图像】|【调整】|【曲线】命令，或按 Ctrl+M 组合键，打开如图 7-11 所示的【曲线】对话框。

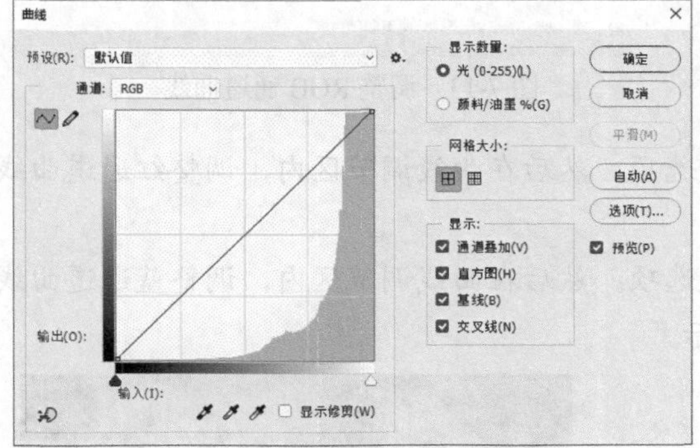

图 7-11　【曲线】对话框

**知识点**

在【曲线】对话框中，横轴用来表示图像原来的亮度值，相当于【色阶】对话框中的输入色阶；纵轴用来表示新的亮度值，相当于【色阶】对话框中的输出色阶；对角线用来显示当前【输入】和【输出】数值之间的关系，在没有进行调整时，所有的像素拥有相同的【输入】和【输出】数值。

- 绘制方式按钮：选中【编辑点以修改曲线】按钮，通过编辑点来修改曲线。选中【通过绘制来修改曲线】按钮，通过绘制来修改曲线。
- 曲线调整窗口：在该窗口中，通过拖动、单击等操作编辑控制白场、灰场和黑场的曲线设置。网格线的水平方向表示图像文件中像素的亮度分布。垂直方向表示调整后图像中像素的亮度分布，即输出色阶。在打开【曲线】对话框时，曲线是一条 45° 的直线，表示此时输入与输出的亮度相等。
- 吸管工具组：在图像中单击，用于设置黑场、灰场和白场。

- 【在图像上单击并拖动可修改曲线】按钮：选中该按钮，在图像上单击并拖动即可修改曲线。
- 【显示数量】选项组：在该选项组中包括【光(0-255)】和【颜料/油墨%】这两个选项。它们分别表示显示光亮(加色)和显示颜料量(减色)。选择该选项组中的任意一个选项，可切换当前曲线调整窗口中的显示方式。
- 【网格大小】选项组：单击按钮，使曲线调整窗口以四分之一色调增量方式显示简单网格；单击按钮，使曲线调整窗口以10%增量方式显示详细网格。
- 【显示】选项组：在该选项组中包括【通道叠加】、【直方图】、【基线】、【交叉线】这4个复选框。选中该选项组中的相应复选框，可以控制曲线调整窗口的显示效果和显示项目。

**【例 7-4】**使用【曲线】命令调整图像。

(1) 选择【文件】|【打开】命令打开素材图像文件，按 Ctrl+J 组合键复制图像【背景】图层，如图 7-12 所示。

(2) 选择【图像】|【调整】|【曲线】命令，打开【曲线】对话框。在该对话框的曲线调节区内，调整 RGB 通道曲线的形状，如图 7-13 所示。

图 7-12 打开图像文件

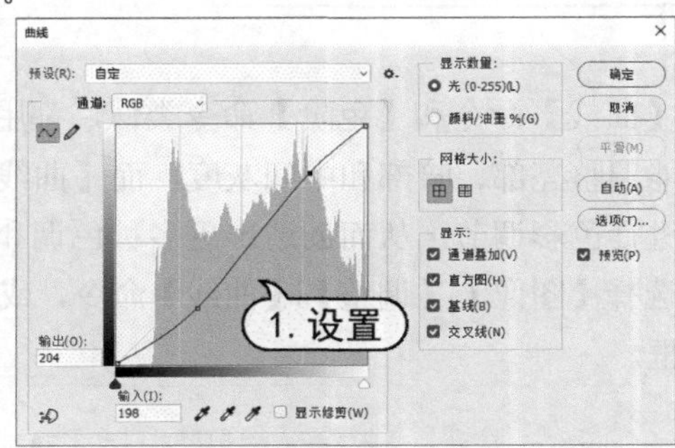


图 7-13 调整 RGB 通道曲线

(3) 在【通道】下拉列表中选择【红】通道选项。然后在曲线调节区内，调整红通道曲线的形状，如图 7-14 所示。

(4) 在【通道】下拉列表中选择【蓝】通道选项。然后在曲线调节区内，调整蓝通道曲线的形状，最后单击【确定】按钮，如图 7-15 所示。

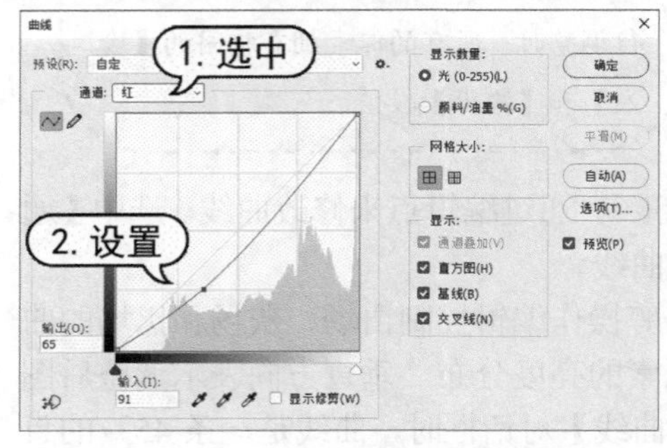


图 7-14 调整红通道曲线

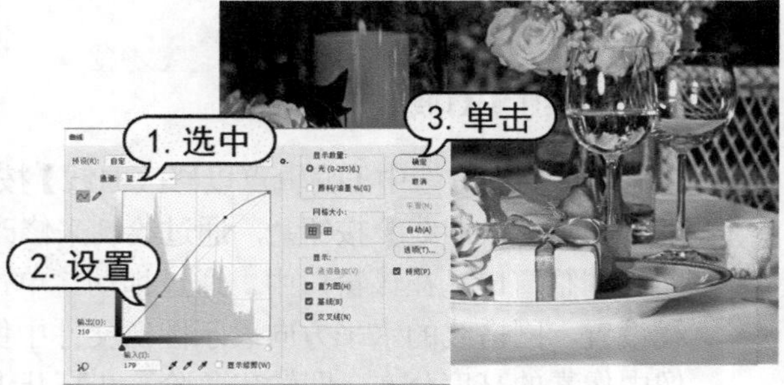


图 7-15 调整蓝通道曲线

## 7.2.4　【曝光度】命令

【曝光度】命令的作用是调整 HDR(32 位)图像的色调，但也可用于 8 位和 16 位图像。曝光度是通过在线性颜色空间(灰度系数 1.0)，而不是图像的当前颜色空间执行计算而得出的。选择【图像】|【调整】|【曝光度】命令，打开如图 7-16 所示的【曝光度】对话框。

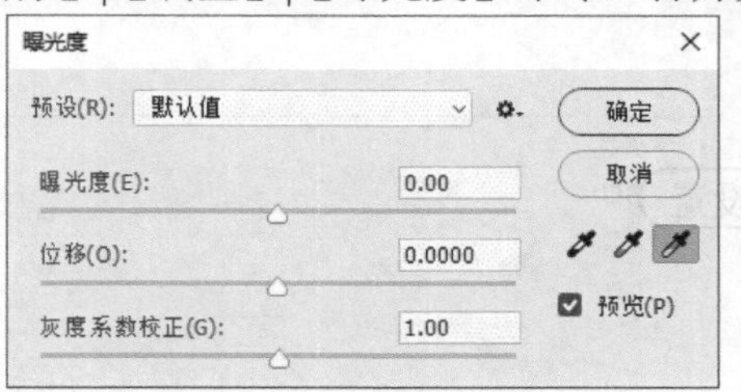


图 7-16　【曝光度】对话框

**提示**

使用设置黑场吸管工具在图像中单击，可以使单击点的像素变为黑色；设置白场吸管工具可以使单击点的像素变为白色；设置灰场吸管工具可以使单击点的像素变为中度灰色。

- 【曝光度】：调整色调范围的高光端，对极限阴影的影响很轻微。
- 【位移】：使阴影和中间调变暗，对高光的影响很轻微。
- 【灰度系数校正】：使用简单的乘方函数调整图像灰度系数。

【例 7-5】使用【曝光度】命令调整图像。

(1) 选择【文件】|【打开】命令打开素材图像文件，按 Ctrl+J 组合键复制图像【背景】图层，如图 7-17 所示。

(2) 选择【图像】|【调整】|【曝光度】命令，打开【曝光度】对话框。设置【曝光度】数值为 0.71，【位移】数值为-0.0038，【灰度系数校正】数值为 1.46，然后单击【确定】按钮，如图 7-18 所示。

图 7-17　打开图像文件

图 7-18　使用【曝光度】命令

## 7.2.5　【阴影/高光】命令

【阴影/高光】命令可以对图像的阴影和高光部分进行调整。该命令不是简单地使图像变亮或变暗，它基于阴影或高光中的周围像素(局部相邻像素)增亮或变暗。选择【图像】|【调整】|【阴影/高光】命令，即可打开【阴影/高光】对话框进行设置。

【例 7-6】使用【阴影/高光】命令调整图像。

(1) 选择【文件】|【打开】命令，打开素材图像文件，按 Ctrl+J 组合键复制图像【背景】图层，如图 7-19 所示。

(2) 选择【图像】|【调整】|【阴影/高光】命令，打开【阴影/高光】对话框。设置阴影【数量】数值为 45%，设置高光【数量】数值为 35%，如图 7-20 所示。

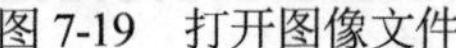

图 7-19 打开图像文件

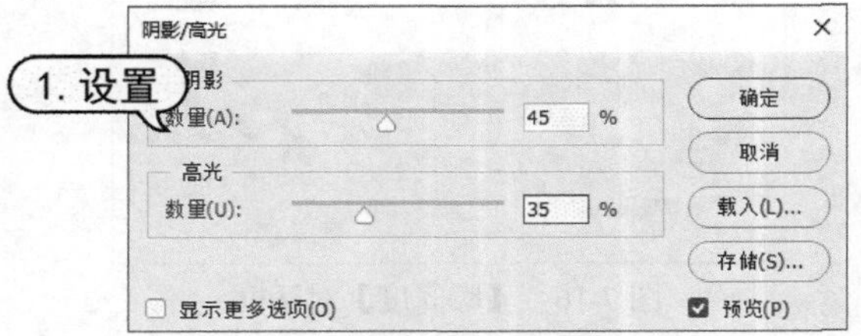


图 7-20 使用【阴影/高光】命令

(3) 选中【显示更多选项】复选框，在【阴影】选项组中设置【色调】数值为 20%。在【高光】选项组中设置【色调】数值为 35%，然后单击【确定】按钮，如图 7-21 所示。

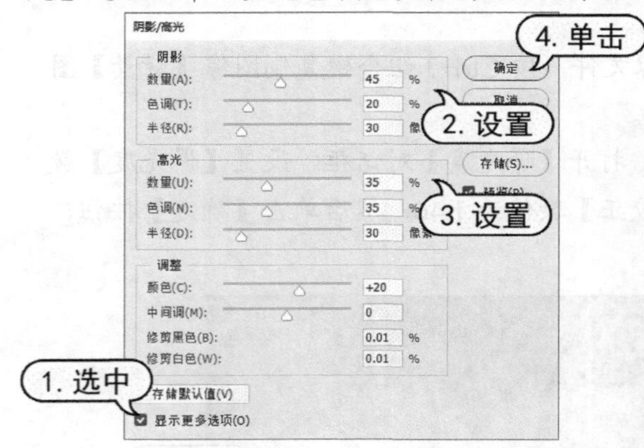

图 7-21 设置更多选项

## 7.3 调整图像色彩

利用 Photoshop 可以调整图像色彩，如提高图像的色彩饱和度、更改色相、制作黑白图像或对部分颜色进行调整等，以完善图像颜色，丰富图像画面效果。

### 7.3.1 【色相/饱和度】命令

【色相/饱和度】命令主要用于改变图像像素的色相、饱和度和明度，而且还可以通过给像

素定义新的色相和饱和度，实现给灰度图像上色的功能，也可以创作单色调效果。

选择【图像】|【调整】|【色相/饱和度】命令，或按 Ctrl+U 组合键，可以打开如图 7-22 所示的【色相/饱和度】对话框进行参数设置。由于位图和灰度模式的图像不能使用【色相/饱和度】命令，所以使用前必须先将其转化为 RGB 模式或其他的颜色模式。

在【色相/饱和度】对话框中，还可对图像进行着色操作。在该对话框中，选中【着色】复选框，通过拖动【饱和度】和【色相】滑块来改变其颜色即可。

【例 7-7】使用【色相/饱和度】命令调整图像。

(1) 选择【文件】|【打开】命令，选择打开一幅图像文件，按 Ctrl+J 组合键复制图像【背景】图层，如图 7-23 所示。

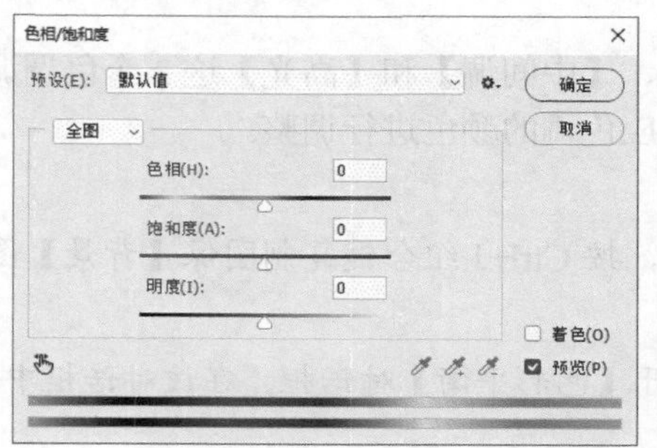


图 7-22　【色相/饱和度】对话框

图 7-23　打开图像文件

(2) 选择【图像】|【调整】|【色相/饱和度】命令，打开【色相/饱和度】对话框。在该对话框中，设置【色相】数值为 25，【饱和度】数值为 20，如图 7-24 所示。

(3) 在对话框中，设置通道为【洋红】，设置【饱和度】数值为 35，然后单击【确定】按钮应用调整，如图 7-25 所示。

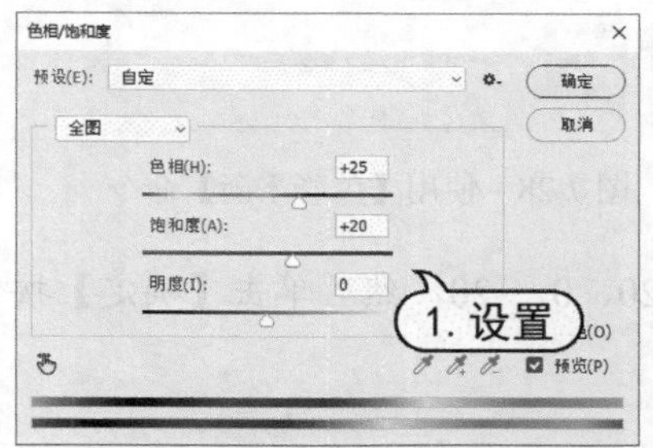


图 7-24　使用【色相/饱和度】命令

图 7-25　设置【洋红】通道

## 7.3.2　【色彩平衡】命令

使用【色彩平衡】命令可以调整彩色图像中颜色的组成。因此，【色彩平衡】命令多用于调整偏色图片，或者用于特意突出某种色调范围的图像处理。

选择【图像】|【调整】|【色彩平衡】命令，或按 Ctrl+B 组合键，打开如图 7-26 所示的【色彩平衡】对话框。

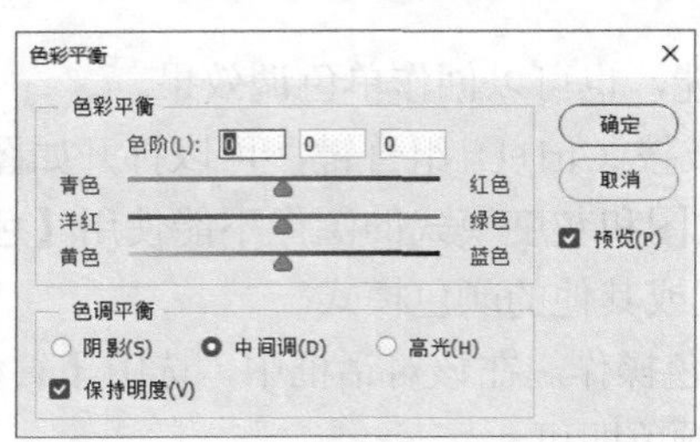


图 7-26 【色彩平衡】对话框

> **提示**
>
> 在【色彩平衡】对话框中，选中【保持明度】复选框则可以在调整色彩时保持图像明度不变。

- 在【色彩平衡】选项组中，【色阶】数值框可以调整 RGB 到 CMYK 色彩模式间对应的色彩变化，其取值范围为-100~100。用户也可以拖动数值框下方的颜色滑块向图像中增加或减少颜色。
- 在【色调平衡】选项组中，可以选择【阴影】、【中间调】和【高光】这 3 个色调调整范围。选中其中任一单选按钮后，可以对相应色调的颜色进行调整。

**【例 7-8】**使用【色彩平衡】命令调整图像。

(1) 选择【文件】|【打开】命令打开素材图像文件，按 Ctrl+J 组合键复制图像【背景】图层，如图 7-27 所示。

(2) 选择【图像】|【调整】|【色彩平衡】命令，打开【色彩平衡】对话框。在该对话框中，设置中间调色阶数值为-30、-20、15，如图 7-28 所示。

图 7-27 打开图像文件

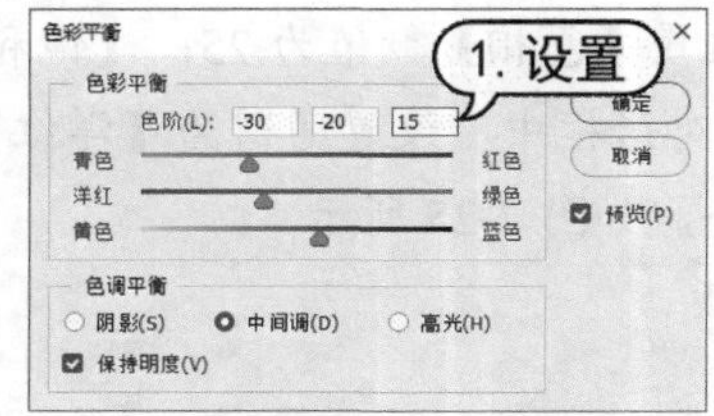


图 7-28 使用【色彩平衡】命令

(3) 单击【阴影】单选按钮，设置阴影色阶数值为-20、0、-20，然后单击【确定】按钮应用设置，如图 7-29 所示。

图 7-29 设置阴影色彩平衡

## 7.3.3　【照片滤镜】命令

选择【图像】|【调整】|【照片滤镜】命令可以模拟通过彩色校正滤镜拍摄照片的效果。该命令允许用户选择预设的颜色或者自定义的颜色向图像应用色相调整。

【例 7-9】使用【照片滤镜】命令调整图像。

(1) 选择【文件】|【打开】命令打开素材图像文件，按 Ctrl+J 组合键复制图像【背景】图层，如图 7-30 所示。

(2) 选择【图像】|【调整】|【照片滤镜】命令，即可打开【照片滤镜】对话框。在该对话框中的【滤镜】下拉列表中选择【深蓝】选项，设置【浓度】为 40%，然后单击【确定】按钮应用设置，如图 7-31 所示。

图 7-30　打开图像文件

图 7-31　使用【照片滤镜】命令

## 7.3.4　【通道混和器】命令

【通道混和器】命令可以使用图像中现有(源)颜色通道的混合来修改目标(输出)颜色通道，从而控制单个通道的颜色量。利用该命令可以创建高品质的灰度图像，或者其他色调图像，也可以对图像进行创造性的颜色调整。选择【图像】|【调整】|【通道混和器】命令，可以打开如图 7-32 所示的【通道混和器】对话框。

图 7-32　【通道混和器】对话框

> **提示**
>
> 在【通道混和器】对话框中，单击【预设】选项右侧的【预设选项】按钮，在弹出的菜单中选择【存储预设】命令，打开【存储】对话框。在该对话框中，可以将当前自定义参数设置存储为 CHA 格式文件。当重新执行【通道混和器】命令时，可以从【预设】下拉列表中选择自定义参数设置。

- 【输出通道】：可以选择要在其中混合一个或多个现有的通道。
- 【源通道】选项组：用来设置输出通道中源通道所占的百分比。将一个源通道的滑块向左拖动时，可减小该通道在输出通道中所占的百分比；向右拖动时，则增加百分比。【总计】选项显示了源通道的总计值。如果合并的通道值高于 100%，Photoshop 会在总计显示警告图标。
- 【常数】：用于调整输出通道的灰度值，如果设置的是负数值，会增加更多的黑色；如果设置的是正数值，会增加更多的白色。
- 【单色】：选中该复选框，可将彩色的图像变为无色彩的灰度图像。

【例 7-10】使用【通道混和器】命令调整图像。

(1) 选择【文件】|【打开】命令打开素材图像文件，按 Ctrl+J 组合键复制图像【背景】图层，如图 7-33 所示。

(2) 选择【图像】|【调整】|【通道混和器】命令，打开【通道混和器】对话框。在该对话框中设置【红】输出通道的【红色】数值为 110%，如图 7-34 所示。

图 7-33　打开图像文件

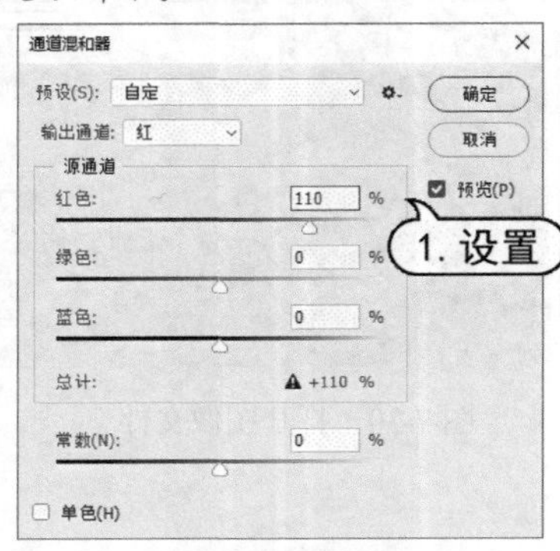


图 7-34　设置红通道混合

(3) 在对话框的【输出通道】下拉列表中选择【绿】选项，设置【红色】数值为 35%，【绿色】数值为 135%，【蓝色】数值为-65%，【常数】数值为-5%，如图 7-35 所示。

(4) 在【通道混和器】对话框的【输出通道】下拉列表中选择【蓝】选项，设置【红色】数值为-10%，【绿色】数值为 35%，【蓝色】数值为 130%，【常数】数值为-45%，然后单击【确定】按钮，如图 7-36 所示。

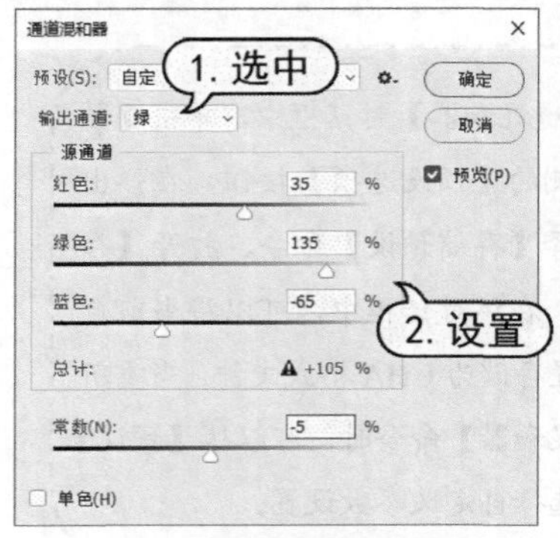


图 7-35　设置绿通道混合

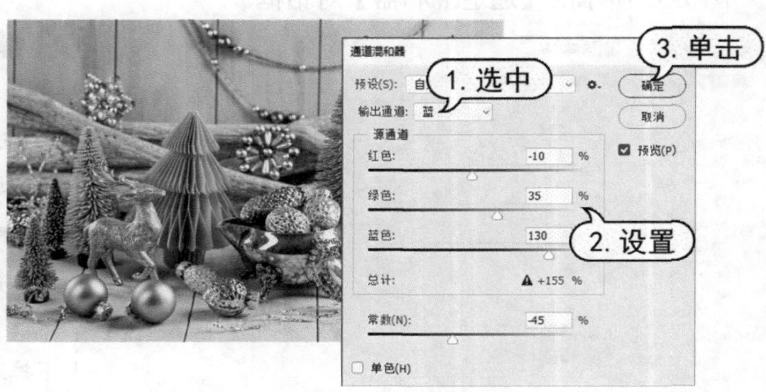


图 7-36　设置蓝通道混合

**提示**

选择的图像颜色模式不同，打开的【通道混和器】对话框也会略有不同。【通道混和器】命令只能用于 RGB 和 CMYK 模式图像，并且在执行该命令之前，必须在【通道】面板中选择主通道，而不能选择分色通道。

## 7.3.5　【渐变映射】命令

【渐变映射】命令用于将相等的图像灰度范围映射到指定的渐变填充色中。如果指定的是双色渐变填充，图像中的阴影会映射到渐变填充的一个端点颜色，高光则映射到另一个端点颜色，而中间调则映射到两个端点颜色之间的渐变。

【例 7-11】使用【渐变映射】命令调整图像。

(1) 选择【文件】|【打开】命令打开素材图像文件，按 Ctrl+J 组合键复制图像【背景】图层，如图 7-37 所示。

(2) 选择【图像】|【调整】|【渐变映射】命令，即可打开【渐变映射】对话框。通过单击渐变预览，打开【渐变编辑器】对话框。在该对话框中单击【紫、橙渐变】，然后单击【确定】按钮，即可将该渐变颜色添加到【渐变映射】对话框中。再单击【渐变映射】对话框中的【确定】按钮，即可应用设置的渐变效果到图像中，如图 7-38 所示。

图 7-37　打开图像文件

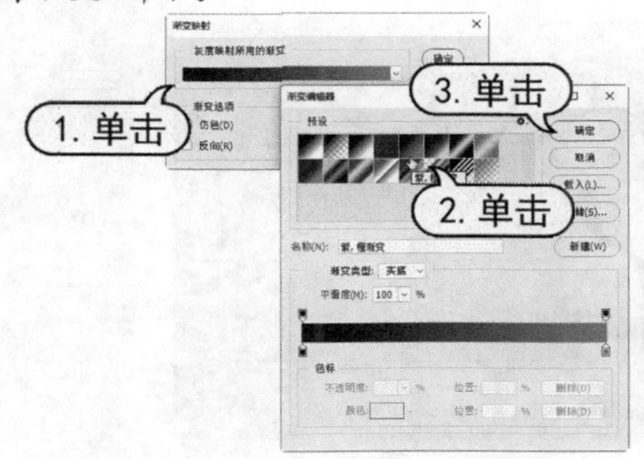


图 7-38　使用【渐变映射】命令

(3) 在【图层】面板中，设置【图层 1】图层的混合模式为【柔光】，如图 7-39 所示。

图 7-39　设置图层模式

**提示**

渐变映射会改变图像色调的对比度。要避免出现这种情况，可以创建【渐变映射】调整图层后，将混合模式设置为【颜色】，可以只改变图像的颜色，不会影响亮度。

**知识点**

【渐变选项】选项组中包含【仿色】和【反向】两个复选框。选中【仿色】复选框时，在映射时将添加随机杂色，平滑渐变填充的外观并减少带宽效果；选中【反向】复选框时，则会将相等的图像灰度范围映射到渐变色的反向。

## 7.3.6 【可选颜色】命令

【可选颜色】命令可以对限定颜色区域中各像素的青、洋红、黄、黑四色油墨进行调整，从而在不影响其他颜色的基础上调整限定的颜色。使用【可选颜色】命令可以有针对性地调整图像中某个颜色或校正色彩平衡等颜色问题。选择【图像】|【调整】|【可选颜色】命令，可以打开【可选颜色】对话框。在该对话框的【颜色】下拉列表框中，可以选择所需调整的颜色。

【例 7-12】使用【可选颜色】命令调整图像。

(1) 选择【文件】|【打开】命令打开素材图像文件，按 Ctrl+J 组合键复制图像【背景】图层，如图 7-40 所示。

(2) 选择【图像】|【调整】|【可选颜色】命令，打开【可选颜色】对话框。在该对话框的【颜色】下拉列表中选择【青色】选项，设置【青色】数值为-100%，【洋红】数值为 50%，【黄色】数值为 100%，【黑色】数值为 50%，然后单击【确定】按钮，如图 7-41 所示。

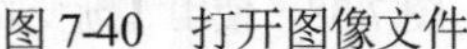

图 7-40　打开图像文件

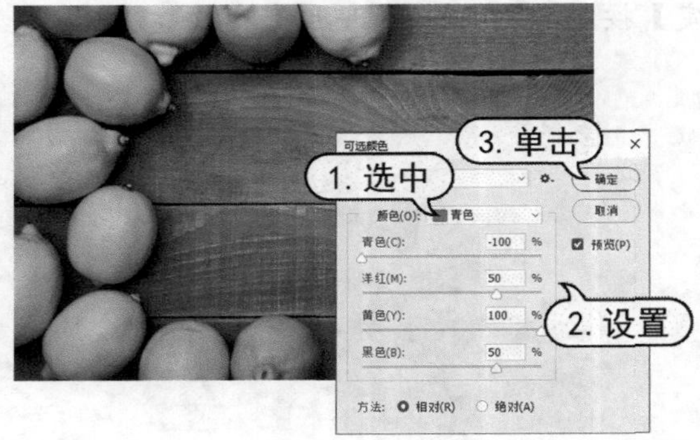



图 7-41　设置颜色

**知识点**

【可选颜色】对话框中的【方法】选项用来设置颜色调整方式。选中【相对】单选按钮，可按照总量的百分比修改现有的青色、洋红、黄色或黑色的含量。选中【绝对】单选按钮，则采用绝对值调整颜

## 7.3.7 【匹配颜色】命令

【匹配颜色】命令可以将一个图像(源图像)的颜色与另一个图像(目标图像)中的颜色相匹

配，它比较适合使多个图像的颜色保持一致。此外，该命令还可以匹配多个图层和选区之间的颜色。

选择【图像】|【调整】|【匹配颜色】命令，可以打开如图 7-42 所示的【匹配颜色】对话框。在【匹配颜色】对话框中，可以对其参数进行设置，使用同样两张图像进行匹配颜色操作后，可以产生不同的视觉效果。【匹配颜色】对话框中各选项作用如下。

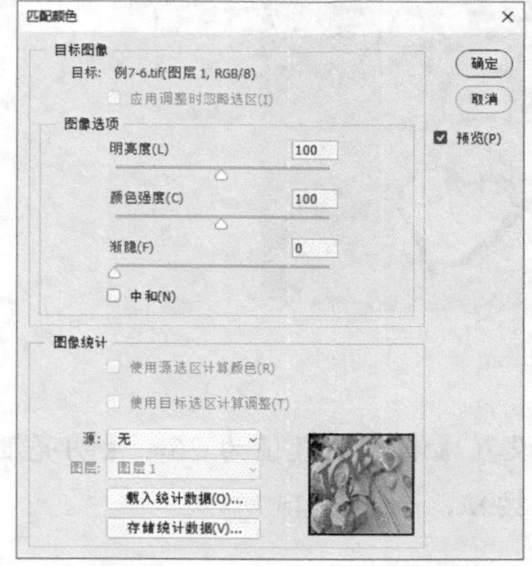


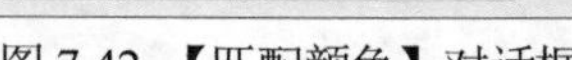

图 7-42　【匹配颜色】对话框

**知识点**

单击【载入统计数据】按钮，可以载入已存储的设置；单击【存储统计数据】按钮，可以将当前的设置进行保存。使用载入的统计数据时，无须在 Photoshop 中打开源图像就可以完成匹配目标图像的操作。

- 【明亮度】：拖动此选项下方滑块可以调节图像的亮度，设置的数值越大，得到的图像亮度越亮，反之则越暗。
- 【颜色强度】：拖动此选项下方滑块可以调节图像的颜色饱和度，设置的数值越大，得到的图像所匹配的颜色饱和度越大。
- 【渐隐】：拖动此选项下方滑块可以设置匹配后图像和原图像的颜色相近程度，设置的数值越大，得到的图像效果越接近颜色匹配前的效果。
- 【中和】：选中此复选框，可以自动去除目标图像中的色痕。
- 【源】：在下拉列表中可以选取要将其颜色与目标图像中的颜色相匹配的源图像。
- 【图层】：在此下拉列表中可以从要匹配其颜色的源图像中选取图层。

【例 7-13】使用【匹配颜色】命令调整图像。

(1) 在 Photoshop 中，选择【文件】|【打开】命令，打开两幅图像文件，并选中 1.jpg 图像文件，如图 7-43 所示。

图 7-43　选中图像文件

计算机　基础与实训教材系列

(2) 选择【图像】|【调整】|【匹配颜色】命令，打开【匹配颜色】对话框。在该对话框的【图像统计】选项组的【源】下拉列表中选择 2.jpg 图像文件，如图 7-44 所示。

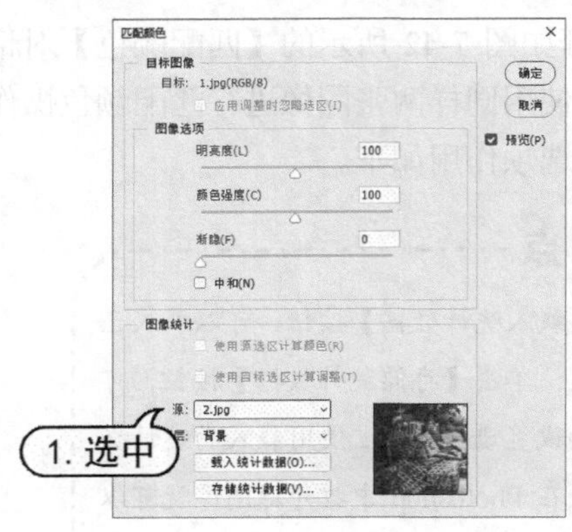

图 7-44 选择图像源文件



(3) 在【图像选项】区域中，选中【中和】复选框，设置【渐隐】数值为 26，【明亮度】数值为 164，【颜色强度】数值为 84，然后单击【确定】按钮，如图 7-45 所示。

图 7-45 设置图像匹配选项

## 7.3.8 【替换颜色】命令

使用【替换颜色】命令，可以创建临时性的蒙版，以选择图像中的特定颜色，然后替换颜色；也可以设置选定区域的色相、饱和度和亮度，或者使用拾色器来选择替换颜色。

【例 7-14】使用【替换颜色】命令调整图像。

(1) 选择【文件】|【打开】命令打开素材图像文件，按 Ctrl+J 组合键复制图像【背景】图层，如图 7-46 所示。

(2) 选择【图像】|【调整】|【替换颜色】命令，打开【替换颜色】对话框。在该对话框中，设置【颜色容差】数值为 30，然后使用【吸管】工具在图像沙滩椅区域中单击取样，如图 7-47 所示。

图 7-46　打开图像文件

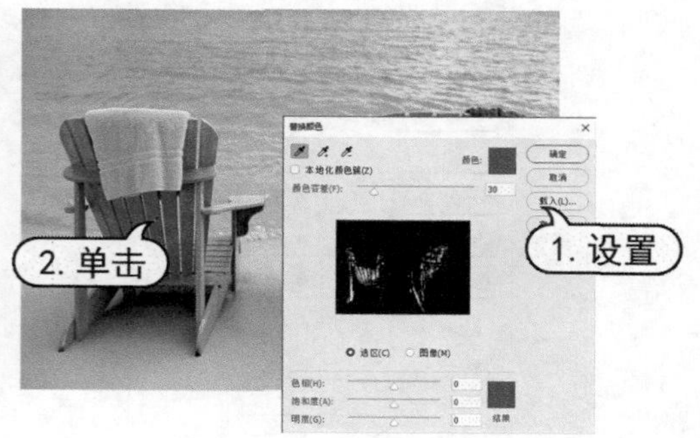


图 7-47　选择颜色区域

(3) 在【替换颜色】对话框的【替换】选项组中，设置【色相】数值为-151，【饱和度】数值为 44，如图 7-48 所示。

(4) 单击【替换颜色】对话框中的【添加到取样】按钮，在需要替换颜色的区域单击，然后单击【确定】按钮应用设置，如图 7-49 所示。

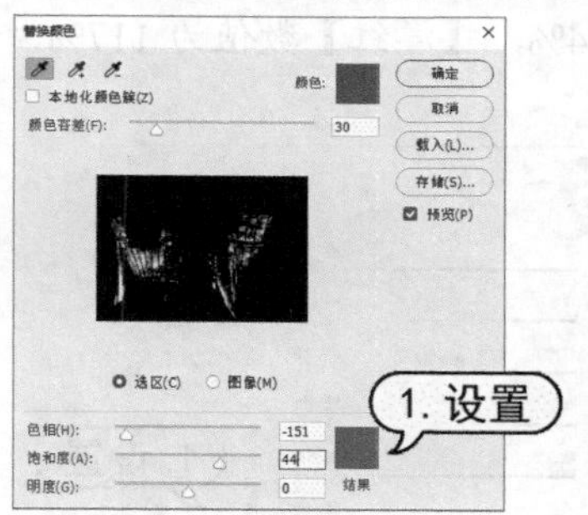


图 7-48　设置替换颜色

图 7-49　添加颜色区域

## 7.3.9　【黑白】命令

【黑白】命令可将彩色图像转换为灰度图像，同时保持对各颜色的转换方式的完全控制。此外，也可以为灰度图像着色，将彩色图像转换为单色图像。

选择【图像】|【调整】|【黑白】命令，打开如图 7-50 所示的【黑白】对话框。Photoshop 会基于图像中的颜色混合执行默认的灰度转换。

- 【预设】：在下拉列表中可以选择一个预设的调整设置。如果要存储当前的调整设置结果为预设，可以单击该选项右侧的【预设选项】按钮，在弹出的下拉菜单中选择【存储预设】命令即可。
- 颜色滑块：拖动各个颜色滑块可以调整图像中特定颜色的灰色调。
- 【自动】：单击该按钮，可设置基于图像的颜色值的灰度混合，并使灰度值的分布最大化。【自动】混合通常会产生极佳的效果，并可以用作使用颜色滑块调整灰度值的起点。

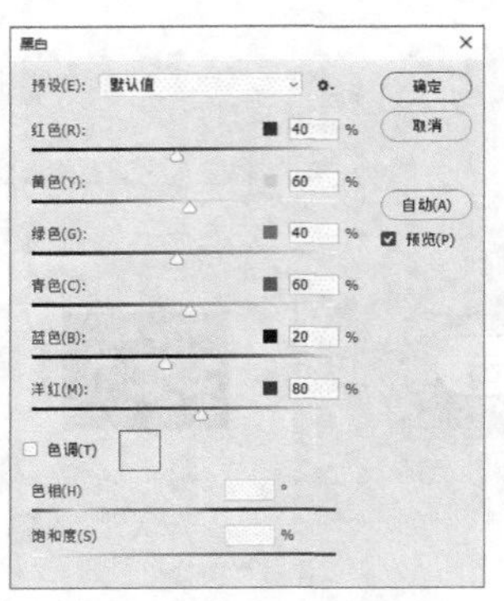


图 7-50 【黑白】对话框

> **知识点**
>
> 如果要对灰度应用色调，可选中【色调】复选框，然后调整【色相】和【饱和度】滑块。【色相】滑块可更改色调颜色，【饱和度】滑块可提高或降低颜色的集中度。单击颜色色板可以打开【拾色器】对话框调整色调颜色。

【例 7-15】使用【黑白】命令调整图像。

(1) 选择【文件】|【打开】命令打开素材图像文件，按 Ctrl+J 组合键复制图像【背景】图层，如图 7-51 所示。

(2) 选择【图像】|【调整】|【黑白】命令，打开【黑白】对话框。在该对话框中，设置【红色】数值为-200%，【绿色】数值为 100%，【蓝色】数值为-34%，【洋红】数值为 117%，如图 7-52 所示。

图 7-51 打开图像文件

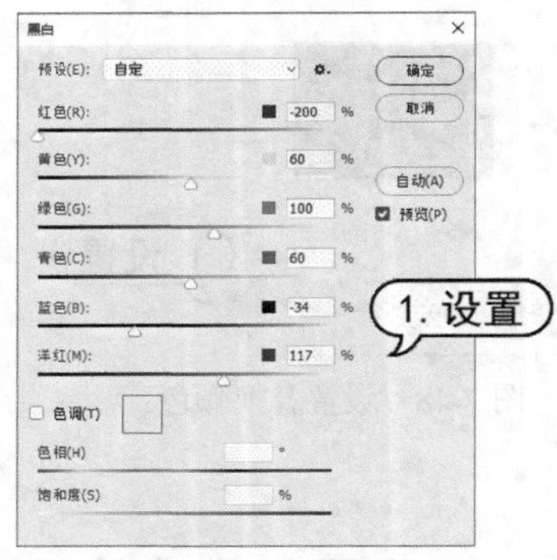


图 7-52 使用【黑白】命令

(3) 选中【色调】复选框，设置【色相】数值为 227°，【饱和度】数值为 10%，然后单击【确定】按钮应用调整，如图 7-53 所示。

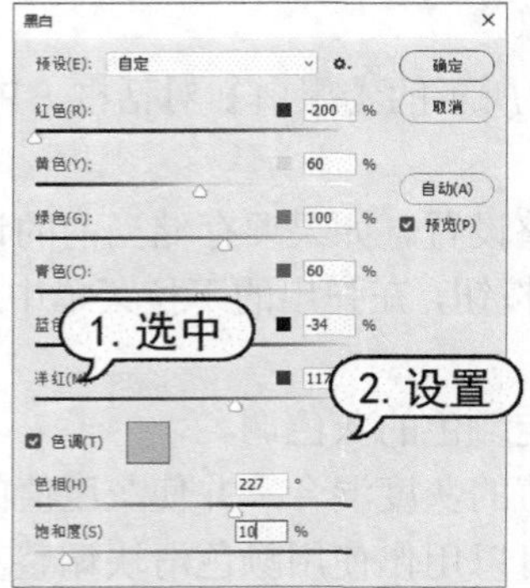

图 7-53 设置色调

## 7.4　上机练习

本章的上机练习通过制作复古色调照片效果的综合实例，使用户通过练习从而巩固本章所学的图像影调与色彩调整的知识。

(1) 选择【文件】|【打开】命令，打开图像文件，如图 7-54 所示。

(2) 在【调整】面板中，单击【创建新的曲线调整图层】图标，打开【属性】面板。在【属性】面板中，调整 RGB 通道曲线形状提亮画面，如图 7-55 所示。

图 7-54　打开图像文件

图 7-55　调整 RGB 通道曲线

(3) 选择【画笔】工具，在控制面板中设置柔边圆画笔样式，【不透明度】数值为 20%，然后涂抹画面中不需要提亮的部分，如图 7-56 所示。

(4) 按 Shift+Ctrl+Alt+E 组合键盖印图层，生成【图层 1】图层，如图 7-57 所示。

图 7-56　调整图像明暗效果

图 7-57　盖印图层

(5) 在【调整】面板中，单击【创建新的曲线调整图层】图标，打开【属性】面板。在【属性】面板中选择【红】通道，并调整红通道曲线形状，如图 7-58 所示。

(6) 在【属性】面板中选择【蓝】通道，并调整蓝通道曲线形状，如图 7-59 所示。

(7) 在【调整】面板中，单击【创建新的曲线调整图层】图标，打开【属性】面板。在【属性】面板中，调整 RGB 通道曲线形状，如图 7-60 所示。

(8) 在【属性】面板中选择【红】通道，并调整红通道曲线形状，如图 7-61 所示。

图 7-58　调整红通道曲线

图 7-59　调整蓝通道曲线

图 7-60　调整 RGB 通道曲线

图 7-61　调整红通道曲线

(9) 在【属性】面板中选择【蓝】通道，并调整蓝通道曲线形状，如图 7-62 所示。

(10) 在【调整】面板中，单击【创建新的可选颜色调整图层】图标，打开【属性】面板。在【属性】面板中，设置【红色】的【青色】数值为 25%，【洋红】数值为 10%，【黄色】数值为-15%，如图 7-63 所示。

图 7-62　调整蓝通道曲线

图 7-63　调整颜色

(11) 在【属性】面板的【颜色】下拉列表中选择【黄色】选项，设置【洋红】数值为-100%，如图 7-64 所示。

(12) 在【属性】面板的【颜色】下拉列表中选择【黑色】选项，设置【黄色】数值为-20%，如图 7-65 所示。

图 7-64　调整颜色

图 7-65　调整颜色

(13) 在【图层】面板中，单击【创建新的填充或调整图层】按钮，从弹出的菜单中选择【渐变】命令，打开【渐变填充】对话框。在该对话框中单击【渐变】预览条，打开【渐变编辑器】对话框，如图 7-66 所示。

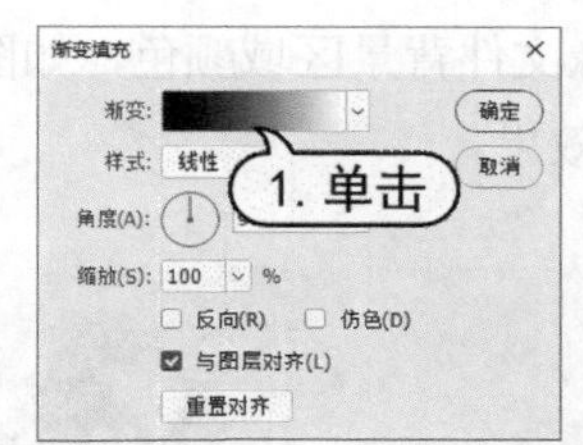

图 7-66　打开【渐变编辑器】对话框

(14) 在【渐变编辑器】对话框中，选中渐变条上的起始色标，单击【颜色】色块，打开【拾色器(色标颜色)】对话框。在该对话框中，设置色标颜色为 R:57 G:136 B:137，然后单击【确定】按钮，关闭【拾色器(色标颜色)】对话框。再单击【渐变编辑器】对话框的【确定】按钮和【渐变填充】对话框的【确定】按钮关闭对话框，如图 7-67 所示。

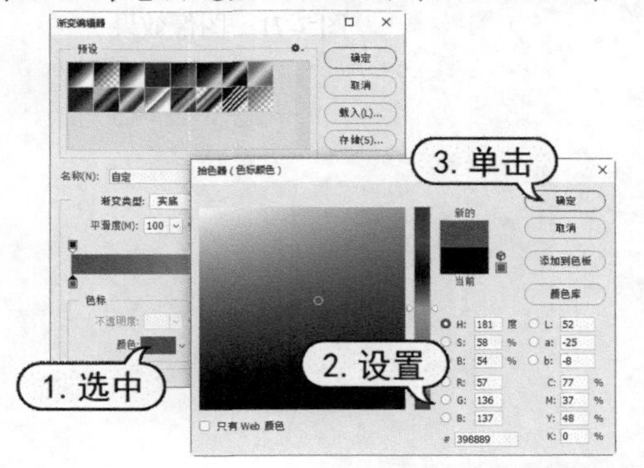


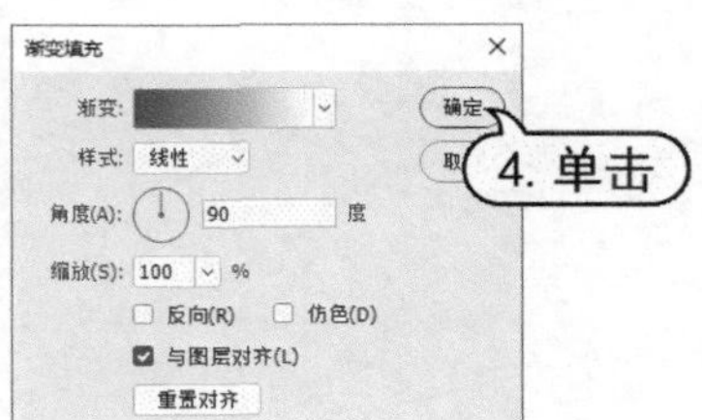


图 7-67　设置渐变填充

(15) 在【图层】面板中，设置【渐变填充 1】图层的混合模式为【叠加】，【不透明度】数值为 60%，如图 7-68 所示。

(16) 在【图层】面板中，选中【渐变填充 1】图层蒙版。使用【画笔】工具调整渐变填充图层效果，如图 7-69 所示。

图 7-68　设置图层

图 7-69　调整图层效果

## 7.5　习题

1. 打开图像文件，使用【替换颜色】命令调整图像文件背景区域颜色，如图 7-70 所示。
2. 打开两幅图像文件，制作如图 7-71 所示的图像效果。

图 7-70　图像文件

图 7-71　图像效果

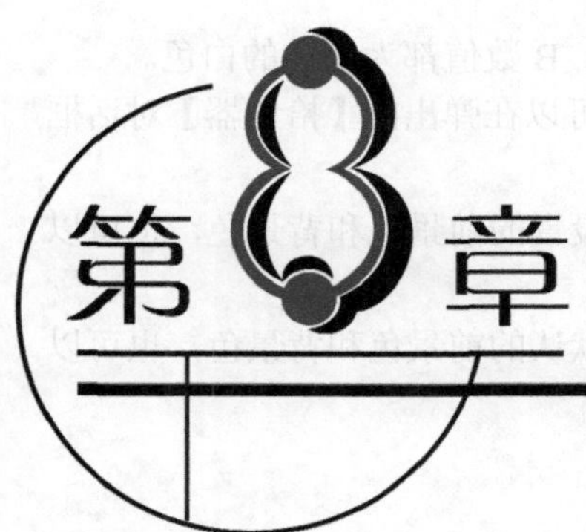

# 第8章 绘图功能的应用

## 学习目标

在 Photoshop 中可以轻松地在图像中表现各种画笔效果和绘制各种图像。其中，【画笔】工具主要是通过各种选项的设置，来创建出具有丰富变化和随机性的绘画效果。熟练掌握这一系列绘画工具的使用方法是进行图像处理的关键。

## 本章重点

- 选择颜色
- 填充与描边
- 使用渐变工具
- 绘图工具的运用
- 橡皮擦工具

## 8.1 选择颜色

在 Photoshop 中使用各种绘图工具时，不可避免地要用到颜色的设定。在 Photoshop 中，用户可以通过多种工具设置前景色和背景色的颜色，如【拾色器】对话框、【颜色】面板、【色板】面板和【吸管】工具等。用户可以根据需要来选择最适合的方法。

### 8.1.1 认识前景色与背景色

在设置颜色之前，需要先了解前景色和背景色。前景色决定了使用绘画工具绘制图形，以及使用文字工具创建文字时的颜色。背景色决定了使用橡皮擦工具擦除图像时，擦除区域呈现的颜色，以及增加画布大小时，新增画布的颜色。

设置前景色和背景色可以利用位于工具面板下方，如图 8-1 所示的组件进行设置。系统默认状态前景色是 R、G、B 数值都为 0 的黑色，背景色是 R、G、B 数值都为 255 的白色。

- 设置前景色/设置背景色：单击前景色或背景色图标，可以在弹出的【拾色器】对话框中选取一种颜色作为前景色或背景色。
- 【切换前景色或背景色】图标：单击图标可以切换所设置的前景色和背景色，也可以按快捷键 X 键进行切换。
- 【默认前景色和背景色】图标：单击该图标可以恢复默认的前景色和背景色，也可以按快捷键 D 键。

## 8.1.2 使用【拾色器】

在 Photoshop 中，单击工具面板下方的【设置前景色】或【设置背景色】图标都可以打开如图 8-2 所示的【拾色器】对话框。在【拾色器】对话框中可以基于 HSB、RGB、Lab、CMYK 等颜色模型指定颜色。



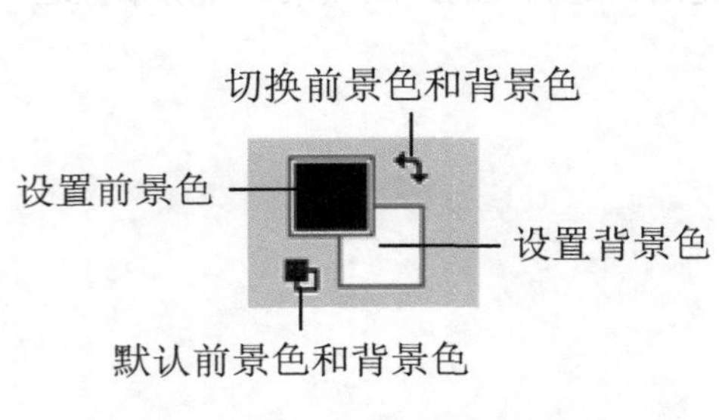


图 8-1 工具面板组件

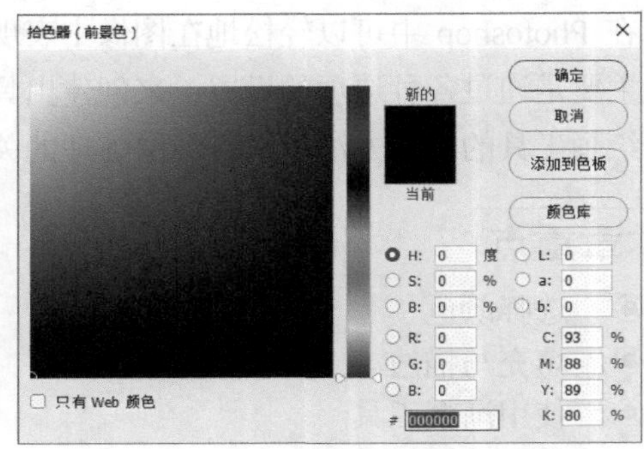


图 8-2 【拾色器】对话框

在【拾色器】对话框中左侧的主颜色框中单击鼠标可选取颜色，该颜色会显示在右侧上方颜色方框内，同时右侧文本框的数值会随之改变。用户也可以在右侧的颜色文本框中输入数值，或拖动主颜色框右侧颜色滑竿的滑块来改变主颜色框中的主色调。

- 颜色滑块/色域/拾取颜色：拖动颜色滑块，或者在竖直的渐变颜色条上单击可选取颜色范围。设置颜色范围后，在色域中单击或拖动鼠标，可以在选定的颜色范围内设置当前颜色并调整颜色的深浅。
- 颜色值：【拾色器】对话框中的色域可以显示 HSB、RGB、Lab 颜色模式中的颜色分量。如知道所需颜色的数值，则可以在相应的数值框中输入数值，精确地定义颜色。
- 新的/当前：颜色滑块右侧的颜色框中有两个色块，上部的色块为【新的】，显示为当前选择的颜色；下部的色块为【当前】，显示的是上一次选择的颜色。
- 溢色警告/非 Web 安全色警告：对于 CMYK 设置而言，在 RGB 模式中显示的颜色可能会超出色域范围，而无法打印。如果当前选择的颜色是不能打印的颜色，则会显示溢色警告。Photoshop 在警告标志下方的颜色块中显示了与当前选择的颜色最为接近的 CMYK 颜色，单击警告标志或颜色块，可以将颜色块中的颜色设置为当前颜色。Web 安全颜色是浏览器使用的 216 种颜色，如果当前选择的颜色不能在 Web 页上准

确地显示，则会出现非 Web 安全色警告。Photoshop 在警告标志下的颜色块中显示了与当前选择的颜色最为接近的 Web 安全色，单击警告标志或颜色块，可将颜色块中的颜色设置为当前颜色。如图 8-3 所示为溢色警告和非 Web 安全色警告图标。

- 【只有 Web 颜色】：选择此选项，色域中只显示 Web 安全色，此时选择的任何颜色都是 Web 安全色。
- 【添加到色板】：单击此按钮，可以将当前设置的颜色添加到【色板】面板，使之成为面板中预设的颜色。
- 【颜色库】：单击【拾色器】对话框中的【颜色库】按钮，可以打开如图 8-4 所示的【颜色库】对话框。在【颜色库】对话框的【色库】下拉列表框中提供了二十多种颜色库。这些颜色库是国际公认的色样标准。彩色印刷人员可以根据按这些标准制作的色样本或色谱表精确地选择和确定所使用的颜色。

图 8-3　溢色警告和非 Web 安全色警告

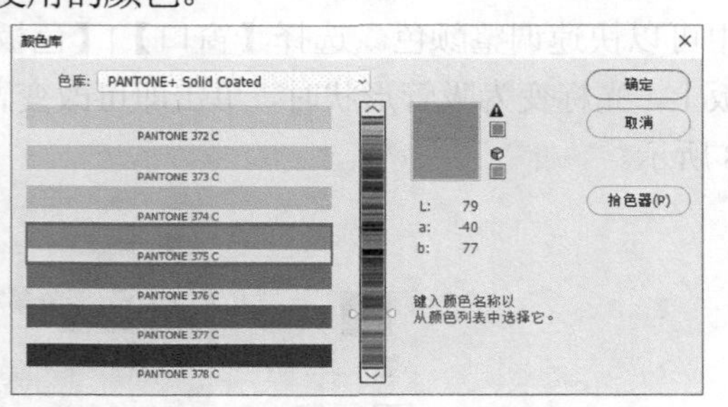


图 8-4　【颜色库】对话框

## 8.1.3　使用【颜色】面板

【颜色】面板根据文档的颜色模式默认显示对应的颜色通道。选择【窗口】|【颜色】命令，可以打开如图 8-5 所示的【颜色】面板。选择不同的色彩模式，面板中显示的滑动栏的内容也不同。

在【颜色】面板中的左上角有两个色块用于表示前景色和背景色。单击前景色或背景色色块，此时所有的调节只对选中的色块有效，如图 8-6 所示。

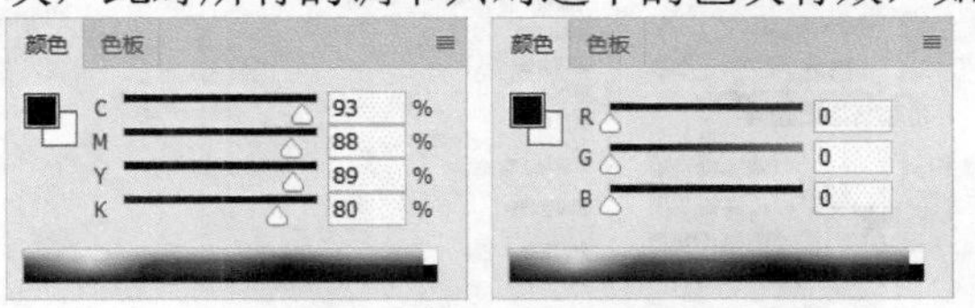


图 8-5　【颜色】面板

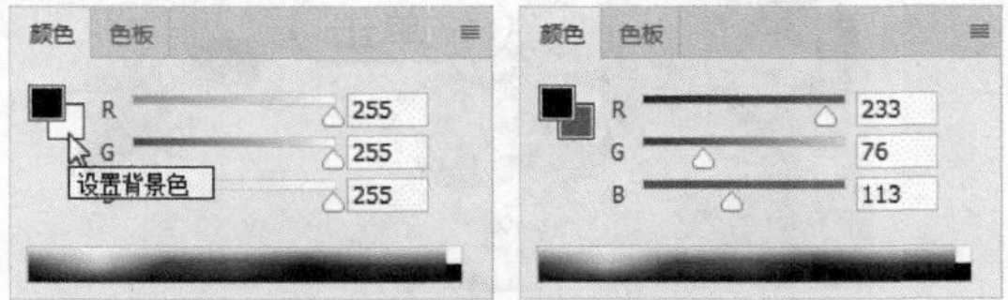


图 8-6　设置前景色或背景色

用户也可以双击【颜色】面板中的前景色或背景色色块，打开【拾色器】对话框进行设置。单击面板右上角的面板菜单按钮，在弹出的菜单中可以选择面板显示内容。

**知识点**

当所选颜色在印刷中无法实现时，在【颜色】面板中会出现溢色警告图标，在其右边会有一个替换的色块，替换的颜色一般都较暗，如图 8-7 所示。

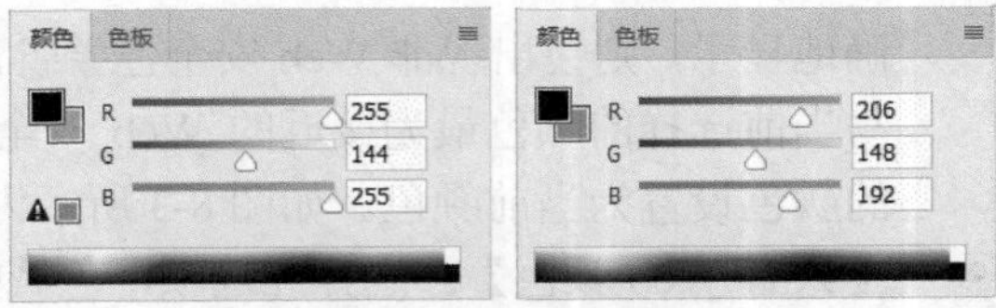


图 8-7　替换颜色

## 8.1.4　使用【色板】面板

在【基本功能】、【设计】、和【绘图】工作区右侧的面板组中都显示了【色板】面板，在其中可以快速调整颜色。选择【窗口】|【色板】命令，可以打开【色板】面板。将鼠标移到色板上，光标变为吸管形状时，单击即可改变背景色；按住 Ctrl 键单击即可设置前景色，如图 8-8 所示。



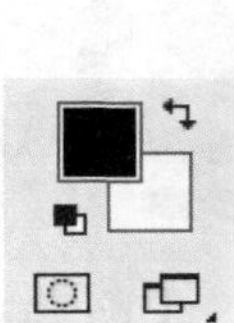

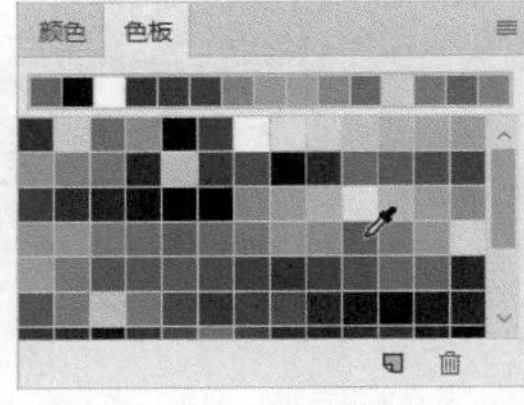

图 8-8　使用【色板】面板

【例 8-1】新建色板。

(1) 在 Photoshop 中，选择【文件】|【打开】命令，打开一幅图像文件。选择【吸管】工具在图像上选择颜色，如图 8-9 所示。

(2) 当鼠标移到【色板】空白处时，就会变成油漆桶的形状，单击即可打开【色板名称】对话框。或在面板菜单中选择【新建色板】命令，如图 8-10 所示。

图 8-9　使用【吸管】工具

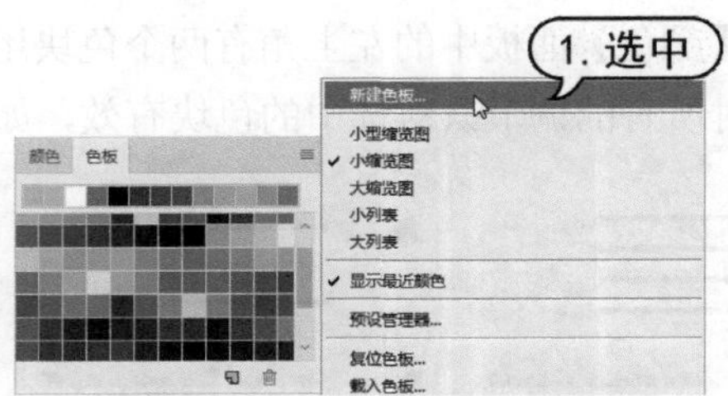


图 8-10　选择【新建色板】命令

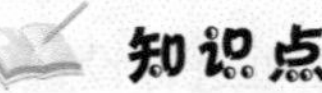

**知识点**

如果要将当前的颜色信息存储起来，可在【色板】面板弹出菜单中选择【存储色板】命令。在打开的【另存为】对话框中，将色板存储到 Photoshop 安装路径下默认的 Color Swatches 文件夹中。如果要调用存储的色板文件，可以选择【载入色板】命令将颜色文件载入，也可以选择【替换色板】命令，用新的颜色文件代替当前【色板】面板中的颜色。

(3) 在打开的【色板名称】对话框中，可以设置新色板名称，然后单击【确定】按钮即可将当前颜色添加到色板中，如图 8-11 所示。

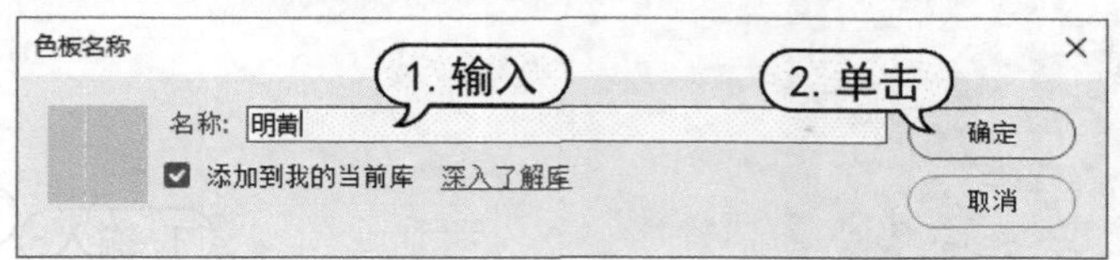


图 8-11　新建色板

## 8.2　填充与描边

填充是指在图像或选区内填充颜色，描边则是指为选区描绘可见的边缘。进行填充和描边操作时，可以使用【油漆桶】工具、【填充】和【描边】命令。

### 8.2.1　使用【油漆桶】工具

利用【油漆桶】工具可以给指定容差范围的颜色或选区填充前景色或图案。选择【油漆桶】工具后，在控制面板的【填充】下拉列表中可以设置【前景】或【图案】的填充方式、颜色混合、不透明度、是否消除锯齿和填充容差等参数选项。

- 填充内容：单击油漆桶右侧的按钮，可以在下拉列表中选择填充内容，包括【前景色】和【图案】。
- 【模式】/【不透明度】：用来设置填充内容的混合模式和不透明度。
- 【容差】：用来定义必须填充的像素的颜色相似程度。低容差会填充颜色值范围与单击点像素非常相似的像素，高容差则填充更大范围内的像素。
- 【消除锯齿】：选中该复选框，可以平滑填充选区的边缘。
- 【连续的】：选中该复选框，只填充与单击点相邻的像素；取消选中，可填充图像中的所有相似像素。
- 【所有图层】：选中该复选框，基于所有可见图层中的合并颜色数据填充像素；取消选中，则填充当前图层。

【例 8-2】使用【油漆桶】工具填充图像。

(1) 在 Photoshop 中，选择【文件】|【打开】命令，打开一幅图像文件，如图 8-12 所示。

(2) 选择【编辑】|【定义图案】命令，在打开的【图案名称】对话框中的【名称】文本框中输入 pattern，然后单击【确定】按钮，如图 8-13 所示。

(3) 选择【文件】|【打开】命令，打开图像文件，并在【图层】面板中选中 bg 图层，如图 8-14 所示。

(4) 选择【油漆桶】工具，在控制面板中单击【设置填充区域的源】按钮，在弹出的下拉列表中选择【图案】选项，并在右侧的下拉面板中单击选中刚定义的图案。然后用【油漆桶】工具在图像中单击填充图案，如图 8-15 所示。

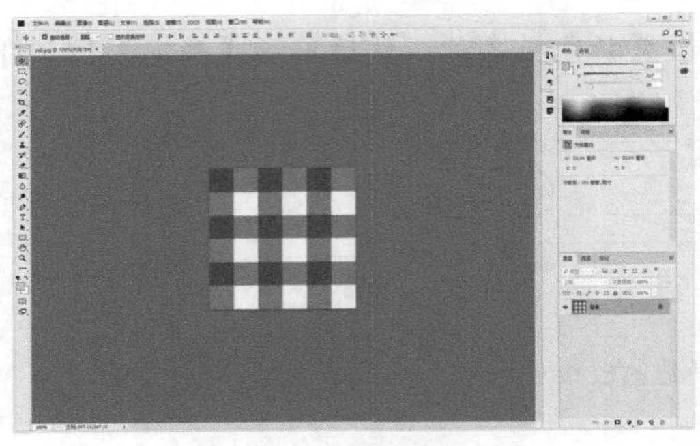

图 8-12　打开图像文件

图 8-13　定义图案

图 8-14　打开图像文件

图 8-15　填充图案

## 8.2.2　使用【填充】命令

使用【填充】命令可以快速对图像或选区内图像进行颜色或图案的填充。选择【编辑】|【填充】命令，打开如图 8-16 所示的【填充】对话框。

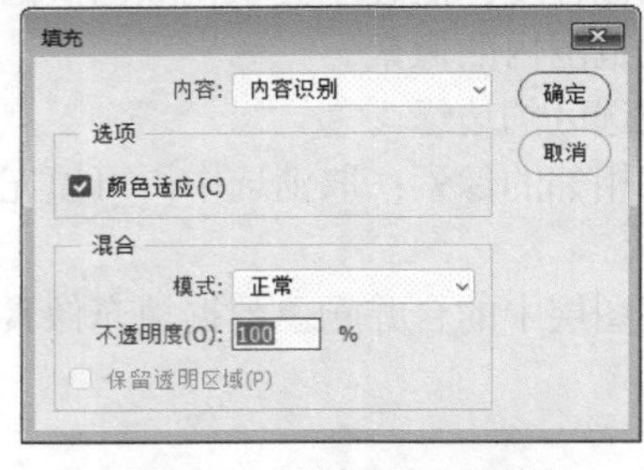


图 8-16　【填充】对话框

**知识点**

按 Alt+Delete 组合键可以快速填充前景色；按 Ctrl+Delete 组合键可快速填充背景色。

- 【内容】选项：可以选择填充内容，如前景色、背景色和图案等。
- 【颜色适应】复选框：可以通过某种算法将填充颜色与周围颜色混合，默认选中该项。
- 【模式】/【不透明度】选项：可以设置填充时所采用的颜色混合模式和不透明度。
- 【保留透明区域】复选框：选中该复选框后，只对图层中包含像素的区域进行填充。

【例 8-3】在图像文件中，使用【填充】命令制作图像效果。

(1) 选择【文件】|【打开】命令，打开素材图像，并按 Ctrl+J 组合键复制【背景】图层，如图 8-17 所示。

(2) 选择【滤镜】|【模糊】|【径向模糊】命令，打开【径向模糊】对话框。在该对话框中，选中【缩放】单选按钮，设置【数量】数值为 60，然后单击【确定】按钮，如图 8-18 所示。

图 8-17　打开图像文件

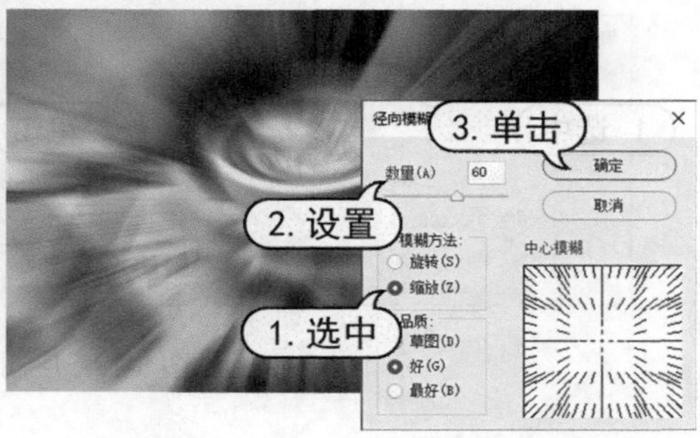


图 8-18　使用【径向模糊】滤镜

(3) 打开【历史记录】面板，单击【创建新快照】按钮，基于当前的图像状态创建一个快照，如图 8-19 所示。

(4) 在【快照 1】前面单击，将历史记录的源设置为【快照 1】，如图 8-20 所示。

图 8-19　创建新快照

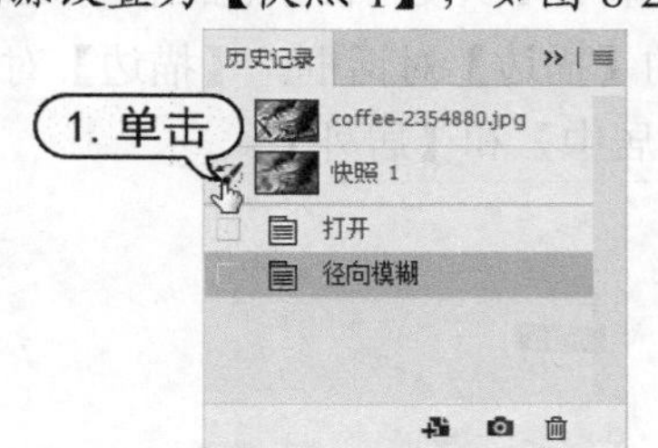


图 8-20　设置历史记录的源

(5) 在【历史记录】面板中，单击【打开】步骤，将图像恢复到打开时的状态，如图 8-21 所示。

(6) 选择【多边形套索】工具，在控制面板中选中【添加到选区】按钮，然后使用工具在图像中创建选区，如图 8-22 所示。

图 8-21　恢复图像状态

图 8-22　创建选区

(7) 选择【编辑】|【填充】命令，在打开的【填充】对话框的【内容】下拉列表中选择【历史记录】选项，然后单击【确定】按钮，如图 8-23 所示。设置完成后，按 Ctrl+D 组合键取消选区。

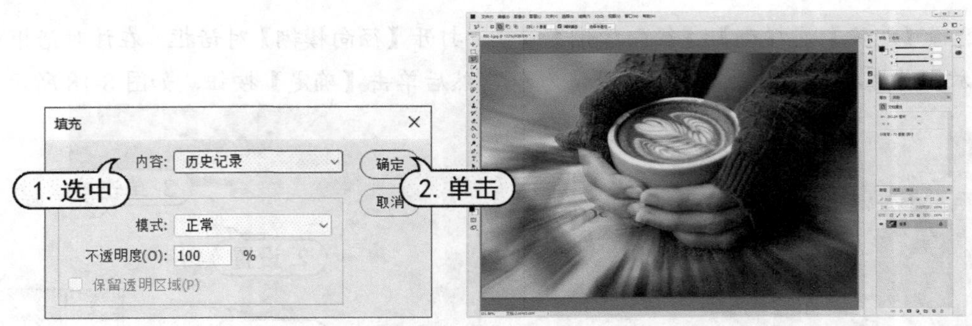


图 8-23　应用【填充】命令

## 8.2.3　使用【描边】命令



使用【描边】命令可以使用前景色沿图像边缘进行描绘。选择【编辑】|【描边】命令，打开如图 8-24 所示的【描边】对话框。【描边】对话框中的【位置】选项用于选择描边的位置，包括【内部】、【居中】和【居外】。

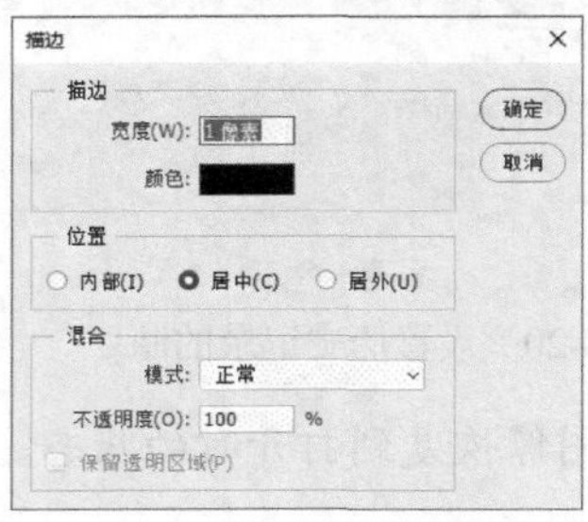


图 8-24　【描边】对话框

**知识点**

在【描边】选项设置区的【宽度】选项中可以设置描边宽度；单击【颜色】选项右侧的颜色块，可以打开【拾色器】对话框，设置描边颜色。

## 8.2.4　填充图案

在应用填充工具进行填充时，除了单色和渐变，还可以填充图案。图案是在绘画过程中被重复使用或拼接粘贴的图像。Photoshop CC 2018 为用户提供了各种默认图案。在 Photoshop 中，也可以自定义创建新图案，然后将它们存储起来，供不同的工具和命令使用。

【例 8-4】创建自定义图案。

(1) 选择【文件】|【打开】命令，打开一幅素材图像，如图 8-25 所示。

(2) 选择【编辑】|【定义图案】命令，打开【图案名称】对话框。在该对话框中的【名称】文本框中输入 air balloon，然后单击【确定】按钮，如图 8-26 所示。

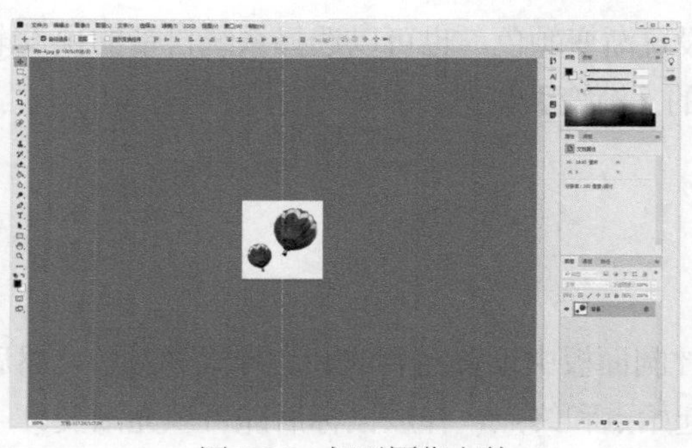

图 8-25　打开图像文件

图 8-26　定义图案

(3) 选择【文件】|【新建】命令，打开【新建文档】对话框。在该对话框中，设置【宽度】数值为 800 像素，【高度】数值为 600 像素，【分辨率】数值为 72 像素/英寸，然后单击【创建】按钮新建文档，如图 8-27 所示。

**提示**

将打开的图像定义为图案时，需要注意图像尺寸大小。如果图像中存在矩形选区，将以选区内的内容定义为图案。

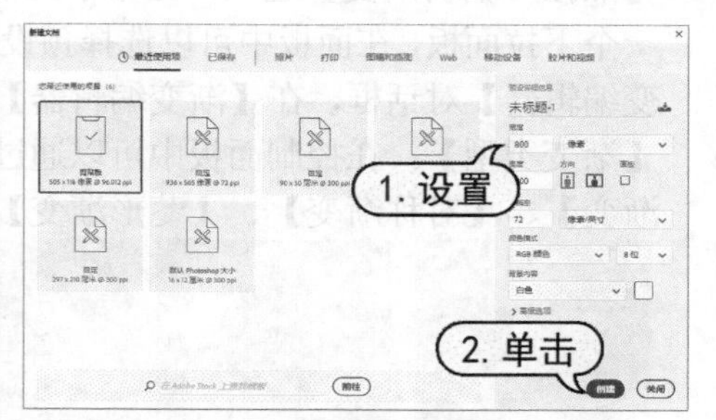


图 8-27　新建文件

(4) 选择【编辑】|【填充】命令，打开【填充】对话框。在对话框的【内容】下拉列表中选择【图案】选项，并单击【自定图案】右侧的【点按可打开“图案”拾色器】区域，打开【图案拾色器】。选择刚才定义的 air balloon 图案。设置完成后，单击【确定】按钮，将选择的图案填充到当前画布中，如图 8-28 所示。

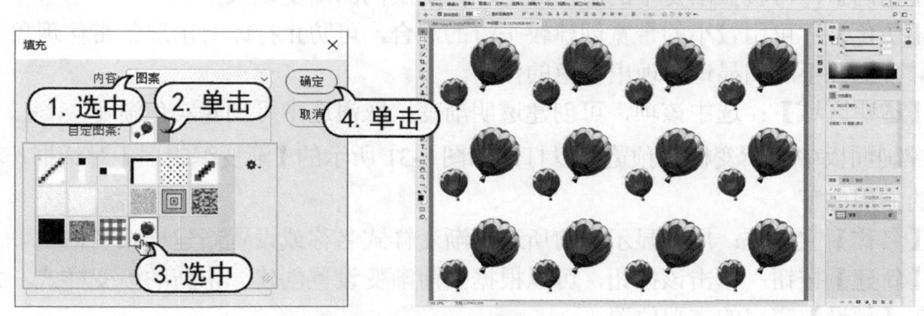


图 8-28　填充图案

## 8.3　使用【渐变】工具

使用【渐变】工具，可以在图像中创建多种颜色间逐渐过渡混合的效果。选择该工具后，

用户可以根据需要在【渐变编辑器】对话框中设置渐变颜色，也可以选择系统自带的预设渐变应用于图像中。按 G 键，即可选择控制面板中的【渐变】工具。

### 8.3.1 创建渐变

选择【渐变】工具后，在如图 8-29 所示的控制面板中设置需要的渐变样式和颜色，然后在图像中单击并拖动出一条直线，以标示渐变的起始点和终点，释放鼠标后即可填充渐变。

图 8-29 【渐变】工具控制面板

- 【点按可编辑渐变】选项：显示了当前的渐变颜色，单击它右侧的按钮，可以打开一个下拉面板，在面板中可以选择预设的渐变。直接单击渐变颜色条，则可以打开【渐变编辑器】对话框，在【渐变编辑器】对话框中可以编辑、保存渐变颜色样式。
- 【渐变类型】：在控制面板中可以通过单击选择【线性渐变】、【径向渐变】【角度渐变】、【对称渐变】、【菱形渐变】这 5 种渐变类型，如图 8-30 所示。

线性渐变　径向渐变　角度渐变　对称渐变　菱形渐变

图 8-30 渐变类型

- 【模式】：用来设置应用渐变时的混合模式。
- 【不透明度】：用来设置渐变效果的不透明度。
- 【反向】：可转换渐变中的颜色顺序，得到反向的渐变效果。
- 【仿色】：可用较小的带宽创建较平滑的混合，可防止打印时出现条带化现象。但在屏幕上并不能明显地体现出仿色的作用。
- 【透明区域】：选中该项，可创建透明渐变；取消选中可创建实色渐变。

单击控制面板中的渐变样式预览可以打开如图 8-31 所示的【渐变编辑器】对话框。对话框中各选项的作用如下。

- 【名称】文本框：用于显示当前所选择渐变样式名称或设置新建样式名称。
- 【新建】按钮：单击该按钮，可以根据当前渐变设置创建一个新的渐变样式，并添加在【预设】窗口的末端位置。
- 【渐变类型】下拉列表：包括【实底】和【杂色】这两个选项。当选择【实底】选项时，可以对均匀渐变的过渡色进行设置；选择【杂色】选项时，可以对粗糙的渐变过渡色进行设置。
- 【平滑度】选项：用于调节渐变的光滑程度。

图 8-31　【渐变编辑器】对话框

**知识点**

【渐变编辑器】对话框的【预设】窗口提供了各种自带的渐变样式缩览图。通过单击缩览图，即可选取渐变样式，并且对话框的下方将显示该渐变样式的各项参数及选项设置。

- 【色标】滑块：用于控制颜色在渐变中的位置。如果在色标上单击并拖动鼠标，即可调整该颜色在渐变中的位置。要想在渐变中添加新颜色，可以在渐变颜色编辑条下方单击，即可创建一个新的色标，然后双击该色标，在打开的【拾取器】对话框中设置所需的色标颜色。用户也可以先选择色标，然后通过【渐变编辑器】对话框中的【颜色】选项进行颜色设置。
- 【颜色中点】滑块：在单击色标时，会显示其与相邻色标之间的颜色过渡中点。拖动该中点，可以调整渐变颜色之间的颜色过渡范围。
- 【不透明度色标】滑块：用于设置渐变颜色的不透明度。在渐变样式编辑条上选择【不透明度色标】滑块，然后通过【渐变编辑器】对话框中的【不透明度】文本框设置其位置颜色的不透明度。在单击【不透明度色标】时，会显示其与相邻不透明度色标之间的不透明度过渡点。拖动该中点，可以调整渐变颜色之间的不透明度过渡范围。
- 【位置】文本框：用于设置色标或不透明度色标在渐变样式编辑条上的相对位置。
- 【删除】按钮：用于删除所选择的色标或不透明度色标。

【例 8-5】使用【渐变】工具填充图像。

(1) 选择【文件】|【打开】命令，打开一幅图像文件，并单击【图层】面板中的【创建新图层】按钮，新建【图层 1】，如图 8-32 所示。

(2) 选择【渐变】工具，在工具控制面板中单击【径向渐变】按钮。单击控制面板上的渐变颜色条，打开【渐变编辑器】对话框。在【预设】选项中选择【紫，橙渐变】，该渐变的色标会显示在下方渐变条上，如图 8-33 所示。

图 8-32　打开图像文件

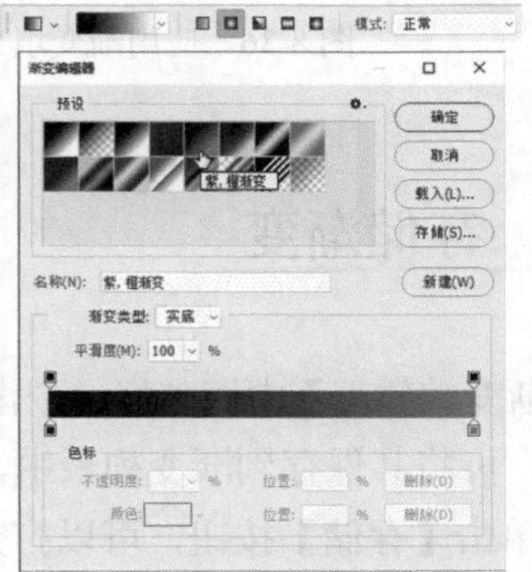

图 8-33　选中预设渐变样式

(3) 选择渐变颜色条右侧的终止颜色色标，单击【颜色】选项右侧的颜色块，或双击该色标都可以打开【拾色器(色标颜色)】对话框。在该对话框中调整该色标的颜色为 R:206 G:233 B:238，即可修改渐变的颜色，如图 8-34 所示。

(4) 选择一个色标并拖动它，或者在【位置】文本框中输入数值，可改变渐变色的混合位置。拖动两个渐变色标之间的颜色中点，可以调整该点两侧颜色的混合位置，如图 8-35 所示。

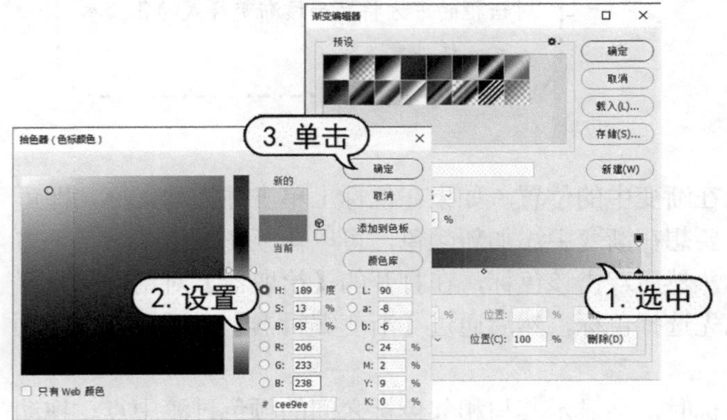


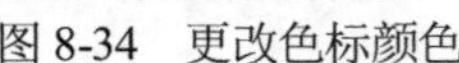
图 8-34 更改色标颜色

图 8-35 编辑渐变样式

(5) 单击【确定】按钮关闭对话框，然后在画面中心单击并向外拖动拉出一条直线，释放鼠标后，可以创建渐变，如图 8-36 所示。

(6) 在【图层】面板中，设置图层混合模式为【滤色】，【不透明度】数值为 65%，如图 8-37 所示。

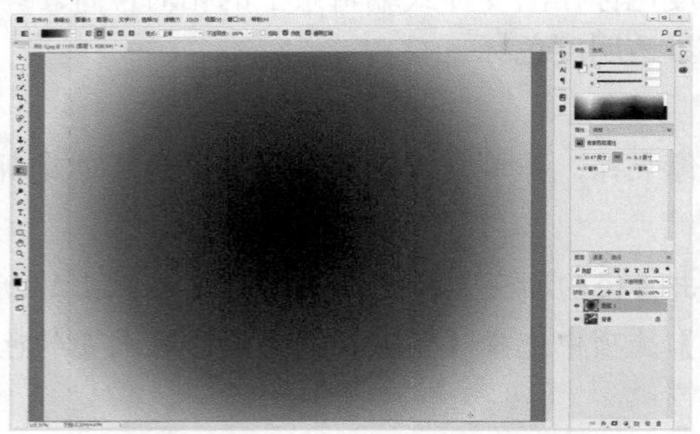
图 8-36 应用渐变填充

图 8-37 设置图层

## 8.3.2 存储渐变

在【渐变编辑器】中调整好一个渐变后，在【名称】选项中输入渐变的名称，然后单击【新建】按钮，可将其保存到渐变列表中，如图 8-38 所示。

如果单击【存储】按钮，可以打开【另存为】对话框，将当前渐变列表中所有的渐变保存为一个渐变库，如图 8-39 所示。

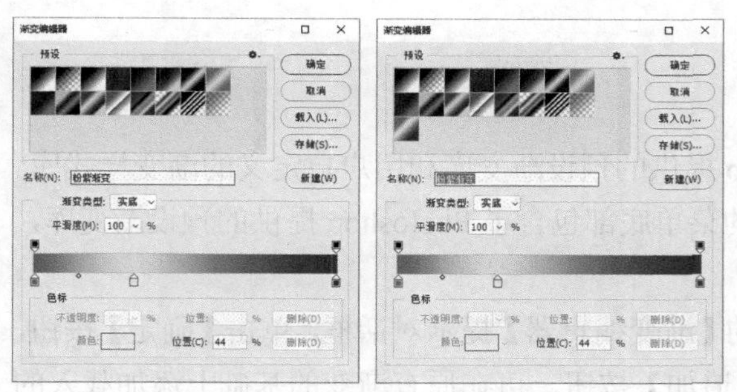

图 8-38　保存渐变

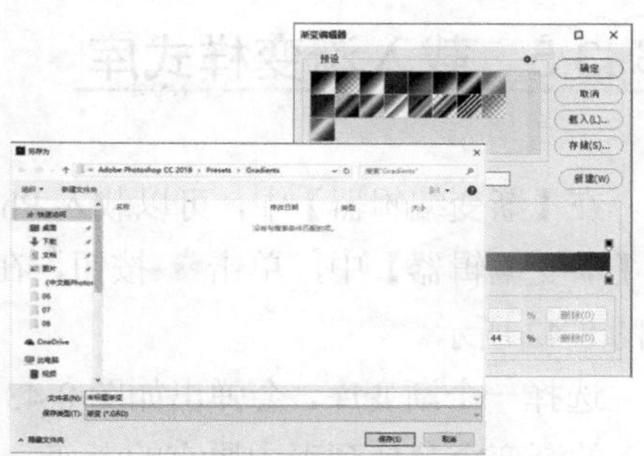

图 8-39　保存渐变库

## 8.3.3　重命名渐变

在【渐变编辑器】对话框的预设渐变列表中选择一个渐变，右击，选择下拉菜单中的【重命名渐变】命令，可以打开【渐变名称】对话框修改渐变的名称，如图 8-40 所示。

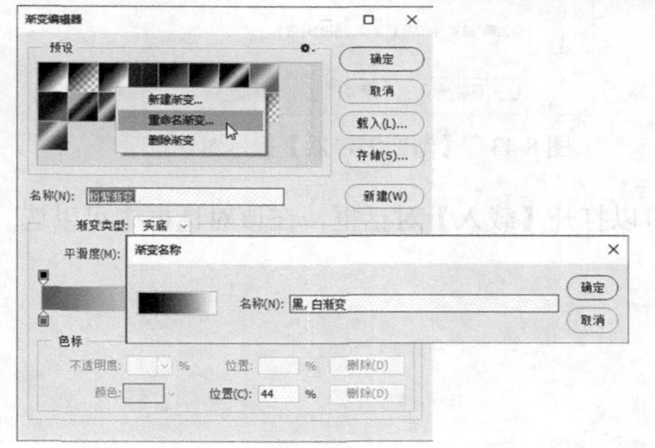

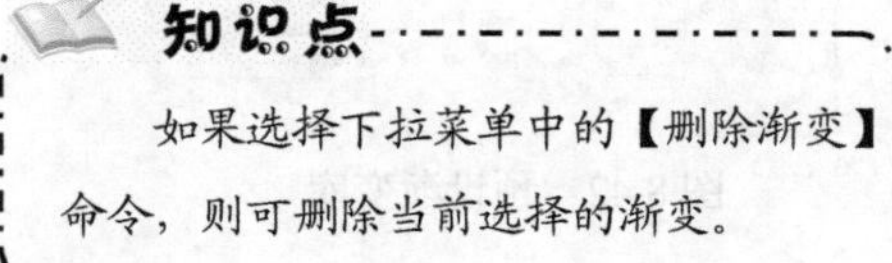

知识点

如果选择下拉菜单中的【删除渐变】命令，则可删除当前选择的渐变。

图 8-40　重命名渐变

## 8.3.4　复位渐变

载入渐变或删除渐变后，如果要恢复默认的渐变，可在【渐变编辑器】对话框中，单击⚙.按钮，在弹出的菜单中选择【复位渐变】命令。在弹出的如图 8-41 所示的【渐变编辑器】提示对话框中，单击【确定】按钮即可恢复为默认的渐变；单击【追加】按钮，可以将默认的渐变添加到当前列表中。

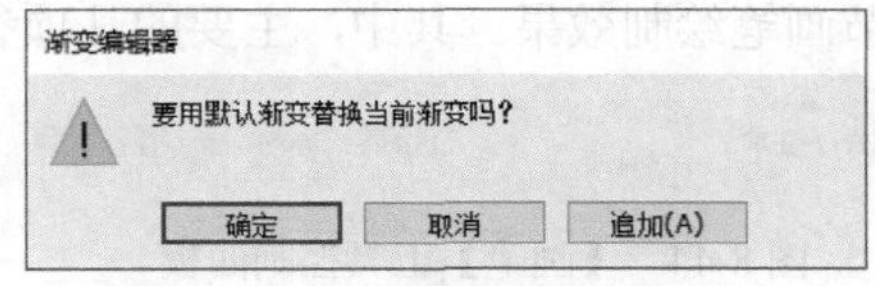


图 8-41　【渐变编辑器】提示对话框

### 8.3.5 载入渐变样式库

在【渐变编辑器】中，可以载入 Photoshop 提供的预设渐变库和用户自定义的渐变样式库。在【渐变编辑器】中，单击✲按钮，在打开的菜单底部包含了 Photoshop 提供的预设渐变库，如图 8-42 所示。

选择一个渐变库，会弹出如图 8-43 所示的【渐变编辑器】提示对话框，单击【确定】按钮，载入的渐变会替换列表中原有的渐变；单击【追加】按钮，可在原有渐变的基础上添加载入的渐变；单击【取消】按钮，则取消操作。

图 8-42　预设渐变库

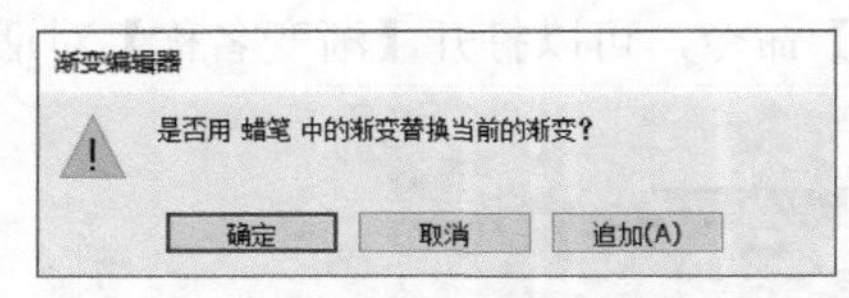


图 8-43　【渐变编辑器】提示对话框

单击【渐变编辑器】中的【载入】按钮，可以打开【载入】对话框，在该对话框中可以选择一个外部的渐变库，将其载入。

## 8.4 绘图工具的运用

绘画工具可以更改图像像素的颜色。通过使用绘画和绘画修饰工具，并结合各种功能就可以修饰图像、创建或编辑 Alpha 通道上的蒙版。结合【画笔设置】面板的设置，还可以自由地创作出精美的绘画效果，或模拟使用传统介质进行绘画。

### 8.4.1 【画笔】工具

【画笔】工具可以轻松地模拟真实的绘画效果，也可以用来修改通道和蒙版效果，是 Photoshop 中最为常用的绘画工具。选择【画笔】工具后，在如图 8-44 所示的控制面板中可以设置画笔各项参数选项，以调节画笔绘制效果。其中，主要的几项参数如下。

图 8-44　【画笔】工具控制面板

- 【画笔预设】选取器：用于设置画笔的大小、样式及硬度等参数选项。
- 【模式】选项：该下拉列表用于设置在绘画过程中画笔与图像产生特殊混合效果。
- 【不透明度】选项：此数值用于设置绘制画笔效果的不透明度，数值为 100%时表示画笔效果完全不透明，而数值为 1%时则表示画笔效果接近完全透明。
- 【流量】选项：此数值可以设置【画笔】工具应用油彩的速度，该数值较低会形成较轻的描边效果。

【例 8-6】使用【画笔】工具为图像上色。

(1) 在 Photoshop 中，选择【文件】|【打开】命令，选择打开需要处理的照片，并在【图层】面板中单击【创建新图层】按钮新建【图层 1】图层，如图 8-45 所示。

(2) 选择【画笔】工具，并单击控制面板中的画笔预设选取器，在弹出的下拉面板中选择柔边圆画笔样式，设置【大小】数值为 500 像素，【不透明度】数值为 30%。在【颜色】面板中，设置前景色为 R:241 G:148 B:112。在【图层】面板中，设置【图层 1】图层混合模式为【正片叠底】，【不透明度】数值为 80%。然后使用【画笔】工具给人物添加眼影，如图 8-46 所示。

图 8-45　打开图像文件

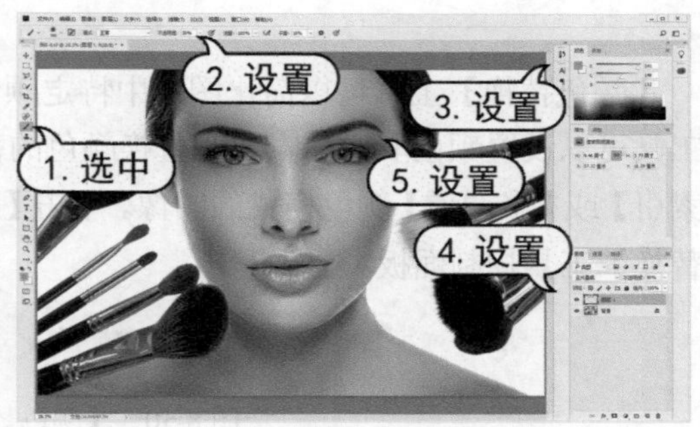


图 8-46　使用【画笔】工具

(3) 在【图层】面板中，单击【创建新图层】按钮，新建【图层 2】图层。设置【图层 2】图层混合模式为【叠加】，不透明度数值为 80%。在【色板】面板中单击【纯洋红色】色板。然后使用【画笔】工具在人物的嘴唇处涂抹，如图 8-47 所示。

(4) 选择【橡皮擦】工具，在控制面板中设置【不透明度】数值为 30%。然后使用【橡皮擦】工具在嘴唇边缘附近涂抹，修饰涂抹效果，如图 8-48 所示。

图 8-47　使用【画笔】工具

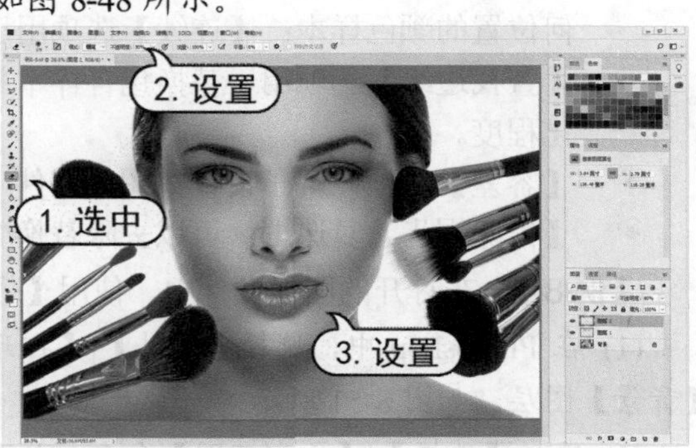


图 8-48　使用【橡皮擦】工具

## 8.4.2 【铅笔】工具

【铅笔】工具通常用于绘制一些棱角比较突出、无边缘发散效果的线条。选择【铅笔】工具后，如图 8-49 所示的工具控制面板中大部分参数选项的设置与【画笔】工具基本相同。

图 8-49 【铅笔】工具控制面板

【铅笔】工具控制面板中有一项【自动抹除】选项。选择该复选框后，在使用【铅笔】工具绘制时，如果光标的中心在前景色上，则该区域将抹成背景色；如果在开始拖动时光标的中心在不包含前景色的区域上，则该区域将被绘制成前景色。

## 8.4.3 【颜色替换】工具

【颜色替换】工具可以简化图像中特定颜色的替换，并使用校正颜色在目标颜色上绘画。该工具可以设置颜色取样的方式和替换颜色的范围。但【颜色替换】工具不适用于【位图】、【索引】或【多通道】颜色模式的图像。单击【颜色替换】工具，即可显示如图 8-50 所示的【颜色替换】工具控制面板。

图 8-50 【颜色替换】工具控制面板

- 【模式】：用来设置替换的内容，包括【色相】、【饱和度】、【颜色】和【明度】。默认为【颜色】选项，表示可以同时替换色相、饱和度和明度。
- 【取样：连续】按钮：可以在拖动时连续对颜色取样。
- 【取样：一次】按钮：可以只替换包含第一次单击的颜色区域中的目标颜色。
- 【取样：背景色板】按钮：可以只替换包含当前背景色的区域。
- 【限制】下拉列表：在此下拉列表中，【不连续】选项用于替换出现在光标指针下任何位置的颜色样本；【连续】选项用于替换与紧挨在光标指针下的颜色邻近的颜色；【查找边缘】选项用于替换包含样本颜色的连续区域，同时更好地保留性状边缘的锐化程度。
- 【容差】选项：用于设置在图像文件中颜色的替换范围。
- 【消除锯齿】复选框：可以去除替换颜色后的锯齿状边缘。

【例 8-7】在打开的图像文件中，使用【颜色替换】工具更改对象颜色。

(1) 在 Photoshop 中，选择【文件】|【打开】命令，打开图像文件。按 Ctrl+J 组合键复制【背景】图层，如图 8-51 所示。

(2) 选择【选择】|【色彩范围】命令，打开【色彩范围】对话框。在该对话框中设置【颜色容差】数值为 80，然后使用【吸管】在图像粉绿色背景区域单击，如图 8-52 所示。

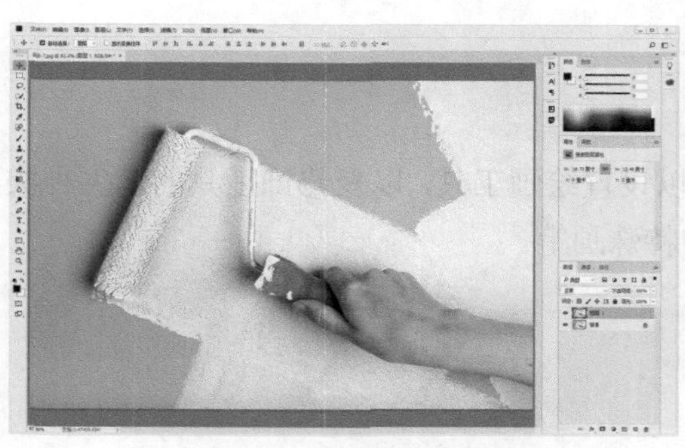

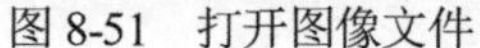

图 8-51　打开图像文件

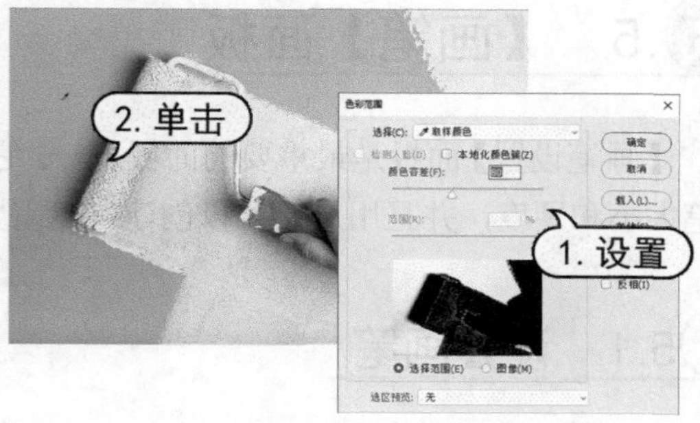


图 8-52　选择颜色范围

(3) 在【色彩范围】对话框中，单击【添加到取样】按钮，在粉绿色背景区域继续单击添加选区范围，如图 8-53 所示。

(4) 设置完成后，单击【确定】按钮创建选区，如图 8-54 所示。

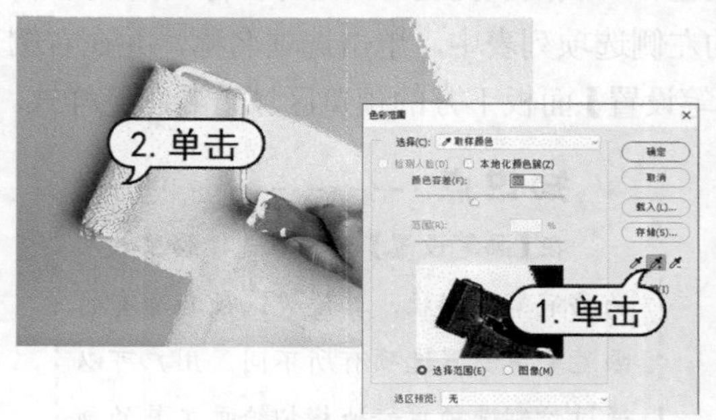


图 8-53　添加颜色范围

图 8-54　创建选区

(5) 选择【颜色替换】工具，在控制面板中设置画笔【大小】数值为 900 像素，【间距】数值 1%，在【模式】下拉列表中选择【颜色】选项，如图 8-55 所示。

(6) 在【颜色】面板中，设置颜色为 R:230 G:0 B:115，并使用【颜色替换】工具在选区中拖动替换选区内图像颜色。编辑结束后，按 Ctrl+D 组合键取消选区，如图 8-56 所示。

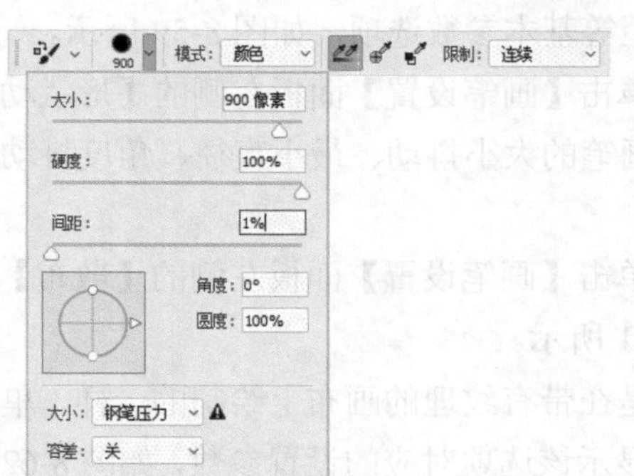


图 8-55　设置【颜色替换】工具

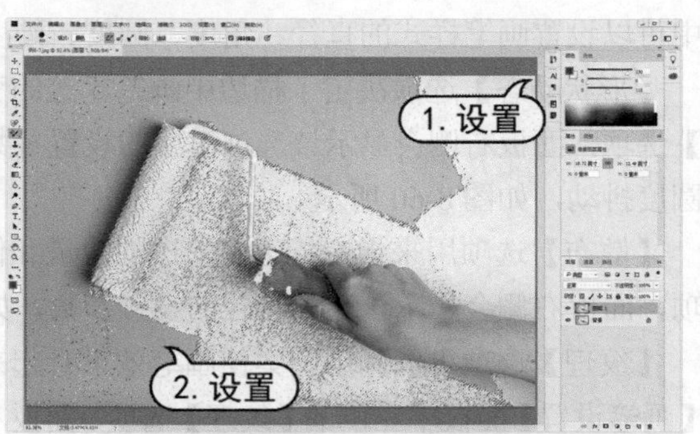


图 8-56　使用【颜色替换】工具

# 8.5 【画笔】面板

【画笔设置】面板是最重要的面板之一。它可以设置绘画工具，以及修饰工具的笔尖种类、画笔大小和硬度，并且用户还可以创建自己需要的特殊画笔。

## 8.5.1 设置画笔

选择【窗口】|【画笔】命令，打开如图 8-57 所示的【画笔设置】面板。在【画笔设置】面板中提供了各种预设的画笔。预设画笔带有诸如大小、形状和硬度等属性的设置选项。在绘画时，可选择一个预设的笔尖，并调整画笔大小即可。选择【窗口】|【画笔设置】命令，或单击【画笔】工具控制面板中的【切换画笔面板】按钮，或按快捷键 F5 键可以打开如图 8-58 所示的【画笔设置】面板。在【画笔设置】面板的左侧选项列表中，单击选项名称，并在右侧的区域中显示该选项的所有参数设置，即可在【画笔设置】面板下方的预览区域查看画笔样式。

图 8-57 【画笔预设】面板

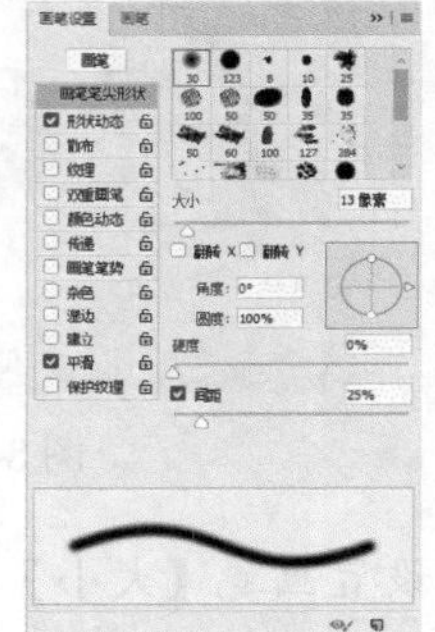

图 8-58 【画笔设置】面板

**知识点**

在【画笔设置】面板中选择绘画效果的画笔笔尖形状，其设置选项与原有的画笔笔尖设置选项有所不同。用户可以通过控制选项更好地模拟绘画工具的画笔效果。

在【画笔设置】面板的左侧设置区中单击【画笔笔尖形状】选项，然后在其右侧显示的选项中可以设置画笔样式的直径、角度、圆度、硬度、间距等基本参数选项，如图 8-59 所示。

【形状动态】选项决定了描边中画笔笔迹的变化。单击【画笔设置】面板左侧的【形状动态】选项，面板右侧会显示该选项对应的设置参数，如画笔的大小抖动、最小直径、角度抖动和圆度抖动，如图 8-60 所示。

【散布】选项用来指定描边中笔迹的数量和位置。单击【画笔设置】面板左侧的【散布】选项，面板右侧会显示该选相对应的设置参数，如图 8-61 所示。

【纹理】选项可以利用图案使画笔效果看起来好像是在带有纹理的画布上绘制的一样。单击【画笔设置】面板中左侧的【纹理】选项，面板右侧会显示该选项对应的设置参数，如图 8-62 所示。

【双重画笔】选项是通过组合两个笔尖来创建画笔笔迹，它可在主画笔的画笔描边内应用第二个画笔纹理，并且仅绘制两个画笔描边的交叉区域。如果要使用双重画笔，应首先在【画

笔设置】面板的【画笔笔尖形状】选项中设置主要笔尖的选项，然后从【画笔设置】面板的【双重画笔】选项部分选择另一个画笔笔尖，如图 8-63 所示。

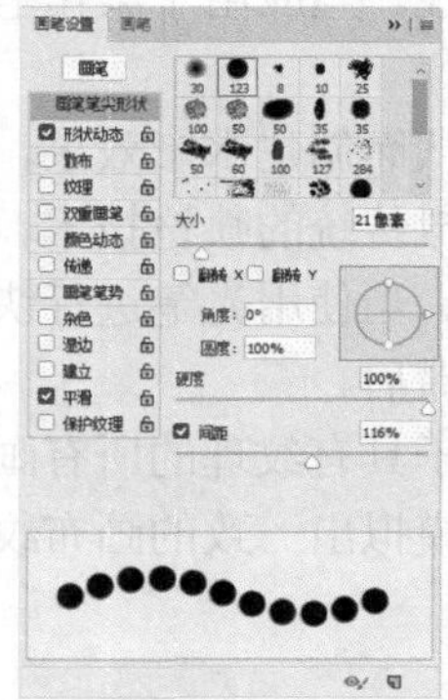

图 8-59 【画笔笔尖形状】选项

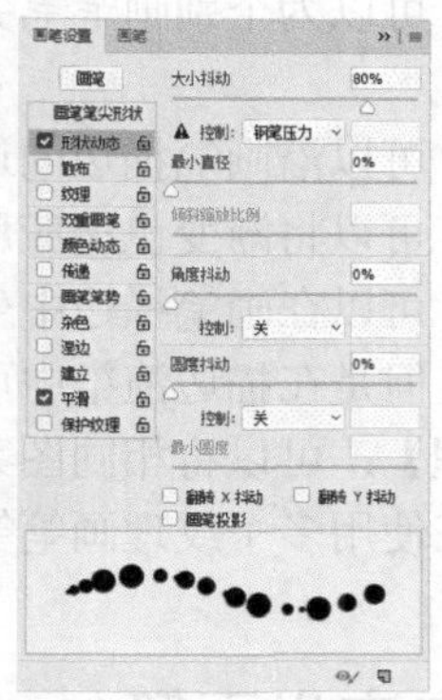

图 8-60 【形状动态】选项

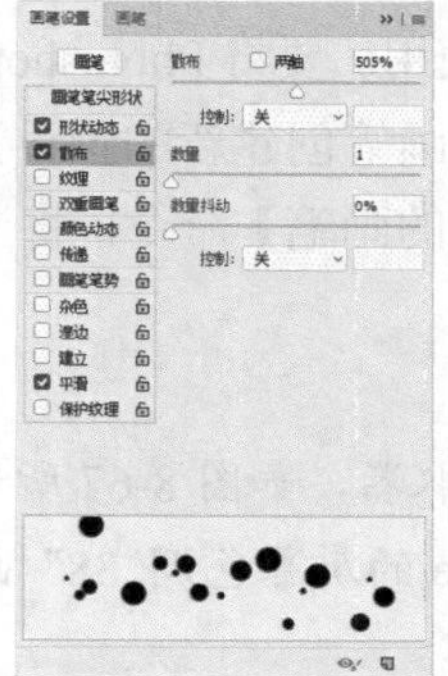

图 8-61 【散布】选项

图 8-62 【纹理】选项

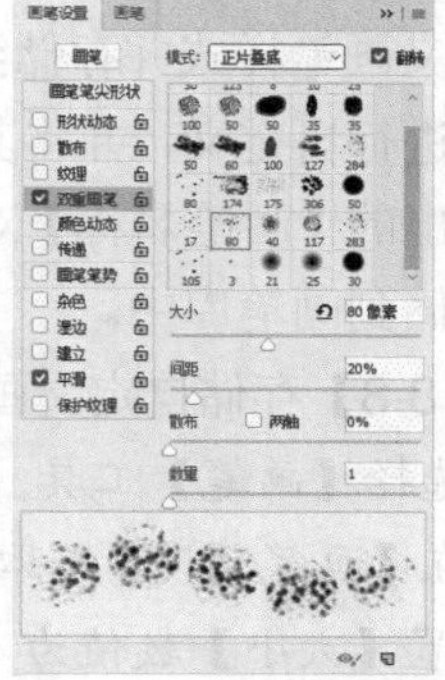

图 8-63 【双重画笔】选项

【颜色动态】选项决定了描边路径中油彩颜色的变化方式。单击【画笔设置】面板左侧的【颜色动态】选项，面板右侧会显示该选项对应的设置参数，如图 8-64 所示。

【传递】选项用来确定油彩在描边路线中的改变方式。单击【画笔设置】面板左侧的【颜色动态】选项，面板右侧会显示该选项对应的设置参数，如图 8-65 所示。

【画笔笔势】选项用来调整毛刷画笔笔尖、侵蚀画笔笔尖的角度，如图 8-66 所示。

图 8-64 【颜色动态】选项

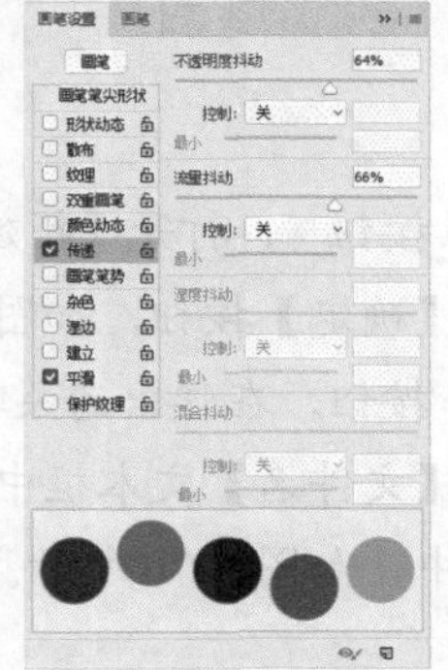

图 8-65 【传递】选项

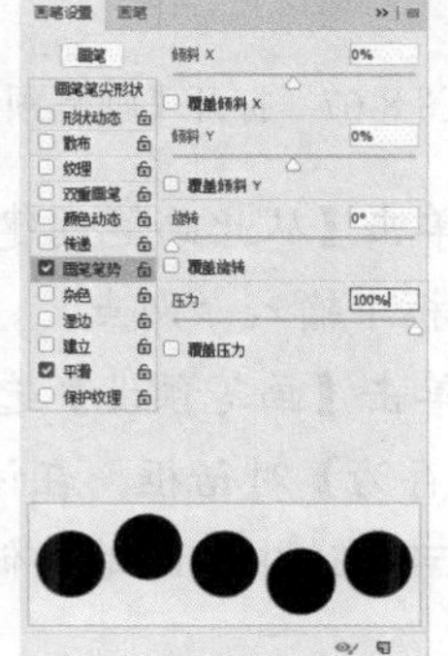

图 8-66 【画笔笔势】选项

【画笔设置】面板左侧还有 5 个单独的选项，包括【杂色】、【湿边】、【建立】、【平滑】和【保护纹理】。这 5 个选项没有控制参数，需要使用时，只需将其选择即可。

- 【杂色】：可以为个别画笔笔尖增加额外的随机性。当应用于柔化笔尖时，此选项最有效。
- 【湿边】：可以沿画笔描边的边缘增大油彩量，从而创建水彩效果。
- 【建立】：可以将渐变色调应用于图像，同时模拟传统的喷枪技术。
- 【平滑】：可以在画笔描边中生成更平滑的曲线。当使用光笔进行快速绘画时，此选项最有效。但是在描边渲染中可能会导致轻微的滞后。
- 【保护纹理】：可以将相同图案和缩放比例应用于具有纹理的所有画笔预设。选择此选项后，在使用多个纹理画笔笔尖绘画时，可以模拟出一致的画布纹理。

## 8.5.2 存储自定义画笔

自定义画笔样式并存储到画笔库中，可以在以后的操作中重复使用。要将 Photoshop 中提供的画笔进行自定义，并将其存储到画笔库中，可以通过单击【从此画笔创建新的预设】按钮，在弹出的【画笔名称】对话框中新建画笔预设。通过【导出选中的画笔】命令，将当前选中画笔存储到画笔库中。

【例 8-8】存储自定义画笔。

(1) 选择【画笔】工具，在控制面板中单击打开【画笔预设】选取器，如图 8-67 所示。

(2) 在【画笔预设】选取器中选中【特殊效果画笔】组中的“Kyle 的屏幕色调 38”画笔样式，并设置【大小】数值为【100 像素】，如图 8-68 所示。

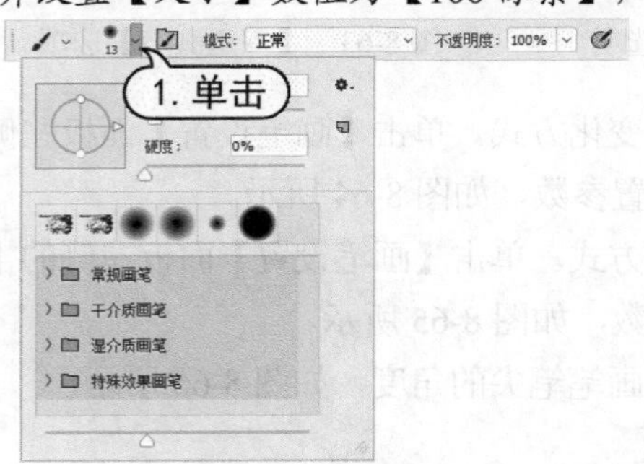


图 8-67　打开【画笔预设】选取器

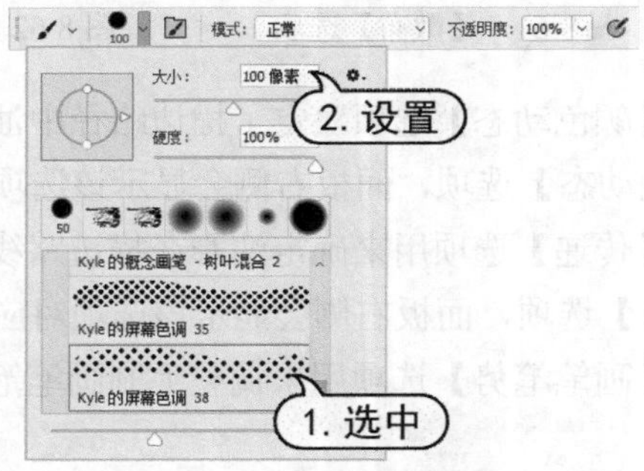


图 8-68　设置画笔样式

(3) 单击【从此画笔创建新的预设】按钮，打开【新建画笔】对话框。在该对话框的【名称】文本框中输入“网点”，然后单击【确定】按钮，如图 8-69 所示。

(4) 单击【画笔预设】选取器中的按钮，在弹出的菜单中选择【导出选中的画笔】命令，打开【另存为】对话框。在该对话框的【文件名】文本框中输入“网点画笔”，然后单击【保存】按钮可将选中的画笔存储到画笔库中，如图 8-70 所示。

图 8-69　创建新的画笔预设

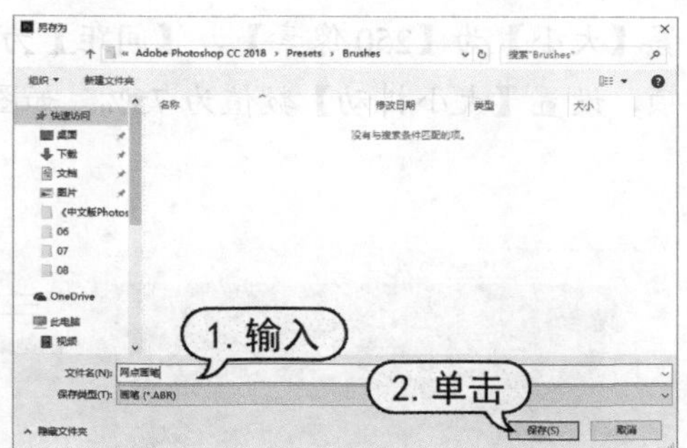


图 8-70　存储画笔

## 8.6　自定义画笔

在 Photoshop 中，预设的画笔样式如果不能满足用户的要求，则可以根据预设画笔样式为基础创建新的预设画笔样式。用户还可以使用【编辑】|【定义画笔预设】命令将选择的任意形状选区内的图像定义为画笔样式。

【例 8-9】在 Photoshop 中，创建自定义画笔预设。

(1) 打开一幅图像文件，选择【魔棒】工具，在工具控制面板中设置【容差】数值为 30。然后在图像中背景区域单击选取，然后选择【选择】|【反向】命令，如图 8-71 所示。

(2) 选择菜单栏中的【编辑】|【定义画笔预设】命令。在打开的【画笔名称】对话框的【名称】文本框中输入“烟花”，然后单击【确定】按钮应用并关闭对话框，如图 8-72 所示。

图 8-71　创建选区

图 8-72　定义画笔预设

**知识点**

需要注意的是，此类画笔样式只会保存相关图像画面信息，而不会保存其颜色信息。因此，使用这类画笔样式进行描绘时，会以当前前景色的颜色作为画笔颜色。

(3) 选择【文件】|【打开】命令，打开另一幅图像文件，并在【图层】面板中单击【创建新图层】按钮，新建【图层 1】，如图 8-73 所示。

(4) 选择【画笔】工具，按 F5 键打开【画笔设置】面板。选中刚创建的“烟花”画笔样式，设置【大小】为【250 像素】，【间距】为 200%。在【画笔设置】面板中，选中【形状动态】选项，设置【大小抖动】数值为 75%。如图 8-74 所示。

图 8-73　打开图像

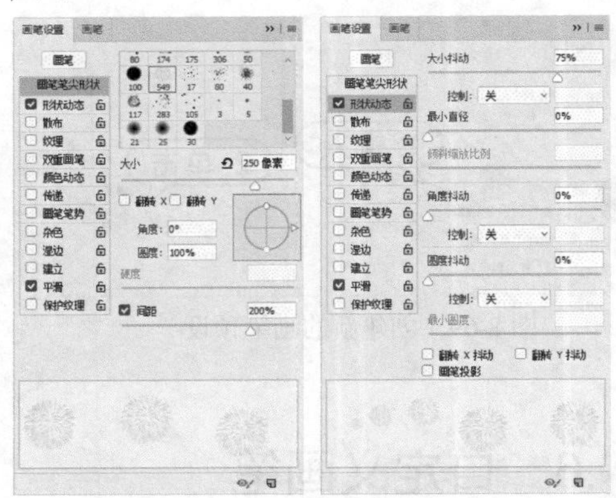

图 8-74　设置画笔

(5) 在【色板】面板中，单击【RGB 黄】色板设置前景色，然后使用【画笔】工具在画布中拖动绘制，并在【图层】面板中设置【图层 1】图层混合模式为【亮光】，如图 8-75 所示。

(6) 在【图层】面板中，双击【图层 1】图层，打开【图层样式】对话框。在该对话框中，选中【外发光】样式，设置【混合模式】选项为【溶解】，【不透明度】数值为 100%，【大小】数值为【0 像素】，然后单击【确定】按钮，如图 8-76 所示。

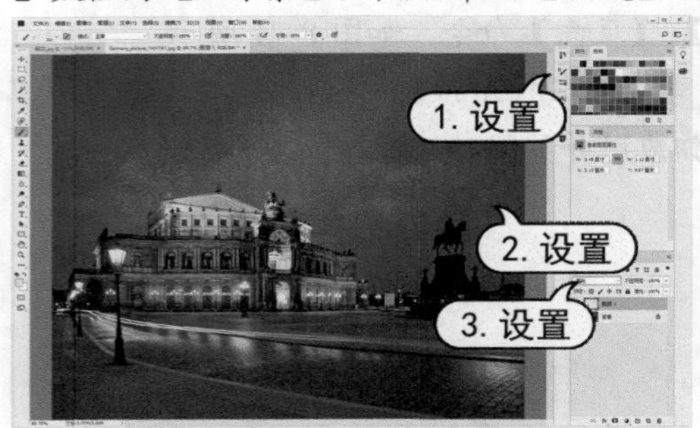


图 8-75　使用画笔

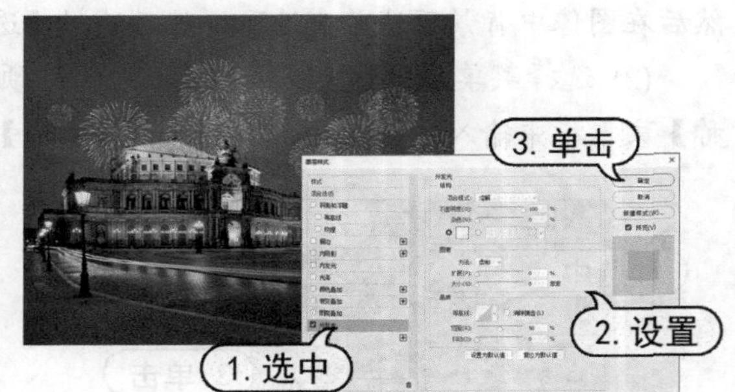


图 8-76　应用【外发光】样式

## 8.7　橡皮擦工具的运用

Photoshop 中为用户提供了【橡皮擦】工具、【背景橡皮擦】和【魔术橡皮擦】这 3 种擦除工具。使用这些工具，用户可以根据特定的需要，进行图像画面的擦除处理。

### 8.7.1　【橡皮擦】工具

使用【橡皮擦】工具在图像中涂抹可擦除图像，如图 8-77 所示。如果在【背景】图层，

或锁定了透明区域的图层中使用【橡皮擦】工具，被擦除的部分会显示为背景色；在其他图层上使用时，被擦除的区域会成为透明区域。

图 8-77 使用【橡皮擦】工具

选择【橡皮擦】工具后，在如图 8-78 所示的控制面板中各选项参数作用如下。

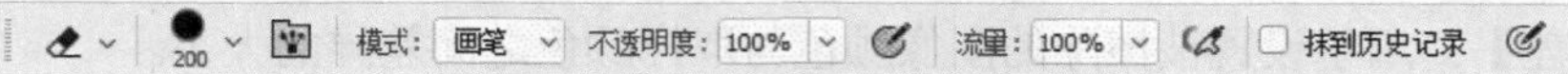


图 8-78 【橡皮擦】工具控制面板

- 【画笔】选项：可以设置橡皮擦工具使用的画笔样式和大小。
- 【模式】选项：可以设置不同的擦除模式。其中，选择【画笔】和【铅笔】选项时，其使用方法与【画笔】和【铅笔】工具相似；选择【块】选项时，在图像窗口中进行擦除的大小固定不变。
- 【不透明度】数值框：可以设置擦除时的不透明度。设置为 100%时，被擦除的区域将变成透明色；设置为 1%时，不透明度将无效，将不能擦除任何图像画面。
- 【流量】数值框：用来控制工具的涂抹速度。
- 【抹到历史记录】复选框：选中该复选框后，可以将指定的图像区域恢复至快照或某一操作步骤下的状态。

## 8.7.2 【背景橡皮擦】工具

【背景橡皮擦】工具是一种智能橡皮擦，它具有自动识别对象边缘的功能，可采集画笔中心的色样，并删除在画笔内出现的颜色，使擦除区域成为透明区域，如图 8-79 所示。

选择【背景橡皮擦】工具后，其如图 8-80 所示的控制面板中各个选项参数作用如下。

图 8-79 使用【背景橡皮擦】工具

图 8-80 【背景橡皮擦】工具控制面板

- 【画笔】：单击其右侧的图标，弹出下拉面板。其中，【大小】用于设置擦除时画笔的大小；【硬度】用于设置擦除时边缘硬化的程度。
- 【取样】按钮：用于设置颜色取样的模式。按钮表示只对单击时，光标下的图像颜色取样；按钮表示擦除图层中彼此相连但颜色不同的部分；按钮表示将背景色作为取样颜色。
- 【限制】：单击右侧的按钮，在弹出的下拉菜单中可以选择使用【背景色橡皮擦】工具擦除的颜色范围。其中，【连续】选项表示可擦除图像中具有取样颜色的像素，但要求该部分与光标相连；【不连续】选项表示可擦除图像中具有取样颜色的像素；【查找边缘】选项表示在擦除与光标相连的区域的同时保留图像中物体锐利的边缘。
- 【容差】：用于设置被擦除的图像颜色与取样颜色之间差异的大小。
- 【保护前景色】复选框：选中该复选框，可以防止具有前景色的图像区域被擦除。



## 8.7.3 【魔术橡皮擦】工具

【魔术橡皮擦】工具具有自动分析图像边缘的功能，用于擦除图层中具有相似颜色范围的区域，并以透明色代替被擦除区域，如图 8-81 所示。

图 8-81 使用【魔术橡皮擦】工具

选择【魔术橡皮擦】工具，显示如图 8-82 所示的控制面板。它与【魔棒】工具控制面板相似，各选项参数作用如下。

图 8-82 【魔术橡皮擦】工具控制面板

- 【容差】：可以设置被擦除图像颜色的范围。输入的数值越大，可擦除的颜色范围越大；输入的数值越小，被擦除的图像颜色与光标单击处的颜色越接近。
- 【消除锯齿】复选框：选中该复选框，可使被擦除区域的边缘变得柔和平滑。
- 【连续】复选框：选中该复选框，可以使擦除工具仅擦除与单击处相连接的区域。

- 【对所有图层取样】复选框：选中该复选框，可以使擦除工具的应用范围扩展到图像中所有可见图层。
- 【不透明度】：可以设置擦除图像颜色的程度。设置为 100%时，被擦除的区域将变成透明色；设置为 1%时，不透明度将无效，将不能擦除任何图像画面。

## 8.8　上机练习

本章的上机练习通过制作图像拼合的综合实例操作，使用户通过练习从而巩固本章所学的图像抠取方法。

(1) 选择【文件】|【打开】命令，打开一幅素材图像，如图 8-83 所示。

(2) 选择【魔棒】工具，在控制面板中设置【容差】数值为 40。然后使用【魔棒】工具在图像中红色背景中单击，创建选区，如图 8-84 所示。

图 8-83　打开图像文件

图 8-84　创建选区

(3) 按 Shift+Ctrl+I 组合键反选选区，并按 Ctrl+J 组合键复制选区内图像，并生成【图层 1】图层，如图 8-85 所示。

(4) 按 Ctrl 键单击【图层】面板中的【创建新图层】按钮，在【图层 1】下方创建【图层 2】，如图 8-86 所示。

图 8-85　复制选区内图像

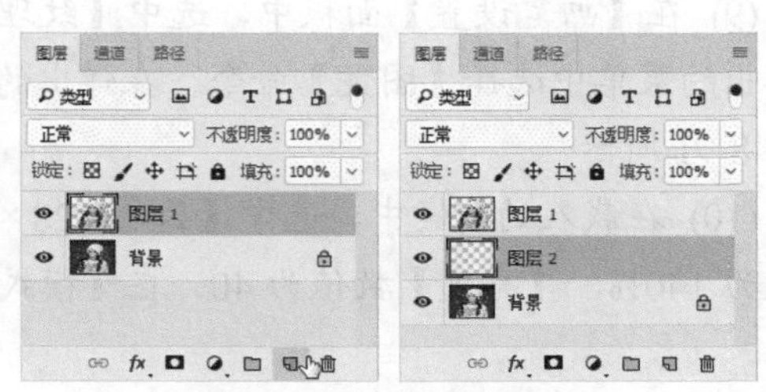


图 8-86　创建新图层

(5) 选择【钢笔】工具，在控制面板中选择工具模式为【路径】，然后使用【钢笔】工具在图像中创建路径，如图 8-87 所示。

(6) 选择【画笔】工具，按 Shift+X 组合键将前景色设置为白色，并按 F5 键打开【画笔设置】面板。在【画笔笔尖形状】选项组中，选中【柔角 30】预设画笔样式，设置【大小】数值为【100 像素】，如图 8-88 所示。

图 8-87　创建路径

图 8-88　设置画笔样式

(7) 在【画笔设置】面板中，选中【形状动态】选项，设置【大小抖动】数值为 100%，【最小直径】数值为 20%，【角度抖动】数值为 20%，如图 8-89 所示。

(8) 在【画笔设置】面板中，选中【散布】选项，选中【两轴】复选框，设置【散布】数值为 140%，【数量】数值为 5，【数量抖动】数值为 100%，如图 8-90 所示。

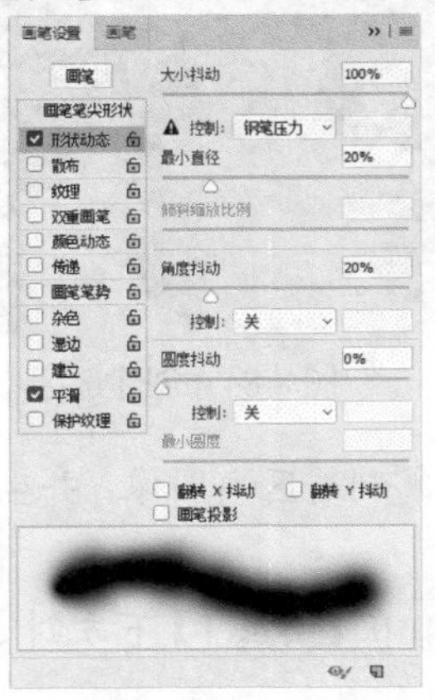

图 8-89　设置【形状动态】选项

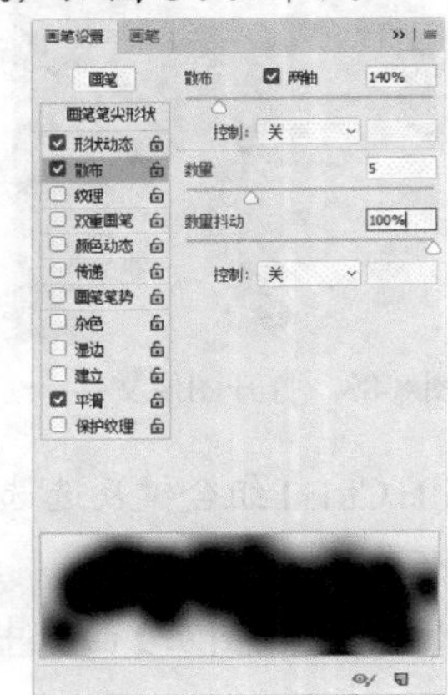

图 8-90　设置【散布】选项

(9) 在【画笔设置】面板中，选中【纹理】选项，单击打开图案拾色器，并单击 按钮，从弹出的菜单中选择【图案】命令。在弹出的提示对话框中，单击【确定】按钮载入图案库，如图 8-91 所示。

(10) 在载入的图案中，选中【云彩(128 × 128 像素，灰度模式)】图案，然后设置【缩放】数值为 140%，【亮度】数值为 40，在【模式】下拉列表中选择【颜色加深】选项，如图 8-92 所示。

(11) 在【画笔设置】面板中，选中【传递】选项，设置【不透明度抖动】数值为 60%，【流量抖动】数值为 45%，如图 8-93 所示。

(12) 在【画笔】工具控制面板中设置画笔大小为 300 像素，然后在【路径】面板中单击【用画笔描边路径】按钮，如图 8-94 所示。

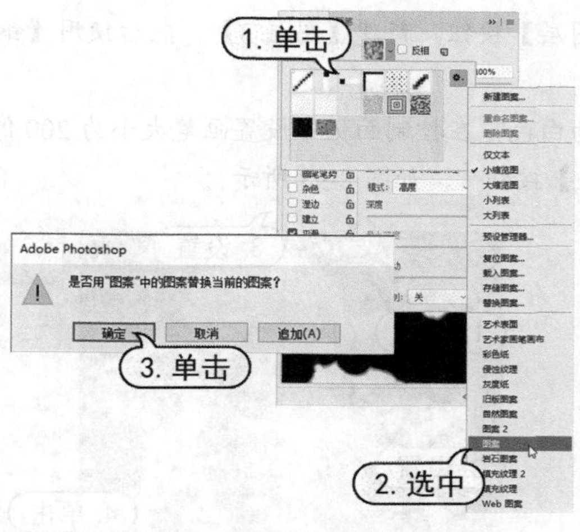


图 8-91　载入图案库

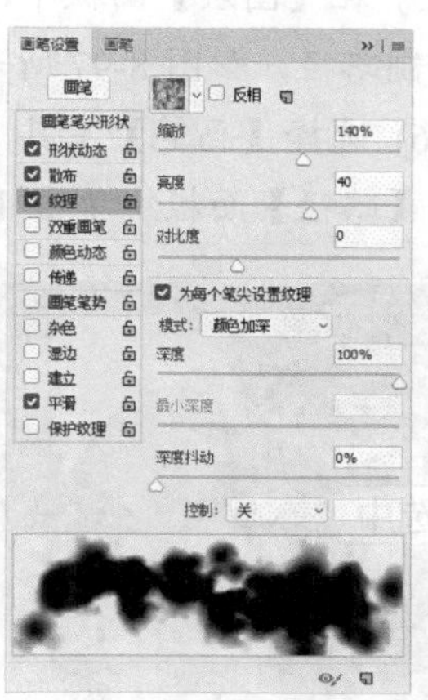

图 8-92　设置图案

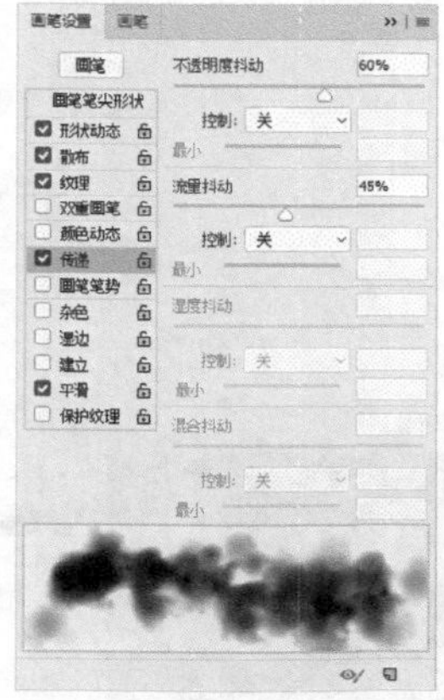

图 8-93　设置【传递】选项

图 8-94　使用画笔描边路径

(13) 在【图层】面板中，选中【图层 1】，设置图层混合模式为【变亮】，如图 8-95 所示。

(14) 在【图层】面板中，选中【图层 2】图层，并单击【添加图层蒙版】按钮添加图层蒙版。将前景色设置为黑色，然后使用【画笔】工具在图层蒙版中涂抹路径描边遮挡人物部分，如图 8-96 所示。

图 8-95　设置图层

图 8-96　添加图层蒙版

(15) 在【图层】面板中，单击【创建新图层】按钮，新建【图层 3】。然后使用【钢笔】工具绘制路径，如图 8-97 所示。

(16) 选择【画笔】工具，将前景色设置为白色，在控制面板中设置画笔大小为 200 像素。然后在【路径】面板中单击【用画笔描边路径】按钮○，如图 8-98 所示。

图 8-97　创建路径

图 8-98　使用画笔描边路径

## 8.9　习题

1. 设置画笔样式为图像文件添加边框效果，如图 8-99 所示。
2. 使用【填充】命令制作如图 8-100 所示的图像效果。

图 8-99　图像效果

图 8-100　图像效果

# 第9章 路径和形状工具的应用

## 学习目标

在 Photoshop 中，使用路径工具或形状工具能够在图像中绘制出准确的线条或形状，在图像设计应用中非常有用。本章主要介绍创建和编辑矢量路径的方法及所使用的工具。

## 本章重点

- 使用形状工具
- 创建自由路径
- 路径基本操作
- 编辑路径
- 使用【路径】面板

## 9.1 了解路径与绘图

路径是由贝塞尔曲线构成的图形。由于贝塞尔曲线具有精确和易于修改的特点，被广泛应用于电脑图形领域，用于定义和编辑图像的区域。使用贝塞尔曲线可以精确定义一个区域，并且可以将其保存以便重复使用。

### 9.1.1 绘图模式

Photoshop 中的钢笔工具和形状工具可以创建不同类型的对象，包括形状、工作路径和填充像素。选择一个绘制工具后，需要先在工具控制面板中选择绘图模式，包括【形状】、【路径】和【像素】3 种模式，然后才能进行绘图。

### 1. 创建形状

在选择钢笔或形状工具后，在控制面板中设置绘制模式为【形状】，可以创建单独的形状图层，并可以设置填充、描边类型，如图 9-1 所示。

单击【设置形状填充类型】按钮，可以在弹出的如图 9-2 所示的下拉面板中选择【无填充】、【纯色】、【渐变】或【图案】类型。

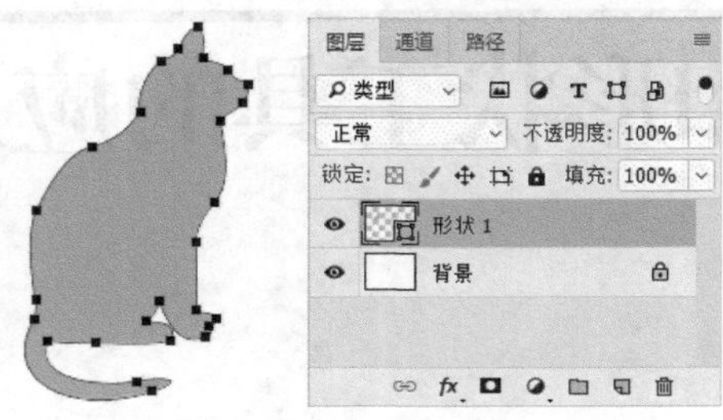


图 9-1　创建形状

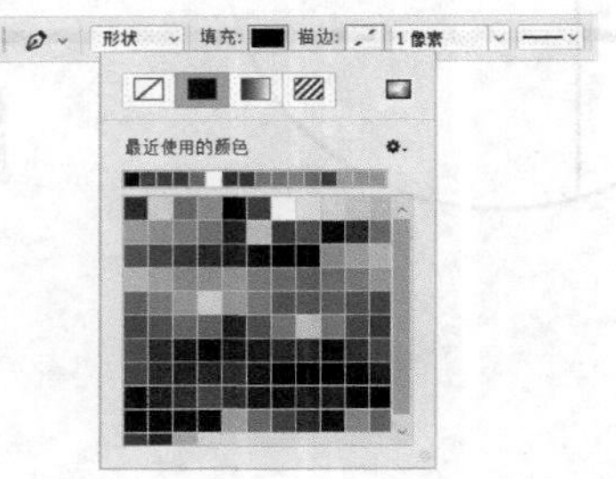


图 9-2　【设置形状填充类型】下拉面板



单击【描边】按钮，弹出的下拉面板设置与【填充】面板相同。在【描边】按钮右侧的数值框中，可以设置形状描边宽度。单击【设置形状描边类型】按钮，在弹出的下拉面板中可以选择预设的描边类型，还可以对描边的对齐方式、端点以及角点类型进行设置，如图 9-3 所示。单击【更多选项】按钮，可以在弹出的如图 9-4 所示的【描边】对话框中创建新的描边类型。

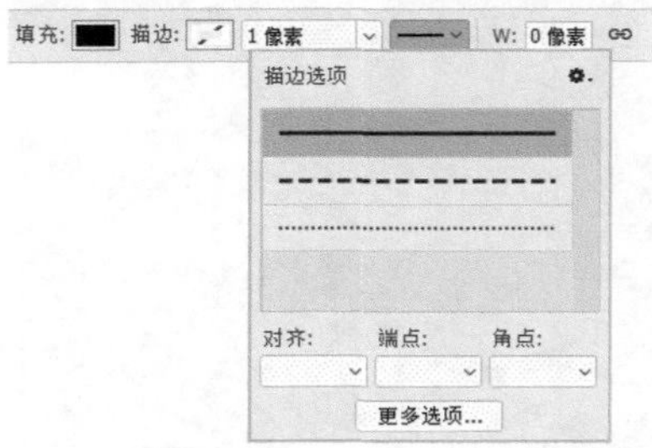


图 9-3　【设置形状描边类型】下拉面板

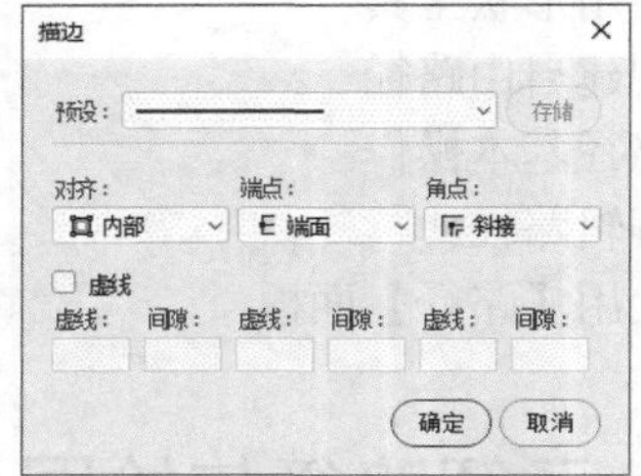


图 9-4　【描边】对话框

### 2. 创建路径

在控制面板中设置绘制模式为【路径】，可以创建工作路径，如图 9-5 所示。工作路径不会出现在【图层】面板中，只出现在【路径】面板中。

路径绘制完成后，可以在控制面板中通过单击【选区】、【蒙版】、【形状】按钮快速地将路径转换为选区、蒙版或形状。单击【选区】按钮，可以打开【建立选区】对话框。在该对话框中可以设置选区效果。单击【蒙版】按钮，可以依据路径创建矢量蒙版。单击【形状】按钮，可将路径转换为形状图层。

### 3. 创建像素

在控制面板中设置绘制模式为【像素】，可以以当前前景色在所选图层中进行绘制，如图 9-6 所示。在控制面板中可以设置合适的混合模式与不透明度。

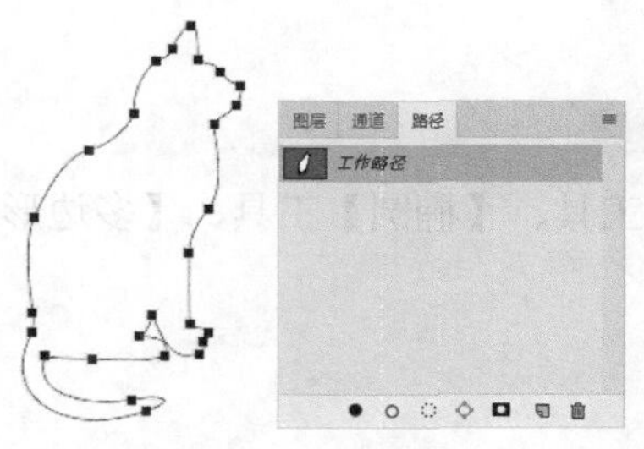


图 9-5　创建路径

图 9-6　创建像素

## 9.1.2　认识路径与锚点

路径是由贝塞尔曲线构成的图形。贝塞尔曲线则是由锚点、线段、方向线与方向点组成的线段，如图 9-7 所示。

与其他矢量图形软件相比，Photoshop 中的路径是不可打印的矢量形状，主要是用于勾画图像区域的轮廓。用户可以对路径进行填充和描边，还可以将其转换为选区。

- 线段：两个锚点之间连接的部分就称为线段。如果线段两端的锚点都是角点，则线段为直线；如果任意一端的锚点是平滑点，则该线段为曲线段，如图 9-8 所示。当改变锚点属性时，通过该锚点的线段也会受到影响。

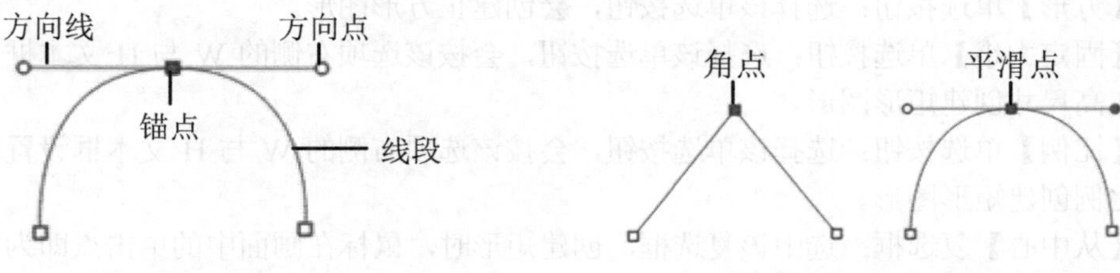


图 9-7　贝塞尔曲线　　　图 9-8　直线段和曲线段

- 锚点：锚点又称为节点。绘制路径时，线段与线段之间由锚点链接。当锚点显示为白色空心时，表示该锚点未被选择；而当锚点为黑色实心时，表示该锚点为当前选择的点。
- 方向线：当用【直接选择】工具或【转换点】工具选择带有曲线属性的锚点时，锚点两侧会出现方向线。拖动方向线末端的方向点，可以改变曲线段的弯曲程度。

## 9.2　使用形状工具

在 Photoshop 中，用户还可以通过形状工具创建路径图形。形状工具一般可分为两类：一类是基本几何体图形的形状工具；一类是图形形状较多样的自定形状。形状工具控制面板的前半部分与钢笔工具一样，后半部分可以根据绘制需要自行设置。

## 9.2.1 绘制基本形状

在 Photoshop 中，提供了【矩形】工具、【圆角矩形】工具、【椭圆】工具、【多边形】工具和【直线】工具几种基本形状的创建工具。

### 1. 【矩形】工具

【矩形】工具用来绘制矩形和正方形，如图 9-9 所示。选择该工具后，单击并拖动即可以创建矩形；按住 Shift 键拖动则可以创建正方形；按住 Alt 键拖动会以单击点为中心向外创建矩形；按住 Shift+Alt 组合键会以单击点为中心向外创建正方形。

单击工具控制面板中的⚙按钮，打开如图 9-10 所示的下拉面板，在面板中可以设置矩形的创建方法。

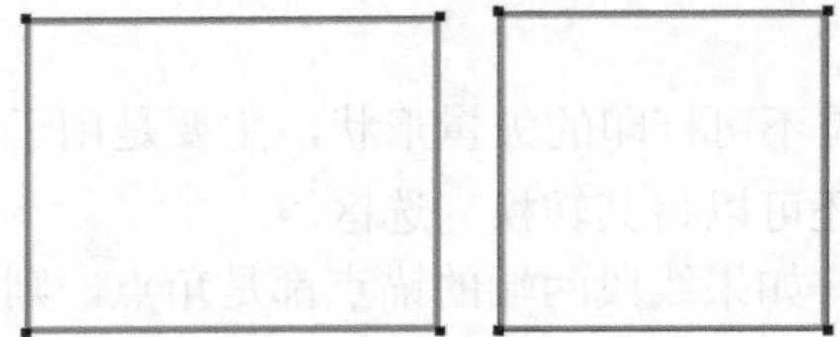

图 9-9　绘制矩形和正方形

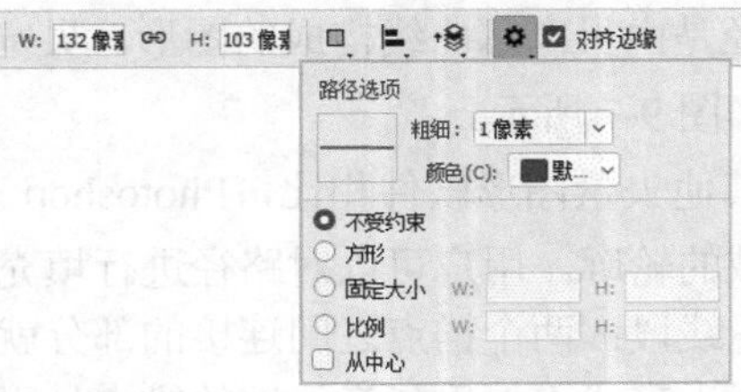


图 9-10　矩形设置选项

- 【方形】单选按钮：选择该单选按钮，会创建正方形图形。
- 【固定大小】单选按钮：选择该单选按钮，会按该选项右侧的 W 与 H 文本框设置的宽高尺寸创建矩形图形。
- 【比例】单选按钮：选择该单选按钮，会按该选项右侧的 W 与 H 文本框设置的长宽比例创建矩形图形。
- 【从中心】复选框：选中该复选框，创建矩形时，鼠标在画面中的单击点即为矩形的中心，拖动鼠标创建矩形对象时将由中心向外扩展。

### 2.【圆角矩形】工具

使用【圆角矩形】工具，可以快捷地绘制带有圆角的矩形图形，如图 9-11 所示。此工具的控制面板与【矩形】工具控制面板大致相同，只是多了一个用于设置圆角参数属性的【半径】文本框。用户可以在该文本框中输入所需矩形的圆角半径大小。控制面板中其他参数的设置方法与【矩形】工具的控制面板相同。

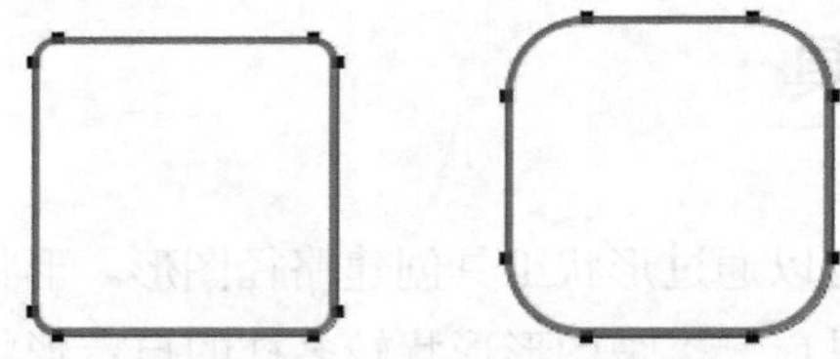

图 9-11　绘制圆角矩形

### 3.【椭圆】工具

【椭圆】工具用于创建椭圆形和圆形的图形对象。选择该工具后，单击并拖动鼠标即可创建椭圆形；按住 Shift 键拖动则可创建圆形，如图 9-12 所示。

该工具的控制面板及创建图形的操作方法与【矩形】工具基本相同，只是在其控制面板的【椭圆选项】对话框中少了【方形】单选按钮，而多了【圆(绘制直径或半径)】单选按钮，如图 9-13 所示。选择此单选按钮，可以以设置直径或半径方式创建圆形图形。

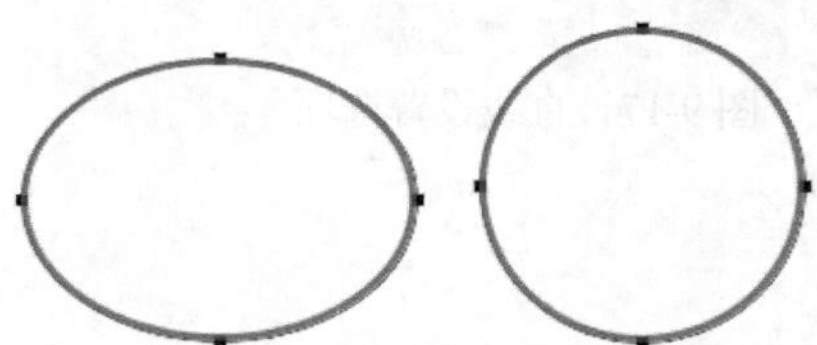

图 9-12　绘制椭圆形和圆形

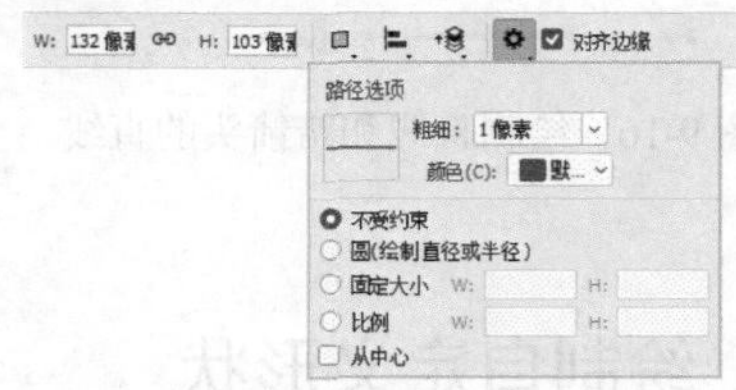


图 9-13　椭圆形设置选项

### 4.【多边形】工具

【多边形】工具可以用来创建多边形和星形图形，如图 9-14 所示。选择该工具后，需要在控制面板中设置多边形或星形的边数。单击控制面板中的⚙按钮，在弹出的下拉面板中可以设置多边形选项，如图 9-15 所示。

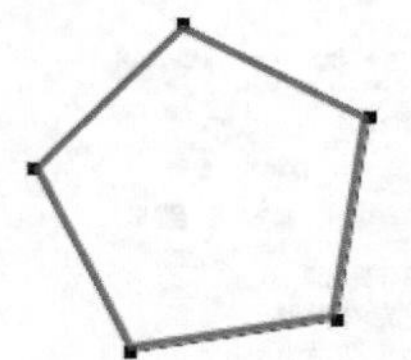

图 9-14　绘制多边形和星形

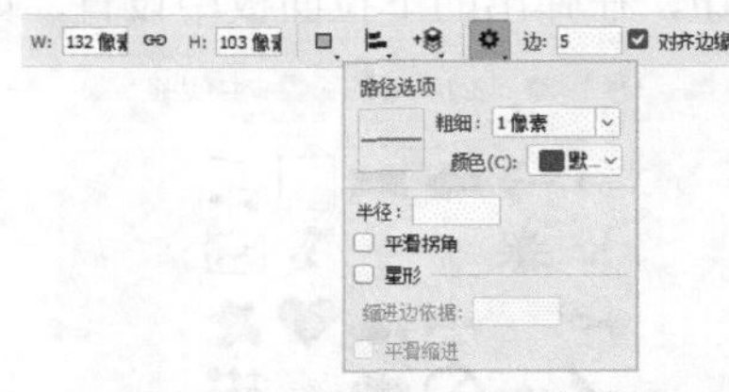


图 9-15　多边形设置选项

- 【半径】文本框：用于设置多边形外接圆的半径。设置数值后，会按所设置的固定尺寸在图像文件窗口中创建多边形图形。
- 【平滑拐角】复选框：用于设置是否对多边形的夹角进行平滑处理，即使用圆角代替尖角。
- 【星形】复选框：选中该复选框，会对多边形的边根据设置的数值进行缩进，使其变成星形。
- 【缩进边依据】文本框：该文本框在启用【星形】复选框后变为可用状态。它用于设置缩进边的百分比数值。
- 【平滑缩进】复选框：该复选框在启用【星形】复选框后变为可用状态。该选项用于决定是否在绘制星形时对其内夹角进行平滑处理。

### 5.【直线】工具

【直线】工具可以绘制直线和带箭头的直线，如图 9-16 所示。选择该工具后，单击并拖动鼠标可以创建直线或线段，按住 Shift 键可以创建水平、垂直或以 45°角为增量的直线。【直

线】工具控制面板中的【粗细】文本框用于设置创建直线的宽度。单击⚙按钮，在弹出的下拉面板中可以设置箭头的形状大小，如图 9-17 所示。

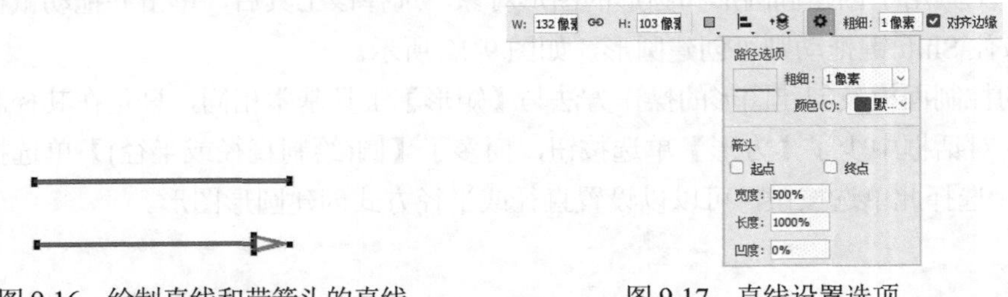


图 9-16　绘制直线和带箭头的直线　　　　图 9-17　直线设置选项

## 9.2.2　绘制自定义形状

使用【自定形状】工具可以创建预设的形状、自定义的形状或外部提供的形状。选择该工具后，单击控制面板中的【自定形状】拾色器旁的 按钮，从打开的如图 9-18 所示的下拉面板中选取一种形状，然后单击并拖动鼠标即可创建该图形。

如果要保持形状的比例，可以按住 Shift 键绘制图形。如果要使用其他方法创建图形，可以单击⚙按钮，在弹出的下拉面板中设置，如图 9-19 所示。

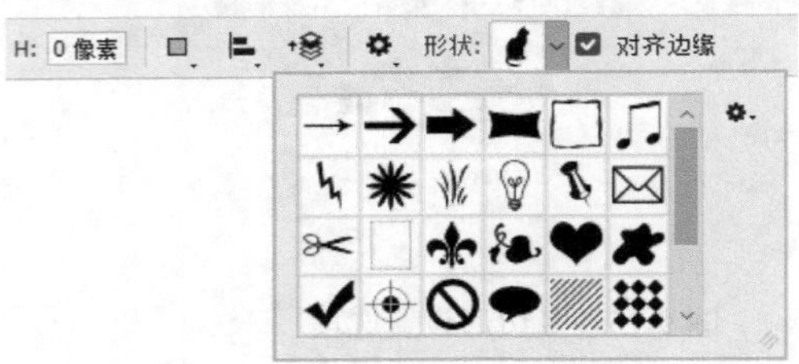


图 9-18　【自定形状】拾色器

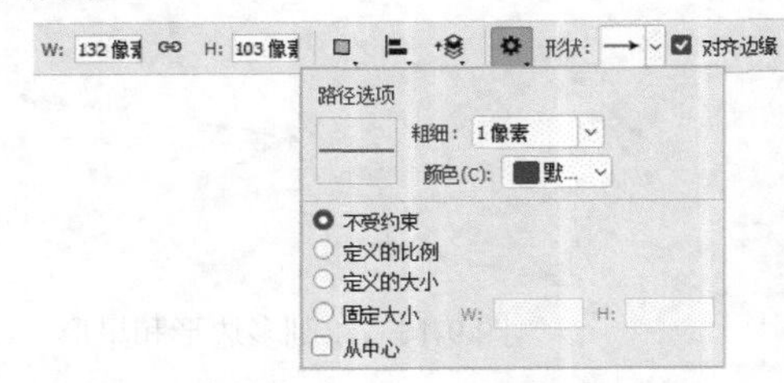


图 9-19　自定形状设置选项

【例 9-1】使用形状工具创建小图标。

(1) 在 Photoshop 中，选择【文件】|【新建】命令，打开【新建文档】对话框。在该对话框的【名称】文本框中输入 button，设置【宽度】为 800 像素，【高度】为 600 像素，【分辨率】为 300 像素/英寸，然后单击【创建】按钮新建文档，如图 9-20 所示。

(2) 选择【视图】|【显示】|【网格】命令显示网格。选择【圆角矩形】工具，在工具控制面板中设置工具模式为【形状】，【半径】数值为 65 像素，然后使用【圆角矩形】工具绘制圆角矩形，如图 9-21 所示。

(3) 在【图层】面板中，双击【圆角矩形 1】图层，打开【图层样式】对话框。在该对话框中，选中【渐变叠加】样式选项，单击渐变预览，打开【渐变编辑器】对话框。在【渐变编辑器】对话框中设置渐变色为 R:255 G:253 B:109 至 R:239 G:128 B:25 至 R:255 G:253 B:109，然后单击【确定】按钮，如图 9-22 所示。

(4) 在【图层样式】对话框中，选中【斜面和浮雕】样式选项，设置【大小】数值为 109

像素，【软化】数值为 16 像素。单击【阴影模式】选项右侧的颜色块，在弹出的【拾色器】中设置颜色为 R:255 G:166 B:60，如图 9-23 所示。

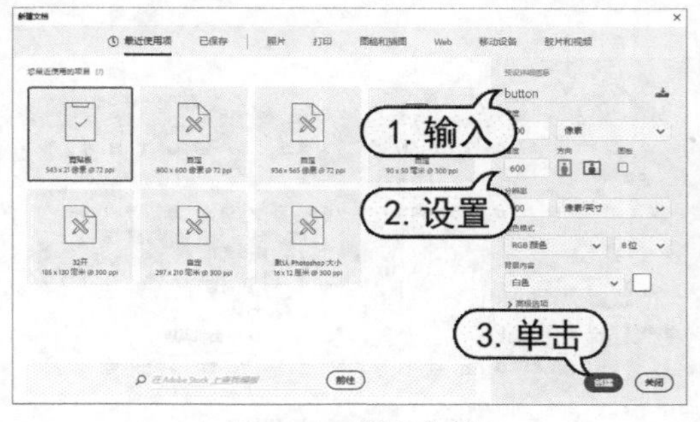


图 9-20　新建文档

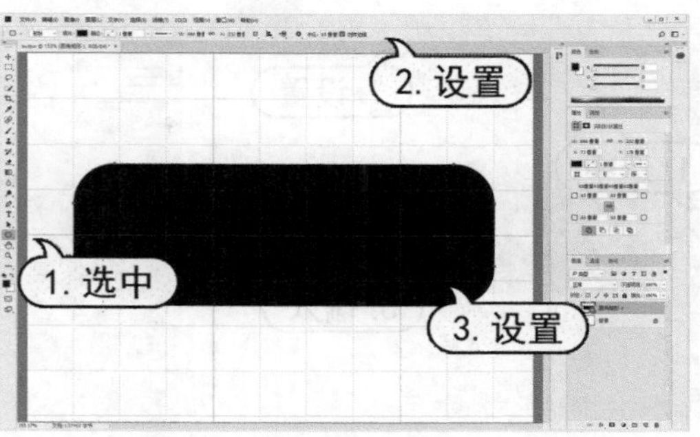


图 9-21　绘制圆角矩形

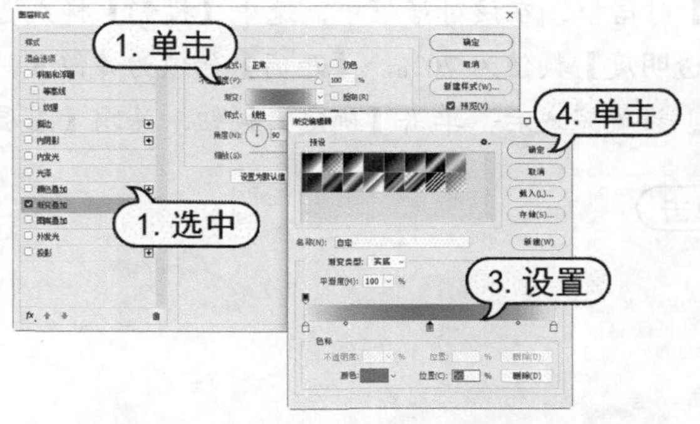


图 9-22　设置【渐变叠加】样式

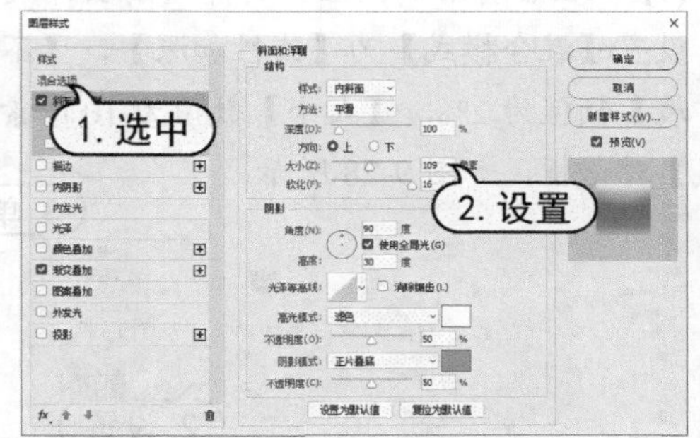


图 9-23　设置【斜面和浮雕】样式

(5) 在【图层样式】对话框中，选中【描边】样式选项，设置【大小】数值为 3 像素，在【混合模式】下拉列表中选择【线性光】选项，单击【颜色】选项右侧的颜色块，在弹出的【拾色器】中设置颜色为 R:249 G:100 B:0，然后单击【确定】按钮，如图 9-24 所示。

(6) 选择【自定形状】工具，在控制面板中设置工具模式为【形状】，【填充】颜色为白色，单击【自定形状】拾色器，选中【搜索】形状，然后在图像中拖动绘制形状，如图 9-25 所示。

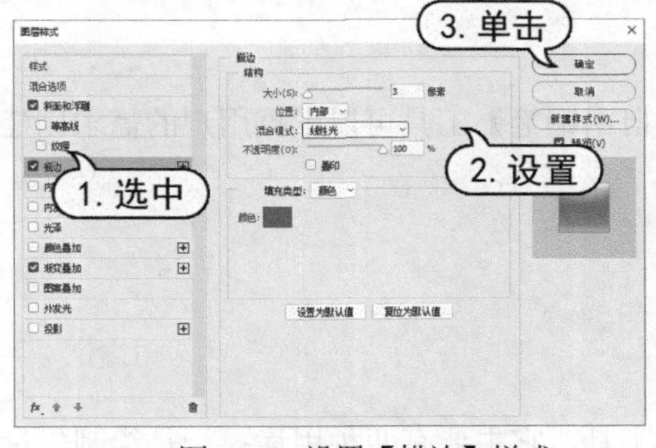


图 9-24　设置【描边】样式

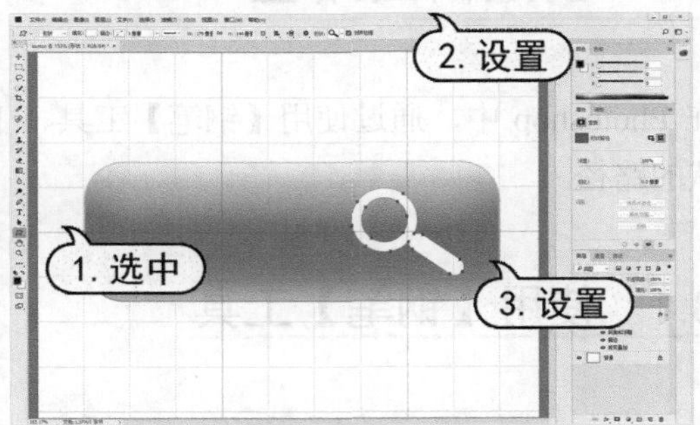


图 9-25　绘制自定形状

(7) 选择【横排文字】工具在圆角矩形上单击，再在控制面板中设置字体样式为 Arial Bold，字体大小为 26 点，字体颜色为白色，然后在图像中输入文字内容，如图 9-26 所示。

(8) 在【图层】面板中，选中文字图层和【形状 1】图层，然后按 Ctrl+E 组合键合并图层，如图 9-27 所示。

图 9-26　输入文字

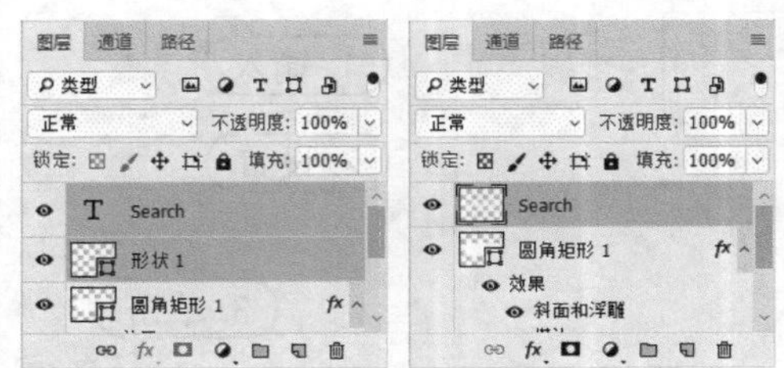


图 9-27　合并图层

(9) 双击合并后的图层，打开【图层样式】对话框。在该对话框中，选中【投影】样式选项，设置【混合模式】为【线性加深】，【不透明度】数值为 70%，【距离】数值为 4 像素，【扩展】数值为 2%，【大小】数值为 10 像素。设置完成后，单击【确定】按钮，关闭【图层样式】对话框，如图 9-28 所示。

图 9-28　设置【投影】样式

## 9.3　创建自由路径

在 Photoshop 中，通过使用【钢笔】工具、【自由钢笔】工具可以根据用户的需求创建任意形状的路径。

### 9.3.1　使用【钢笔】工具

【钢笔】工具是 Photoshop 中最为强大的绘制工具，它主要有两种用途：一是绘制矢量图形，二是用于选取对象。在作为选区工具使用时，钢笔工具绘制的轮廓光滑、准确，将路径转换为选区就可以准确地选择对象。

在【钢笔】工具的控制面板中单击⚙按钮，会打开如图 9-29 所示的【钢笔】设置选项下拉

面板。在其中，如果启用【橡皮带】复选框，则可以在创建路径的过程中直接自动产生连接线段，而不是等到单击创建锚点后才在两个锚点间创建线段。

图 9-29　【钢笔】设置选项

【例 9-2】使用【钢笔】工具选取图像。

(1) 选择【文件】|【打开】命令，打开素材图像，如图 9-30 所示。

(2) 选择【钢笔】工具，在控制面板中设置绘图模式为【路径】。在图像上单击鼠标，绘制出第一个锚点。在线段结束的位置再次单击，并拖动出方向线调整路径段的弧度，如图 9-31 所示。

图 9-30　打开图像文件

图 9-31　绘制路径

(3) 依次在图像上单击，确定锚点位置。当鼠标回到初始锚点时，光标右下角出现一个小圆圈，这时单击鼠标即可闭合路径，如图 9-32 所示。

(4) 在控制面板中单击【选区】按钮，在弹出的【建立选区】对话框中设置【羽化半径】为 2 像素，然后单击【确定】按钮，如图 9-33 所示。

图 9-32　创建路径

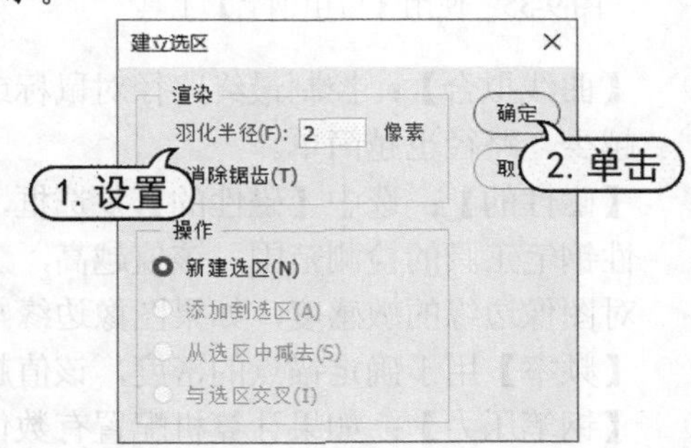


图 9-33　创建选区

(5) 选择【选择】|【反选】命令反选选区，在【调整】面板中单击【创建新的色彩平衡调整图层】按钮。在打开的【属性】面板中，设置中间调数值为 30、35、-100，如图 9-34 所示。

图 9-34　创建色彩平衡调整图层

**提示**

在使用【钢笔】工具绘制过程中，可以按住 Ctrl 键切换为【直接选择】工具移动锚点，按住 Alt 键则切换为【转换点】工具，转换锚点性质。

**提示**

在绘制矩形、圆形、多边形、直线和自定义形状时，创建形状的过程中按下键盘中的空格键并拖动，可以移动形状的位置。



## 9.3.2　使用【自由钢笔】工具

使用【自由钢笔】工具绘图时，该工具会沿着对象的边缘自动添加锚点，如图 9-35 所示。在【自由钢笔】工具的控制面板中单击⚙按钮，可以在弹出的如图 9-36 所示的【自由钢笔】下拉面板中进行设置。

图 9-35　使用【自由钢笔】工具

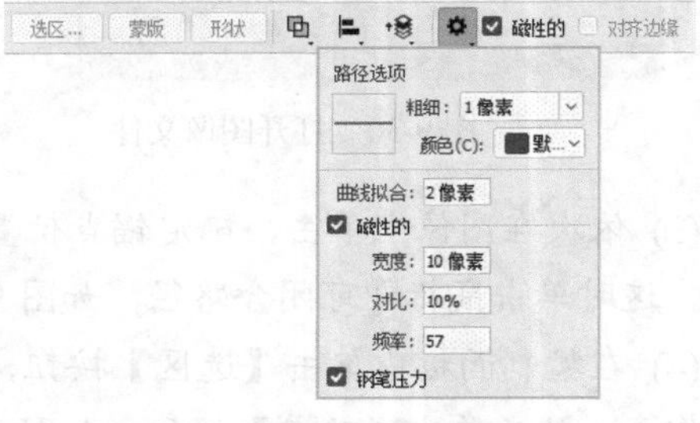


图 9-36　【自由钢笔】设置选项

- 【曲线拟合】：控制最终路径对鼠标或压感笔移动的灵敏度，该值越高，生成的锚点越少，路径也越简单。
- 【磁性的】：选中【磁性的】复选框，可激活下面的设置参数。【宽度】用于设置磁性钢笔工具的检测范围，该值越高，工具的检测范围就越广；【对比】用于设置工具对图像边缘的敏感度，如果图像边缘与背景的色调比较接近，可将该值设置得大些；【频率】用于确定锚点的密度，该值越高，锚点的密度越大。
- 【钢笔压力】：如果计算机配置有数位板，则可以选中【钢笔压力】复选框，然后根据用户使用光笔时在数位板上的压力大小来控制检测宽度。钢笔压力的增加会使工具的检测宽度减小。

# 9.4 路径基本操作

使用 Photoshop 中的各种路径工具创建路径后，用户可以对其进行编辑调整，如增加、删除锚点，对路径锚点位置进行移动等，从而使路径的形状更加符合要求。

## 9.4.1 路径选择工具

使用工具面板中的【直接选择】工具可以选择、移动锚点和路径。使用【直接选择】工具单击一个锚点即可选择该锚点。选中的锚点为实心方块，未选中的锚点为空心方块。使用【直接选择】工具选择锚点后，拖动鼠标可以移动锚点改变路径形状。

**提示**

按住 Alt 键单击一个路径段，可以选择该路径段及路径段上的所有锚点。如果要取消选择，在画面的空白处单击即可。

用【直接选择】工具单击一个路径段时，即可选择该路径段，如图 9-37 所示。选择路径段后，拖动鼠标可以移动路径段。

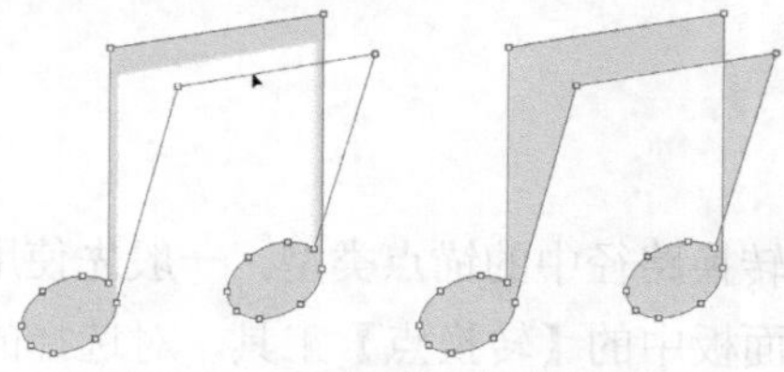

图 9-37　选择路径段

**提示**

选中锚点、路径段或路径后，如果按下键盘上的任一方向键，可向箭头方向移动 1 个像素。如果在按下键盘方向键的同时按住 Shift 键，则可以移动 10 个像素。

如果要添加选择锚点、路径段或路径，可以按住 Shift 键逐一单击需要选择的对象，也可以使用【直接选择】工具在路径上单击并拖动创建一个矩形选框，框选所需对象，如图 9-38 所示。

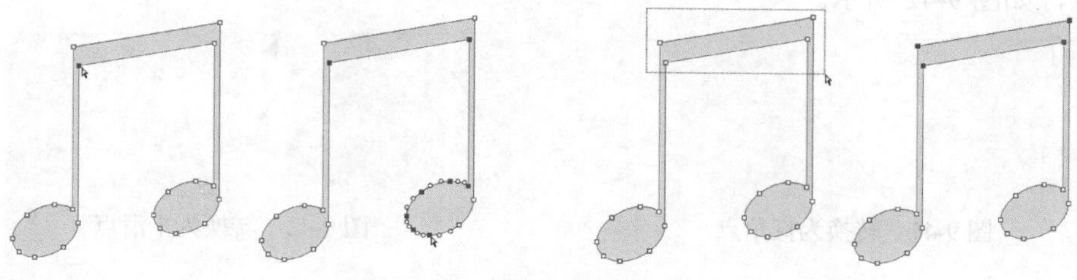

图 9-38　选择锚点

**知识点**

要想拷贝路径，可以先通过工具面板中的【路径选择】工具  选择所需操作的路径，然后使用菜单栏中的【编辑】|【拷贝】命令进行拷贝，再通过【粘贴】命令进行粘贴。

## 9.4.2 添加或删除锚点

通过使用工具面板中的【钢笔】工具、【添加锚点】工具和【删除锚点】工具，用户可以快速、方便地增加或删除路径中的锚点。

选择【添加锚点】工具，将光标放置在路径上；当光标变为+状时，单击即可添加一个角点；如果单击并拖动，则可以添加一个平滑点，如图 9-39 所示。如果使用【钢笔】工具，在选中路径后，将光标放置在路径上，当光标变为+状时，单击也可以添加锚点。

选择【删除锚点】工具，将光标放置在锚点上，当光标变为-状时，单击可删除该锚点，如图 9-40 所示。或在选择路径后，使用【钢笔】工具将光标放置在锚点上，当光标变为-状时，单击也可删除锚点。

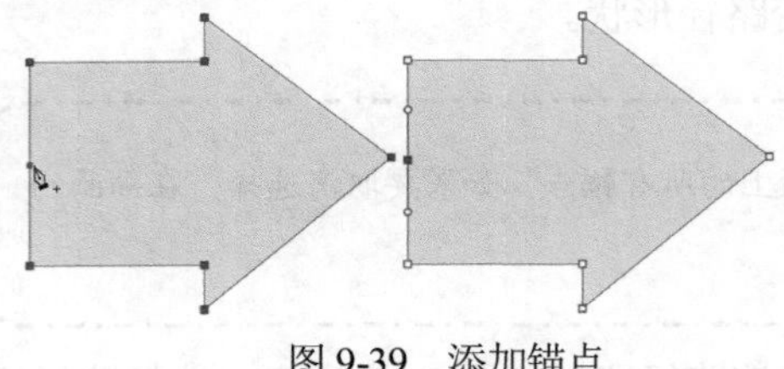

图 9-39　添加锚点

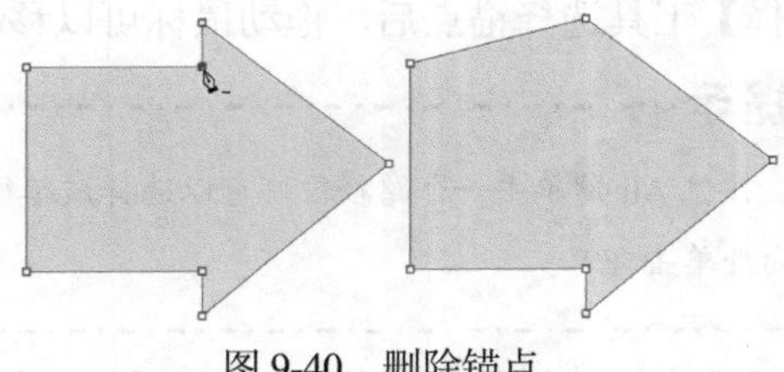

图 9-40　删除锚点



## 9.4.3 改变锚点类型

使用【直接选择】工具和【转换点】工具，可以转换路径中的锚点类型。一般先使用【直接选择】工具选择所需操作的路径锚点，再使用工具面板中的【转换点】工具，对选择的锚点进行锚点类型的转换。

- 使用【转换点】工具单击路径上任意锚点，可以直接将该锚点的类型转换为直角点，如图 9-41 所示。
- 使用【转换点】工具在路径的任意锚点上单击并拖动，可以改变该锚点的类型为平滑点，如图 9-42 所示。

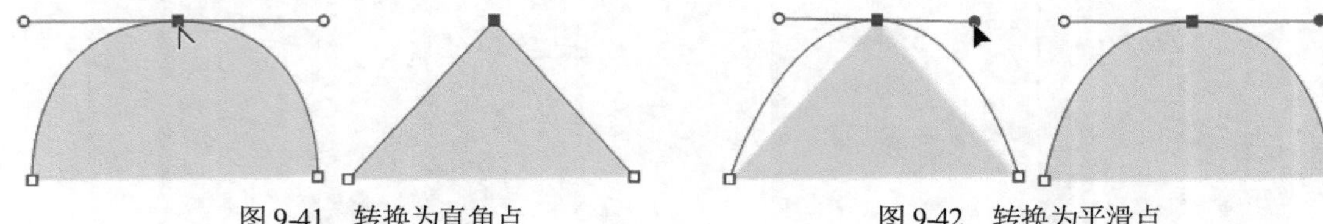

图 9-41　转换为直角点　　　　图 9-42　转换为平滑点

- 使用【转换点】工具在路径的任意锚点的方向点上单击并拖动，可以改变该锚点的类型为曲线角点，如图 9-43 所示。
- 按住 Alt 键，使用【转换点】工具在路径上的平滑点和曲线角点上单击，可以改变该锚点的类型为复合角点，如图 9-44 所示。

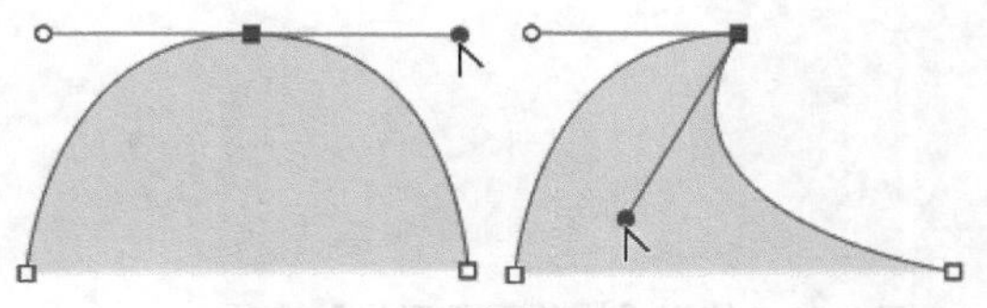

图 9-43　转换为曲线角点

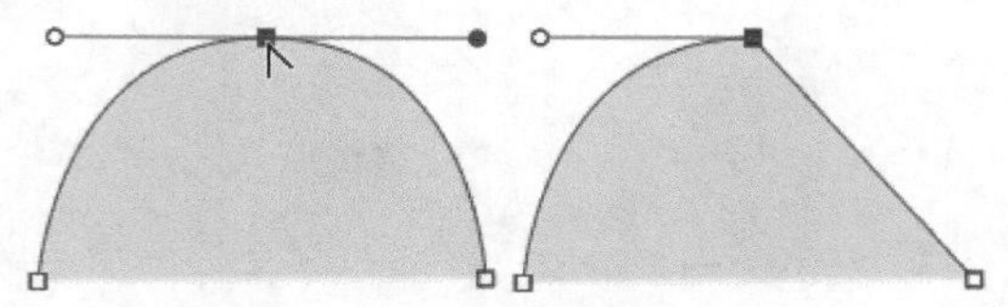

图 9-44　转换为复合角点

**提示**

使用【直接选择】工具时，按住 Ctrl+Alt 组合键可切换为【转换点】工具，单击并拖动锚点，可将其转换为平滑点；按住 Ctrl+Alt 组合键单击平滑点可将其转换为角点。使用【钢笔】工具时，将光标放在锚点上时，按住 Alt 键也可切换为【转换点】工具。

## 9.5　编辑路径

使用 Photoshop 中的各种路径工具创建路径后，用户可以对其进行编辑调整，如对路径进行运算、变换路径、对齐、分布、排列等操作，从而使路径的形状更加符合要求。另外，用户还可以对路径进行描边和填充等编辑操作。

### 9.5.1　路径的运算

在使用【钢笔】工具或形状工具创建多个路径时，可以在控制面板单击【路径操作】按钮，在弹出的下拉列表中选择相应的【合并形状】、【减去顶层形状】、【与形状区域相交】或【排除重叠形状】选项，设置路径运算的方式，创建特殊效果的图形形状。

- 【合并形状】：该选项可以将新绘制的路径会添加到原有路径中，如图 9-45 所示。
- 【减去顶层形状】：该选项将从原有路径中减去新绘制的路径，如图 9-46 所示。

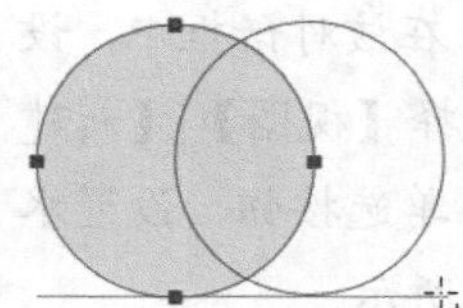

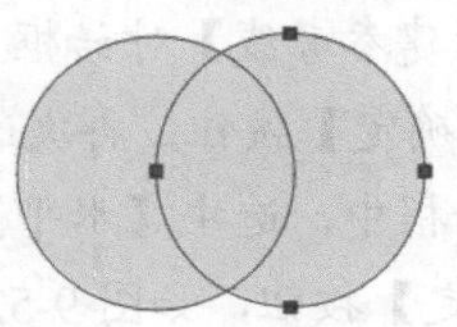

图 9-45　使用【合并形状】选项

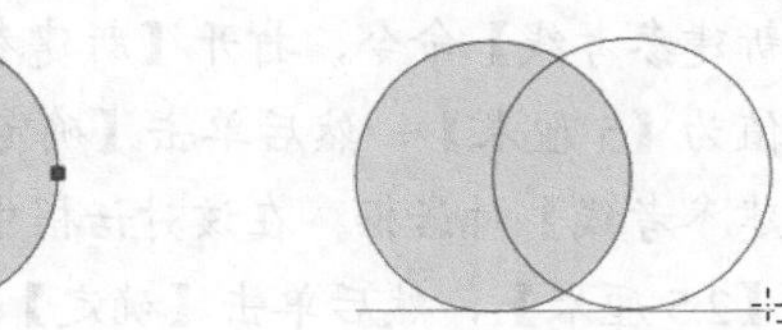

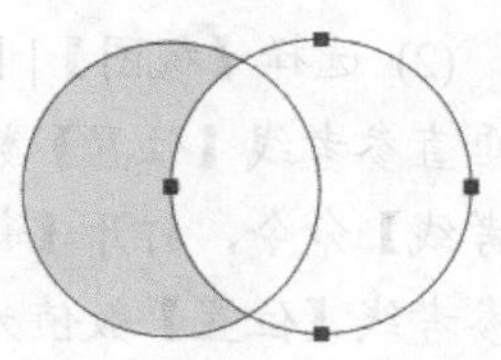

图 9-46　使用【减去顶层形状】选项

- 【与形状区域相交】：该选项将得到的路径为新绘制路径与原有路径的交叉区域，如图 9-47 所示。
- 【排除重叠形状】：该选项将得到的路径为新绘制路径与原有路径重叠区域以外的路径形状，如图 9-48 所示。

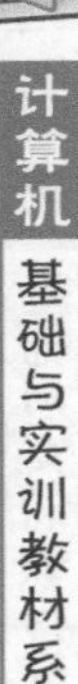


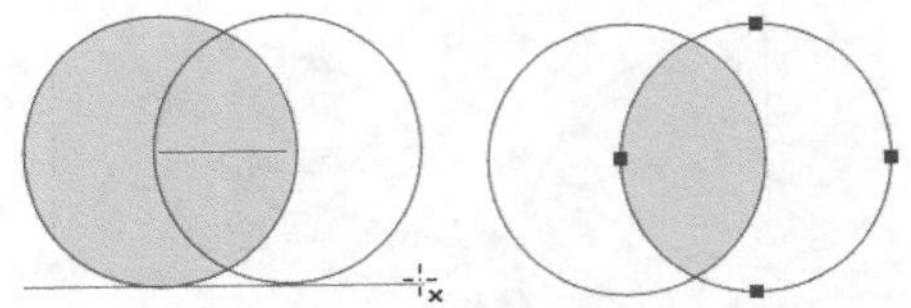

图 9-47　使用【与形状区域相交】选项

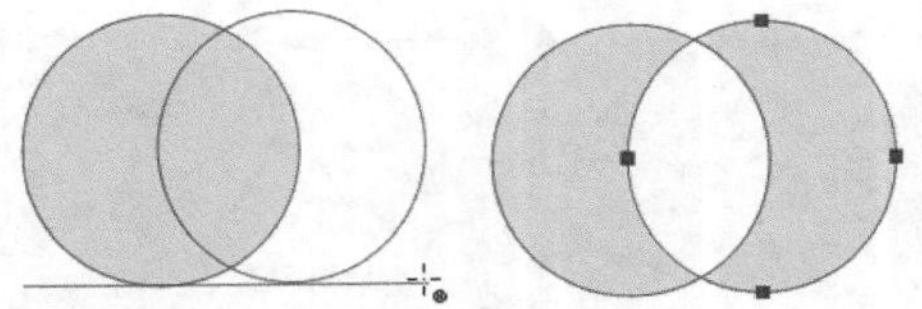

图 9-48　使用【排除重叠形状】选项

## 9.5.2　变换路径

在图像文件窗口选择所需编辑的路径后，选择【编辑】|【自由变换路径】命令，或者选择【编辑】|【变换路径】命令的级联菜单中的相关命令，在图像文件窗口中显示定界框后，拖动定界框上的控制点即可对路径进行缩放、旋转、斜切和扭曲等变换操作，如图 9-49 所示。路径的变换方法与变换图像的方法相同。

使用【直接选择】工具选择路径的锚点，再选择【编辑】|【自由变换点】命令，或者选择【编辑】|【变换点】命令的子菜单中的相关命令，可以编辑图像文件窗口中显示的控制点，从而实现路径部分线段的形状变换，如图 9-50 所示。

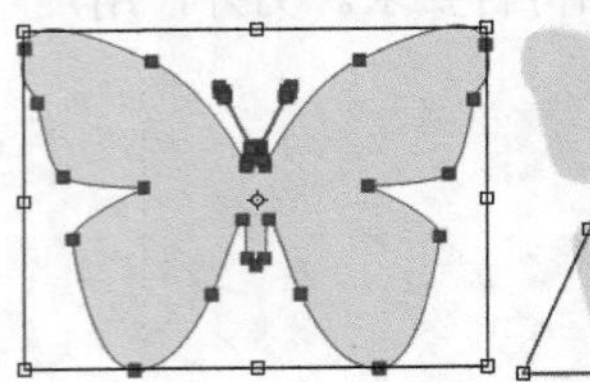

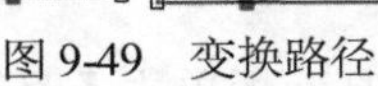

图 9-49　变换路径

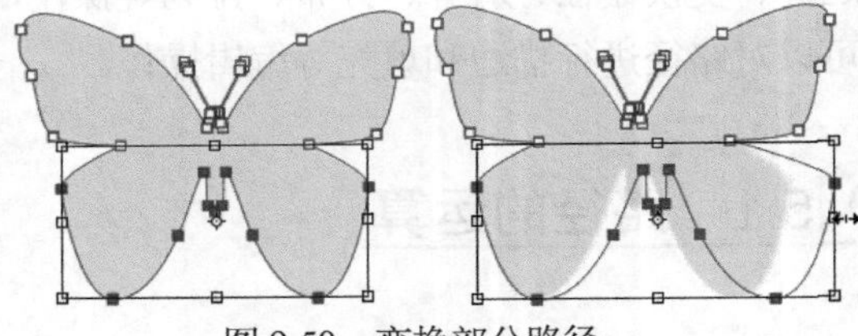

图 9-50　变换部分路径

【例 9-3】在图像文件中绘制图形，并使用变换命令制作花边。

(1) 选择【文件】|【新建】命令，打开【新建文档】对话框。在该对话框中，设置【宽度】数值为 100 毫米，【高度】数值为 50 毫米，【分辨率】数值为 300 像素/英寸，然后单击【创建】按钮新建文档，如图 9-51 所示。

(2) 选择【视图】|【新建参考线】命令，打开【新建参考线】对话框。在该对话框中，设置垂直参考线【位置】数值为【5 厘米】，然后单击【确定】按钮。再次选择【视图】|【新建参考线】命令，打开【新建参考线】对话框。在该对话框中，选中【水平】单选按钮，设置水平参考线【位置】数值为【2.5 厘米】，然后单击【确定】按钮，如图 9-52 所示。

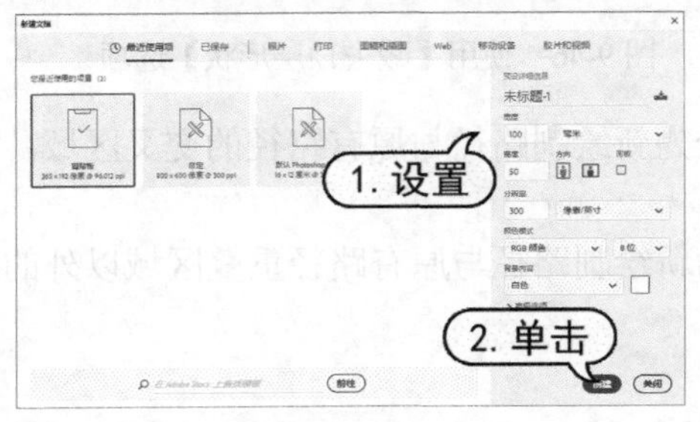


图 9-51　新建文档

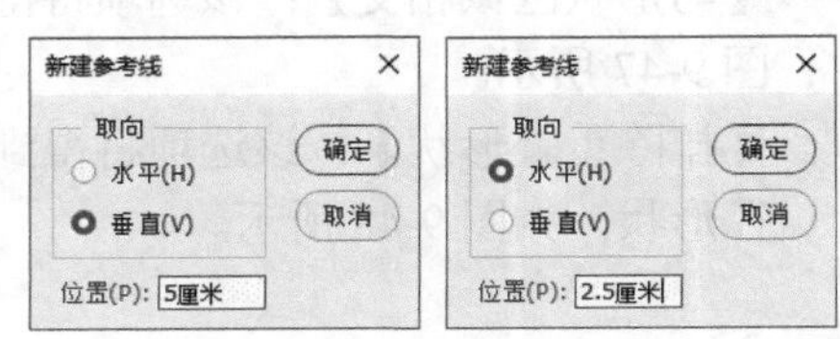


图 9-52　新建参考线

(3) 选择工具面板中的【自定形状】工具，在控制面板中，单击【填充】选项，在弹出的下拉面板中单击【纯洋红】色板。在【形状】下拉面板中选择【装饰 6】，如图 9-53 所示。

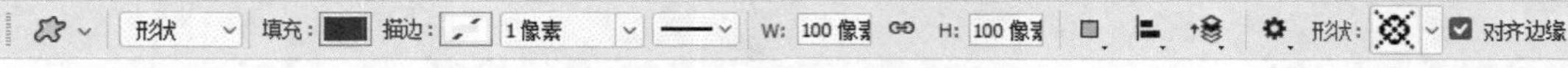


图 9-53　设置自定形状

(4) 按 Alt+Shift 组合键依据参考线在图像中拖动绘制图形，如图 9-54 所示。

(5) 在【形状】下拉面板中选择【常春藤 3】，然后按 Alt+Shift 组合键依据参考线在图像中拖动绘制图形，如图 9-55 所示。

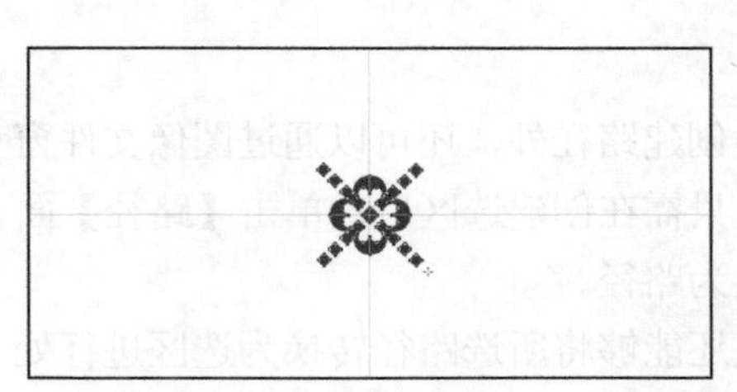

图 9-54　绘制图形

图 9-55　绘制图形

(6) 选择【编辑】|【变换路径】|【旋转】命令，调整刚绘制的图形角度，然后按 Enter 键应用旋转，如图 9-56 所示。

(7) 按 Ctrl+J 组合键复制【形状 2】图层，选择菜单栏中的【编辑】|【变换路径】|【水平翻转】命令。然后选择【移动】工具调整图形位置，如图 9-57 所示。

图 9-56　变换形状

图 9-57　变换并移动形状

(8) 在【图层】面板中，选中【形状 1】、【形状 2】和【形状 2 拷贝】图层，按 Ctrl+J 组合键复制，并使用【移动】工具调整复制图层中图形对象位置，如图 9-58 所示。

(9) 使用相同方法，复制图层，并调整复制图层中图形对象位置，如图 9-59 所示。

图 9-58　复制并移动图形(1)

图 9-59　复制并移动图形(2)

## 9.5.3　将路径转换为选区

在 Photoshop 中，除了使用【钢笔】工具和形状工具创建路径外，还可以通过图像文件窗口中的选区来创建路径。要想通过选区来创建路径，用户只需在创建选区后，单击【路径】面板底部的【从选区生成工作路径】按钮，即可将选区转换为路径。

在 Photoshop 中，不但能够将选区转换为路径，而且还能够将所选路径转换为选区进行处理。要想转换绘制的路径为选区，可以选择【路径】面板中的【将路径作为选区载入】按钮。如果操作的路径是开放路径，那么在转换为选区的过程中，会自动将该路径的起始点和终止点接在一起，从而形成封闭的选区。

【例 9-4】应用路径与选区的转换制作图像效果。

(1) 选择【文件】|【打开】命令，打开素材图像。选择【钢笔】工具，在控制面板中设置绘图模式为【路径】，然后根据图像中的显示创建工作路径，如图 9-60 所示。

(2) 单击【路径】面板中的【将路径作为选区载入】按钮，将路径转换为选区，如图 9-61 所示。

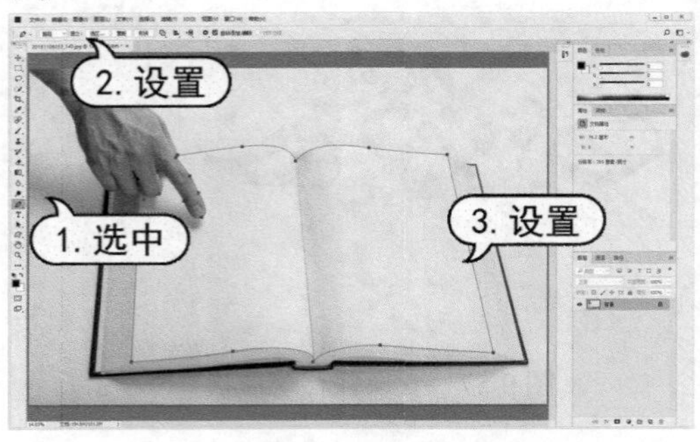


图 9-60　创建工作路径

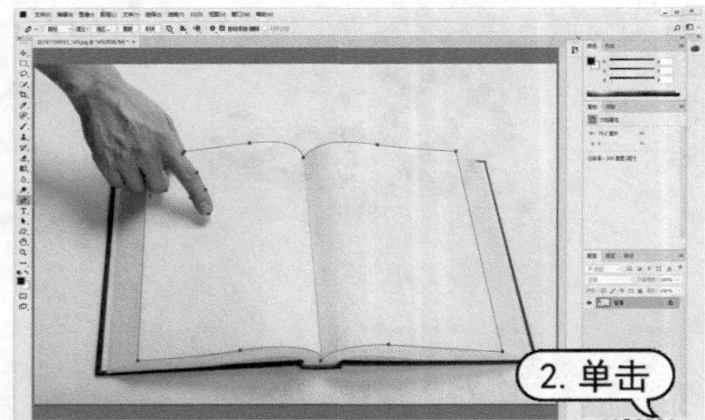


图 9-61　将路径作为选区载入

(3) 选择【文件】|【打开】命令，打开一幅素材文件，并按 Ctrl+A 组合键全选图像画面，然后按 Ctrl+C 组合键复制图像，如图 9-62 所示。

(4) 返回先前编辑的图像文件，选择【编辑】|【选择性粘贴】|【贴入】命令贴入素材图像，

并按 Ctrl+T 组合键应用【自由变换】命令调整图像大小，如图 9-63 所示。

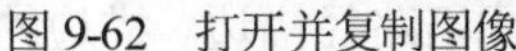

图 9-62　打开并复制图像

图 9-63　贴入图像

(5) 在【图层】面板中，设置【图层 1】混合模式为【颜色加深】，如图 9-64 所示。

(6) 在【图层】面板中，双击【图层 1】。在打开的【图层样式】对话框中，选中【投影】选项，设置【距离】数值为 8，【大小】数值为 4，然后单击【确定】按钮，如图 9-65 所示。

图 9-64　设置图层

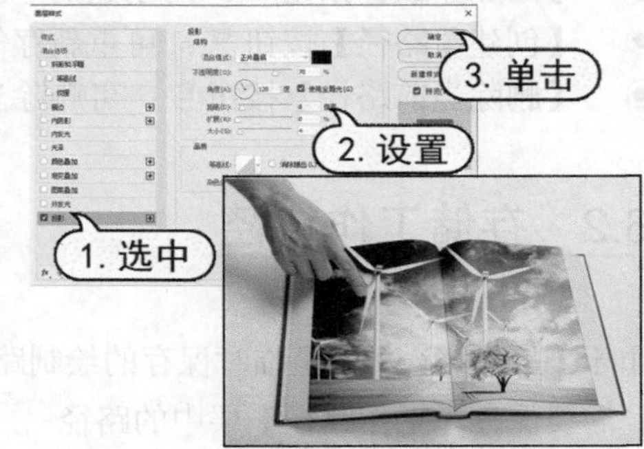


图 9-65　应用【投影】样式

计算机 基础与实训教材系列

## 9.6　使用【路径】面板

【路径】面板用于保存和管理路径，面板中显示了每条存储的路径、当前工作路径和当前矢量蒙版的名称和缩览图。

### 9.6.1　认识【路径】面板

路径的操作和管理是通过【路径】面板来进行的，选择【窗口】|【路径】命令，可以打开如图 9-66 所示的【路径】面板。

在【路径】面板中可以对已创建的路径进行填充、描边、创建选区和保存路径等操作。单击【路径】面板右上角的面板菜单按钮，可以打开如图 9-67 所示的路径菜单。菜单命令和【路径】面板中的按钮功能大致相同。

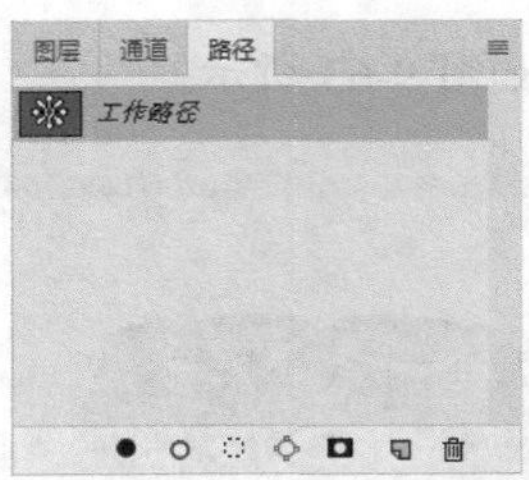


图 9-66 【路径】面板

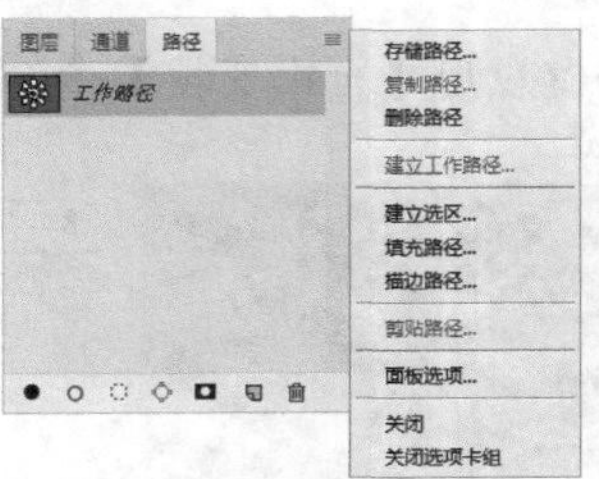


图 9-67 【路径】面板菜单

- 【用前景色填充路径】按钮：用设置好的前景色填充当前路径。且删除路径后，填充颜色依然存在。
- 【用画笔描边路径】按钮：使用设置好的画笔样式沿路径描边。描边的大小由画笔大小决定。
- 【将路径作为选区载入】按钮：将创建好的路径转换为选区。
- 【从选区生成工作路径】按钮：将创建好的选区转换为路径。
- 【添加蒙版】按钮：为创建的形状图层添加图层蒙版。
- 【创建新路径】按钮：可重新存储一个路径，且与原路径互不影响。
- 【删除当前路径】按钮：可删除当前路径。

## 9.6.2 存储工作路径

由于【工作路径】层是临时保存的绘制路径，在绘制新路径时，原有的工作路径将被替代。因此，需要保存【工作路径】层中的路径。

如果要存储工作路径而不重命名，可以将【工作路径】拖动至面板底部的【创建新路径】按钮上释放；如果要存储并重命名，可以双击【工作路径】名称，或在面板菜单中选择【存储路径】命令，打开如图 9-68 所示的【存储路径】对话框。在该对话框中设置所需路径名称后，单击【确定】按钮即可保存。

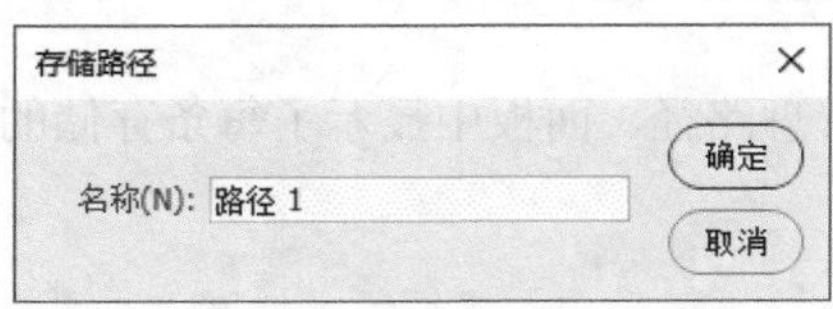


图 9-68 【存储路径】对话框

## 9.6.3 新建路径

使用【钢笔】工具或是形状工具绘制图形时，如果没有单击【创建新路径】按钮而直接绘制图形，那么创建的路径就是工作路径。工作路径是出现在【路径】面板中的临时路径，用于定义形状的轮廓。在【路径】面板中，可以在不影响【工作路径】层的情况下创建新的路径图层。用户只需在【路径】面板底部单击【创建新路径】按钮，即可在【工作路径】层的上方创

建一个新的路径层，然后就可以在该路径中绘制新的路径了，如图 9-69 所示。需要说明的是，在新建的路径层中绘制的路径立刻保存在该路径层中，而不是像【工作路径】层中的路径那样是暂存的。如果要在新建路径时设置路径名称，可以按住 Alt 键单击【创建新路径】按钮，在打开的如图 9-70 所示的【新建路径】对话框中输入路径名称。

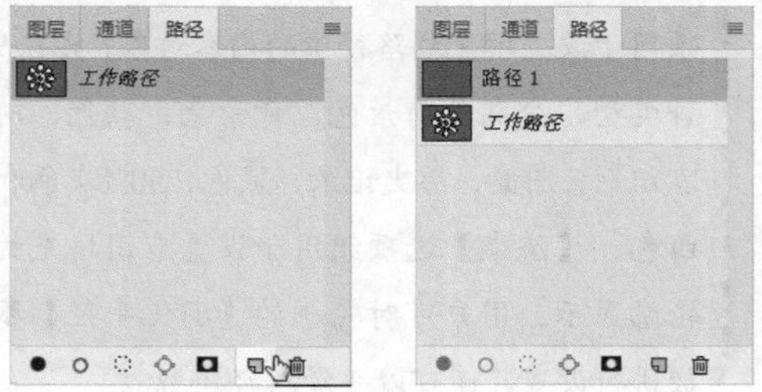


图 9-69　创建新路径层

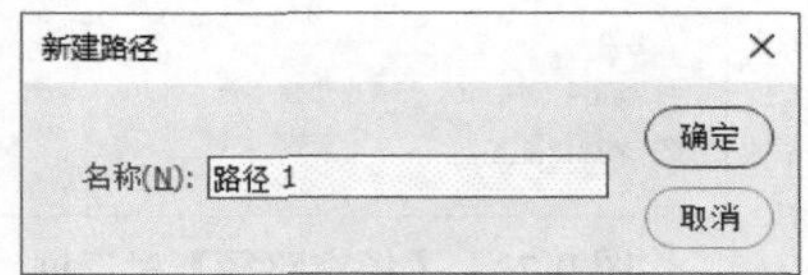


图 9-70　【新建路径】对话框

## 9.6.4　删除路径

要想删除图像文件中不需要的路径，可以通过【路径选择】工具选择该路径，然后直接按 Delete 键删除。

要想删除整个路径层中的路径，可以在【路径】面板中选择该路径层，再拖动其至【删除当前路径】按钮上释放鼠标，即可删除整个路径层，如图 9-71 所示。用户也可以通过选择【路径】面板菜单中的【删除路径】命令实现此项操作。

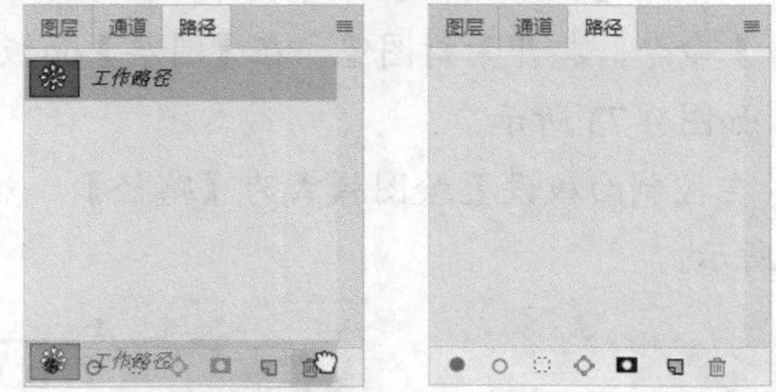


图 9-71　删除路径图层

## 9.6.5　填充路径

填充路径是指用指定的颜色、图案或历史记录的快照填充路径内的区域。在进行路径填充前，先要设置好前景色；如果使用图案或历史记录的快照填充，还需要先将所需的图像定义成图案或创建历史记录的快照。在【路径】面板中单击【用前景色填充路径】按钮，可以直接使用预先设置的前景色填充路径。

在【路径】面板菜单中选择【填充路径】命令，或按住 Alt 键单击【路径】面板底部的【用

前景色填充路径】按钮，打开如图 9-72 所示的【填充路径】对话框。在【填充路径】对话框中，设置选项后，单击【确定】按钮即可使用指定的颜色、图像状态和图案填充路径。

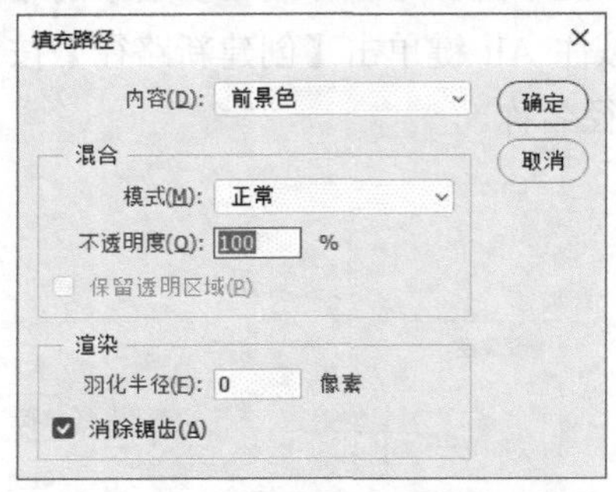


图 9-72 【填充路径】对话框

 **提示**

在【填充路径】对话框中，【内容】选项用于设置填充到路径中的内容对象，共有 9 种类型，分别是前景色、背景色、颜色、内容识别、图案、历史记录、黑色、50%灰色和白色。【渲染】选项组用于设置应用填充的轮廓显示。用户可对轮廓的【羽化半径】参数进行设置，还可以平滑路径轮廓。

## 9.6.6 描边路径

在 Photoshop 中，还可以为路径添加描边，创建丰富的边缘效果。创建路径后，单击【路径】面板中【用画笔描边路径】按钮，可以使用【画笔】工具的当前设置对路径进行描边。

还可以在面板菜单中选择【描边路径】命令，或按住 Alt 键单击【用画笔描边路径】按钮，打开【描边路径】对话框。在其中可以选择画笔、铅笔、橡皮擦、背景橡皮擦、仿制图章、历史记录画笔、加深和减淡等工具描边路径。

【例 9-5】在图像文件中，使用【描边路径】命令制作图像效果。

(1) 选择【文件】|【打开】命令，打开素材图像。在【图层】面板中，单击【创建新图层】按钮，新建【图层 1】图层，如图 9-73 所示。

(2) 选择【矩形】工具，在控制面板设置绘图模式为【路径】，然后使用【矩形】工具在图像中创建路径，如图 9-74 所示。

图 9-73 打开图像文件

图 9-74 创建路径

(3) 选择【混合器画笔】工具，在控制面板中单击【画笔预设】选取器按钮，在弹出的下拉面板中选择【特殊效果画笔】组中的画笔样式，如图 9-75 所示。

图 9-75　选择画笔样式

(4) 按 F5 键打开【画笔设置】面板。在【画笔笔尖形状】选项组中，设置【大小】数值为【320 像素】，【间距】数值为 130%；选中【形状动态】选项，在该选项组中设置【大小抖动】数值为 70%，【角度抖动】数值为 50%；选中【散布】选项，在该选项组中设置【散布】数值为 80%，【数量】数值为 1，【数量抖动】数值为 0%，如图 9-76 所示。

图 9-76　设置画笔样式

(5) 在【颜色】面板中，设置前景色为 R:236 G:255 B:117。在【路径】面板中，按住 Alt 键单击【用画笔描边路径】按钮，打开【描边路径】对话框。在该对话框的【工具】下拉列表中选择【混合器画笔工具】选项，然后单击【确定】按钮，如图 9-77 所示。

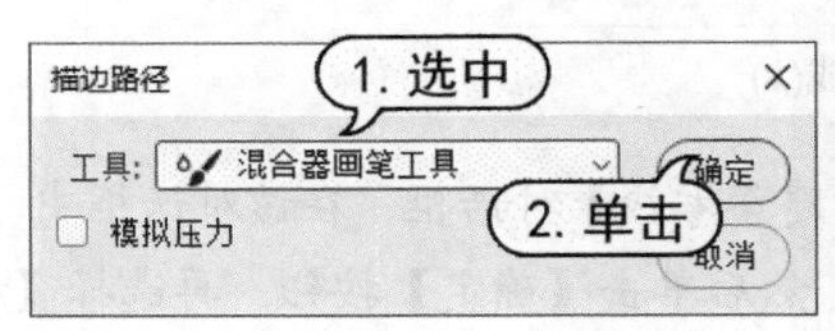

图 9-77　使用画笔描边路径

**知识点**

如果在【描边路径】对话框中选中【模拟压力】复选框，则可以使描边的线条产生粗细变化。在描边路径前，需要先设置好工具的参数。

## 9.7 上机练习

本章的上机练习通过制作精致音乐图标的综合实例操作，使用户通过练习从而巩固本章所学形状绘制及编辑的知识。

(1) 在 Photoshop 的【开始】工作区中，单击【新建】按钮，打开【新建文档】对话框。在该对话框中输入文档名称 icon，设置单位为【像素】，【宽度】数值为 512，【高度】数值为 512，【分辨率】数值为 300 像素/英寸，然后单击【创建】按钮，如图 9-78 所示。

(2) 按 Ctrl+R 组合键，显示标尺。在标尺上右击，从弹出的菜单中选择【像素】选项，如图 9-79 所示。

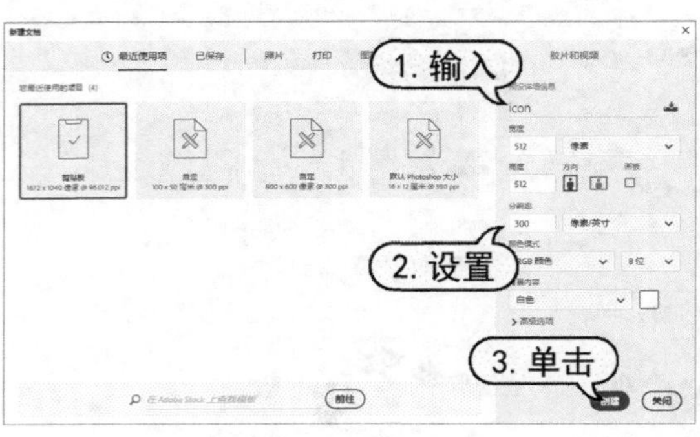

图 9-78　新建文档　　　　图 9-79　设置标尺单位

(3) 选择【视图】|【新建参考线】命令，打开【新建参考线】对话框。在该对话框中，设置【位置】数值为【20 像素】，然后单击【确定】按钮。再选择【视图】|【新建参考线】命令，打开【新建参考线】对话框。在该对话框中，设置【位置】数值为【492 像素】，然后单击【确定】按钮，如图 9-80 所示。

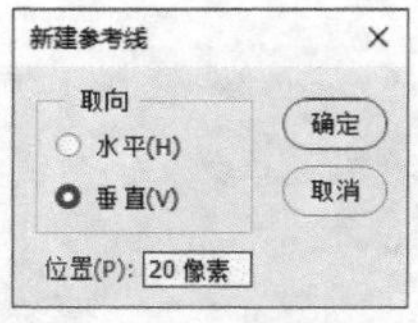


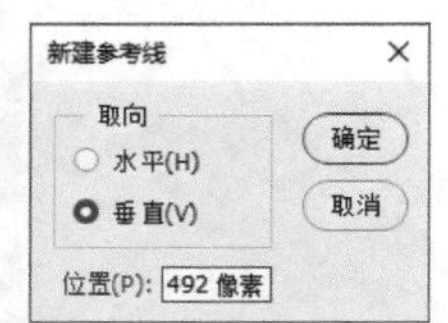


图 9-80　新建参考线(1)

(4) 选择【视图】|【新建参考线】命令，打开【新建参考线】对话框。在该对话框中，选中【水平】单选按钮，设置【位置】数值为【20 像素】，然后单击【确定】按钮。再选择【视图】|【新建参考线】命令，打开【新建参考线】对话框。在该对话框中，选中【水平】单选按钮，设

置【位置】数值为【492 像素】，然后单击【确定】按钮，如图 9-81 所示。

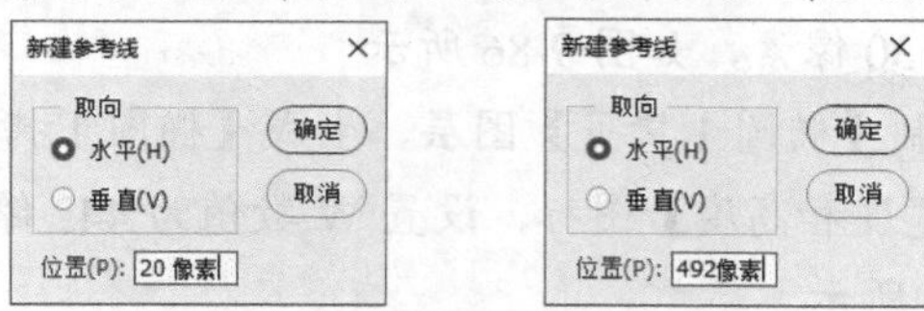


图 9-81　新建参考线(2)

(5) 选择【椭圆】工具，在控制面板中选择工具模式为【形状】，设置填充颜色为 R:227 G:227 B:227。然后使用【椭圆】工具紧贴参考线绘制形状，如图 9-82 所示。

(6) 双击【椭圆 1】图层，打开【图层样式】对话框。在该对话框中，选中【描边】选项，设置【大小】数值为 1 像素，【不透明度】数值为 90%。单击【颜色】色板，在弹出的【拾色器(描边颜色)】对话框中，设置描边颜色为 R:102 G:102 B:102。然后单击【确定】按钮，关闭【拾色器(描边颜色)】对话框，如图 9-83 所示。

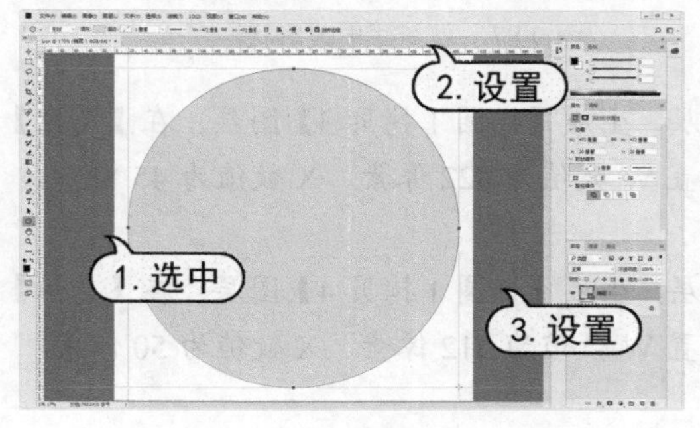


图 9-82　绘制形状

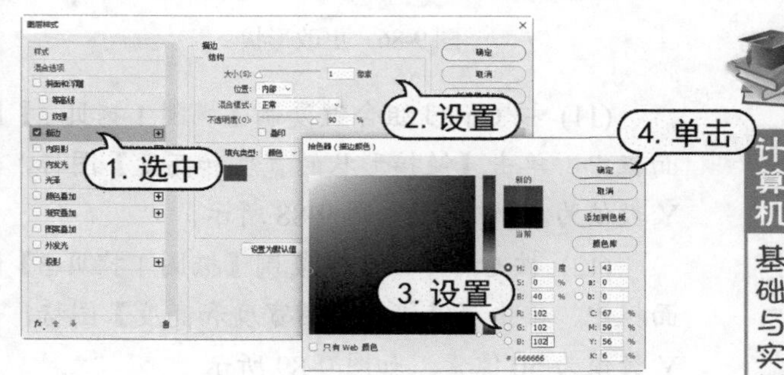


图 9-83　设置【描边】样式

(7) 在【图层样式】对话框中，选中【渐变叠加】选项。设置【混合模式】为【柔光】，【不透明度】数值为 100%。单击渐变预览条，打开【渐变编辑器】对话框。在【渐变编辑器】对话框的【预设】选项组中，选中【前景色到背景色渐变】选项，然后单击【确定】按钮关闭【渐变编辑器】对话框。再单击【图层样式】对话框中的【确定】按钮，如图 9-84 所示。

(8) 按 Ctrl+J 组合键复制【椭圆 1】图层，生成【椭圆 1 拷贝】图层，并删除图层样式，如图 9-85 所示。

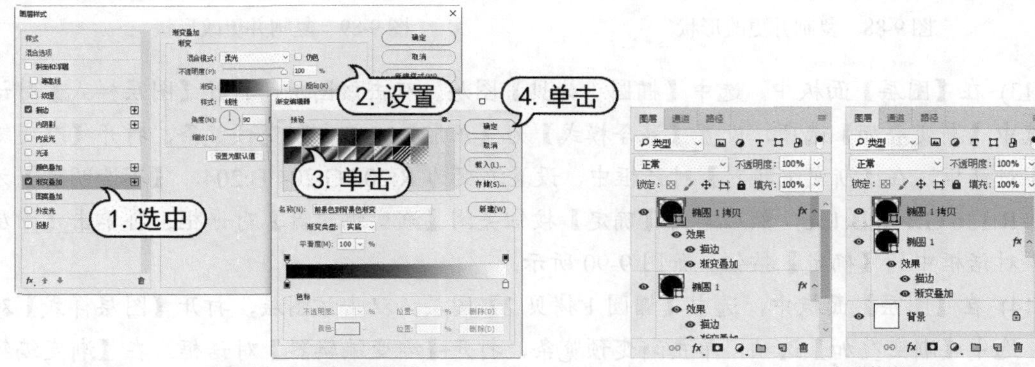


图 9-84　设置【渐变叠加】样式　　图 9-85　复制图层

(9) 在【属性】面板中，单击【链接形状的宽度和高度】图标，设置 W 数值为 452 像素，X 数值为 30 像素，Y 数值为 30 像素，如图 9-86 所示。

(10) 按 Ctrl+J 组合键复制【椭圆 1 拷贝】图层，生成【椭圆 1 拷贝 2】图层。在【属性】面板中，单击【链接形状的宽度和高度】图标，设置 W 数值为 442 像素，X 数值为 35 像素，Y 数值为 35 像素，如图 9-87 所示。

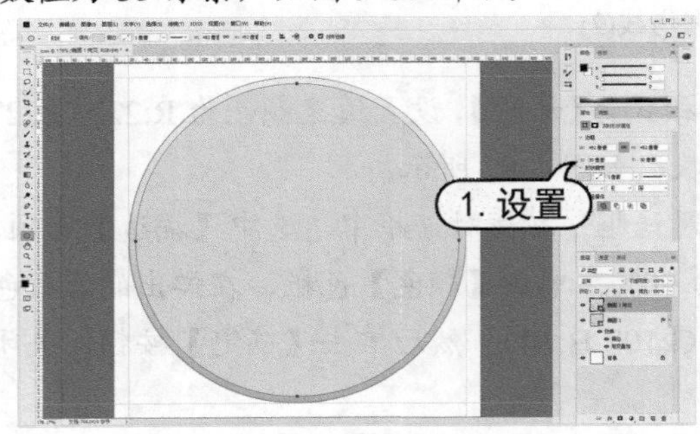


图 9-86　更改形状

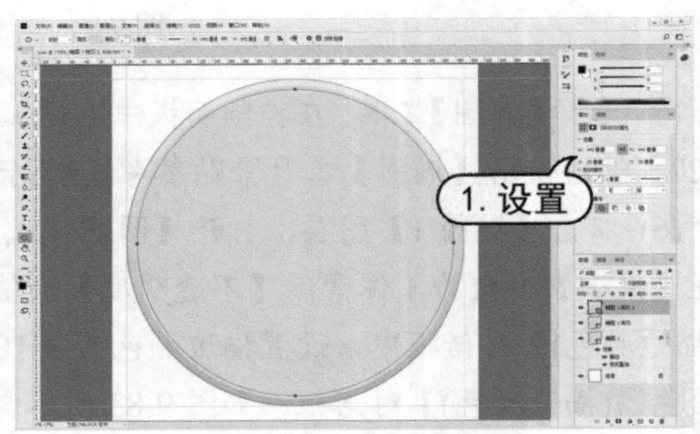


图 9-87　复制并更改形状



(11) 按 Ctrl+J 组合键复制【椭圆 1 拷贝 2】图层，生成【椭圆 1 拷贝 3】图层。在【属性】面板中，单击【链接形状的宽度和高度】图标，设置 W 数值为 422 像素，X 数值为 45 像素，Y 数值为 45 像素，如图 9-88 所示。

(12) 按 Ctrl+J 组合键复制【椭圆 1 拷贝 3】图层，生成【椭圆 1 拷贝 4】图层。在【属性】面板中，单击【链接形状的宽度和高度】图标，设置 W 数值为 412 像素，X 数值为 50 像素，Y 数值为 50 像素，如图 9-89 所示。

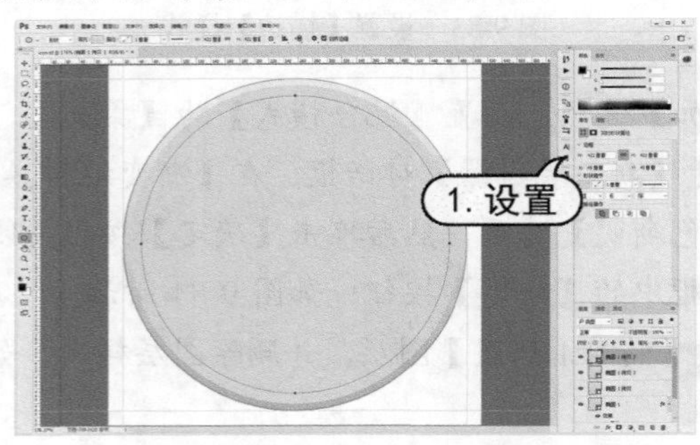


图 9-88　复制并更改形状

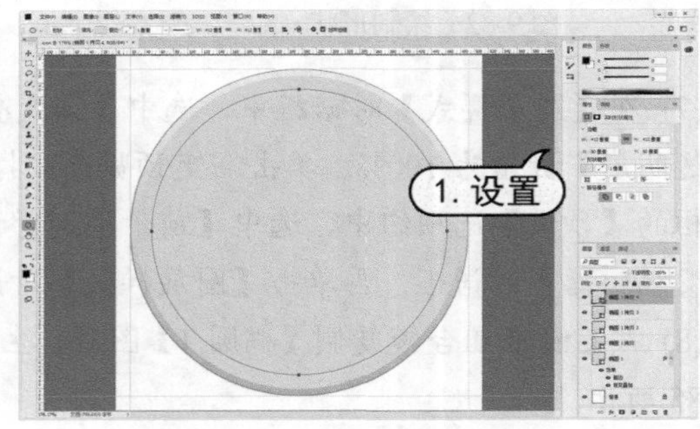


图 9-89　复制并更改形状

(13) 在【图层】面板中，选中【椭圆 1 拷贝】图层。双击该图层，打开【图层样式】对话框。选中【渐变叠加】选项，设置【混合模式】为【正常】。单击渐变预览条，打开【渐变编辑器】对话框。在【渐变编辑器】对话框中，设置渐变为 R:204 G:204 B:204，【不透明度】为 20%至 R:136 G:136 B:136，然后单击【确定】按钮关闭【渐变编辑器】对话框。再单击【图层样式】对话框中的【确定】按钮，如图 9-90 所示。

(14) 在【图层】面板中，选中【椭圆 1 拷贝 2】图层。双击该图层，打开【图层样式】对话框。选中【渐变叠加】选项，单击渐变预览条，打开【渐变编辑器】对话框。在【渐变编辑器】对话框中，设置渐变为 R:33 G:37 B:44，【不透明度】为 100%至 R:164 G:172 B:179，然后

单击【确定】按钮，关闭【渐变编辑器】对话框。再单击【图层样式】对话框中的【确定】按钮，如图 9-91 所示。

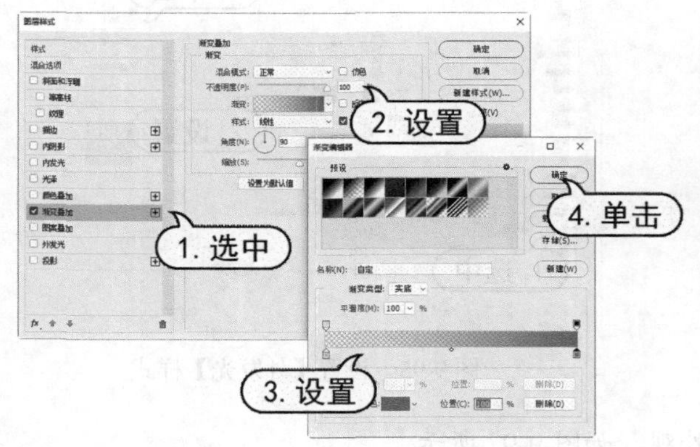


图 9-90　设置【渐变叠加】样式

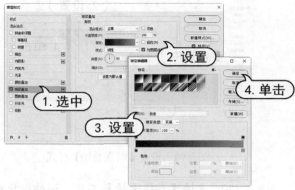

图 9-91　设置【渐变叠加】样式

(15) 在【图层】面板中，选中【椭圆 1 拷贝 3】图层。双击该图层，打开【图层样式】对话框。在该对话框中，选中【描边】选项，设置【大小】数值为 2 像素，【位置】为【外部】，【不透明度】数值为 100%，如图 9-92 所示。单击【颜色】色板，在弹出的【拾色器(描边颜色)】对话框中，设置描边颜色 R:15 G:34 B:61。然后单击【确定】按钮，关闭【拾色器(描边颜色)】对话框。

(16) 在对话框中，选中【内发光】选项，设置【混合模式】为【正片叠底】，【不透明度】数值为 67%，如图 9-93 所示。单击发光颜色色板，在弹出的【拾色器(内发光颜色)】对话框中设置颜色为 R:6 G:58 B:123，【大小】数值为 27 像素。

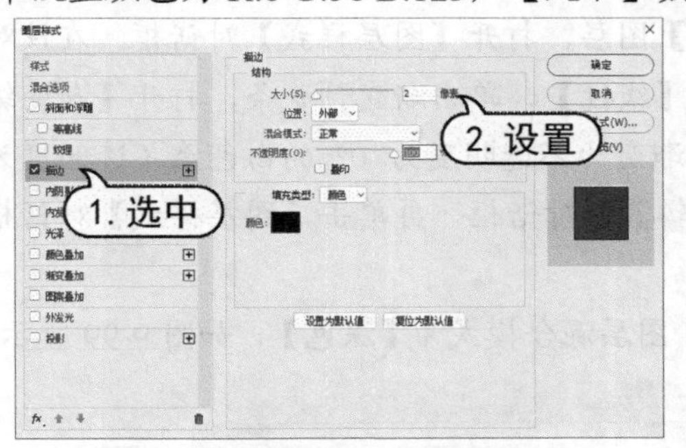


图 9-92　设置【描边】样式

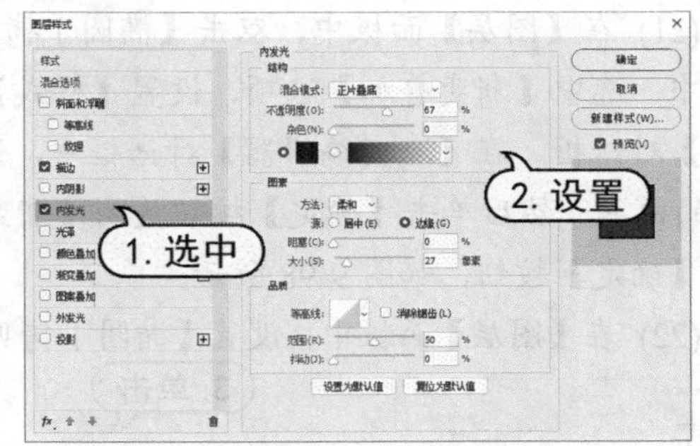


图 9-93　设置【内发光】样式

(17) 在【图层样式】对话框中，选中【渐变叠加】选项，设置【样式】为【径向】。单击渐变预览条，打开【渐变编辑器】对话框。在【渐变编辑器】对话框中，设置渐变为 R:46 G:203 B:243 至 R:12 G:82 B:153，然后单击【确定】按钮，关闭【渐变编辑器】对话框，如图 9-94 所示。

(18) 在【图层样式】对话框中，选中【外发光】选项，设置【混合模式】为【正常】，【不透明度】数值为 75%，外发光颜色为黑色，【扩展】数值为 10%，【大小】数值为 11 像素，然后单击【确定】按钮，如图 9-95 所示。

(19) 在【图层】面板中，选中【椭圆 1 拷贝 4】图层。按 Ctrl+T 组合键应用【自由变换】命令调整形状，如图 9-96 所示。

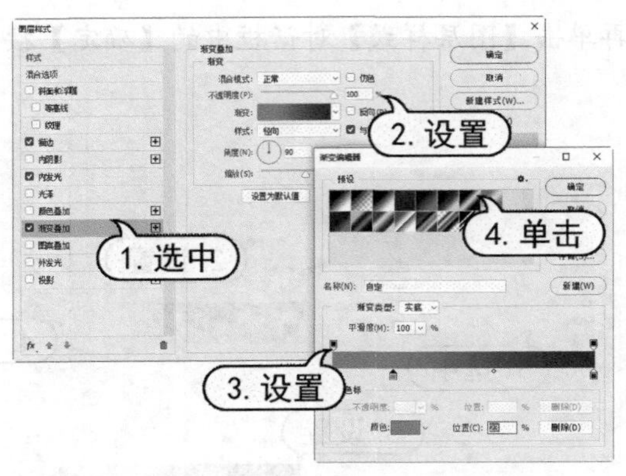


图 9-94 设置【渐变叠加】样式

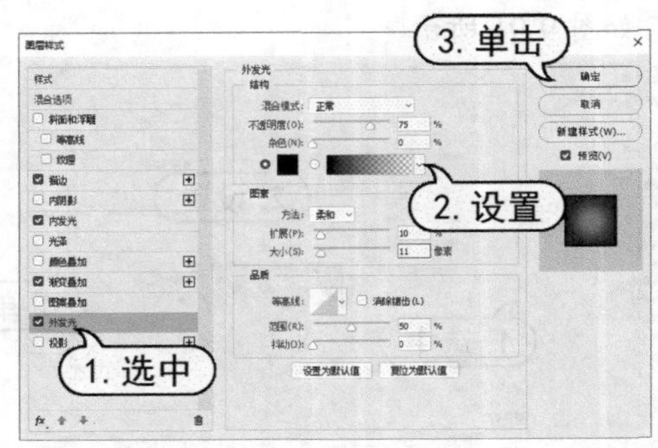


图 9-95 设置【外发光】样式

(20) 选择【直接选择】工具，调整形状外观，如图 9-97 所示。



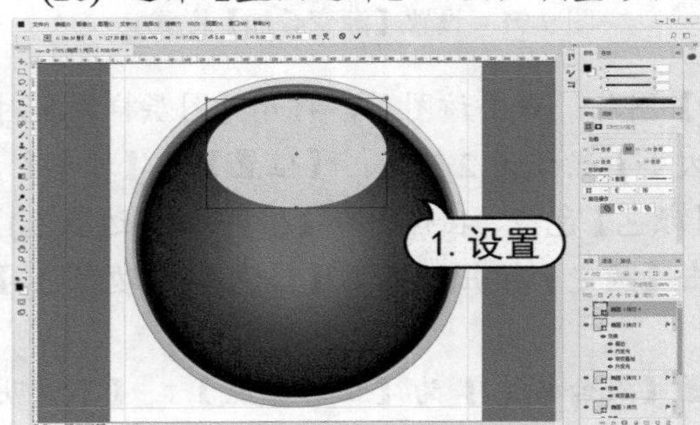


图 9-96 调整形状

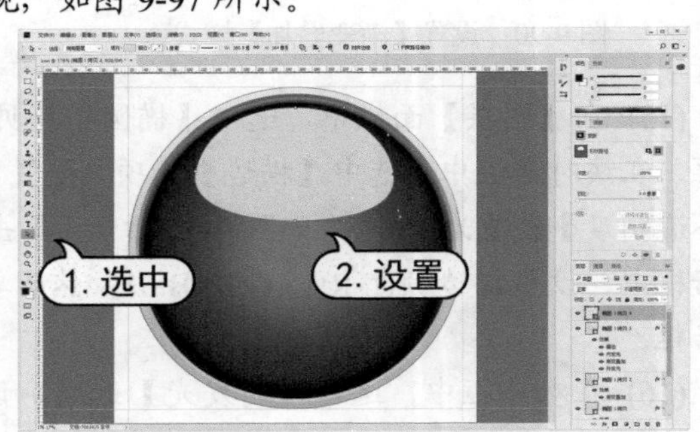


图 9-97 调整形状

(21) 在【图层】面板中，双击【椭圆 1 拷贝 4】图层，打开【图层样式】对话框。在该对话框中，选中【渐变叠加】选项，设置【样式】为【线性】，单击渐变预览条，打开【渐变编辑器】对话框。在【渐变编辑器】对话框中，设置渐变为不透明度为 0%的白色至不透明度为 50%的白色，然后单击【确定】按钮关闭【渐变编辑器】对话框。再单击【图层样式】对话框中的【确定】按钮，如图 9-98 所示。

(22) 在【图层】面板中，设置【椭圆 1 拷贝 4】图层混合模式为【深色】，如图 9-99 所示。

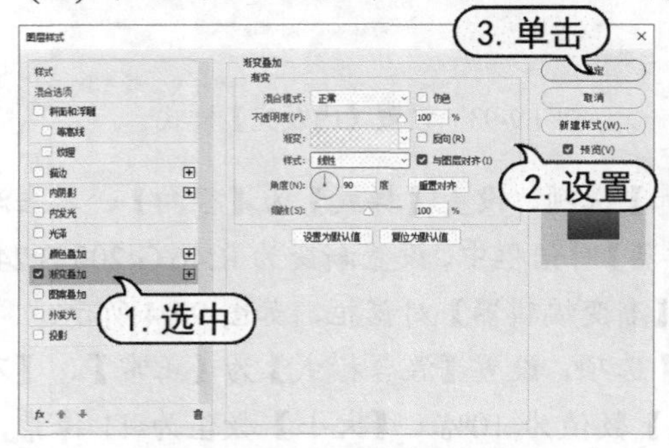

图 9-98 设置【渐变叠加】样式

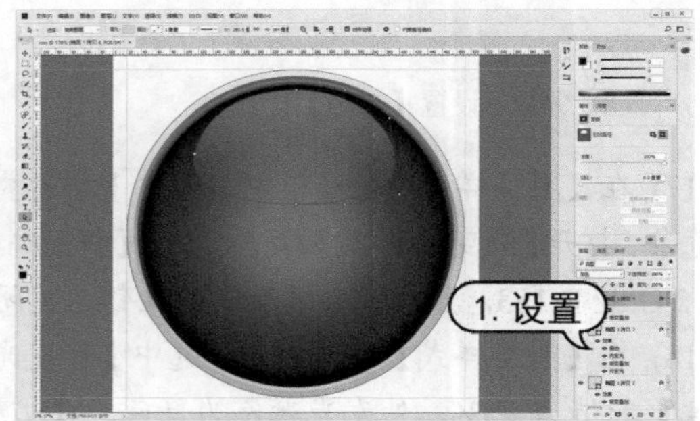


图 9-99 设置图层混合模式

(23) 在【图层】面板中，按 Ctrl 键单击【椭圆 1 拷贝 3】图层缩览图载入选区。单击【创建新图层】按钮，新建【图层 1】，并按 Ctrl+Delete 组合键使用背景色填充选区，如图 9-100 所示。

(24) 将选区向上移动，并按 Delete 键删除选区内图像，如图 9-101 所示。

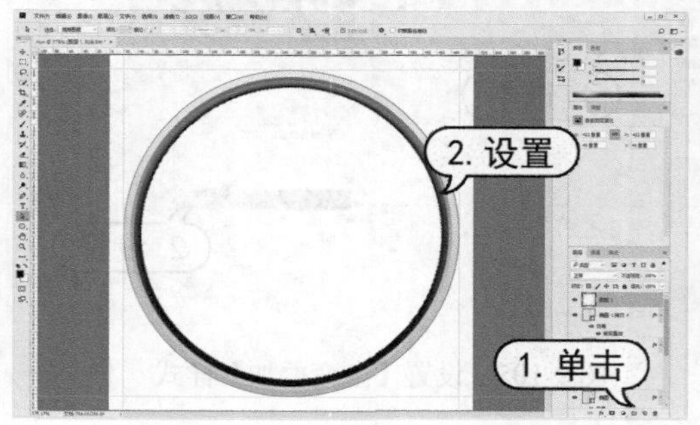


图 9-100　载入选区并填充

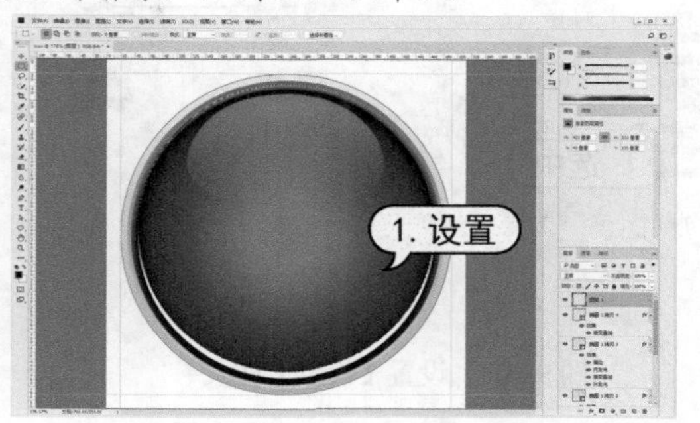


图 9-101　移动并删除选区内图像

(25) 按 Ctrl+D 组合键取消选区，并在【图层】面板中设置【图层 1】混合模式为【柔光】，如图 9-102 所示。

(26) 选择【自定形状】工具，在控制面板中设置填充颜色为 R:227 G:227 B:227，在【形状】下拉面板中选择【八分音符】形状，然后在文档中绘制形状，如图 9-103 所示。

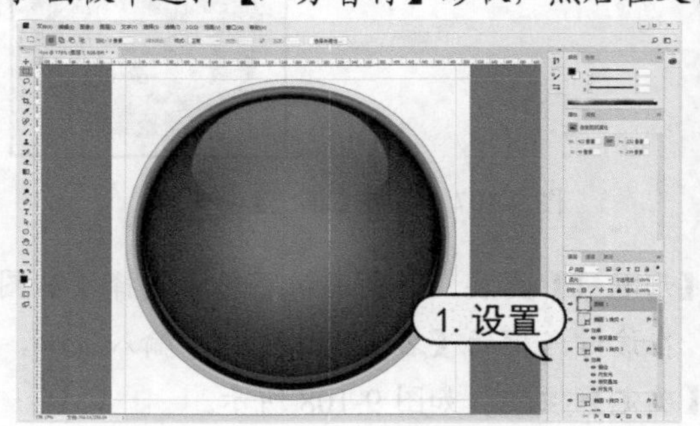


图 9-102　设置图层

图 9-103　绘制形状

(27) 在【图层】面板中，双击【形状 1】图层，打开【图层样式】对话框。在该对话框中，选中【投影】选项，设置投影颜色为 R:0 G:51 B:102，【角度】数值为 90 度，【距离】数值为 5 像素，【扩展】数值为 18%，【大小】数值为 19 像素，如图 9-104 所示。

(28) 在【图层样式】对话框中，选中【渐变叠加】选项。设置【混合模式】为【柔光】，单击渐变预览条，打开【渐变编辑器】对话框。在【渐变编辑器】对话框中，设置渐变为黑色至白色至 R:84 G:84 B:84，然后单击【确定】按钮关闭【渐变编辑器】对话框，如图 9-105 所示。

(29) 在【图层样式】对话框中，选中【内阴影】选项，设置【混合模式】为【正常】，阴影颜色为白色，【不透明度】数值为 75%，【角度】数值为 90 度，【距离】数值为 6 像素，【大小】数值为 1 像素，如图 9-106 所示。

(30) 在【图层样式】对话框中，选中【描边】选项，设置【位置】为【居中】，【不透明度】数值为 90%，然后单击【确定】按钮，如图 9-107 所示。

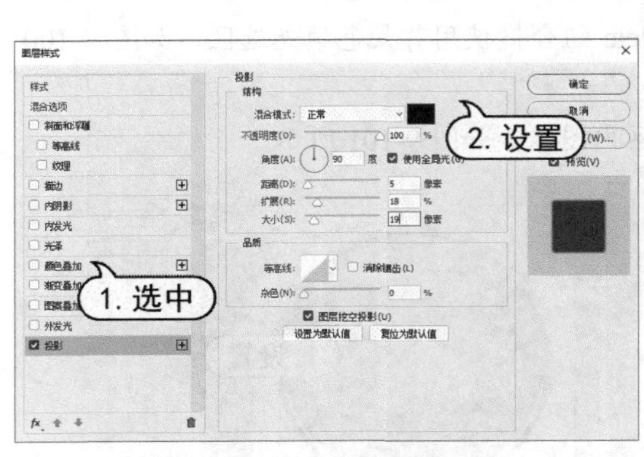


图 9-104　设置【投影】样式

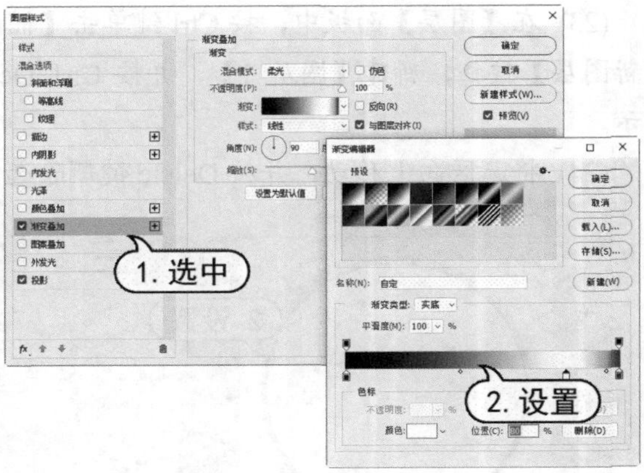

图 9-105　设置【渐变叠加】样式

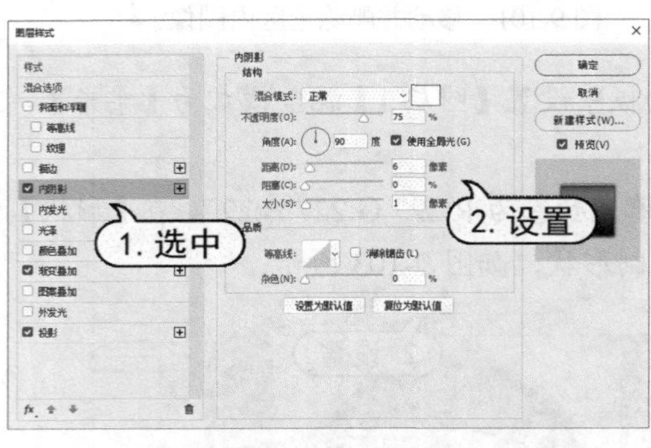


图 9-106　设置【内阴影】样式

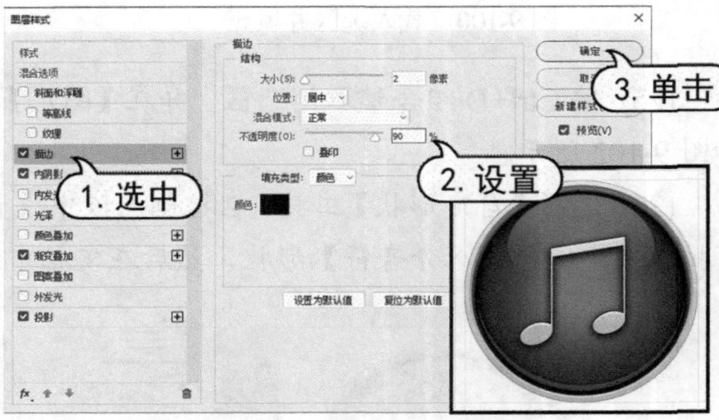

图 9-107　设置【描边】样式



(31) 在【图层】面板中，选中【椭圆 1】至【形状 1】图层，并从面板菜单中选择【从图层新建组】命令，打开【从图层新建组】对话框。在该对话框的【名称】文本框中输入 icon，在【颜色】下拉列表中选择【红色】，然后单击【确定】按钮，如图 9-108 所示。

(32) 选择【文件】|【打开】命令，打开另一幅背景素材图像，如图 9-109 所示。

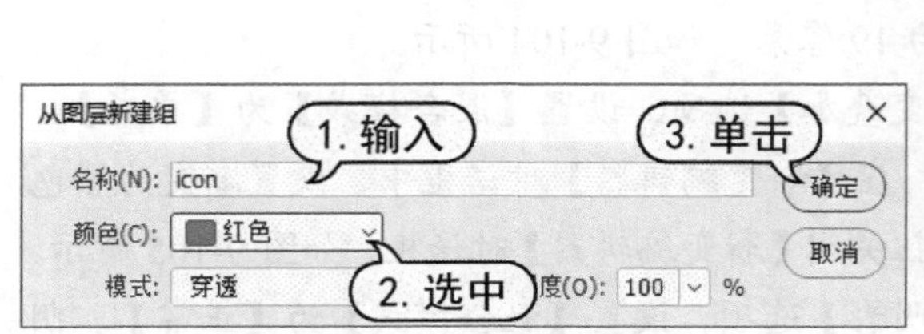


图 9-108　新建图层组

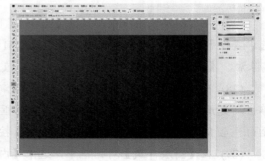

图 9-109　打开图像文件

(33) 返回 icon 文档，在【图层】面板中的 icon 图层上右击，从弹出的菜单中选择【复制组】命令，打开【复制组】对话框。在该对话框的【文档】下拉列表中选择【背景.jpg】，然后单击【确定】按钮，如图 9-110 所示。

(34) 返回背景素材文档，使用【移动】工具调整 icon 位置，如图 9-111 所示。

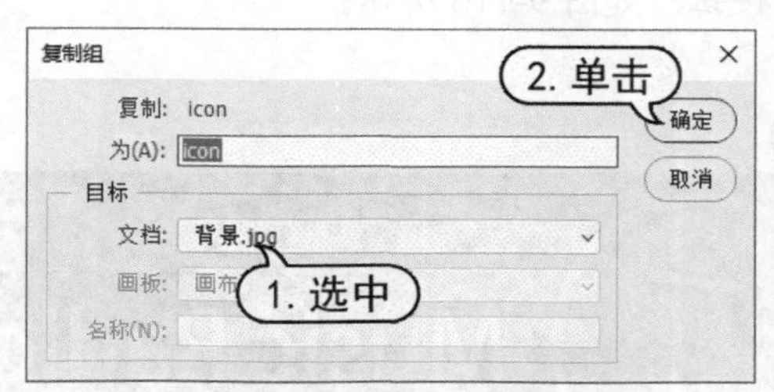


图 9-110　复制组

图 9-111　调整对象位置

(35) 选择【横排文字】工具，在画板中单击，在控制面板中设置字体大小为 36 点，字体颜色为白色，然后输入文字内容，如图 9-112 所示。

(36) 在【图层】面板中，双击文字图层，打开【图层样式】对话框。在【图层样式】对话框中，选中【投影】选项，设置投影颜色为黑色，如图 9-113 所示。

图 9-112　输入文字

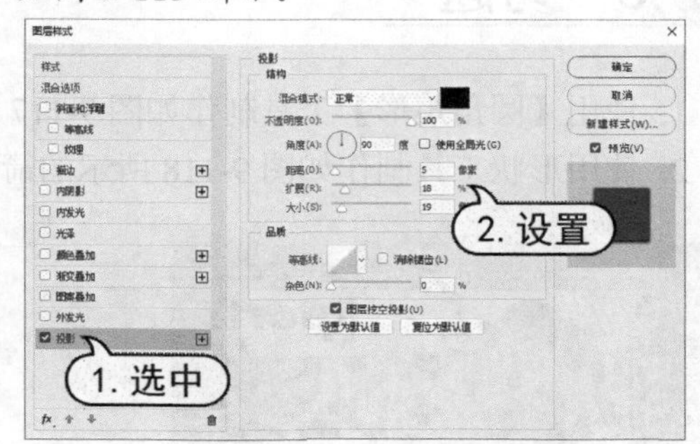


图 9-113　设置【投影】样式

(37) 在【图层样式】对话框中，选中【渐变叠加】选项，设置【混合模式】为【正片叠底】。单击渐变预览条，打开【渐变编辑器】对话框。将渐变颜色设置为 R:176 G:176 B:176 至白色，如图 9-114 所示。

(38) 在【图层样式】对话框中，选中【内阴影】选项，设置【角度】数值为 120 度，【距离】数值为 4 像素，【大小】数值为 0 像素，然后单击【确定】按钮，如图 9-115 所示。

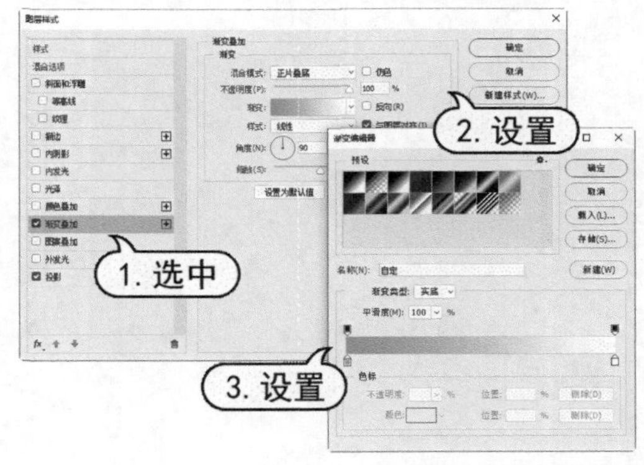


图 9-114　设置【渐变叠加】样式

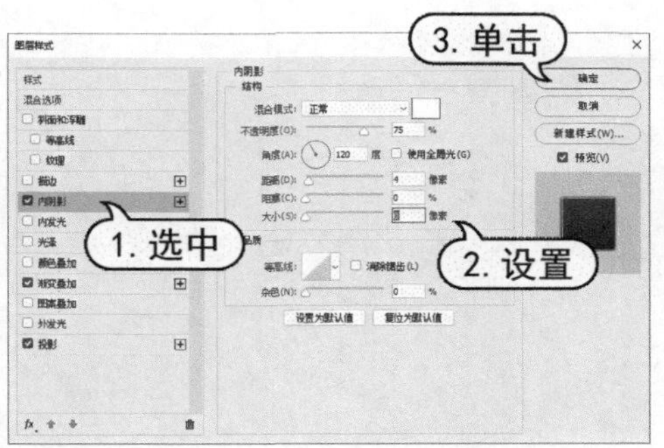


图 9-115　设置【内阴影】样式

(39) 在【图层】面板中，双击 icon 图层，打开【图层样式】对话框。选中【投影】选项，设置【大小】数值为 40 像素，然后单击【确定】按钮，如图 9-116 所示。

图 9-116　设置【投影】样式

## 9.8　习题

1. 使用【圆角矩形】工具制作如图 9-117 所示的图像效果。
2. 使用形状工具制作如图 9-118 所示的箭头图形效果。

图 9-117　图像效果

图 9-118　箭头图形效果

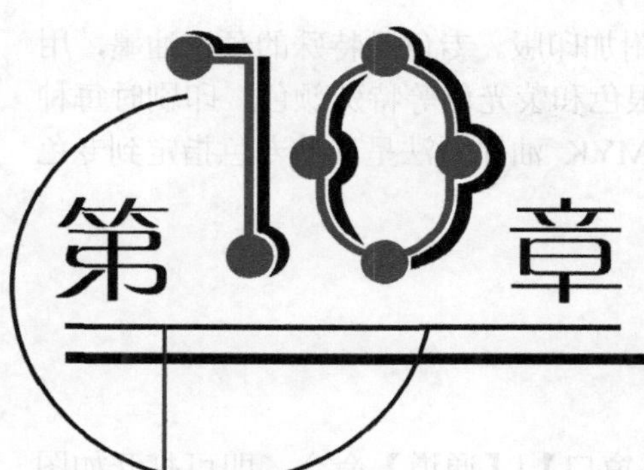

# 第10章 通道与蒙版的应用

## 学习目标

通道与蒙版在 Photoshop 的图像编辑应用中非常有用。用户可以通过不同的颜色通道，以及图层蒙版、矢量蒙版和剪贴蒙版创建丰富的画面效果。本章主要介绍通道、蒙版的创建与编辑等内容。

## 本章重点

- 通道基础操作
- 通道高级操作
- 图层蒙版的运用
- 剪贴蒙版的运用
- 矢量蒙版的运用

## 10.1 了解通道类型

通道是图像文件的一种颜色数据信息存储形式，它与图像文件的颜色模式密切关联，多个分色通道叠加在一起可以组成一幅具有颜色层次的图像。在 Photoshop 中，通道可以分为颜色通道、Alpha 通道和专色通道 3 类。每一类通道都有其不同的功能与操作方法。

- 【颜色通道】：是用于保存图像颜色信息的通道，在打开图像时自动创建。图像所具有的原色通道的数量取决于图像的颜色模式。位图模式及灰度模式的图像有一个原色通道，RGB 模式的图像有 4 个原色通道，CMYK 模式有 5 个原色通道，Lab 模式有 3 个原色通道，HSB 模式的图像有 4 个原色通道。
- 【Alpha 通道】：用于存放选区信息，其中包括选区的位置、大小和羽化值等。Alpha 通道是灰度图像，可以像编辑任何其他图像一样使用绘画工具、编辑工具和滤镜命令对通道效果进行编辑处理。

- 【专色通道】：可以指定用于专色油墨印刷的附加印版。专色是特殊的预混油墨，用于替代或补充印刷色(CMYK)油墨，如金色、银色和荧光色等特殊颜色。印刷时每种专色都要求专用的印版，而专色通道可以把 CMYK 油墨无法呈现的专色指定到专色印版上。

## 10.2 【通道】面板

【通道】面板用来创建、保存和管理通道。选择【窗口】|【通道】命令，即可打开如图 10-1 所示的【通道】面板。当打开一个新的图像时，Photoshop 会在【通道】面板中自动创建该图像的颜色信息通道。通道名称的左侧显示了通道内容的缩览图，在编辑通道时缩览图会自动更新。

图 10-1 【通道】面板

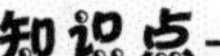

**知识点**

选择【编辑】|【首选项】|【界面】命令，打开【首选项】对话框。在该对话框中，选中【用彩色显示通道】复选框，所有的颜色通道都会以原色显示。

【通道】面板底部几个按钮作用如下。

- 【将通道作为选区载入】按钮：单击该按钮，可以将通道中的图像内容转换为选区。
- 【将选区存储为通道】按钮：单击该按钮，可以将当前图像中的选区以图像方式存储在自动创建的 Alpha 通道中。
- 【创建新通道】按钮：单击该按钮，可以在【通道】面板中创建一个新通道。
- 【删除当前通道】按钮：单击该按钮，可以删除当前用户所选择的通道，但不会删除图像的原色通道。

在【通道】面板中，单击一个颜色通道即可选择该通道，图像窗口中会显示所选通道的灰度图像。按住 Shift 键，单击其他通道，可以选择多个通道，此时窗口中将显示所选颜色通道的复合信息。选中复合通道时，可以重新显示其他颜色通道。在复合通道下可以同时预览和编辑所有的颜色通道。

## 10.3 通道基础操作

利用【通道】面板可以对通道进行有效的编辑和管理。【通道】面板主要用于创建新通道、复制通道、删除通道、分离通道和合并通道等。在对通道进行操作时，可以对各原色通道进行设置调整，甚至可以单独为某一单色通道添加滤镜效果制作出很多特殊的效果。

## 10.3.1　创建通道

一般情况下，在 Photoshop 中创建的新通道是保存选择区域信息的 Alpha 通道。单击【通道】面板中的【创建新通道】按钮，即可将选区存储为 Alpha 通道，如图 10-2 所示。

将选择区域保存为 Alpha 通道时，选择区域被保存为白色，而非选择区域则保存为黑色。如果选择区域具有不为 0 的羽化值，则在此类选择区域中被保存为由灰色柔和过渡的通道。

要创建 Alpha 通道并设置选项时，按住 Alt 键单击【创建新通道】按钮，或选择【通道】面板菜单中的【新建通道】命令，即可打开如图 10-3 所示的【新建通道】对话框。在该对话框中，可以设置所需创建的通道参数选项，然后单击【确定】按钮即可创建新通道。

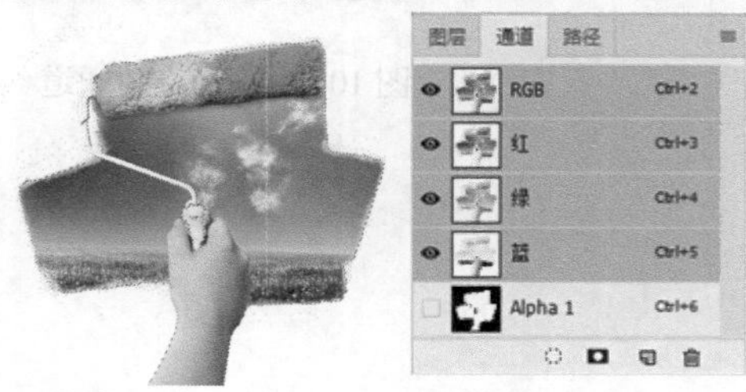


图 10-2　创建新通道

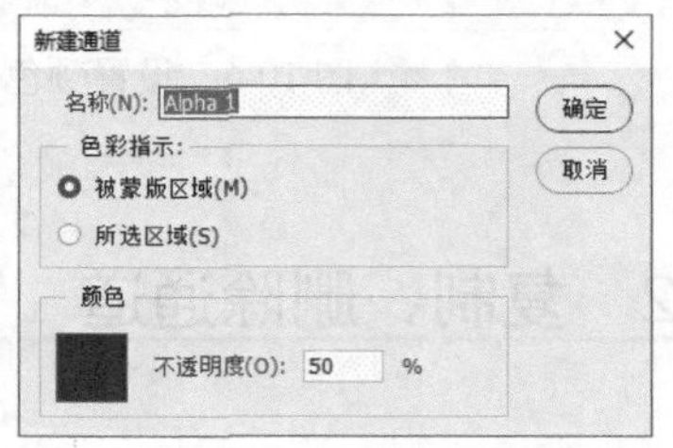


图 10-3　【新建通道】对话框

**知识点**

在【新建通道】对话框中，选中【被蒙版区域】单选按钮可以使新建的通道中被蒙版区域显示为黑色，选择区域显示为白色。选中【所选区域】单选按钮可以使新建的通道中被蒙版区域显示为白色，选择区域显示为黑色。

【例 10-1】在打开的图像文件中，新建、编辑专色通道。

(1) 选择【文件】|【打开】命令，打开素材图像。选择【魔棒】工具在红色区域单击，如图 10-4 所示，然后选择【选择】|【选取相似】命令。

(2) 在【通道】面板菜单中选择【新建专色通道】命令，打开【新建专色通道】对话框。在该对话框中，单击【颜色】色板，在弹出的【拾色器】对话框中设置颜色为 C:63 M:0 Y:3 K:0，然后单击【颜色库】按钮，如图 10-5 所示。

图 10-4　创建选区

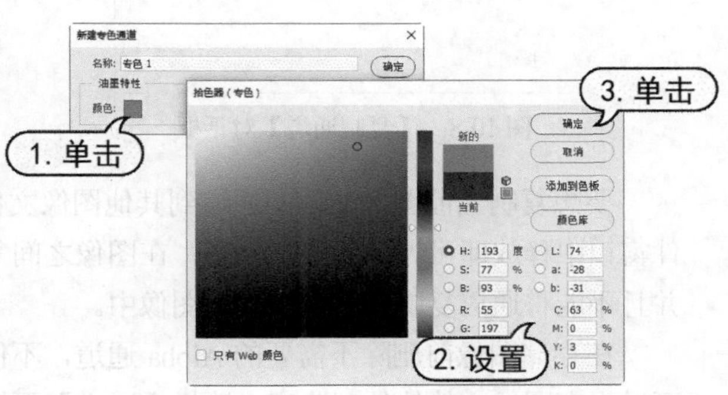


图 10-5　新建专色通道

(3) 在显示的【颜色库】对话框的【色库】下拉列表中选择【HKS Z 印刷色】选项，然后单击【确定】按钮关闭【颜色库】对话框，如图 10-6 所示。

(4) 单击【确定】按钮，关闭【新建专色通道】对话框。此时，新建专色通道出现在【通道】面板底部，如图 10-7 所示。

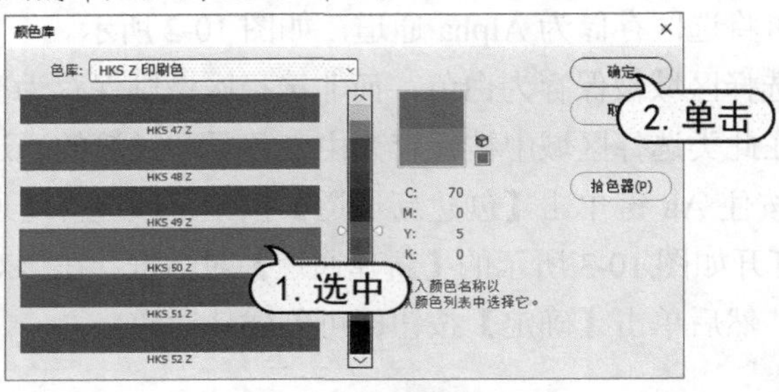


图 10-6　设置颜色

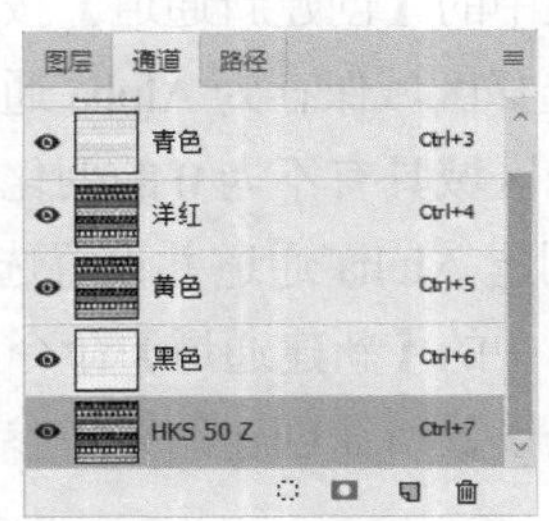


图 10-7　新建专色通道

## 10.3.2　复制、删除通道

在进行图像处理时，有时需要对某一通道进行多个处理，从而获得特殊的视觉效果。或者需要复制图像文件中的某个通道并应用到其他图像文件中。这就需要通过通道的复制操作完成。在 Photoshop 中，不仅可以对同一图像文件中的通道进行多次复制，也可以在不同的图像文件之间复制任意的通道。

选择【通道】面板中所需复制的通道，然后在面板菜单中选择【复制通道】命令，或在需要的通道上右击，从弹出的快捷菜单中选择【复制通道】命令，可以打开如图 10-8 所示的【复制通道】对话框复制通道。

还可以将要复制的通道直接拖动到【通道】面板底部的【创建新通道】按钮上释放，在图像文件内快速复制通道，如图 10-9 所示。

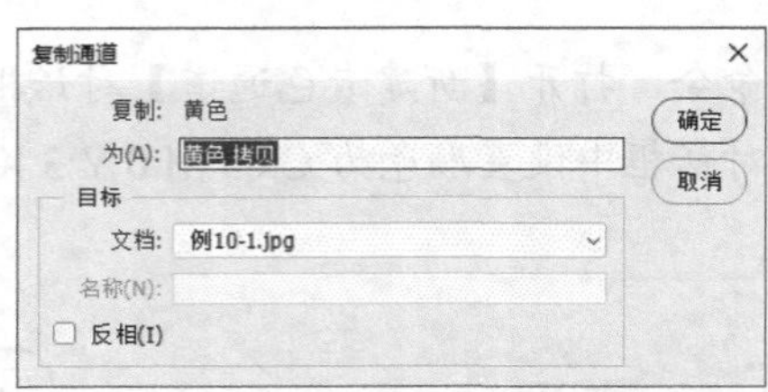


图 10-8　【复制通道】对话框

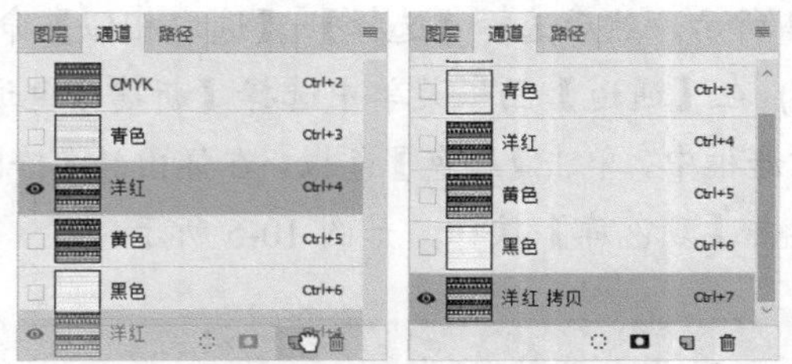


图 10-9　复制通道

要想复制当前图像文件的通道到其他图像文件中，直接拖动需要复制的通道至其他图像文件窗口中释放即可。需要注意的是，在图像之间复制通道时，通道必须具有相同的像素尺寸，并且不能将通道复制到位图模式的图像中。

在存储图像前删除不需要的 Alpha 通道，不仅可以减小图像文件占用的磁盘空间，而且还可以提高图像文件的处理速度。选择【通道】面板中需要删除的通道，然后在面板菜单中选择

【删除通道】命令；或将其拖动至面板底部的【删除当前通道】按钮上释放；或单击【删除当前通道】按钮，在弹出的如图 10-10 所示的提示对话框中单击【是】按钮即可删除通道。

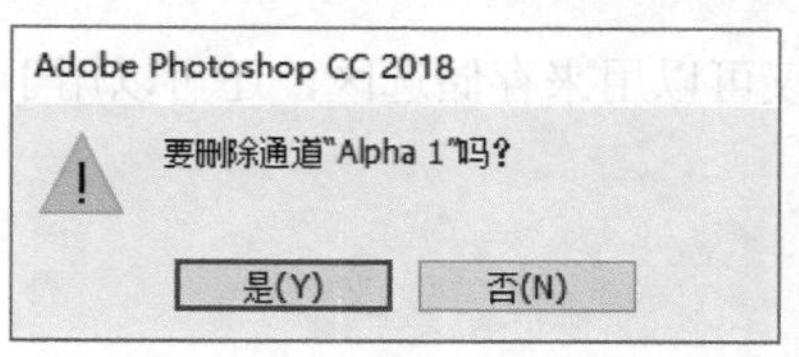


图 10-10　删除通道提示对话框

> **提示**
>
> 复合通道不能复制，也不能删除。颜色通道可以复制和删除。但如果删除了一个颜色通道，图像会自动转换为多通道模式。

## 10.3.3　分离、合并通道

在 Photoshop 中可以将一幅图像文件的各个通道分离成单个灰度文件并分别存储，也可以将多个灰度文件合并为一个多通道的彩色图像。使用【通道】面板菜单中的【分离通道】命令可以把一幅图像文件的通道拆分为单独的图像文件，并且原文件被关闭。例如，可以将一个 RGB 颜色模式的图像文件分离为 3 个灰度图像文件，并且根据通道名称分别命名图像文件，如图 10-11 所示。

图 10-11　分离通道

选择【通道】面板菜单中的【合并通道】命令，即可合并分离出的灰度图像文件成为一个图像文件。选择该命令，可以打开如图 10-12 所示的【合并通道】对话框。在【合并通道】对话框中，可以定义合并采用的颜色模式以及通道数量。

默认情况下，使用【多通道】模式即可。设置完成后，单击【确定】按钮，打开一个随颜色模式而定的设置对话框。例如，选择 RGB 模式时，会打开如图 10-13 所示的【合并 RGB 通道】对话框。用户可在该对话框中进一步设置需要合并的各个通道的图像文件。设置完成后，单击【确定】按钮，设置的多个图像文件将合并为一个图像文件，并且按照设置转换各个图像文件分别为新图像文件中的分色通道。

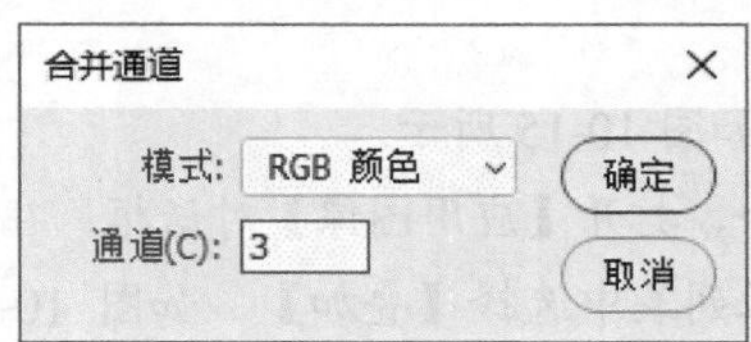


图 10-12　【合并通道】对话框

图 10-13　【合并 RGB 通道】对话框

# 10.4 通道高级操作

在 Photoshop 中，通道的功能非常强大。通道不仅可以用来存储选区，还可以用于混合图像，调整图像颜色等操作。

## 10.4.1 【应用图像】命令

【应用图像】命令用来混合大小相同的两个图像。它可以将一个图像的图层和通道(源)与现用图像(目标)的图层和通道混合。如果两个图像的颜色模式不同，则可以对目标图层的复合通道应用单一通道。选择【图像】|【应用图像】命令，打开如图 10-14 所示的【应用图像】对话框。

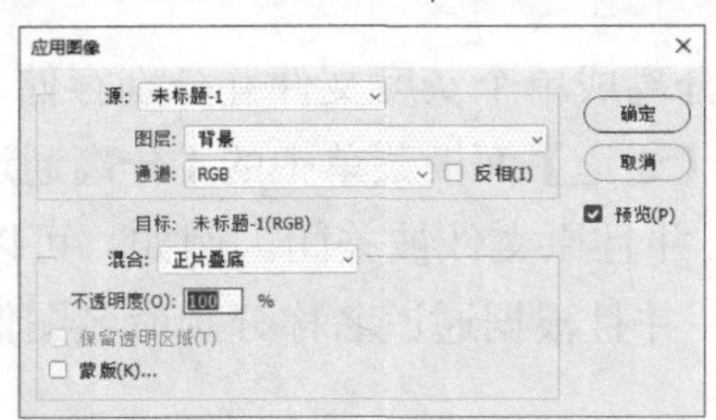


图 10-14 【应用图像】对话框

**提示**

选择【保留透明区域】复选框，表示只对非透明区域进行合并。若在当前活动图像中选择了【背景】图层，则该选项不能使用。

- 【源】选项：在下拉列表中列出当前所有打开图像的名称。默认设置为当前的活动图像，从中可以选择一个源图像与当前的活动图像相混合。
- 【图层】选项：在下拉列表中指定用源文件中的哪一个图层来进行运算。如果没有图层，则只能选择【背景】图层；如果源文件有多个图层，则下拉列表中除包含有源文件的各图层外，还有一个合并的选项，表示选择源文件的所有图层。
- 【通道】选项：在该下拉列表中，可以指定使用源文件中的哪个通道进行运算。
- 【反相】复选框：选择该复选框，则将【通道】列表框中的蒙版内容进行反相。
- 【混合】选项：在下拉列表中选择合成模式进行运算。在该下拉列表中增加了【相加】和【减去】两种合成模式，其作用是增加和减少不同通道中像素的亮度值。当选择【相加】或【减去】合成模式时，在下方会出现【缩放】和【补偿值】两个参数，设置不同的数值可以改变像素的亮度值。
- 【不透明度】选项：可以设置运算结果对源文件的影响程度。与【图层】面板中的不透明度作用相同。
- 【蒙版】复选框：若要为目标图像设置可选取范围，可以选择【蒙版】复选框，将图像的蒙版应用到目标图像。通道、图层透明区域，以及快速遮罩都可以作为蒙版使用。

【例 10-2】使用【应用图像】命令调整图像效果。

(1) 选择【文件】|【打开】命令，打开两幅素材图像，如图 10-15 所示。

(2) 选中 1.jpg 图像文件，选择【图像】|【应用图像】命令，打开【应用图像】对话框。在该对话框中的【源】下拉列表中选择“2.jpg”，在【混合】下拉列表中选择【叠加】，如图 10-16 所示。

图 10-15 打开图像文件

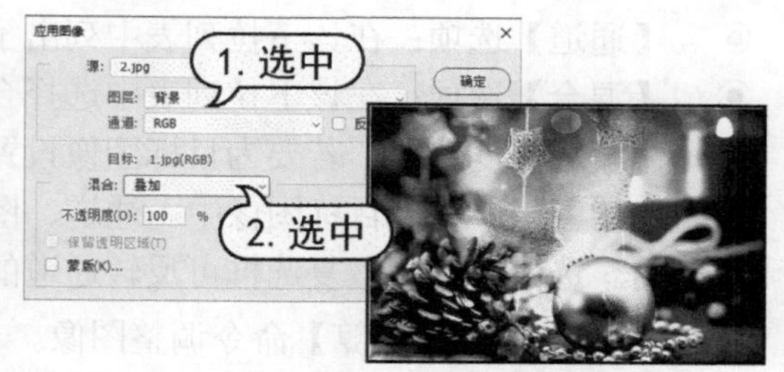


图 10-16 使用【应用图像】命令

(3) 在【应用图像】对话框中，选中【蒙版】复选框，在【图像】下拉列表中选择 2.jpg，在【通道】下拉列表中选择【蓝】选项。设置完成后，单击【确定】按钮关闭【应用图像】对话框，应用图像调整，如图 10-17 所示。

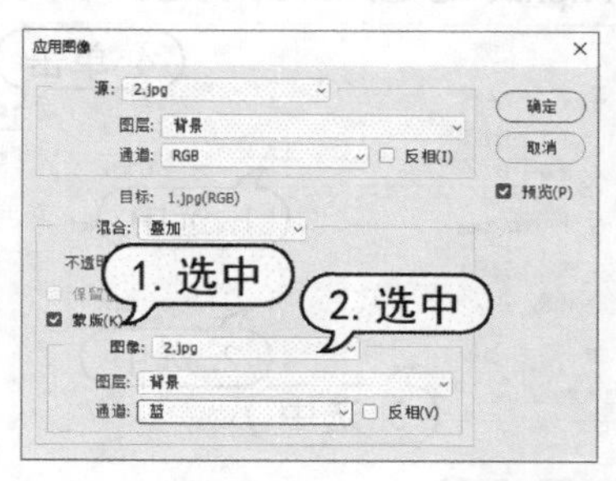

图 10-17 使用【应用图像】命令

## 10.4.2 【计算】命令

【计算】命令用于混合两个来自一个或多个源图像的单个通道，然后将结果应用到新建文档、新建通道，或当前图像的选区中。如果使用多个源图像，则这些图像的像素尺寸必须相同。选择【图像】|【计算】命令，可以打开如图 10-18 所示的【计算】对话框。

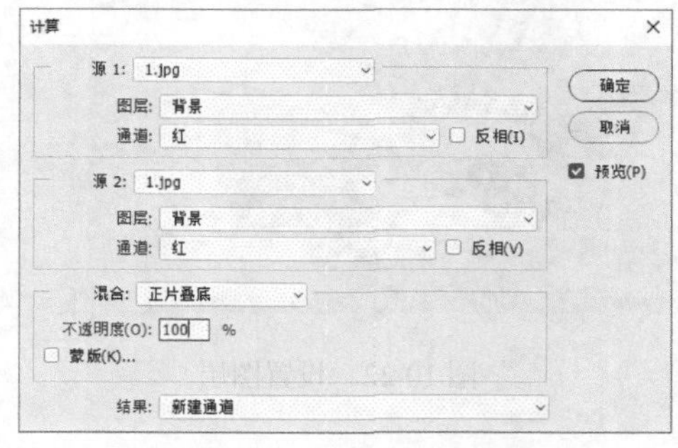


图 10-18 【计算】对话框

**知识点**

在【结果】选项下拉列表中指定一种混合结果。用户可以决定合成的结果是保存在一个灰度的新文档中，还是保存在当前活动图像的新通道中，或者将合成的效果直接转换成选取范围。

- 【源 1】和【源 2】选项：选择当前打开的源文件的名称。
- 【图层】选项：在该下拉列表中选择相应的图层。在合成图像时，源 1 和源 2 的顺序安排会对最终合成的图像效果产生影响。

- 【通道】选项：在该下拉列表中列出了源文件相应的通道。
- 【混合】选项：在该下拉列表中选择合成模式进行运算。
- 【蒙版】复选框：若要为目标图像设置可选取范围，可以选择【蒙版】复选框，将图像的蒙版应用到目标图像中。通道、图层透明区域，以及快速遮罩都可以作为蒙版使用。选中【反相】复选框可反转通道的蒙版区域和未蒙版区域。

【例 10-3】使用【计算】命令调整图像。

(1) 选择【文件】|【打开】命令，打开素材照片。并按 Ctrl+J 组合键复制【背景】图层，如图 10-19 所示。

(2) 选择【图像】|【计算】命令，打开【计算】对话框。在该对话框中，在【源 1】的【通道】下拉列表中选择【蓝】选项，在【源 2】的【通道】下拉列表中选择【红】选项，设置【混合模式】为【正片叠底】，然后单击【确定】按钮生成 Alpha1 通道，如图 10-20 所示。

图 10-19　打开图像文件

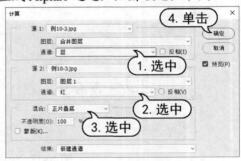

图 10-20　【计算】对话框

(3) 在【通道】面板中，按 Ctrl+A 组合键全选 Alpha1 通道，再按 Ctrl+C 组合键复制。然后选中【蓝】通道，并按 Ctrl+V 组合键将 Alpha 通道中图像粘贴到蓝通道中，如图 10-21 所示。

(4) 在【通道】面板中，单击 RGB 复合通道，并按 Ctrl+D 组合键取消选区。选中【图层】面板，设置【图层 1】图层混合模式为【正片叠底】，如图 10-22 所示。

图 10-21　复制并粘贴通道

图 10-22　设置图层

# 10.5 认识蒙版

蒙版是合成图像的重要工具，使用蒙版可以在不破坏图像的基础上，完成图像的拼接。实际上，蒙版是一种遮罩，使用蒙版可将图像中不需要编辑的图像区域进行保护，以达到制作画面的融合效果。

## 10.5.1 蒙版的种类

Photoshop 中提供了 3 种蒙版类型，其中包含了图层蒙版、剪贴蒙版和矢量蒙版。而每种不同类型的蒙版都有各自的特点，使用不同的蒙版可以得到不同的边缘过渡效果。

- 图层蒙版通过蒙版中的灰度信息来控制图像的显示区域，可用于合成图像，也可以控制填充图层、调整图层、智能滤镜的有效范围。
- 剪贴蒙版通过一个对象的形状来控制其他图层的显示区域。
- 矢量蒙版则通过路径和矢量形状控制图像的显示区域。

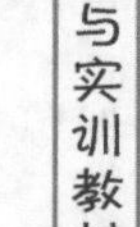



## 10.5.2 【属性】面板

选择【窗口】|【属性】命令，打开如图 10-23 所示的【属性】面板。当所选图层包含图层蒙版或矢量蒙版时，【属性】面板将显示蒙版的参数设置。在这里可以对所选图层的图层蒙版及矢量蒙版的不透明度和羽化参数等进行调整。

- 【浓度】选项：拖动滑块，控制选定的图层蒙版或矢量蒙版的不透明度。
- 【羽化】选项：拖动滑块，可以设置蒙版边缘的柔化程度。
- 【选择并遮住】按钮：单击该按钮，即可打开【选择并遮住】工作区，在该工作区中可以修改蒙版边缘效果。
- 【颜色范围】按钮：单击该按钮，即可打开【色彩范围】对话框调整蒙版区域。
- 【从蒙版中载入选区】按钮：单击该按钮，即可将图像文件中的蒙版转换为选区。
- 【应用蒙版】按钮：单击该按钮，即可将蒙版应用于图像中，并删除蒙版。
- 【停用/启用蒙版】按钮：单击该按钮，可以显示或隐藏蒙版效果。
- 【删除蒙版】按钮：单击该按钮，即可将添加的蒙版删除。

**知识点**

创建图层蒙版后，在【蒙版】面板菜单中选择【蒙版选项】命令，可以打开如图 10-24 所示的【图层蒙版显示选项】对话框。在其中，可设置蒙版的颜色和不透明度。

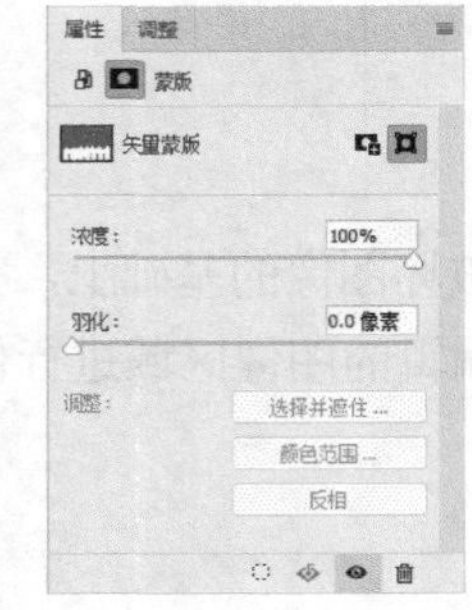

图 10-23 【属性】面板

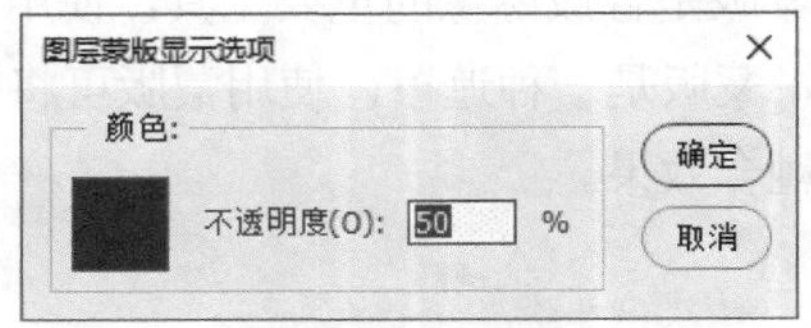


图 10-24 【图层蒙版显示选项】对话框

【例 10-4】使用【属性】面板调整蒙版效果。

(1) 选择【文件】|【打开】命令，打开一幅素材图像文件，并按 Ctrl+J 组合键复制【背景】图层，如图 10-25 所示。

(2) 选中【背景】图层，选择【滤镜】|【模糊】|【径向模糊】命令，打开【径向模糊】对话框。在该对话框中，选中【旋转】单选按钮，设置【数量】数值为 30，然后单击【确定】按钮，如图 10-26 所示。

图 10-25 打开图像文件

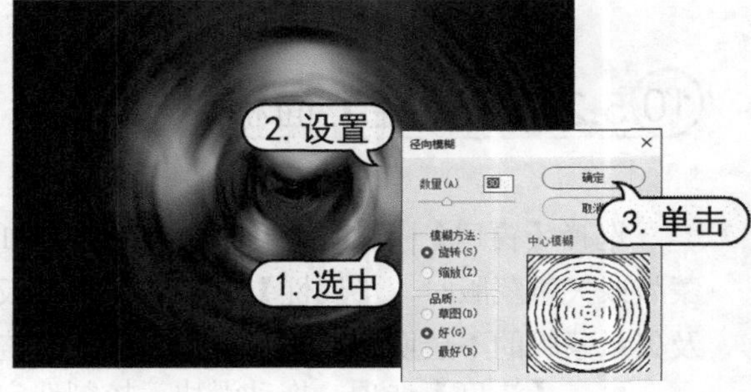


图 10-26 应用【径向模糊】滤镜

(3) 选择【图像】|【调整】|【亮度/对比度】命令，打开【亮度/对比度】对话框。设置【亮度】数值为 125，【对比度】数值为 50，然后单击【确定】按钮，如图 10-27 所示。

(4) 在【图层】面板中，选中【图层 1】图层，并单击【创建图层蒙版】按钮创建图层蒙版。然后选择【套索】工具，在图像中沿人物创建选区，并按 Alt+Delete 组合键填充蒙版选区，如图 10-28 所示。

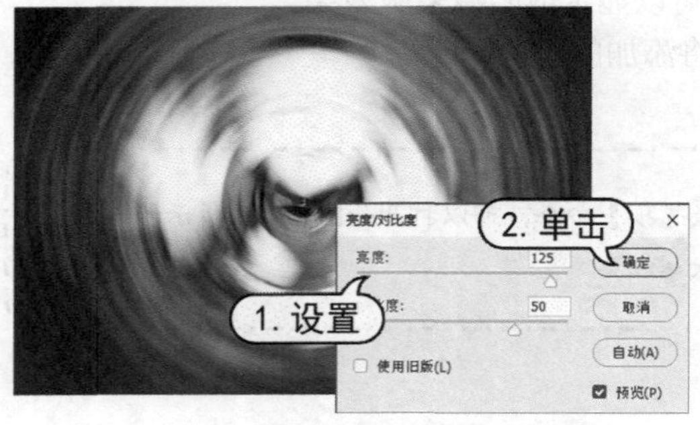


图 10-27 【亮度/对比度】对话框

图 10-28 创建选区

(5) 按 Ctrl+D 组合键取消选区，在【属性】面板中单击【选择并遮住】按钮，打开【选择并遮住】工作区。在该工作区的【属性】面板中，设置【透明度】数值为 80%，【平滑】数值为 100，【羽化】数值为 50 像素，【移动边缘】数值为 15%，然后单击【确定】按钮退出【选择并遮住】工作区，如图 10-29 所示。

(6) 在【属性】面板中，设置【羽化】数值为 45%，如图 10-30 所示。

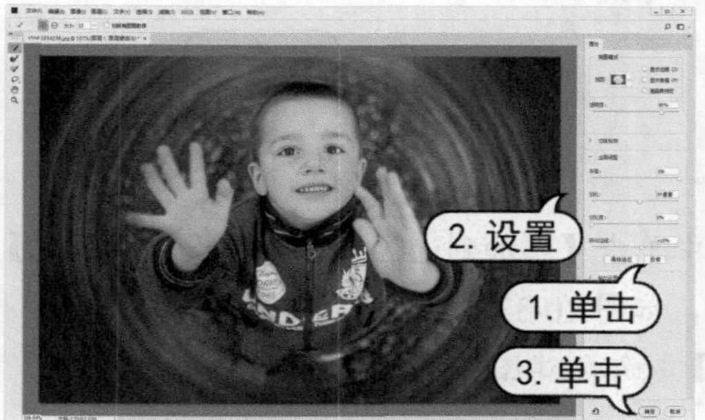

图 10-29　调整选区

图 10-30　调整蒙版属性

## 10.6　图层蒙版的运用

图层蒙版是图像处理中最为常用的蒙版，主要用来显示或隐藏图层的部分内容，在编辑的同时保留原图像不因编辑而受到破坏。图层蒙版中的白色区域可以遮盖下面图层中的内容，只显示当前图层中的图像；黑色区域可以遮盖当前图层中的图像，显示出下面图层中的内容；蒙版中的灰色区域会根据其灰度值使当前图层中的图像呈现出不同层次的透明效果。

### 10.6.1　创建图层蒙版

创建图层蒙版时，需要确定是要隐藏还是显示所有图层，也可以在创建蒙版之前建立选区，通过选区使创建的图层蒙版自动隐藏部分图层内容。

在【图层】面板中选择需要添加蒙版的图层后，单击面板底部的【添加图层蒙版】按钮 ，或选择【图层】|【图层蒙版】|【显示全部】或【隐藏全部】命令即可创建图层蒙版。如果图像中包含选区，选择【图层】|【图层蒙版】|【显示选区】命令，可基于选区创建图层蒙版；如果选择【图层】|【图层蒙版】|【隐藏选区】命令，则选区内的图像将被蒙版遮盖。用户也可以在创建选区后，直接单击【添加图层蒙版】按钮，从选区生成蒙版。

【例 10-5】创建图层蒙版，制作图像效果。

(1) 选择【文件】|【打开】命令，打开一幅素材图像，如图 10-31 所示。

(2) 选择【文件】|【置入嵌入的对象】命令，打开【置入嵌入的对象】对话框。在该对话框中选中所需的图像文件，然后单击【置入】按钮，如图 10-32 所示。

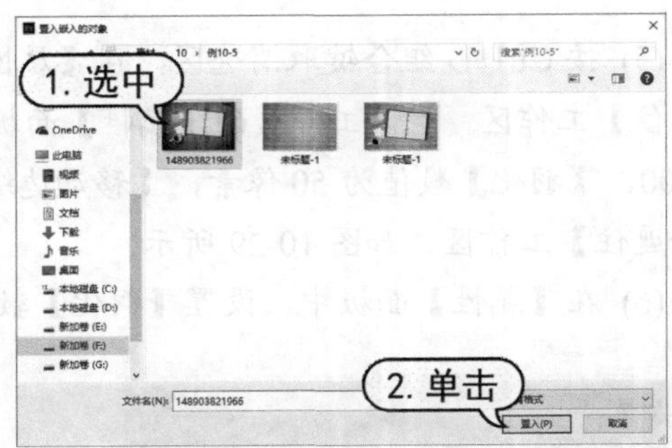


图 10-31　打开图像文件　　　　图 10-32　置入图像文件

(3) 选择【多边形套索】工具，并在控制面板中单击【添加到选区】按钮，设置【羽化】数值为 1 像素，然后在图像中沿对象边缘创建选区，如图 10-33 所示。

(4) 在【图层】面板中，单击【添加图层蒙版】按钮创建图层蒙版，如图 10-34 所示。

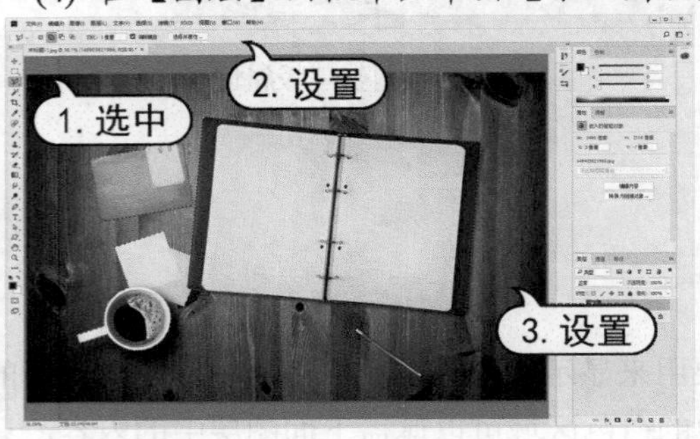


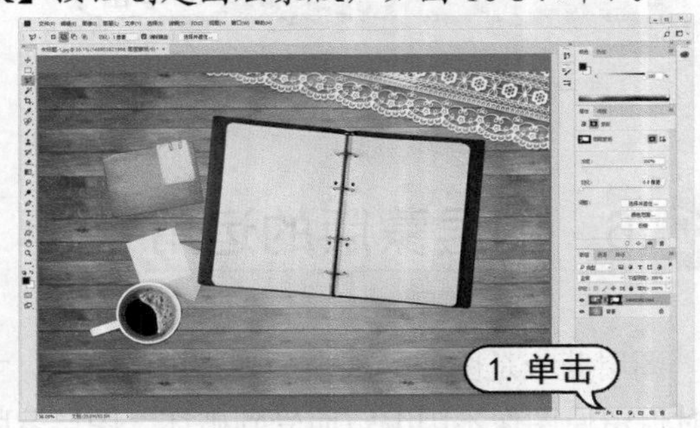


图 10-33　创建选区　　　　图 10-34　添加图层蒙版

(5) 在【图层】面板中，双击对象图层，打开【图层样式】对话框。在该对话框中，选中【投影】样式选项，设置【不透明度】数值为 75%，【距离】数值为 15 像素，【大小】数值为 30 像素，然后单击【确定】按钮，如图 10-35 所示。

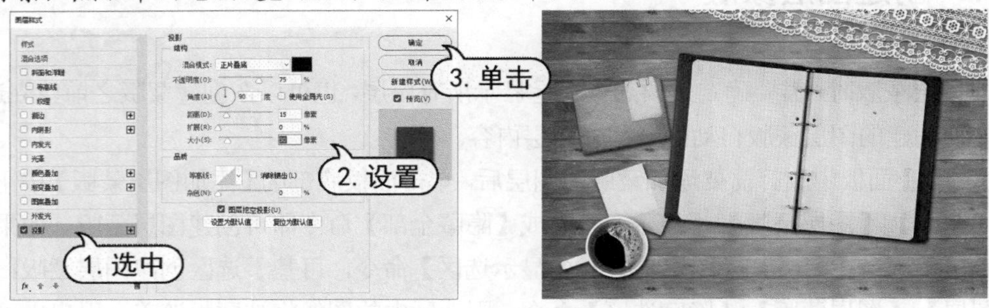


图 10-35　应用【投影】样式

## 10.6.2　停用、启用图层蒙版

如果要停用图层蒙版，选择【图层】|【图层蒙版】|【停用】命令，或按 Shift 键单击图层

蒙版缩览图，或在图层蒙版缩览图上右击，然后在弹出的菜单中选择【停用图层蒙版】命令。停用蒙版后，在【属性】面板的缩览图和【图层】面板的蒙版缩览图中都会出现一个红色叉号，如图 10-36 所示。

**提示**

按住 Alt 键的同时，单击图层蒙版缩览图，可以只显示图层蒙版，如图 10-37 所示。

图 10-36 停用图层蒙版

图 10-37 只显示图层蒙版

在停用图层蒙版后，要重新启用图层蒙版，可选择【图层】|【图层蒙版】|【启用】命令，或直接单击图层蒙版缩览图，或在图层蒙版缩览图上右击，在弹出的菜单中选择【启用图层蒙版】命令即可。

除此之外，用户也可以在选择图层蒙版后，通过单击【属性】面板底部的【停用/启用蒙版】按钮停用或启用图层蒙版。

## 10.6.3 链接、取消链接图层蒙版

创建图层蒙版后，图层蒙版缩览图和图像缩览图中间有一个链接图标，它表示蒙版与图像处于链接状态。此时，进行变换操作，蒙版会与图像一同变换。

选择【图层】|【图层蒙版】|【取消链接】命令，或者单击图标，可以取消链接，如图 10-38 所示。取消链接后可以单独变换图像，也可以单独变换蒙版。

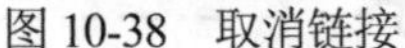

图 10-38 取消链接

**知识点**

若要重新链接蒙版，可以选择【图层】|【图层蒙版】|【链接】命令，或再次单击链接图标的位置即可。

## 10.6.4 复制、移动图层蒙版

按住 Alt 键将一个图层的图层蒙版拖动至目标图层上，可以将蒙版移动并复制到目标图层，如图 10-39 所示。

如果直接将蒙版拖动至目标图层上，则可以将该蒙版转移到目标图层，原图层将不再有蒙版，如图 10-40 所示。

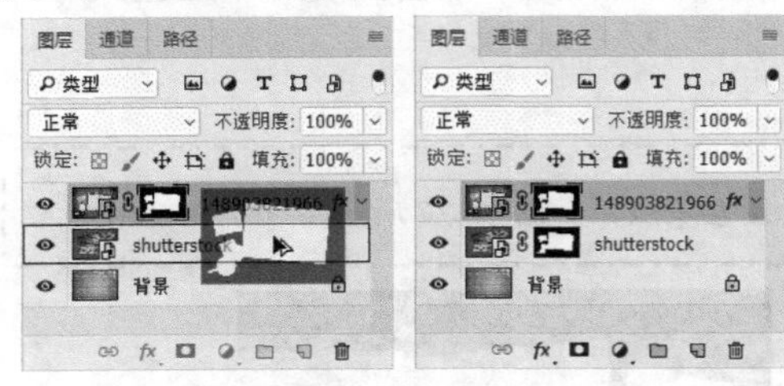

图 10-39　复制蒙版

图 10-40　移动蒙版

## 10.6.5　应用、删除图层蒙版

应用图层蒙版是指将图像中对应蒙版中的黑色区域删除，白色区域保留下来，而灰色区域将呈透明效果，并且删除图层蒙版。在图层蒙版缩览图上右击，在弹出的菜单中选择【应用图层蒙版】命令，可以将蒙版应用在当前图层中，如图 10-41 所示。

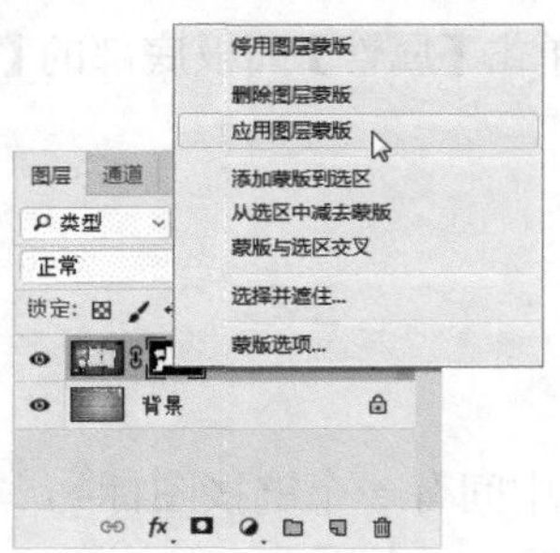


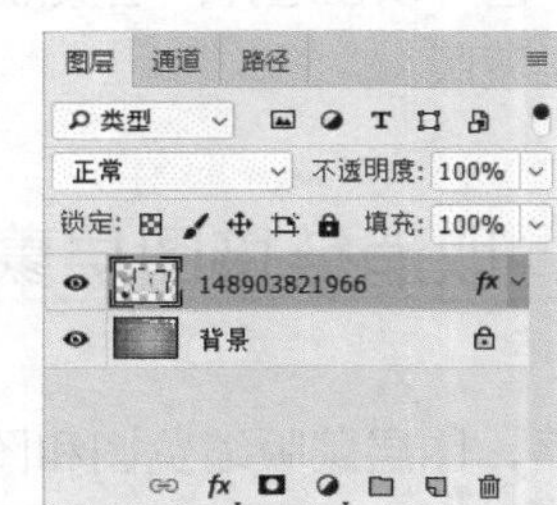

图 10-41　应用图层蒙版

如果要删除图层蒙版，可以采用以下 4 种方法来完成。

- 选择蒙版，然后直接在【属性】面板中单击【删除蒙版】按钮。
- 选中图层，选择【图层】|【图层蒙版】|【删除】命令。
- 在图层蒙版缩览图上右击，在弹出的菜单中选择【删除图层蒙版】命令。
- 将图层蒙版缩览图拖动到【图层】面板下面的【删除图层】按钮上，或直接单击【删除图层】按钮，然后在弹出的如图 10-42 所示的提示对话框中单击【删除】按钮。

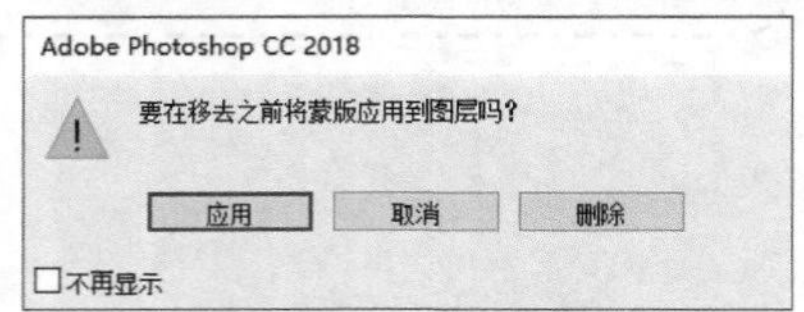


图 10-42　删除图层蒙版提示对话框

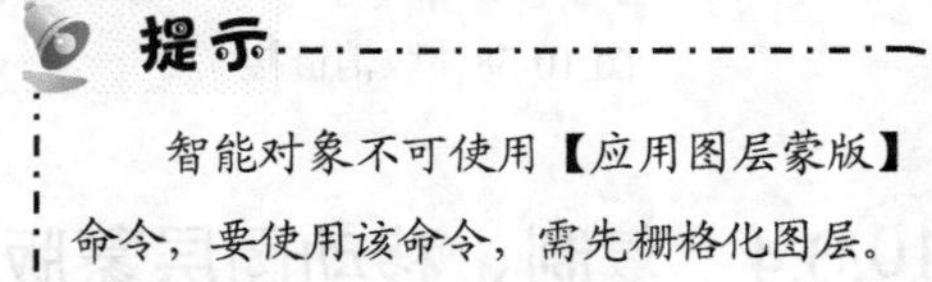

**提示**

智能对象不可使用【应用图层蒙版】命令，要使用该命令，需先栅格化图层。

# 10.7　剪贴蒙版

剪贴蒙版是使用某个图层的内容来遮盖其上方的图层。遮盖效果由基底图层和其上方图层的内容决定。基底图层中的非透明区域形状决定了创建剪贴蒙版后内容图层的显示。

## 10.7.1　创建剪贴蒙版

剪贴蒙版可以用于多个图层，但它们必须是连续的。在剪贴蒙版中，最下面的图层为基底图层，上面的图层为内容图层。基底图层名称下带有下画线，内容图层的缩览图是缩进的，并且带有剪贴蒙版图标。要创建剪贴蒙版，先在【图层】面板中选中内容图层，然后选择【图层】|【创建剪贴蒙版】命令；或在要应用剪贴蒙版的图层上右击，在弹出的菜单中选择【创建剪贴蒙版】命令；或按 Alt+Ctrl+G 组合键；或按住 Alt 键，将光标放在【图层】面板中分隔两组图层的线上，然后单击鼠标即可创建剪贴蒙版，如图 10-43 所示。

图 10-43　创建剪贴蒙版

【例 10-6】创建剪贴蒙版，制作图像效果。

(1) 选择【文件】|【打开】命令，打开素材图像，并在【图层】面板中选中【图层 1】图层，如图 10-44 所示。

(2) 选择【文件】|【置入嵌入的对象】命令，打开【置入嵌入的对象】对话框。在该对话框中，选中素材图像，然后单击【置入】按钮置入图像，如图 10-45 所示。

图 10-44　打开图像文件

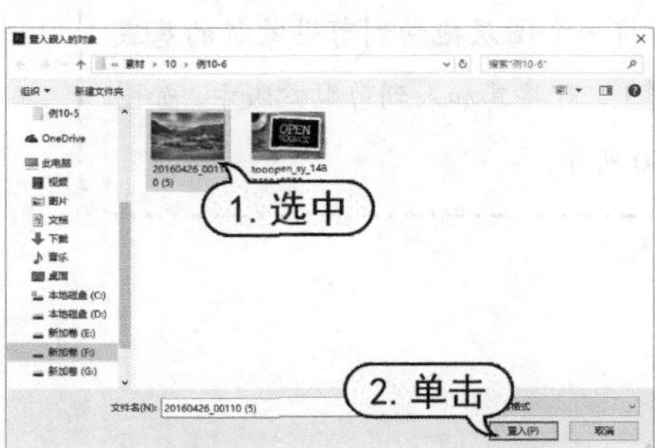


图 10-45　置入图像

(3) 在【图层】面板中，右击智能对象图层，在弹出的快捷菜单中选择【创建剪贴蒙版】命令创建剪贴蒙版，如图 10-46 所示。

计算机　基础与实训教材系列

(4) 按 Ctrl+T 组合键应用【自由变换】命令调整图像大小，如图 10-47 所示。

图 10-46　创建剪贴蒙版

图 10-47　应用【自由变换】命令

## 10.7.2　编辑剪贴蒙版

剪贴蒙版使用基底图层的不透明度和混合模式属性。因此，调整基底图层的不透明度和混合模式时，可以控制整个剪贴蒙版的不透明度和混合模式，如图 10-48 所示。调整内容图层的不透明度和混合模式时，仅对其自身产生作用，不会影响剪贴蒙版中其他图层的不透明度和混合模式，如图 10-49 所示。

图 10-48　调整基底图层的不透明度和混合模式

图 10-49　调整内容图层的不透明度和混合模式

**提示**

将一个图层拖动到剪贴蒙版的基底图层上，可将其加入到剪贴蒙版中，如图 10-50 所示。

图 10-50　添加图层到蒙版

## 10.7.3　释放剪贴蒙版

选择基底图层正上方的内容图层，选择【图层】|【释放剪贴蒙版】命令；或按 Alt+Ctrl+G

组合键；或直接在要释放的图层上右击，在弹出的菜单中选择【释放剪贴蒙版】命令，可释放全部剪贴蒙版，如图 10-51 所示。

用户也可以按住 Alt 键，将光标放在剪贴蒙版中两个图层之间的分隔线上，然后单击鼠标也可以释放剪贴蒙版中的图层，如图 10-52 所示。如果选中的内容图层上方还有其他内容图层，则这些图层也将会同时释放。

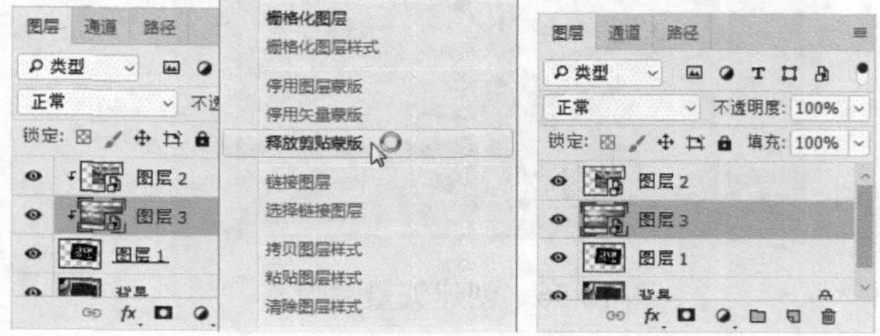

图 10-51　释放剪贴蒙版

图 10-52　释放剪贴蒙版

## 10.8　矢量蒙版

矢量蒙版是通过【钢笔】工具或形状工具创建的与分辨率无关的蒙版。它通过路径和矢量形状来控制图像的显示区域，可以任意缩放，还可以应用图层样式为蒙版内容添加图层效果，用于创建各种风格的按钮、面板或其他的 Web 设计元素。

### 10.8.1　创建矢量蒙版

要创建矢量蒙版，可以在图像中绘制路径后，单击工具控制面板中的【蒙版】按钮，即可将绘制的路径转换为矢量蒙版。用户也可以选择【图层】|【矢量蒙版】|【当前路径】命令，将当前路径创建为矢量蒙版。

【例 10-7】创建矢量蒙版制作图像效果。

(1) 选择【文件】|【打开】命令，打开一幅素材图像，如图 10-53 所示。

(2) 选择【文件】|【置入嵌入的对象】命令，打开【置入嵌入的对象】对话框。在该对话框中选中所需的图像文件，然后单击【置入】按钮，如图 10-54 所示。

图 10-53　打开图像文件

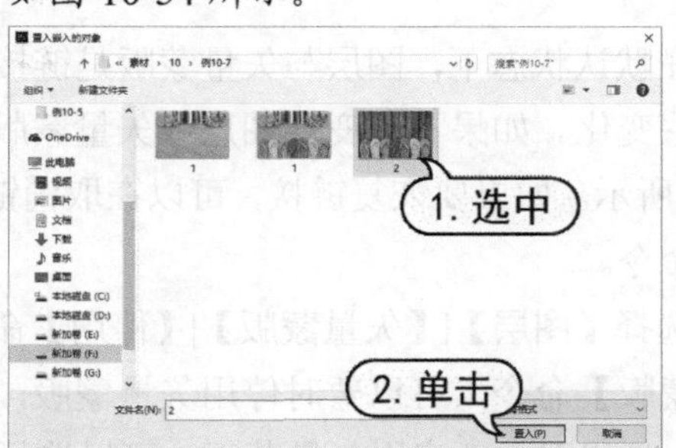


图 10-54　置入图像

(3) 选择【钢笔】工具沿拖鞋边缘绘制路径，如图 10-55 所示。

(4) 选择【图层】|【矢量蒙版】|【当前路径】命令创建矢量蒙版，如图 10-56 所示。

图 10-55 绘制路径

图 10-56 创建矢量蒙版

(5) 在工具控制面板中，单击【路径操作】按钮，从弹出的列表中选择【排除重叠形状】选项，然后使用【钢笔】工具继续调整矢量蒙版，如图 10-57 所示。

(6) 在【图层】面板中，双击嵌入的图像图层，打开【图层样式】对话框。在该对话框中，选中【投影】样式选项，设置【角度】数值为 120 度，【距离】数值为 40 像素，【扩展】数值为 8%，【大小】数值为 80 像素，然后单击【确定】按钮，如图 10-58 所示。

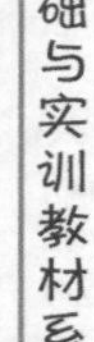

图 10-57 调整矢量蒙版

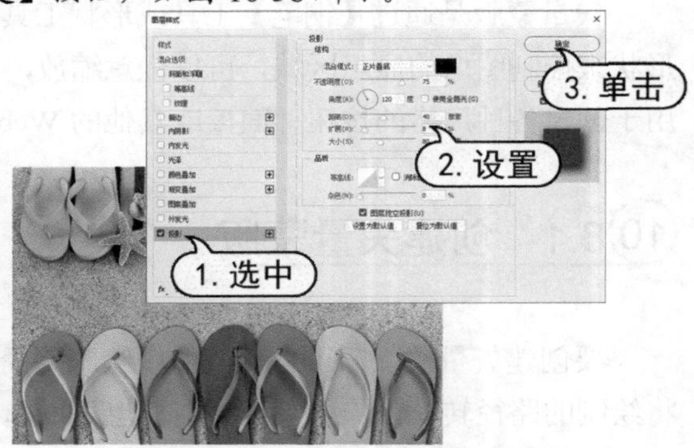

图 10-58 应用【投影】样式

## 10.8.2 链接、取消链接矢量蒙版

在默认状态下，图层与矢量蒙版是链接在一起的。当移动、变换图层时，矢量蒙版也会跟着发生变化。如果不想变换图层或矢量蒙版时影响对象，可以单击链接图标取消链接，如图 10-59 所示。如果要恢复链接，可以在取消链接的地方单击，或选择【图层】|【矢量蒙版】|【链接】命令。

选择【图层】|【矢量蒙版】|【停用】命令；或在蒙版上右击，在弹出的菜单中选择【停用矢量蒙版】命令，可以暂时停用矢量蒙版，蒙版缩览图上会出现一个红色的叉号，如图 10-60 所示。如果要重新启用矢量蒙版，可以选择【图层】|【矢量蒙版】|【启用】命令。

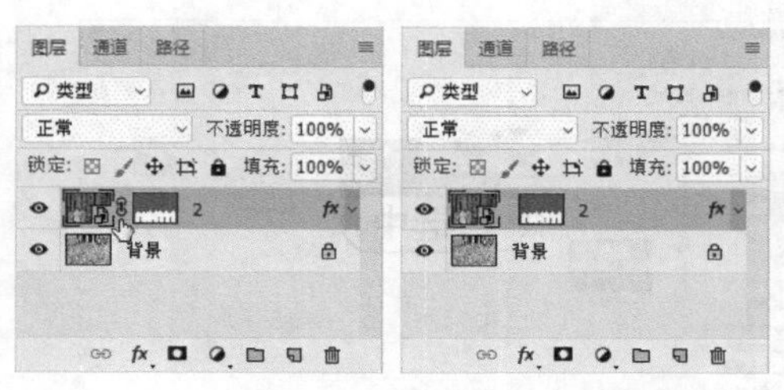


图 10-59　取消链接矢量蒙版

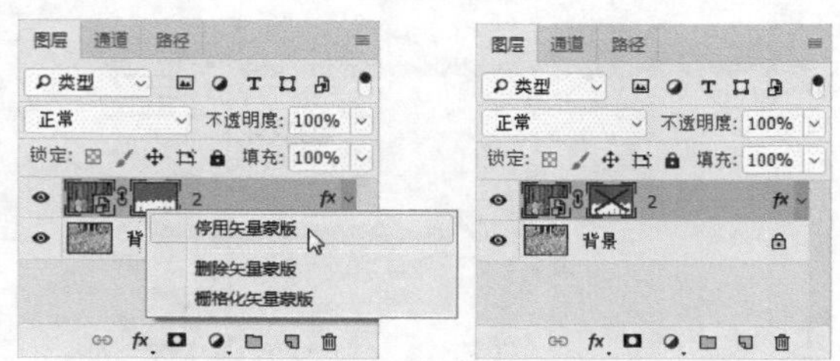


图 10-60　停用矢量蒙版

## 10.8.3　转换矢量蒙版

矢量蒙版是基于矢量形状创建的，当不再需要改变矢量蒙版中形状时，或者需要对形状做进一步的灰度改变，就可以将矢量蒙版进行栅格化。栅格化操作实际上就是将矢量蒙版转换为图层蒙版的过程。

选择矢量蒙版所在的图层，选择【图层】|【栅格化】|【矢量蒙版】命令，或直接右击，在弹出的菜单中选择【栅格化矢量蒙版】命令，即可栅格化矢量蒙版，将其转换为图层蒙版，如图 10-61 所示。

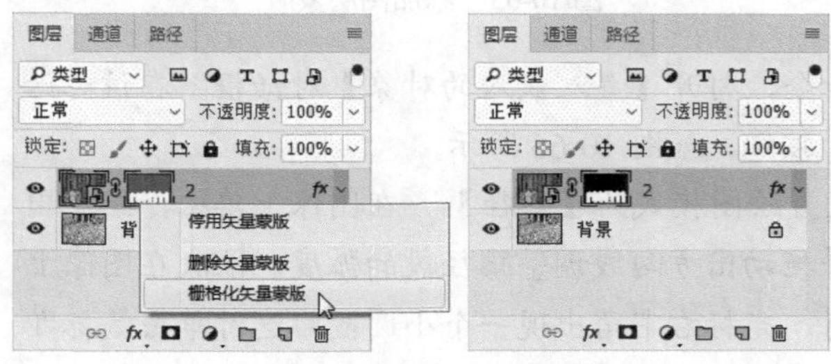


图 10-61　转换矢量蒙版

**知识点**

选择【图层】|【矢量蒙版】|【显示全部】命令，可以创建显示全部图像的矢量蒙版；选择【图层】|【矢量蒙版】|【隐藏全部】命令，可以创建隐藏全部图像的矢量蒙版。

## 10.9　上机练习

本章的上机练习通过制作节日海报的综合实例操作，使用户通过练习从而巩固本章所学的知识。

(1) 选择【文件】|【打开】命令，打开一幅素材图像，如图 10-62 所示。

(2) 选择【文件】|【置入嵌入的对象】命令，打开【置入嵌入的对象】对话框。在该对话框中选中所需的图像文件，然后单击【置入】按钮，如图 10-63 所示。

(3) 调整置入图像的大小及位置，然后按 Enter 键应用变换，如图 10-64 所示。

(4) 选择【矩形选框】工具，框选置入图像下部的木板部分，并在【图层】面板中单击【添加图层蒙版】按钮，如图 10-65 所示。

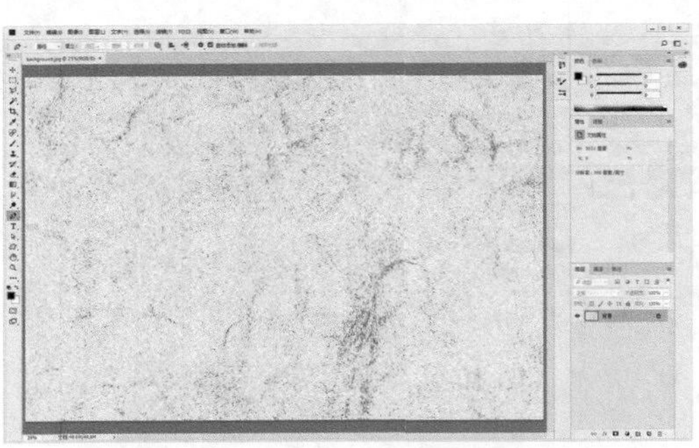
图 10-62　打开图像文件

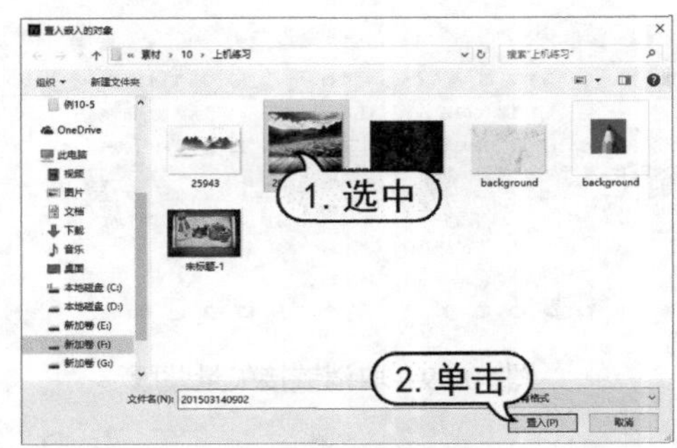

图 10-63　置入图像

图 10-64　调整置入图像

图 10-65　添加图层蒙版

(5) 选择【文件】|【置入嵌入的对象】命令，打开【置入嵌入的对象】对话框。在该对话框中选中所需的图像文件，然后单击【置入】按钮，如图 10-66 所示。

(6) 选择【钢笔】工具，在控制面板中设置绘图模式为【路径】。在图像上单击，绘制出第一个锚点。在线段结束的位置再次单击，并拖动出方向线调整路径段的弧度。依次在图像上单击，确定锚点位置。当鼠标回到初始锚点时，光标右下角出现一个小圆圈，这时单击鼠标即可闭合路径，如图 10-67 所示。

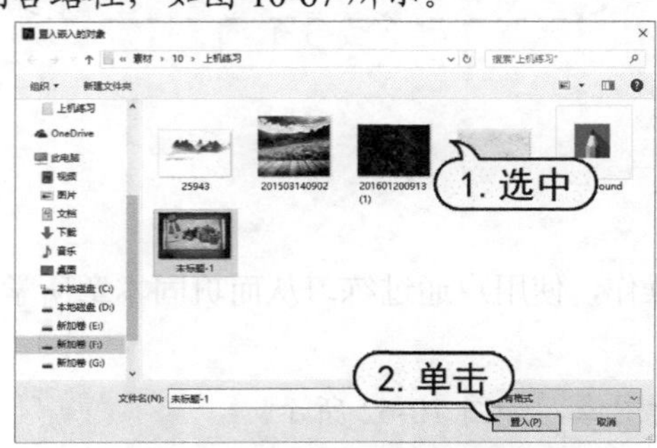

图 10-66　置入图像文件

图 10-67　绘制路径

(7) 在控制面板中单击【路径操作】选项，选择【合并形状】选项，然后使用【钢笔】工具添加路径，如图 10-68 所示。

(8) 选择【图层】|【矢量蒙版】|【当前路径】命令，创建矢量蒙版，如图 10-69 所示。

(9) 选择【移动】工具，按 Ctrl+T 组合键应用【自由变换】命令，调整茶壶图像的大小及位置，并在【属性】面板中单击【蒙版】图标，设置【羽化】数值为 2 像素，如图 10-70 所示。

图 10-68　添加路径

图 10-69　创建矢量蒙版

(10) 双击矢量蒙版图层，打开【图层样式】对话框。在该对话框中选中【投影】样式，设置【不透明度】数值为 60%，【角度】数值为 110 度，【距离】数值为 20 像素，【大小】数值为 20 像素，然后单击【确定】按钮，如图 10-71 所示。

图 10-70　调整图像

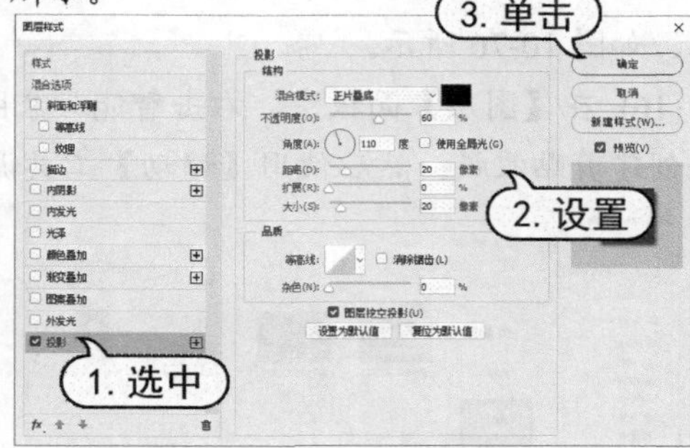


图 10-71　应用【投影】样式

(11) 选择【文件】|【置入嵌入的对象】命令，打开【置入嵌入的对象】对话框。在该对话框中选中所需的图像文件，然后单击【置入】按钮，如图 10-72 所示。

(12) 在【图层】面板中，设置图层混合模式为【正片叠底】，【不透明度】数值为 80%，如图 10-73 所示。

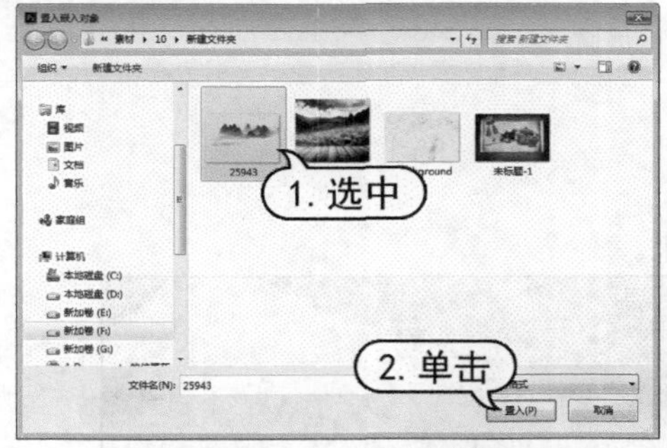


图 10-72　置入图像

图 10-73　设置图层

(13) 选择【直排文字】工具在图像中单击，在控制面板中设置字体为【方正字迹-邢体隶一简体】，字体大小为 250 点，然后输入文字内容。输入完成后，按 Ctrl+Enter 组合键结束操作，如图 10-74 所示。

(14) 继续使用【直排文字】工具在图像中单击，在控制面板中设置字体大小为 52 点，然后输入文字内容。输入完成后，按 Ctrl+Enter 组合键结束操作，如图 10-75 所示。

图 10-74　输入文字

图 10-75　输入文字

(15) 在【图层】面板中，选中"重阳"文字图层。选择【文件】|【置入嵌入的对象】命令，打开【置入嵌入的对象】对话框。在该对话框中，选中素材图像，然后单击【置入】按钮置入图像，如图 10-76 所示。

(16) 在【图层】面板中，右击智能对象图层，在弹出的快捷菜单中选择【创建剪贴蒙版】命令创建剪贴蒙版。然后使用【移动】工具调整图像位置，如图 10-77 所示。

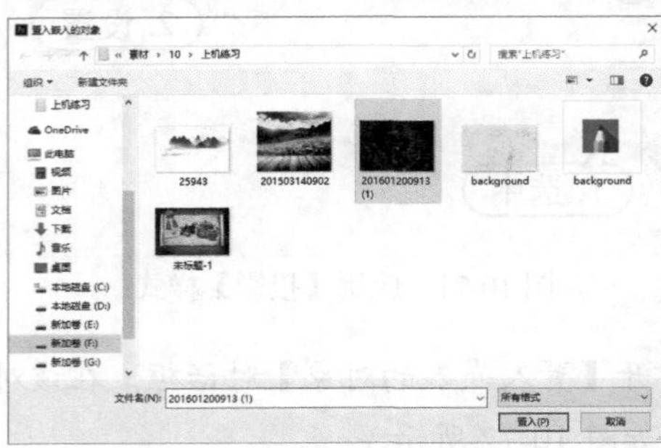

图 10-76　置入图像

图 10-77　创建剪贴蒙版

## 10.10　习题

1. 利用通道制作如图 10-78 所示的图像效果。
2. 利用图层蒙版制作如图 10-79 所示的图像效果。

图 10-78　图像效果

图 10-79　图像效果

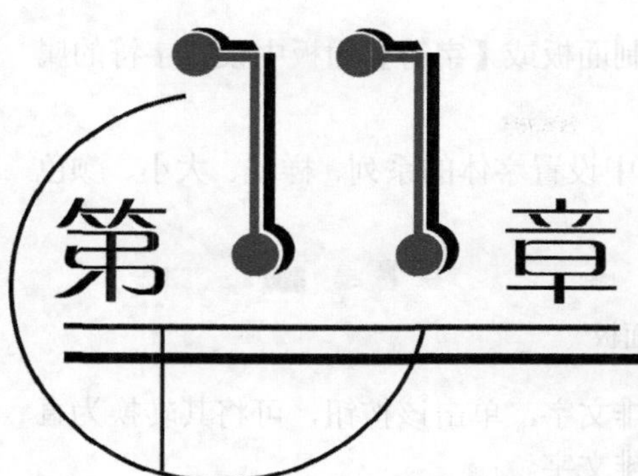

# 第11章 文字的应用

## 学习目标

文字在设计作品中起着解释说明的作用。Photoshop 为用户提供了便捷的文字输入、编辑功能。本章介绍了创建文字，设置文字属性等操作方法，使用户在制作设计作品的过程中更加轻松自如地应用文字。

## 本章重点

- 创建不同形式的文字
- 编辑文本对象
- 【字符样式】和【段落样式】面板
- 将文字转换为形状

## 11.1 认识文字工具

Photoshop 中的文字是由以数字方式定义的形状组成的。在将文字栅格化以前，Photoshop 会保留基于矢量的文字轮廓，用户可以任意缩放文字，或调整文字大小。

Photoshop 提供了【横排文字】、【直排文字】、【横排文字蒙版】和【直排文字蒙版】4 种创建文字的工具，如图 11-1 所示。

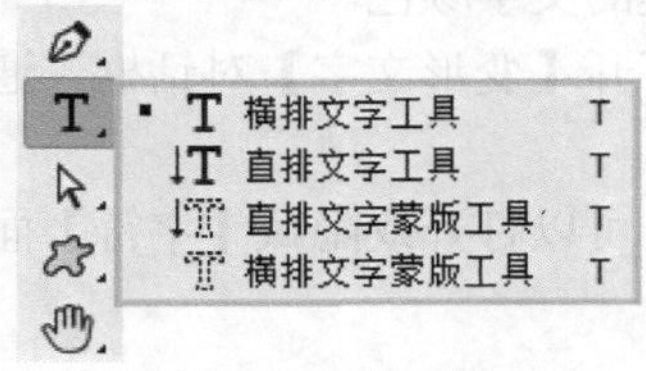


图 11-1　文字工具

> **提示**
>
> 文字选区可以像任何其他选区一样移动、拷贝、填充或描边。

【横排文字】工具和【直排文字】工具主要用来创建点文字、段落文字和路径文字。【横排文字蒙版】工具和【直排文字蒙版】工具主要用来创建文字选区。

在使用文字工具输入文字之前，用户需要在工具控制面板或【字符】面板中设置字符的属性，包括字体、大小、文字颜色等。

选择文字工具后，可以在如图 11-2 所示的控制面板中设置字体的系列、样式、大小、颜色和对齐方式等。

图 11-2 文字工具控制面板

- 【切换文本取向】按钮：如果当前文字为横排文字，单击该按钮，可将其转换为直排文字；如果是直排文字，则可将其转换为横排文字。
- 【设置字体】：在该下拉列表中可以选择字体，如图 11-3 所示。
- 【设置字体样式】：用来为字符设置样式，包括 Regular(规则的)、Italic(斜体)、Bold(粗体)、Bold Italic(粗斜体)。该设置只对英文字体有效，如图 11-4 所示。

图 11-3 【设置字体】选项

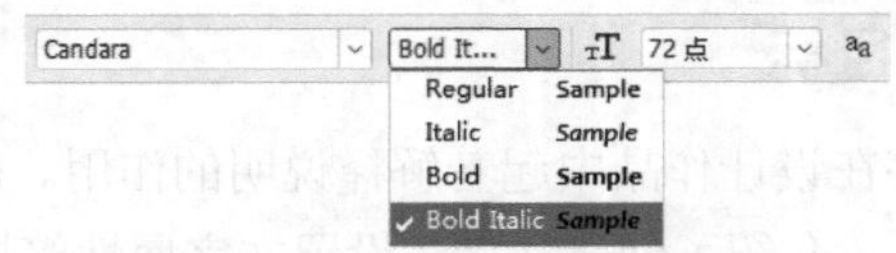

图 11-4 【设置字体样式】选项

- 【设置字体大小】：可以选择字体的大小，或直接输入数值进行设置，如图 11-5 所示。
- 【设置取消锯齿的方法】：可为文字选择消除锯齿的方法，Photoshop 会通过部分地填充边缘像素来产生边缘平滑的文字。包括【无】、【锐利】、【犀利】、【浑厚】、【平滑】、Windows LCD 和 Windows 这 7 种选项供用户选择，如图 11-6 所示。

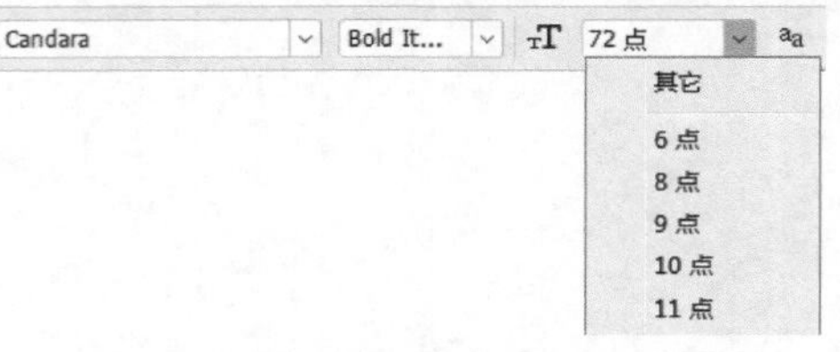

图 11-5 【设置字体大小】选项

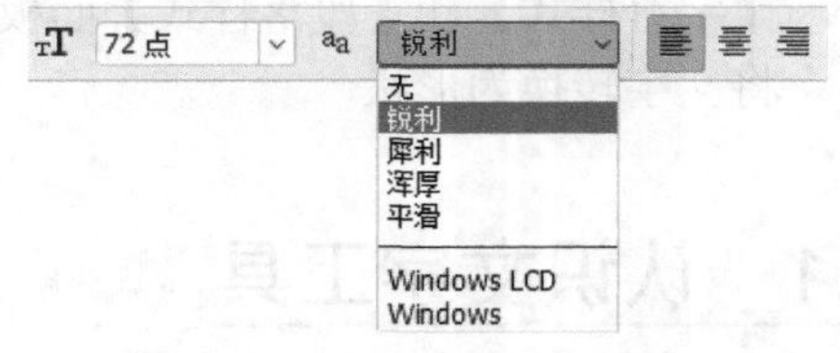

图 11-6 【设置取消锯齿的方法】选项

- 【设置文本对齐】：在该选项中，可以设置文本对齐的方式，包括【左对齐文本】按钮、【居中对齐文本】按钮和【右对齐文本】按钮。
- 【设置文本颜色】：单击该按钮，可以打开【拾色器(文本颜色)】对话框，设置创建文字的颜色。默认情况下，使用前景色作为创建的文字颜色。
- 【创建文字变形】按钮：单击该按钮，可以打开【变形文字】对话框。通过该对话框，用户可以设置文字多种变形样式。
- 【切换字符和段落面板】按钮：单击该按钮，可以打开或隐藏【字符】面板和【段落】面板。

**【例 11-1】**使用文字工具创建文字效果。

(1) 选择【文件】|【打开】命令，选择打开一幅素材图像，如图 11-7 所示。

(2) 选择【横排文字】工具在图像中单击，再在控制面板中单击【设置字体系列】下拉列表，选择 Charlemagne Std 字体；在【设置字体大小】文本框中输入 100 点；单击【设置文本颜色】色块，在弹出的【拾色器】对话框中，设置颜色为 R:255 G:255 B:255。然后输入文字内容，并按 Ctrl+Enter 组合键结束文字输入，如图 11-8 所示。

图 11-7　打开图像文件

图 11-8　输入文字

(3) 在【图层】面板中，双击文字图层，打开【图层样式】对话框。在该对话框中，选中【投影】样式，在【混合模式】下拉列表中选择【线性加深】选项，设置【不透明度】数值为 75%，【距离】数值为 8 像素，【大小】数值为 10 像素，【杂色】数值为 5%，然后单击【确定】按钮，如图 11-9 所示。

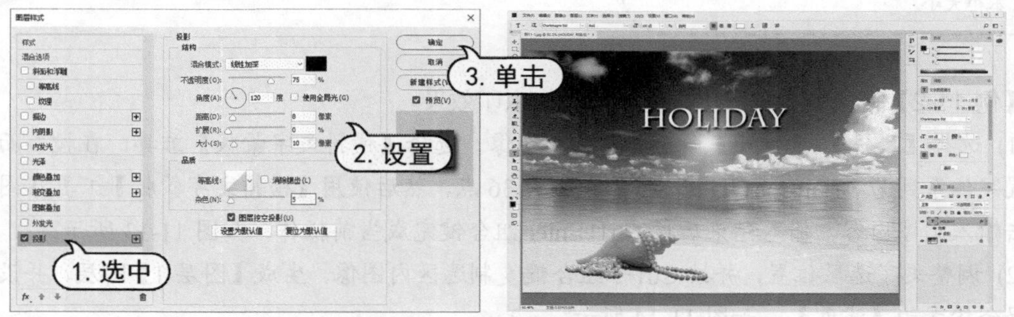


图 11-9　应用【投影】样式

## 11.2　创建不同形式的文字

在 Photoshop 中，使用文字工具创建的文字，可以分为点文本、段落文本、路径文字和变形文字。

### 11.2.1　点文本和段落文本

点文本是一个水平或垂直的文本行，每行文字都是独立的，如图 11-10 所示。行的长度随着文字的输入而不断增加，不会进行自动换行，需要手动按 Enter 键换行。在处理标题等字数较少的文字时，可以通过点文本来完成。

段落文本是在文本框内输入的文本，它具有自动换行，可以调整文字区域大小等优势，如图 11-11 所示。在需要处理文字量较大的文本时，可以使用段落文本来完成。

图 11-10　点文字

图 11-11　段落文字

点文本和段落文本可以互相转换。如果是点文本，可选择【文字】|【转换为段落文本】命令，将其转换为段落文本；如果是段落文本，可选择【文字】|【转换为点文本】命令，将其转换为点文本。将段落文本转换为点文本时，所有溢出定界框的字符都会被删除。因此，为了避免丢失文字，应首先调整定界框，使所有文字在转换前都显示出来。

**知识点**

在单击并拖动鼠标创建文本框时，如果同时按住 Alt 键，会弹出如图 11-12 所示的【段落文字大小】对话框。在该对话框中输入【宽度】和【高度】数值，可以精确定义文本框大小。

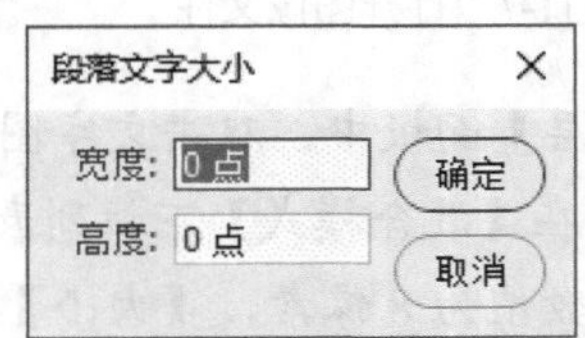


图 11-12　【段落文字大小】对话框

【例 11-2】使用文字蒙版工具为图像添加水印效果。

(1) 选择【文件】|【打开】命令打开素材图像。选择【横排文字蒙版】工具，在控制面板中设置字体系列为 Arial Bold Italic，字体大小为 36 点，然后使用【横排文字蒙版】工具在图像中单击输入文字内容，输入结束后按 Ctrl+Enter 组合键完成当前操作，如图 11-13 所示。

(2) 调整文字选区位置，并按 Ctrl+J 组合键复制选区内图像，生成【图层 1】图层，并设置图层混合模式为【滤色】，如图 11-14 所示。

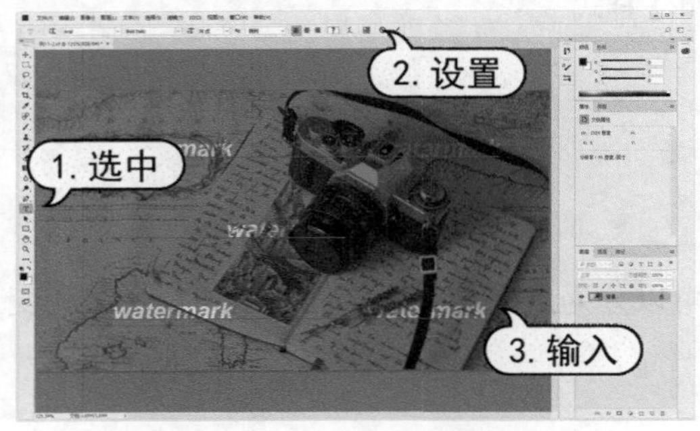


图 11-13　创建文字蒙版

图 11-14　复制并设置图层

(3) 双击【图层 1】图层，打开【图层样式】对话框。在打开的对话框中，选中【投影】样式，设置【混合模式】为【正片叠底】，【不透明度】数值为 50%，【距离】数值为 4 像素，【扩展】数值为 0%，【大小】数值为 9 像素，然后单击【确定】按钮，如图 11-15 所示。

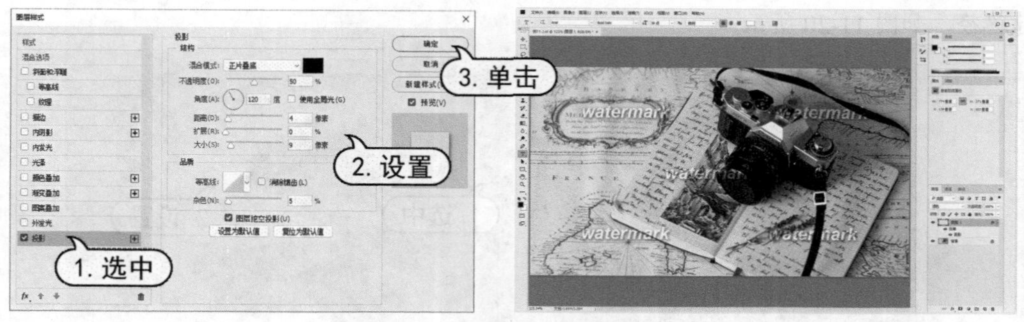


图 11-15 应用【投影】样式

## 11.2.2 路径文字

路径文字是指创建在路径上的文字，文字会沿着路径排列。改变路径形状时，文字的排列方式也会随之改变。在 Photoshop 中可以添加两种路径文字，一种是沿路径排列的文字，一种是路径内部的文字。

要想沿路径创建文字，需要先在图像中创建路径，然后选择文字工具，放置光标在路径上，当其显示为时单击，即可在路径上显示文字插入点，从而可以沿路径创建文字，如图 11-16 所示。

要想在路径内创建路径文字，需要先在图像文件窗口中创建闭合路径，然后选择工具面板中的文字工具，移动光标至闭合路径中，当光标显示为时单击，即可在路径区域中显示文字插入点，从而可以在路径闭合区域中创建文字内容，如图 11-17 所示。

图 11-16 沿路径创建文字　　　图 11-17 在闭合路径内创建文字

要调整所创建文字在路径上的位置，可以在工具面板中选择【直接选择】工具或【路径选择】工具，再移动光标至文字上，当其显示为或时按下鼠标，沿着路径方向拖动文字即可；在拖动文字的过程中，还可以拖动文字至路径的内侧或外侧，如图 11-18 所示。

图 11-18 调整文字位置

【例 11-3】在图像文件中创建路径文字。

(1) 选择【文件】|【打开】命令，打开素材图像，如图 11-19 所示。

(2) 选择【钢笔】工具，并在控制面板中设置绘图模式为【路径】选项，然后在图像文件中创建路径，如图 11-20 所示。

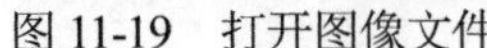
图 11-19　打开图像文件

图 11-20　绘制路径

(3) 选择【横排文字】工具，在控制面板中设置字体系列为 Franklin Gothic Medium，字体大小为 60 点，字体颜色为 R:75 G:166 B:80。然后使用【横排文字】工具在路径上单击并输入文字内容。输入结束后按 Ctrl+Enter 组合键完成当前操作，如图 11-21 所示。

(4) 选择【路径选择】工具调整路径上文字的位置，如图 11-22 所示。

图 11-21　创建路径文字

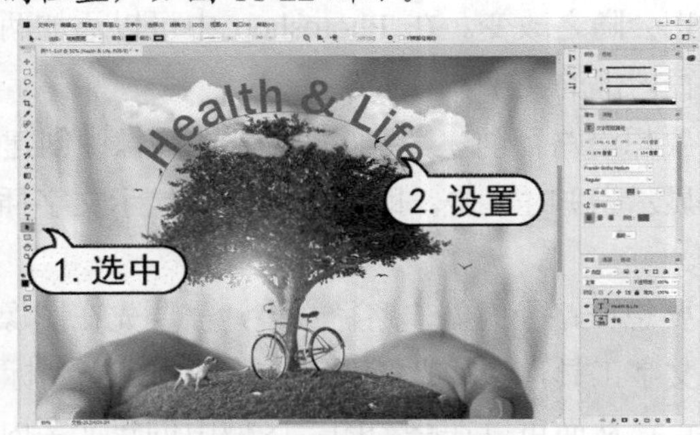

图 11-22　调整路径文字

(5) 双击文字图层，打开【图层样式】对话框。在该对话框中，选中【描边】样式选项，设置【大小】数值为 9 像素，【位置】为【外部】，颜色为白色，如图 11-23 所示。

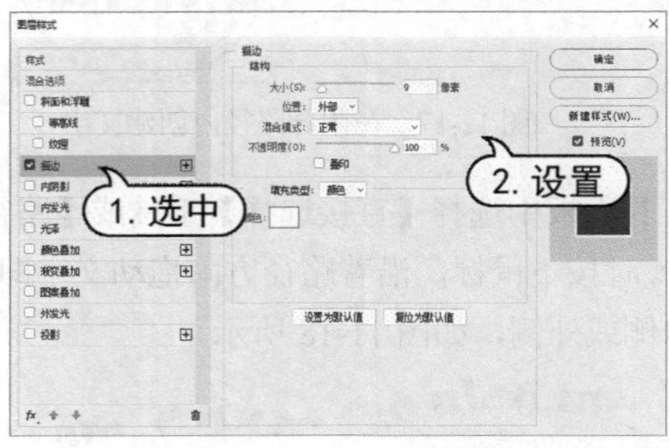

图 11-23　应用【描边】样式

(6) 在【图层样式】对话框中，选中【投影】样式选项，设置【混合模式】为【颜色加深】，【角度】数值为 125 度，【距离】数值为 42 像素，【大小】数值为 4 像素，然后单击【确定】按钮应用图层样式，如图 11-24 所示。

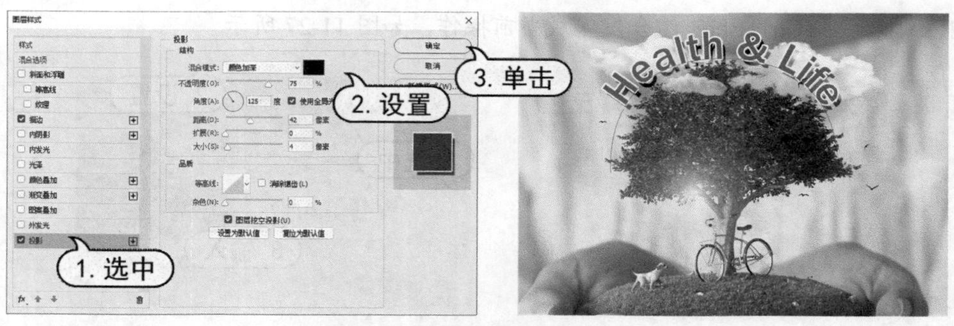


图 11-24　应用【投影】样式

## 11.2.3　变形文字

在 Photoshop 中，可以对文字对象进行变形操作。通过变形操作可以在不栅格化文字图层的情况下制作出更多的文字变形样式。

### 1. 创建变形文字

输入文字对象后，单击工具控制面板中的【创建文字变形】按钮，可以打开如图 11-25 所示的【变形文字】对话框。在该对话框中的【样式】下拉列表中选择一种变形样式即可设置文字的变形效果。

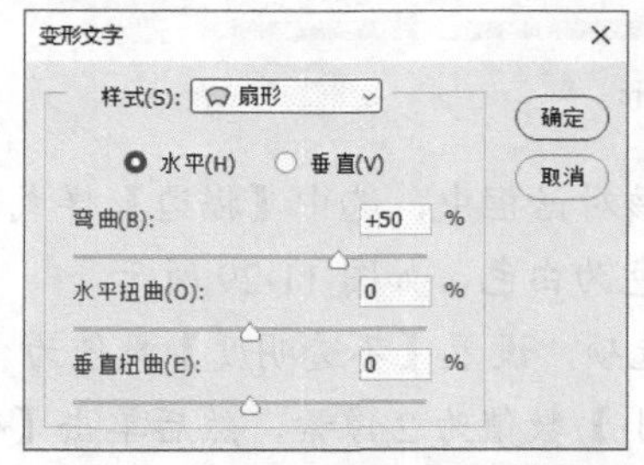


图 11-25　【变形文字】对话框

**提示**

使用【横排文字蒙版】工具和【直排文字蒙版】工具创建选区时，在文本输入状态下同样可以进行变形操作，这样就可以得到变形的文字选区。

- 【样式】：在此下拉列表中可以选择一个变形样式。
- 【水平】和【垂直】单选按钮：选择【水平】单选按钮，可以将变形效果设置为水平方向；选择【垂直】单选按钮，可以将变形设置为垂直方向。
- 【弯曲】：可以调整对图层应用的变形程度。
- 【水平扭曲】和【垂直扭曲】：拖动【水平扭曲】和【垂直扭曲】的滑块，或输入数值，可以变形应用透视。

【例 11-4】在图像文件中创建变形文字。

(1) 选择【文件】|【打开】命令，打开素材图像，如图 11-26 所示。

(2) 选择【横排文字】工具，在控制面板中设置字体系列为“汉仪菱心体简”，字体大小为 130 点，字体颜色为 R:255 G:108 B:0。然后使用【横排文字】工具在路径上单击并输入文字

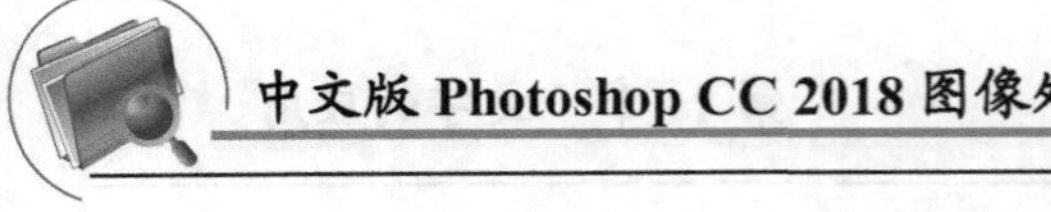



内容。输入结束后按 Ctrl+Enter 组合键完成当前操作，如图 11-27 所示。

图 11-26　打开图像文件　　　　图 11-27　输入文字

(3) 在控制面板中，单击【创建文字变形】按钮，打开【变形文字】对话框。在该对话框中的【样式】下拉列表中选择【扇形】选项，设置【弯曲】数值为 0%，【水平扭曲】数值为-50%，【垂直扭曲】数值为 0%，然后单击【确定】按钮，如图 11-28 所示。

图 11-28　创建文字变形

(4) 双击文字图层，打开【图层样式】对话框。在该对话框中，选中【描边】样式选项，设置【大小】数值为 5 像素，【位置】为【外部】，颜色为白色，如图 11-29 所示。

(5) 在【图层样式】对话框中，选中【投影】样式选项，设置【不透明度】数值为 75%，【角度】数值为 30 度，【距离】数值为 15 像素，【大小】数值为 2 像素，然后单击【确定】按钮应用图层样式，如图 11-30 所示。

图 11-29　应用【描边】样式

图 11-30　应用【投影】样式

### 2. 重置变形与取消变形

使用【横排文字】工具和【直排文字】工具创建的文本，在没有将其栅格化或者转换为形状前，可以随时重置与取消变形。

选择一个文字工具，单击工具控制面板中的【创建文字变形】按钮，或选择【文字】|【文字变形】命令，可以打开【变形文字】对话框，修改变形参数。或在【样式】下拉列表中选择另一种样式。

要取消文字变形，在【变形文字】对话框的【样式】下拉列表中选择【无】选项，然后单击【确定】按钮关闭对话框，即可将文字恢复为变形前的状态。

## 11.3 编辑文本对象

在 Photoshop 中创建文本对象后，可以对文字的样式、大小、颜色、行距等参数进行设置，还可以设置文本对象的排版样式。

### 11.3.1 修改文本属性

【字符】面板用于设置文字的基本属性，如设置文字的字体、字号、字符间距及文字颜色等。选择任意一个文字工具，单击控制面板中的【切换字符和段落面板】按钮，或者选择【窗口】|【字符】命令都可以打开如图 11-31 所示的【字符】面板，通过设置面板选项即可调整文字属性。

- 【设置字体系列】下拉列表：该选项用于设置文字的字体样式，如图 11-32 所示。

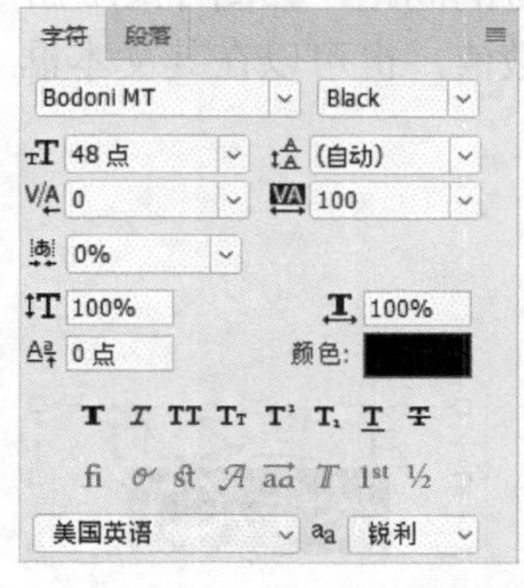


图 11-31　【字符】面板

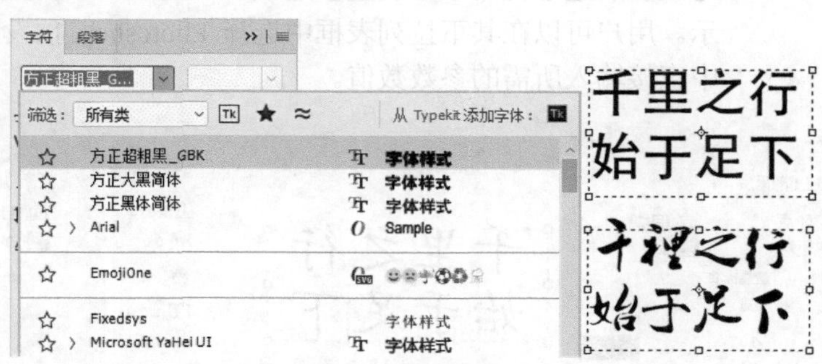


图 11-32　设置字体系列

- 【设置字体大小】下拉列表：该选项用于设置文字的字符大小，如图 11-33 所示。
- 【设置行距】下拉列表：该选项用于设置文本对象中两行文字之间的间隔距离，如图 11-34 所示。设置【设置行距】选项的数值时，可以通过其下拉列表框选择预设的数值，也可以在文本框中自定义数值，还可以选择下拉列表框中的【自动】选项，根据创建文本对象的字体大小自动设置适当的行距数值。

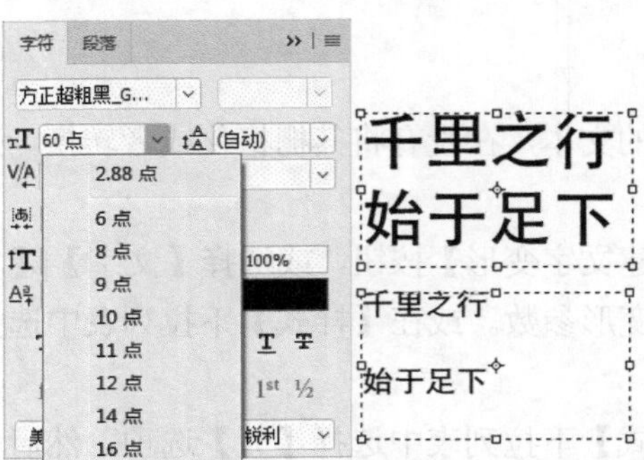

图 11-33　设置字体大小

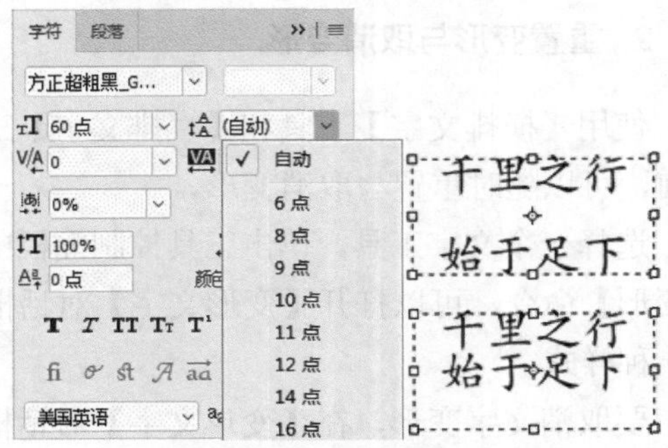

图 11-34　设置行距

**提示**

文字的默认度量单位为【点】，也可以使用【像素】和【毫米】作为度量单位。选择【编辑】|【首选项】|【单位与标尺】命令，打开【首选项】对话框。在【单位】选项组中，可以设置【文字】选项的单位，如图 11-35 所示。

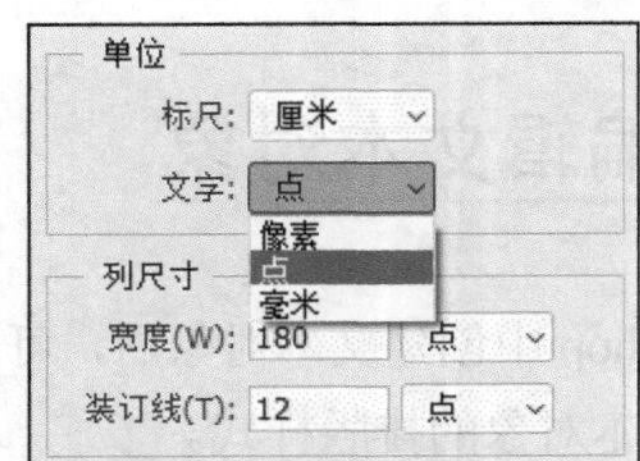


图 11-35　设置文字单位



◉ 【设置两个字符之间的字距微调】选项：该选项用于微调光标位置前文字本身的字体间距，如图 11-36 所示。与【设置所选字符的字距调整】选项不同的是，该选项只能设置光标位置前的文字字距。用户可以在其下拉列表框中选择 Photoshop 预设的参数数值，也可以在其文本框中直接输入所需的参数数值。需要注意的是，该选项只能在没有选择文字的情况下为可设置状态。

◉ 【设置所选字符的字距调整】选项：该选项用于设置两个字符的间距，如图 11-37 所示。用户可以在其下拉列表框中选择 Photoshop 预设的参数数值，也可以在其文本框中直接输入所需的参数数值。

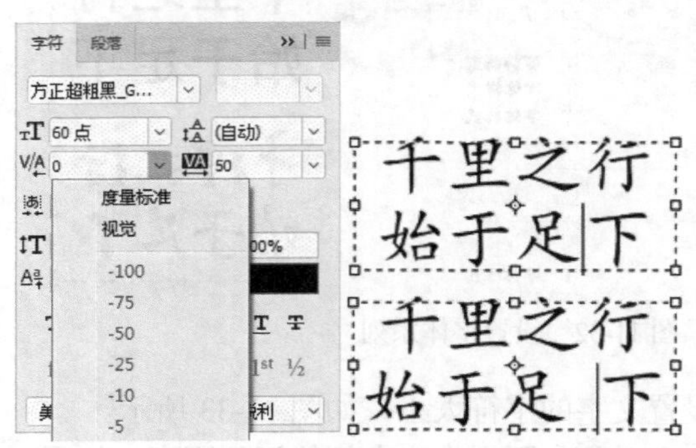

图 11-36　设置两个字符之间的字距微调

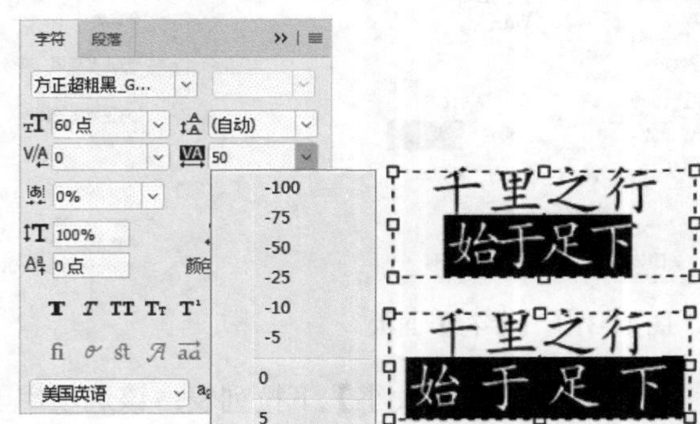

图 11-37　设置所选字符的字距调整

◉【设置所选字符的比例间距】选项：该选项用于设置文字字符间的比例间距，数值越大，字距越小。

◉【垂直缩放】文本框和【水平缩放】文本框：这两个文本框用于设置文字的垂直和水平缩放比例，如图 11-38 所示。

◉【设置基线偏移】文本框：该文本框用于设置选择文字的向上或向下偏移数值，如图 11-39 所示。设置该选项参数后，不会影响整体文本对象的排列方向。

图 11-38　设置垂直缩放和水平缩放

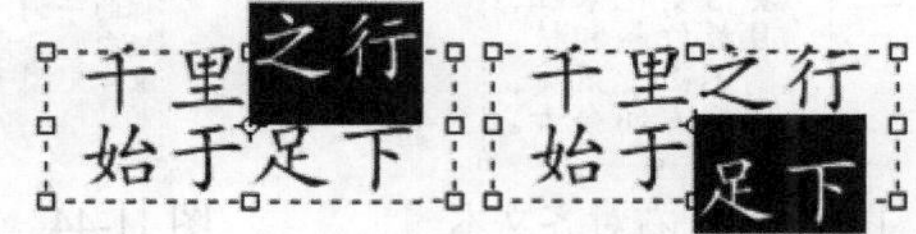


图 11-39　设置基线偏移

◉【字符样式】选项组：在该选项组中，通过单击不同的文字样式按钮，可以设置文字为仿粗体、仿斜体、全部大写字母、小型大写字母、上标、下标、下画线、删除线等样式的文字。

## 11.3.2　编辑段落文本

【段落】面板用于设置段落文本的编排方式，如设置段落文本的对齐方式、缩进值等。单击控制面板中的【显示/隐藏字符和段落面板】按钮，或者选择【窗口】|【段落】命令都可以打开如图 11-40 所示的【段落】面板，通过设置选项即可设置段落文本属性。

◉【左对齐文本】按钮：单击该按钮，创建的文字会以整个文本对象的左边为界，强制进行左对齐，如图 11-41 所示。【左对齐文本】按钮为段落文本的默认对齐方式。

◉【居中对齐文本】按钮：单击该按钮，创建的文字会以整个文本对象的中心线为界，强制进行文本居中对齐，如图 11-42 所示。

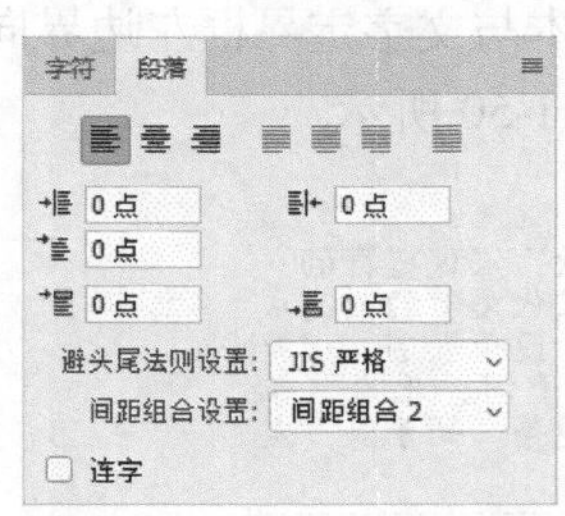


图 11-40　【段落】面板

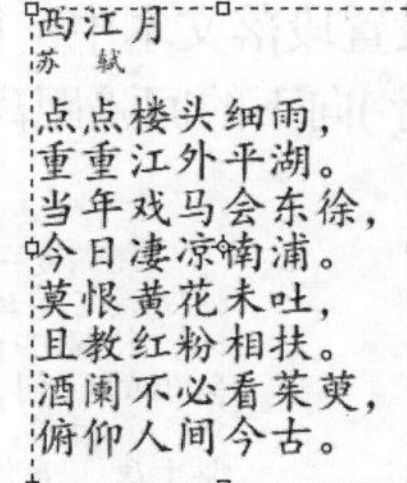


图 11-41　左对齐文本

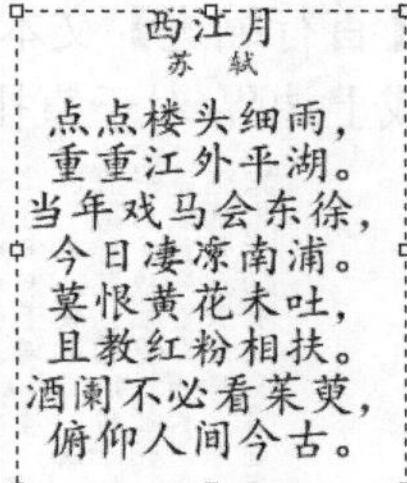


图 11-42　居中对齐文本

◉【右对齐文本】按钮：单击该按钮，创建的文字会以整个文本对象的右边为界，强制进行文本右对齐，如图 11-43 所示。

◉【最后一行左对齐】按钮：单击该按钮，段落文本中的文本对象会以整个文本对象的左右两边为界强制对齐，同时将处于段落文本最后一行的文本以其左边为界进行强制左对齐，如图 11-44 所示。该按钮为段落对齐时较常使用的对齐方式。

- 【最后一行居中对齐】按钮：单击该按钮，段落文本中的文本对象会以整个文本对象的左右两边为界强制对齐，同时将处于段落文本最后一行的文本以其中心线为界进行强制居中对齐，如图 11-45 所示。

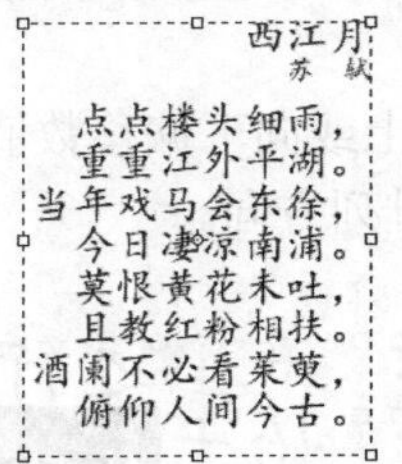

西江月
苏轼
点点楼头细雨，
重重江外平湖。
当年戏马会东徐，
今日凄凉南浦。
莫恨黄花未吐，
且教红粉相扶。
酒阑不必看茱萸，
俯仰人间今古。

图 11-43　右对齐文本

宋词是一种新体诗歌，宋代
盛行的一种汉族文学体裁，
标志宋代文学的最高成就。
宋词句子有长有短，便于歌
唱。因是合乐的歌词，故又
称曲子词、乐府、乐章、长
短句、诗余、琴趣等。始于
汉，定型于唐、五代，盛于
宋。

图 11-44　最后一行左对齐

宋词是一种新体诗歌，宋代
盛行的一种汉族文学体裁，
标志宋代文学的最高成就。
宋词句子有长有短，便于歌
唱。因是合乐的歌词，故又
称曲子词、乐府、乐章、长
短句、诗余、琴趣等。始于
汉，定型于唐、五代，盛于
宋。

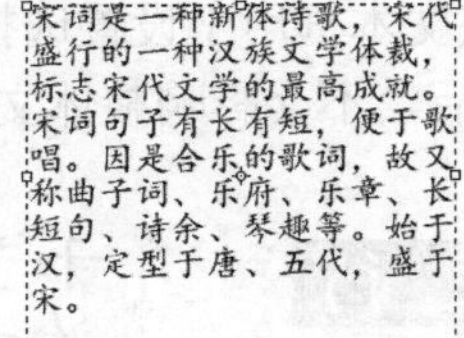

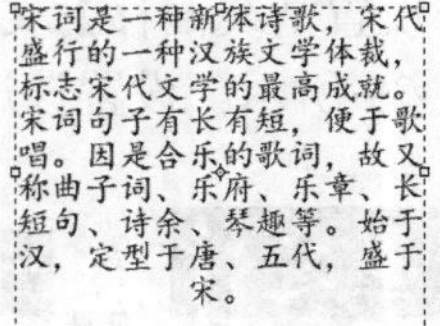

图 11-45　最后一行居中对齐

- 【最后一行右对齐】按钮：单击该按钮，段落文本中的文本对象会以整个文本对象的左右两边为界强制对齐，同时将处于段落文本最后一行的文本以其左边为界进行强制右对齐，如图 11-46 所示。
- 【全部对齐】按钮：单击该按钮，段落文本中的文本对象会以整个文本对象的左右两边为界，强制对齐段落中的所有文本对象，如图 11-47 所示。
- 【左缩进】文本框：用于设置段落文本中，每行文本两端与文字定界框左边界向右的间隔距离，或上边界(对于直排格式的文字)向下的间隔距离，如图 11-48 所示。

宋词是一种新体诗歌，宋代
盛行的一种汉族文学体裁，
标志宋代文学的最高成就。
宋词句子有长有短，便于歌
唱。因是合乐的歌词，故又
称曲子词、乐府、乐章、长
短句、诗余、琴趣等。始于
汉，定型于唐、五代，盛于
宋。

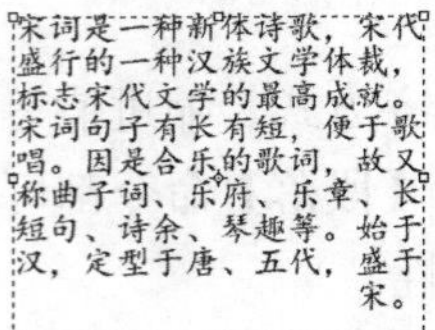

图 11-46　最后一行右对齐

宋词是一种新体诗歌，宋代盛行的一种汉
族文学体裁，标志宋代文学的最高成就。
宋词句子有长有短，便于歌唱。因是合乐
的歌词，故又称曲子词、乐府、乐章、长
短句、诗余、琴趣等。始于汉，定型于
唐、五代，盛于宋。

图 11-47　全部对齐

宋词是一种新体诗歌，
宋代盛行的一种汉族文
学体裁，标志宋代文学
的最高成就。宋词句子
有长有短，便于歌唱。
因是合乐的歌词，故又
称曲子词、乐府、乐
章、长短句、诗余、琴
趣等。始于汉，定型于
唐、五代，盛于宋。

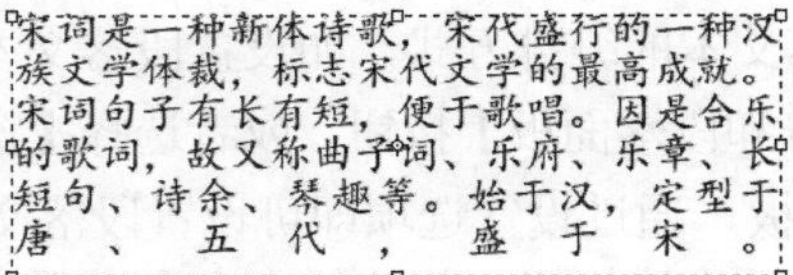

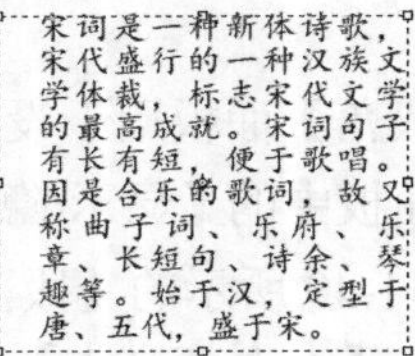

图 11-48　左缩进

- 【右缩进】文本框：用于设置段落文本中，每行文本两端与文字定界框右边界向左的间隔距离，或下边界(对于直排格式的文字)向上的间隔距离，如图 11-49 所示。
- 【首行缩进】文本框：用于设置段落文本中，第一行文本与文字定界框左边界向右，或上边界(对于直排格式的文字)向下的间隔距离，如图 11-50 所示。

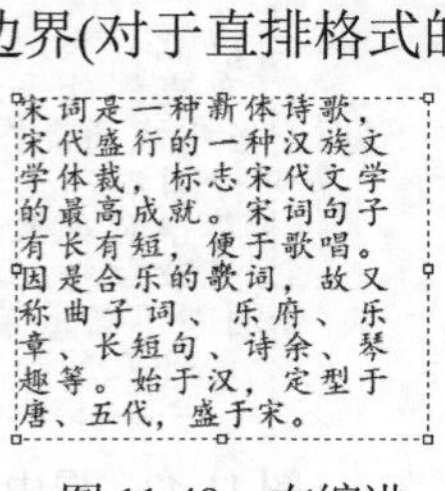

宋词是一种新体诗歌，
宋代盛行的一种汉族文
学体裁，标志宋代文学
的最高成就。宋词句子
有长有短，便于歌唱。
因是合乐的歌词，故又
称曲子词、乐府、乐
章、长短句、诗余、琴
趣等。始于汉，定型于
唐、五代，盛于宋。

图 11-49　右缩进

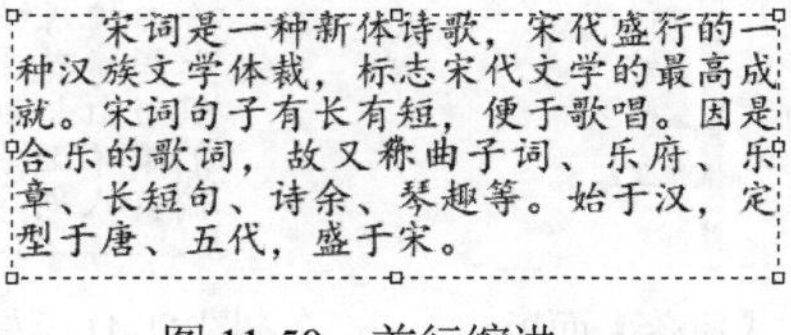

宋词是一种新体诗歌，宋代盛行的一
种汉族文学体裁，标志宋代文学的最高成
就。宋词句子有长有短，便于歌唱。因是
合乐的歌词，故又称曲子词、乐府、乐
章、长短句、诗余、琴趣等。始于汉，定
型于唐、五代，盛于宋。

图 11-50　首行缩进

- 【段前添加空格】文本框：该文本框用于设置当前段落与其前面段落的间隔距离，如图 11-51 所示。
- 【段后添加空格】文本框：该文本框用于设置当前段落与其后面段落的间隔距离，如图 11-52 所示。

宋词是一种新体诗歌，宋代盛行的一种汉族文学体裁，标志宋代文学的最高成就。

宋词句子有长有短，便于歌唱。因是合乐的歌词，故又称曲子词、乐府、乐章、长短句、诗余、琴趣等。

始于汉，定型于唐、五代，盛于宋。

图 11-51 段前添加空格

宋词是一种新体诗歌，宋代盛行的一种汉族文学体裁，标志宋代文学的最高成就。

宋词句子有长有短，便于歌唱。因是合乐的歌词，故又称曲子词、乐府、乐章、长短句、诗余、琴趣等。

始于汉，定型于唐、五代，盛于宋。

图 11-52 段后添加空格

- 避头尾法则设置：不能出现在一行的开头或结尾的字符称为避头尾字符。【避头尾法则设置】是用于指定亚洲文本的换行方式。
- 间距组合设置：用于为文本编排指定预定义的间距组合。
- 【连字】复选框：启用该复选框，会在输入英文单词的过程中，根据文字定界框自动换行时添加连字符。

**提示**

在文本输入状态下，连续单击鼠标 3 次可选择一行文字，连续单击鼠标 4 次可选择整个段落，按下 Ctrl+A 组合键可以选择全部的文本。

【例 11-5】在图像文件中设置段落文本属性。

(1) 选择【文件】|【打开】命令，打开素材图像，如图 11-53 所示。

(2) 选择【横排文字】工具，在图像文件中按住鼠标拖动创建文本框。在控制面板中设置字体系列为方正粗圆_GBK，字体大小为 18 点，字体颜色为 R:160 G:50 B:183，然后在文本框中输入文字内容。输入结束后按 Ctrl+Enter 组合键完成当前操作，如图 11-54 所示。

图 11-53 打开图像文件

图 11-54 输入文字

(3) 打开【段落】面板，单击【最后一行左对齐】按钮，设置【首行缩进】为 30 点，【段后添加空格】数值为 10，在【避头尾法则设置】下拉列表中选择【JIS 严格】，在【间距组合设置】下拉列表中选择【间距组合 1】选项，如图 11-55 所示。

(4) 使用【横排文字】工具在图像中单击，在控制面板中设置字体样式为 Lucida Handwriting，字体大小为 50 点，字体颜色为 R:204 G:51 B:153，然后输入文字内容。输入结束后按 Ctrl+Enter 组合键完成当前操作，如图 11-56 所示。

(5) 在【图层】面板中双击刚创建的文字图层，打开【图层样式】对话框。在【图层样式】面板中，选中【外发光】样式，设置【混合模式】为【正片叠底】，【不透明度】数值为 45%，

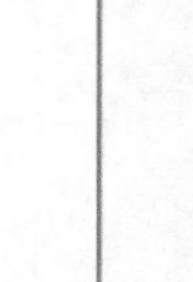

外发光颜色为 R:237 G:161 B:161，【扩展】数值为 20%，【大小】数值为 8 像素，然后单击【确定】按钮，如图 11-57 所示。

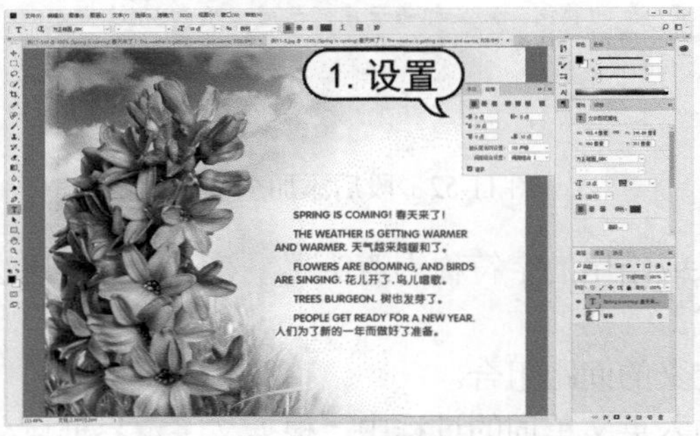


图 11-55　设置【段落】面板

图 11-56　输入文字

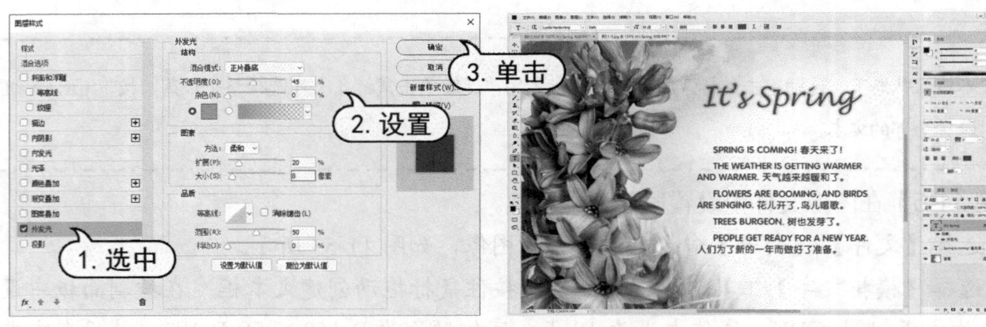


图 11-57　设置【投影】样式

## 11.4　【字符样式】和【段落样式】面板

在进行书籍、报刊等包含大量文字的排版工作时，经常会需要为多个文字图层设置相同的样式，而 Photoshop 中的【字符样式】面板和【段落样式】面板中提供了更加便捷的操作方式。

### 11.4.1　使用【字符样式】面板

选择【窗口】|【字符样式】命令，打开如图 11-58 所示的【字符样式】面板。在【字符样式】面板中可以创建字符样式、更改字符属性，并将字符属性存储在【字符样式】面板中。在需要使用时，只需要选中文字图层，然后单击相应的字符样式即可。

- 清除覆盖：单击该按钮即可清除当前字体样式。
- 通过合并覆盖重新定义字符样式：单击该按钮，即可将所选文字合并覆盖当前字符样式。
- 创建新样式：单击该按钮可以创建新的样式。

◉　删除当前字符样式🗑：单击该按钮，可以将当前选中的字符样式删除。

### 1. 创建字符样式

在【字符样式】面板中单击【创建新样式】按钮，然后双击新创建出的字符样式，即可打开如图 11-59 所示的【字符样式选项】对话框，其中包含【基本字符格式】、【高级字符格式】和【OpenType 功能】这 3 组设置页面，可以对字符样式进行详细的编辑。【字符样式选项】对话框中的选项与【字符】面板中的设置选项基本相同。

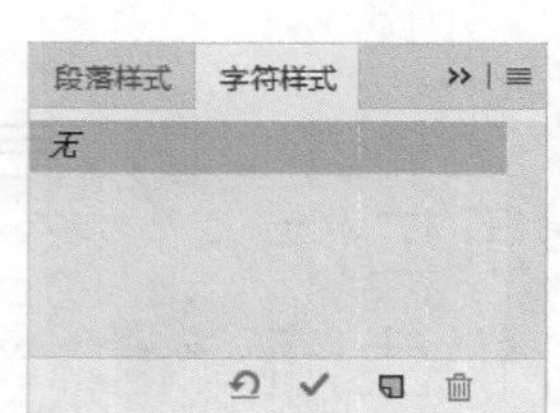


图 11-58　【字符样式】面板

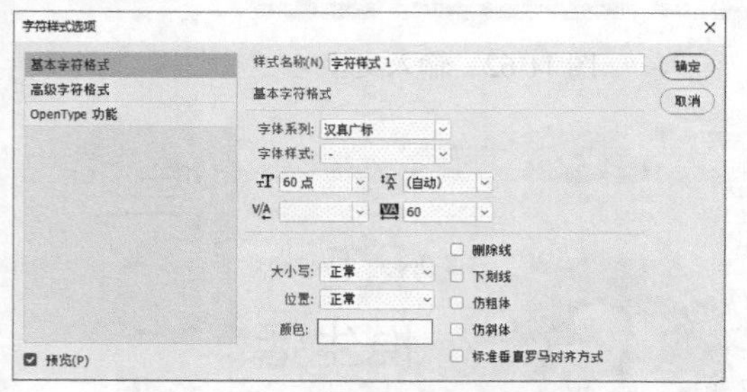


图 11-59　【字符样式选项】对话框

【例 11-6】在图像文件中创建、应用字符样式。

(1) 选择【文件】|【打开】命令，打开素材图像，如图 11-60 所示。

(2) 选择【横排文字】工具，在控制面板中设置字体样式为【方正准圆_GBK】，字体大小数值为 140 点，字体颜色为 R:28 G:56 B:120。然后在图像中输入文字内容，如图 11-61 所示。

图 11-60　打开图像文件

图 11-61　输入文字

(3) 继续使用【横排文字】工具在图像中输入文字内容，并在控制面板中更改字体样式，如图 11-62 所示。

(4) 选择【窗口】|【字符样式】命令，打开【字符样式】面板。在【字符样式】面板中单击【创建新的字符样式】按钮，创建一个新的字符样式，如图 11-63 所示。

(5) 在【字符样式】面板中选中新建的字符样式，在该样式名称的后方会出现+号，然后单击【通过合并覆盖重新定义字符样式】按钮，即可将刚输入的"悦生活"文字样式创建为字符样式，如图 11-64 所示。

(6) 在【图层】面板中选中"乐工作"文字图层，在【字符样式】面板中选中【字符样式 1】，然后在面板菜单中选择【清除覆盖】命令，结果如图 11-65 所示。

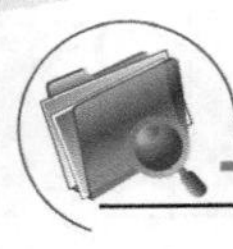

图 11-62　输入文字

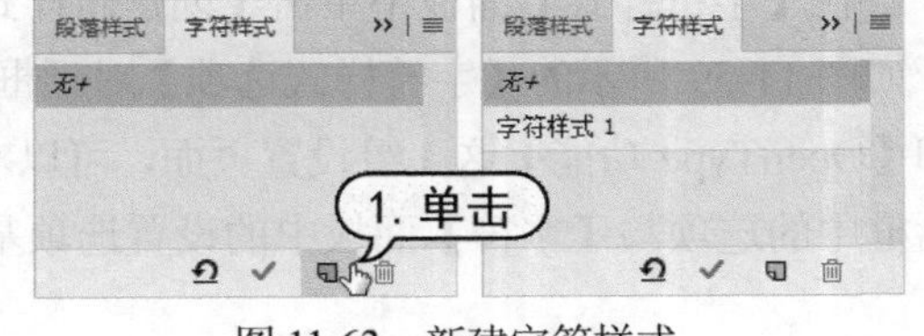


图 11-63　新建字符样式

图 11-64　重新定义字符样式

图 11-65　使用【清除覆盖】命令

2. 复制、删除字符样式

如果需要复制或删除某一字符样式，只需在【字符样式】面板中将其选中，然后在面板菜单中选择【复制样式】或【删除样式】命令即可。如果需要去除当前文字图层的样式，可以选中该文字图层，然后单击【字符样式】面板中的【无】即可。

3. 载入字符样式

可以将另一个 PSD 文档的字符样式导入到当前文档中。打开【字符样式】面板，在【字符样式】面板菜单中选择【载入字符样式】命令。然后在弹出的【载入】对话框中找到需要导入的素材，双击即可将该文件包含的样式导入到当前文档中。

【例 11-7】在图像文件中应用载入字符样式。

(1) 选择【文件】|【打开】命令，打开素材图像，如图 11-66 所示。

(2) 选择【横排文字】工具，在控制面板中设置字体样式为 Arial Italic，字体大小数值为【72】点，单击【居中对齐文本】按钮，然后使用工具在图像中输入文字内容，如图 11-67 所示。

(3) 打开【字符样式】面板，在【字符样式】面板菜单中选择【载入字符样式】命令。在打开的【载入】对话框中，选中需要的素材，单击【载入】按钮，如图 11-68 所示。

(4) 在【字符样式】面板中，选中【字符样式 1】样式，然后选择面板菜单中的【清除覆盖】命令，结果如图 11-69 所示。

图 11-66　打开图像文件

图 11-67　输入文字

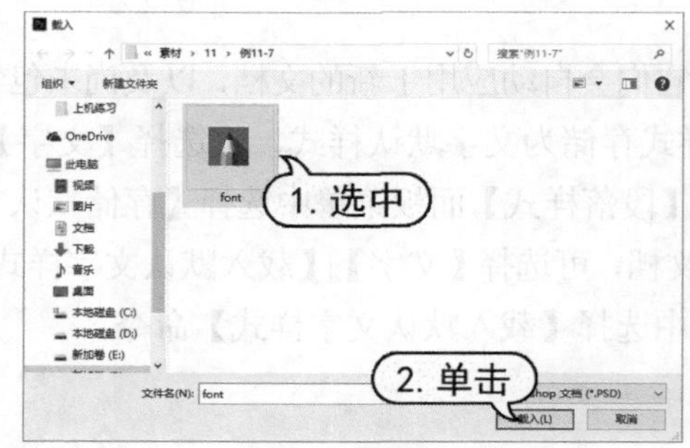


图 11-68　打开图像文件

图 11-69　使用【清除覆盖】命令

(5) 在【字符样式】面板中，双击【字符样式 1】样式，打开【字符样式选项】对话框。在该对话框中，设置【字体系列】为 Comic Sans MS，【字体样式】为 Bold，字体大小数值为【80 点】，选中【仿斜体】复选框。设置完成后，单击【确定】按钮关闭【字符样式选项】对话框，如图 11-70 所示。

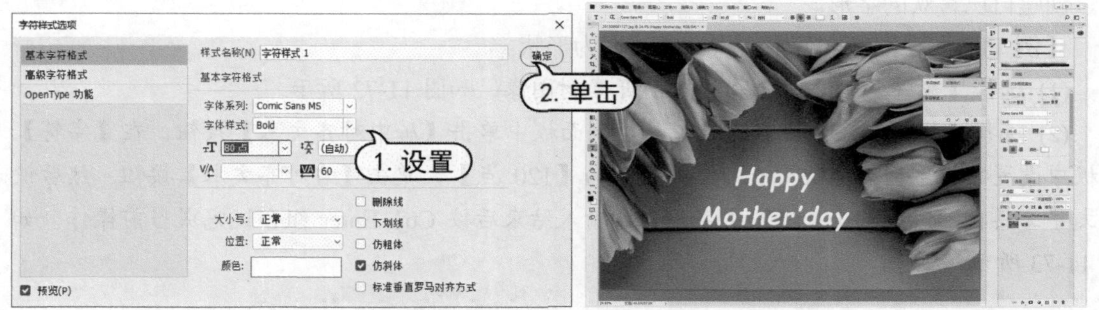


图 11-70　修改字符样式

## 11.4.2　使用【段落样式】面板

选择菜单栏中的【窗口】|【段落样式】命令，打开如图 11-71 所示的【段落样式】面板。字符样式主要用于类似标题的较少文字的排版，而段落样式的设置选项多应用于类似正文的大段文字的排版。

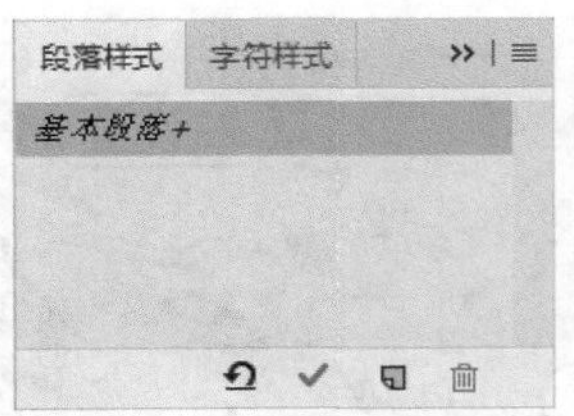

图 11-71 【段落样式】面板

> **知识点**
>
> 【段落样式】面板与【字符样式】面板的使用方法相同，可以进行样式的定义、编辑与调用。

### 11.4.3 存储、载入默认文字样式

当前的字符和段落样式可存储为文字默认样式，它们会自动应用于新的文档，以及尚未包含文字样式的现有文档。如果要将当前的字符和段落样式存储为文字默认样式，可选择【文字】|【存储默认文字样式】命令，也可在【字符样式】或【段落样式】面板菜单中选择【存储默认文字样式】命令。如果要将默认字符和段落样式应用于文档，可选择【文字】|【载入默认文字样式】命令，也可在【字符样式】或【段落样式】面板菜单中选择【载入默认文字样式】命令。

## 11.5 将文字转换为形状

要将文字转换为形状，在【图层】面板中所需操作的文字图层上右击，在弹出的快捷菜单中选择【转换为形状】命令，或选择菜单栏中的【文字】|【转换为形状】命令即可。

使用该命令后，文字图层转换为形状图层，用户可以使用路径选择工具对文字效果进行调节，创建自己喜欢的字形。

【例 11-8】在图像文件中，将文字转换为形状。

(1) 选择【文件】|【打开】命令，打开素材图像，如图 11-72 所示。

(2) 选择【横排文字】工具，在工具控制面板中单击【居中对齐文本】按钮，在【字符】面板中设置字体系列为 Magneto，字体大小为【120 点】，单击【右对齐文本】按钮，然后使用文字工具在图像中单击并输入文字内容，输入结束后按 Ctrl+Enter 组合键完成当前操作，如图 11-73 所示。

图 11-72 打开图像文件

图 11-73 输入文字

(3) 在【图层】面板中，右击文字图层，在弹出的菜单中选择【转换为形状】命令。选择【直接选择】工具，在文字形状上选中锚点调整文字形状，如图 11-74 所示。

(4) 在【样式】面板菜单中，选择【载入样式】命令，打开【载入】对话框。在该对话框中，选中 12 Awesome 3D Text Effect Styles 样式库，然后单击【载入】按钮，如图 11-75 所示。

图 11-74　将文字转换为形状

图 11-75　载入样式

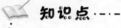

**知识点**

在 Photoshop 中，不能对文字对象使用描绘工具或【滤镜】菜单中的命令等。要想使用这些工具和命令，必须先栅格化文字对象。在【图层】面板中选择所需操作的文本图层，然后选择【图层】|【栅格化】|【文字】命令，即可转换文本图层为普通图层。用户也可在【图层】面板中所需操作的文本图层上右击，在打开的快捷菜单中选择【栅格化文字】命令，以此转换图层类型。

(5) 在【样式】面板中，单击载入的图层样式，如图 11-76 所示。

(6) 选择【图层】|【图层样式】|【缩放效果】命令，打开【缩放图层效果】对话框。在该对话框中，设置【缩放】数值为 65%，然后单击【确定】按钮，如图 11-77 所示。

图 11-76　应用样式

图 11-77　缩放图层效果

## 11.6　上机练习

本章的上机练习通过制作宣传单的综合实例操作，用户通过练习从而巩固本章所学知识。

(1) 选择【文件】|【打开】命令，打开一幅素材图像，如图 11-78 所示。

(2) 选择【横排文字】工具，在画板中单击，在工具控制面板中设置字体为【汉仪菱心体简】，字体大小为【130 点】，然后输入文字内容，如图 11-79 所示。

图 11-78　打开图像文件

图 11-79　输入文字

(3) 按 Ctrl+J 组合键复制文字图层，并关闭步骤(2)创建的文字图层视图，如图 11-80 所示。

(4) 在复制的文字图层上，右击，从弹出的菜单中选择【转换为形状】命令，结果如图 11-81 所示。

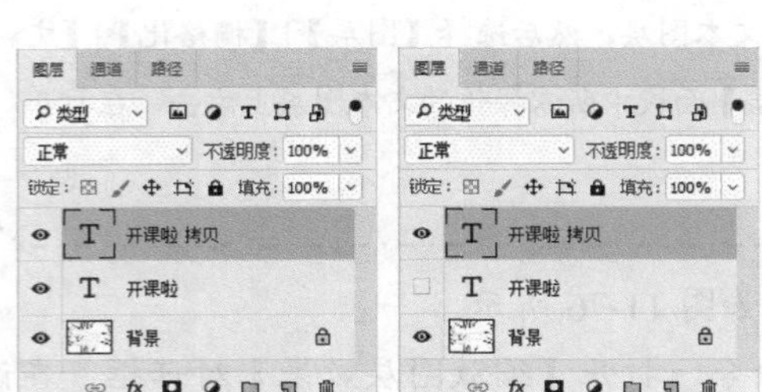


图 11-80　复制文字图层

图 11-81　将文字转换为形状

(5) 选择【直接选择】工具，调整文字路径形状，如图 11-82 所示。

(6) 使用【直接选择】工具选中全部文字形状，在控制面板中单击【路径操作】按钮，从弹出的下拉列表中选择【合并形状组件】命令，如图 11-83 所示。

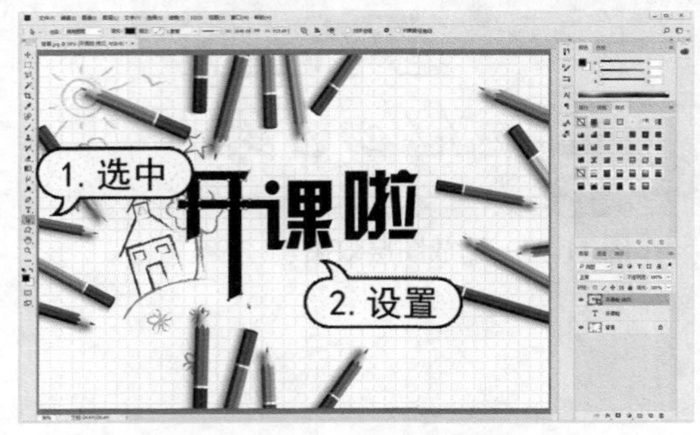


图 11-82　调整路径形状

图 11-83　合并形状组件

(7) 选择【文件】|【置入嵌入的对象】命令，打开【置入嵌入的对象】对话框。在该对话框中，选择所需的图像文件，然后单击【置入】按钮，如图 11-84 所示。

(8) 调整置入图像的大小，并在【图层】面板中刚置入的图像图层上右击，从弹出的快捷菜单中选择【创建剪贴蒙版】命令，结果如图 11-85 所示。

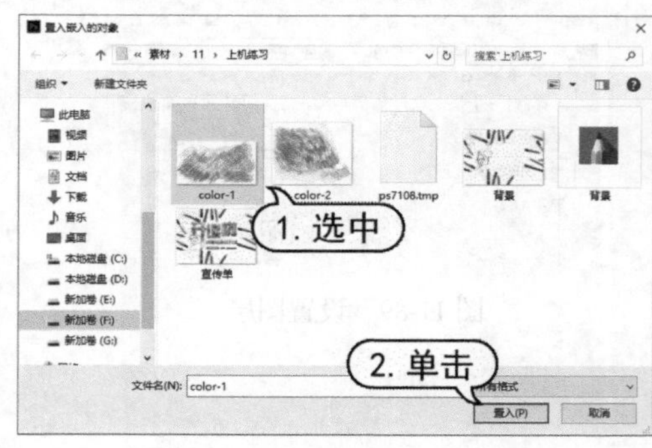


图 11-84　置入图像

图 11-85　创建剪贴蒙版

(9) 选择【文件】|【置入嵌入的对象】命令，打开【置入嵌入的对象】对话框。在该对话框中，选择所需的图像文件，然后单击【置入】按钮，如图 11-86 所示。

(10) 调整置入图像的大小及位置，并在【图层】面板中刚置入的图像图层上右击，从弹出的菜单中选择【创建剪贴蒙版】命令，结果如图 11-87 所示。

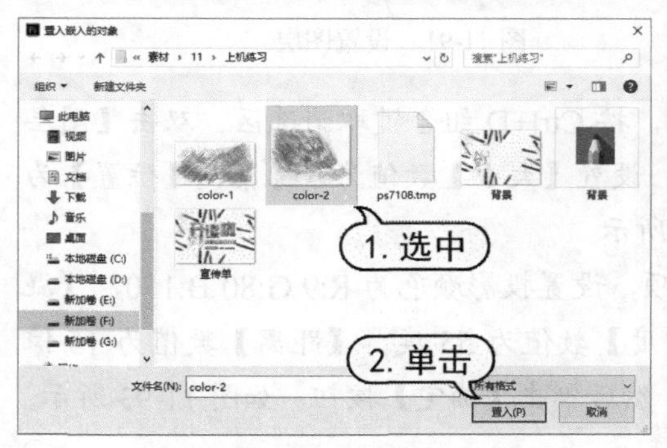


图 11-86　置入图像

图 11-87　创建剪贴蒙版

(11) 在【图层】面板中，单击【创建图层蒙版】按钮创建图层蒙版。选择【画笔】工具，在工具控制面板中设置画笔样式为柔边圆 200 像素，【不透明度】数值为 30%，然后使用【画笔】工具调整图像效果，如图 11-88 所示。

(12) 在【图层】面板中，选中 color-1 和 color-2 图层，然后将其拖动至【创建新图层】按钮上释放，创建【color-1 拷贝】和【color-2 拷贝】图层，并设置图层混合模式为【颜色加深】，如图 11-89 所示。

(13) 分别选中【color-1 拷贝】和【color-2 拷贝】图层，并按 Ctrl+T 组合键应用【自由变换】命令调整图像大小，如图 11-90 所示。

(14) 在【图层】面板中，按 Ctrl 键单击【开课啦 拷贝】图层缩览图载入选区，并按 Ctrl 键单击【创建新图层】按钮新建【图层 1】，如图 11-91 所示。

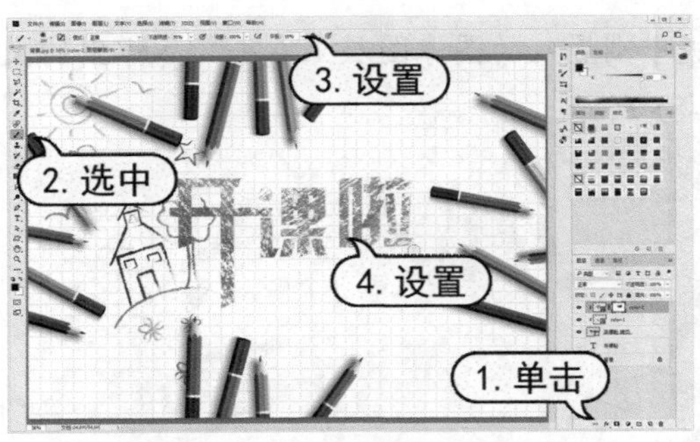


图 11-88 创建图层蒙版

图 11-89 设置图层

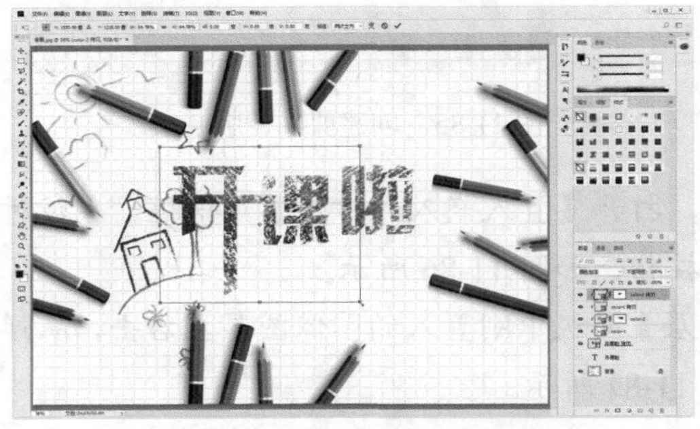

图 11-90 使用【自由变换】命令

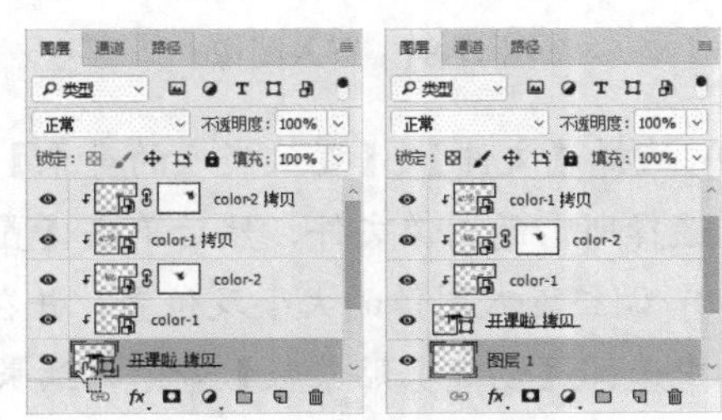

图 11-91 设置图层

(15) 按 Ctrl+Delete 组合键使用背景色填充选区，按 Ctrl+D 组合键取消选区。双击【图层 1】，打开【图层样式】对话框。选中【描边】选项，设置【大小】数值为 5 像素，【位置】为【外部】，【颜色】为 R:9 G:80 B:150，如图 11-92 所示。

(16) 在【图层样式】对话框中选中【投影】选项，设置投影颜色为 R:9 G:80 B:150，【混合模式】为正常，【不透明度】数值为 100%，【角度】数值为 55 度，【距离】数值为 15 像素，【扩展】数值为 30%，【大小】数值为 5 像素，然后单击【确定】按钮，如图 11-93 所示。

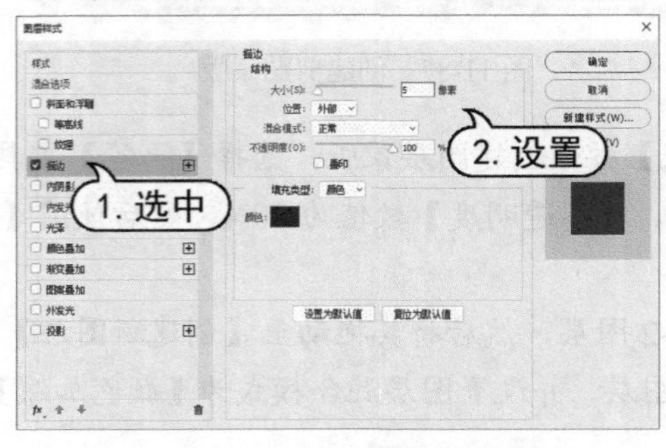


图 11-92 应用【描边】样式

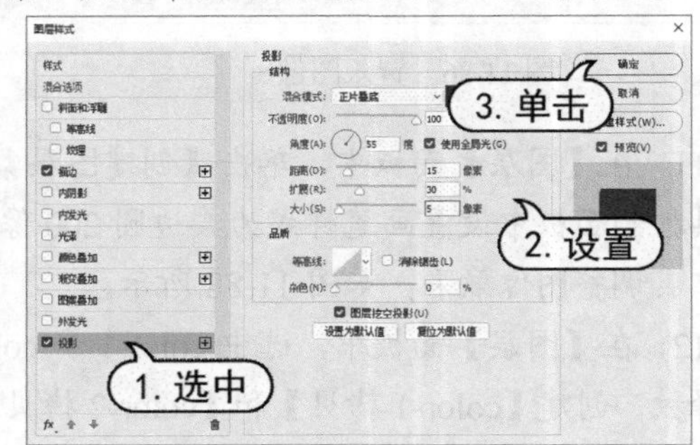


图 11-93 应用【投影】样式

(17) 在【图层】面板中，选中步骤(2)创建的文字图层至【color-2 拷贝】图层，然后单击面板菜单按钮，从弹出的菜单中选择【从图层新建组】命令。在打开【从图层新建组】对话框的【名称】文本框中输入“大标题”，在【颜色】下拉列表中选择【红色】选项，然后单击【确定】按钮，如图 11-94 所示。

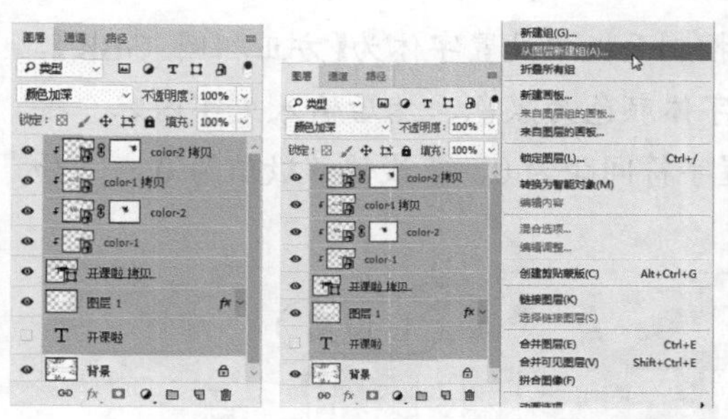

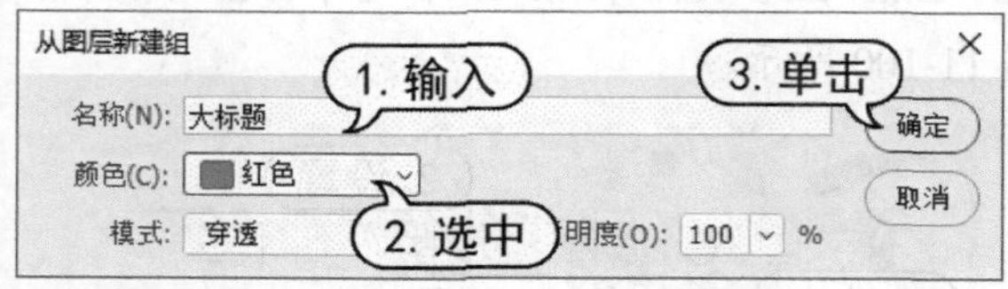


图 11-94　从图层新建组

(18) 按 Ctrl+T 组合键应用【自由变换】命令，调整图层组大小及位置，如图 11-95 所示。

(19) 选择【横排文字】工具，在画板中单击，在工具控制面板中设置字体为【汉仪菱心体简】，字体大小为【48 点】，字体颜色为 R:9 G:80 B:150，然后输入文字内容，如图 11-96 所示。

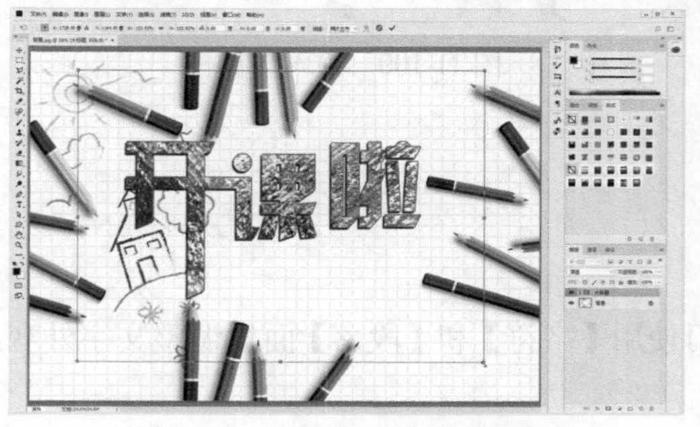

图 11-95　应用【自由变换】命令

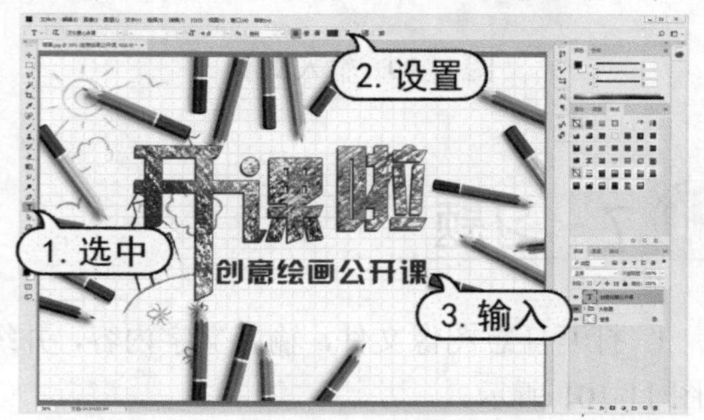


图 11-96　输入文字

(20) 选择【窗口】|【样式】命令，打开【样式】面板。在【样式】面板中，单击【扎染丝绸(纹理)】样式，如图 11-97 所示。

(21) 选择【圆角矩形】工具，在控制面板中选择工具模式为【形状】，设置填充颜色为 R:205 G:78 B:78，【半径】数值为 150 像素，然后使用工具绘制圆角矩形，如图 11-98 所示。

图 11-97　应用样式

图 11-98　绘制形状

(22) 选择【横排文字】工具在刚绘制的圆角矩形中单击，在控制面板中设置字体大小为【18 点】，单击【居中对齐文本】按钮，设置字体颜色为白色，然后输入文字内容。按 Ctrl+Enter 组合键结束输入，打开【字符】面板，设置字符间距为 200，基线偏移数值为-7 点，如图 11-99 所示。

(23) 继续使用【横排文本】工具在画板中单击，在控制面板中设置字体为【方正粗圆_GBK】，字体大小为【26 点】，单击【左对齐文本】按钮，字体颜色为黑色，然后输入文字内容。按 Ctrl+Enter 组合键结束输入，在【字符】面板中，设置字符间距为 0，基线偏移数值为 0 点，如图 11-100 所示。

图 11-99　输入文字

图 11-100　输入文字

## 11.7　习题

1. 打开任意图像文件，输入文字内容，并练习使用【字符】和【段落】面板调整文字外观，如图 11-101 所示。

2. 打开任意图像文件，输入文字内容，并使用【文字变形】命令变形文字效果，如图 11-102 所示。

图 11-101　完成效果

图 11-102　完成效果

# 第12章 滤镜的应用

## 学习目标

在 Photoshop 中根据滤镜产生的效果不同可以分为独立滤镜、校正滤镜、变形滤镜、效果滤镜和其他滤镜。通过应用不同的滤镜可以制作出丰富多彩的图像效果。

## 本章重点

- 校正和改善数字图片
- 【滤镜库】命令
- 【模糊】滤镜组
- 【扭曲】滤镜组
- 【锐化】滤镜组

## 12.1 初识滤镜

Photoshop 中的滤镜是一种插件模块，它通过改变图像像素的位置或颜色来生成各种特殊的效果。Photoshop 的【滤镜】菜单中提供了多达一百多种滤镜。大致可以分为 3 种类型。第一种是修改类滤镜，它们可以修改图像中的像素，如扭曲、纹理、素描等滤镜，这类滤镜的数量最多；第二种是复合类滤镜，它们有自己的工具和独特的操作方法，更像是一个独立的软件，如【液化】和【消失点】滤镜等；第三种是创造类滤镜，只有【云彩】滤镜，是唯一一个不需要借助任何像素便可以产生效果的滤镜。

### 12.1.1 滤镜的使用

要使用滤镜，首先在文档窗口中指定要应用滤镜的图像或图像区域，然后执行【滤镜】菜单中的相关滤镜命令，打开其对应的属性设置对话框，对该滤镜参数进行设置。设置完成后，单击【确定】按钮即可应用滤镜。

除此之外，滤镜也可以处理图层蒙版、快速蒙版或通道。需要注意的是，滤镜的处理效果是以像素为单位进行计算的。因此，相同的参数处理不同分辨率的图像时，其效果也会不同。只有【云彩】滤镜可应用在没有像素的区域，其他滤镜都必须应用在包含像素的区域，否则不能使用这些滤镜。

【例 12-1】使用滤镜调整图像效果。

(1) 在 Photoshop 中，选择菜单栏中的【文件】|【打开】命令，选择打开一幅图像，并按 Ctrl+J 组合键复制【背景】图层，如图 12-1 所示。

(2) 选择【滤镜】|【像素化】|【点状化】命令，打开【点状化】对话框。在该对话框中，设置【单元格大小】数值为 5。设置完成后，单击【确定】按钮关闭【点状化】对话框，应用滤镜，如图 12-2 所示。

图 12-1 打开图像文件

图 12-2 使用【点状化】滤镜

**知识点**

RGB 模式的图像可以使用全部滤镜，部分滤镜不能用于 CMYK 模式的图像，索引模式和位图模式的图像不能使用滤镜。如果要对位图、索引或 CMYK 模式的图像应用一些特殊滤镜，可以将它们转换为 RGB 模式，再进行处理。

## 12.1.2 滤镜的编辑

掌握 Photoshop 中滤镜的使用技巧，可以更好地应用滤镜。

### 1. 复位滤镜

在滤镜对话框中，经过修改后，如果想要复位当前滤镜到默认设置，可以按住 Alt 键，此时对话框中的【取消】按钮将变成【复位】按钮，单击该按钮可将滤镜参数恢复到滤镜的默认设置状态。

### 2. 【渐隐】命令

使用滤镜处理图像后，可以执行【编辑】|【渐隐】命令修改滤镜效果的混合模式和不透明度。【渐隐】命令必须在进行了编辑操作后立即执行，如果这中间又进行了其他操作，则无法

使用该命令。

【例 12-2】使用【渐隐】命令调整滤镜效果。

(1) 在 Photoshop 中，选择菜单栏中的【文件】|【打开】命令，选择打开一幅图像，并按 Ctrl+J 组合键复制【背景】图层，如图 12-3 所示。

(2) 选择菜单栏中的【滤镜】|【滤镜库】命令，打开【滤镜库】对话框。在该对话框中，选中【艺术效果】滤镜组中的【海报边缘】滤镜，设置【边缘厚度】数值为 10，【边缘强度】数值为 4，【海报化】数值为 6，然后单击【确定】按钮，如图 12-4 所示。

图 12-3　打开图像文件

图 12-4　应用【海报边缘】滤镜

(3) 选择【编辑】|【渐隐滤镜库】命令，打开【渐隐】对话框。在该对话框中，设置【不透明度】数值为 75%，在【模式】下拉列表中选择【叠加】选项，然后单击【确定】按钮，如图 12-5 所示。

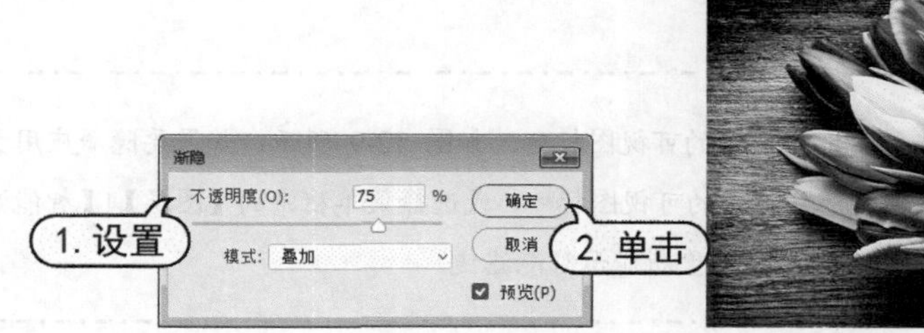

图 12-5　使用【渐隐】命令

### 3. 重复应用滤镜

当执行完一个滤镜操作后，在【滤镜】菜单的顶部出现刚使用过的滤镜名称，选择该命令，或按 Ctrl+F 组合键，可以以相同的参数再次应用该滤镜。

如果按 Alt+Ctrl+F 组合键，则会重新打开上一次执行的滤镜对话框。

## 12.1.3　智能滤镜

智能滤镜是一种非破坏性的滤镜，可以像使用图层样式一样随时调整滤镜参数。

### 1. 使用智能滤镜

选择需要应用滤镜的图层，选择【滤镜】|【转换为智能滤镜】命令，将所选图层转换为智能对象，然后再使用滤镜，即可创建智能滤镜。如果当前图层为智能对象，可直接对其应用滤镜。除了【液化】、【消失点】滤镜外，其他滤镜都可以用作智能滤镜使用。

【例 12-3】使用智能滤镜调整图像效果。

(1) 选择【文件】|【打开】命令，选择打开一幅图像文件，如图 12-6 所示。

(2) 在【图层】面板中的【背景】图层上右击，在弹出的快捷菜单中选择【转换为智能对象】命令，如图 12-7 所示。

图 12-6　打开图像文件

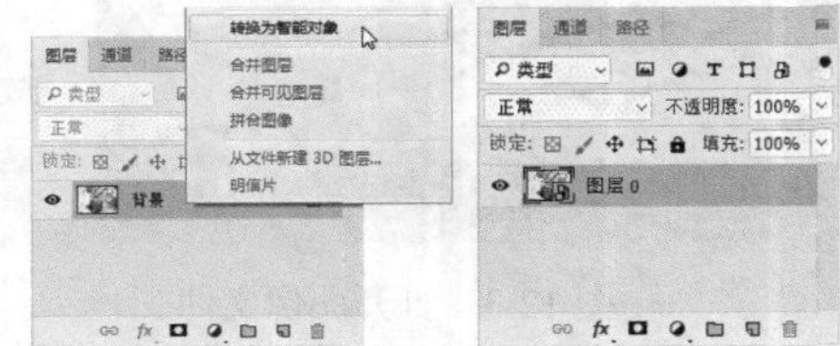

图 12-7　转换为智能对象

(3) 选择【滤镜】|【滤镜库】命令，打开【滤镜库】对话框。在该对话框中，选中【艺术效果】滤镜组中的【绘画涂抹】滤镜，设置【画笔大小】数值为 5，【锐化程度】数值为 10，如图 12-8 所示。

**知识点**

如果要隐藏单个智能滤镜，可单击该智能滤镜旁的可视图标👁，如图 12-9 所示。如果要隐藏应用于智能对象图层的所有智能滤镜，可单击智能滤镜行旁的可视图标👁，或选择菜单栏中的【图层】|【智能滤镜】|【停用智能滤镜】命令。在可视图标处单击，可重新显示智能滤镜。

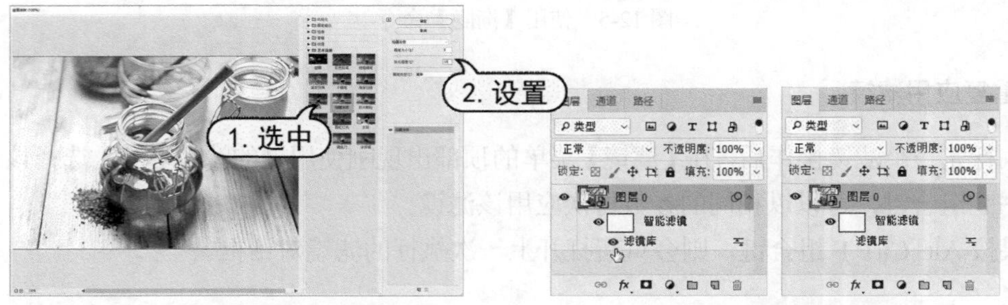

图 12-8　应用【绘画涂抹】滤镜

图 12-9　隐藏智能滤镜

(4) 在【滤镜库】对话框中，单击【新建效果图层】按钮。选中【艺术效果】滤镜组中的【水彩】滤镜，设置【画笔细节】数值为 14，【阴影强度】数值为 0，【纹理】数值为 1，然后单击【确定】按钮应用滤镜，如图 12-10 所示。

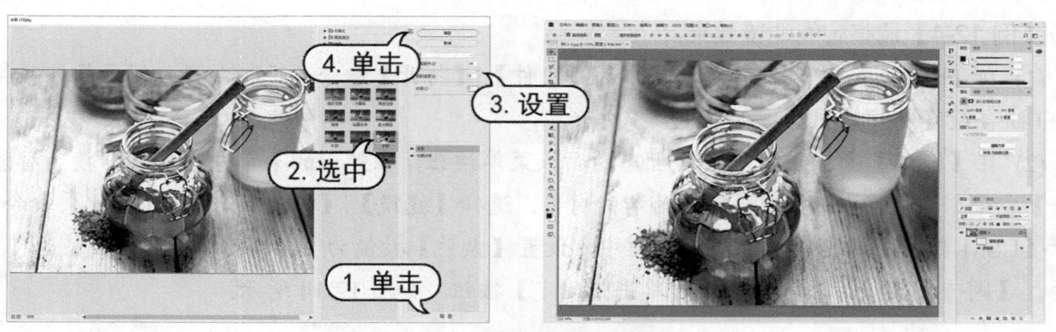


图 12-10　应用【水彩】滤镜

### 2. 编辑智能滤镜

双击一个智能滤镜旁边的编辑混合选项图标，可以打开如图 12-11 所示的【混合选项(滤镜库)】对话框。此时可设置滤镜的不透明度和混合模式。编辑智能滤镜混合选项类似于在对传统图层应用滤镜后使用【渐隐】命令。

图 12-11　【混合选项】对话框

> **知识点**
>
> 如果智能滤镜包含可编辑的设置，则可以随时编辑它，也可以编辑智能滤镜的混合选项。在【图层】面板中双击一个智能滤镜，可以重新打开该滤镜的设置对话框，此时可以修改滤镜参数。设置完成后，单击【确定】按钮关闭对话框，即可更新滤镜效果。

### 3. 遮盖智能滤镜

智能滤镜包含一个蒙版，默认情况下，该蒙版显示完整的滤镜效果。编辑滤镜蒙版可有选择地遮盖智能滤镜。滤镜蒙版的工作方式与图层蒙版相同，用黑色绘制的区域将隐藏滤镜效果；用白色绘制的区域滤镜是可见的；用灰度绘制的区域滤镜将以不同级别的透明度出现。单击蒙版将其选中，使用【渐变】工具或【画笔】工具在图像中创建黑白线性渐变，渐变会应用到蒙版中，并对滤镜效果进行遮盖，如图 12-12 所示。

图 12-12　遮盖智能滤镜

【例 12-4】调整智能滤镜效果。

(1) 在 Photoshop 中，选择菜单栏中的【文件】|【打开】命令，选择打开一幅图像，并按 Ctrl+J 组合键复制背景图层，如图 12-13 所示。

(2) 在【图层】面板中，单击右上角的面板菜单按钮，在弹出的菜单中选择【转换为智能对象】命令，将【图层 1】图层转换为智能对象。选择【滤镜】|【锐化】|【USM 锐化】命令，打开【USM 锐化】对话框。在该对话框中，设置【数量】数值为 100%，【半径】数值为 1.5 像素，【阈值】数值为 3 色阶，然后单击【确定】按钮，如图 12-14 所示。

图 12-13　打开图像文件

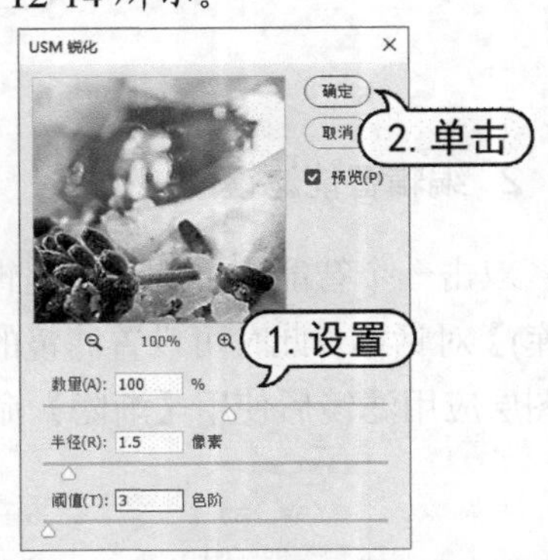


图 12-14　使用【USM 锐化】滤镜

(3) 选择【滤镜】|【滤镜库】命令，打开【滤镜库】对话框。在该对话框中，选中【画笔描边】滤镜组中的【喷溅】滤镜，设置【喷色半径】数值为 10，【平滑度】数值为 5，然后单击【确定】按钮即可以添加智能滤镜效果，如图 12-15 所示。

(4) 在【图层】面板中，双击【滤镜库】滤镜旁的编辑混合选项图标，可以打开【混合选项(滤镜库)】对话框。在【模式】下拉列表中选择【深色】选项，设置滤镜的【不透明度】数值为 80%，然后单击【确定】按钮，如图 12-16 所示。

图 12-15　使用【喷溅】滤镜

图 12-16　设置混合选项

### 4. 复制与删除智能滤镜

在【图层】面板中，按住 Alt 键将智能滤镜从一个智能对象拖动到另一个智能对象，或拖动到智能滤镜列表中的新位置，可以复制智能滤镜。如果要复制所有智能滤镜，可按住 Alt 键并拖动智能对象图层旁的智能滤镜图标至新位置即可，如图 12-17 所示。

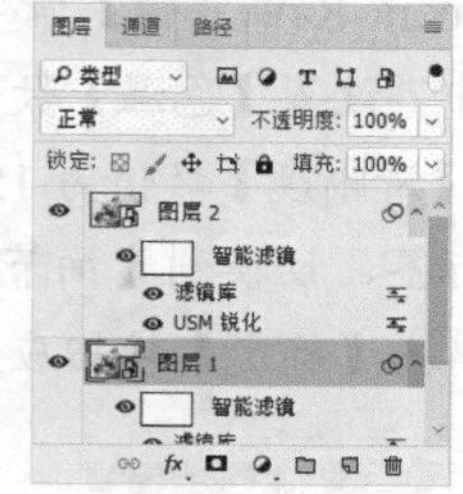

图 12-17　复制智能滤镜

如果要删除单个智能滤镜，可将它拖动到【图层】面板中的【删除图层】按钮上；如果要删除应用于智能对象图层的所有智能滤镜，可以选择该智能对象图层，然后选择【图层】|【智能滤镜】|【清除智能滤镜】命令。

## 12.2　校正和改善数字图片

在 Photoshop 中，提供了几个独立的特殊滤镜。使用这些滤镜可以校正图像缺陷，改变图像透视、画面效果。

### 12.2.1　【Camera Raw 滤镜】命令

RAW 格式照片包含相机捕获的所有数据，如 ISO 设置、快门速度、光圈值、白平衡等。RAW 是未经处理和压缩的格式，因此被称为“数字底片”。【Camera Raw 滤镜】命令专门用于处理 Raw 文件，它可以解释相机原始数据文件，对白平衡、色调范围、对比度、颜色饱和度、锐化进行调整。选择【滤镜】|【Camera Raw 滤镜】命令，打开如图 12-18 所示的 Camera Raw 对话框。在该对话框中，可以调整图像的画质效果。

【例 12-5】使用【Camera Raw 滤镜】命令调整图像效果。

(1) 选择【文件】|【打开】命令，打开【打开】对话框。在该对话框中，选中需要打开的图像文件，单击【打开】按钮，如图 12-19 所示。

图 12-18　Camera Raw 对话框

图 12-19　打开图像文件

(2) 选择【滤镜】|【Camera Raw 滤镜】命令，打开 Camera Raw 对话框。在 Camera Raw 对话框右侧的【基本】面板中，设置【色温】数值为 20，【色调】数值为 45，【曝光】数值为 -1.00，【高光】数值为 10，【清晰度】数值为 15，【自然饱和度】数值为 5，如图 12-20 所示。

(3) 单击【细节】图标标签，切换到【细节】属性设置面板。在【锐化】选项组中，设置【数量】数值为 150，然后单击【确定】按钮应用滤镜，如图 12-21 所示。

图 12-20 设置【基本】选项

图 12-21 设置【细节】选项

## 12.2.2 【镜头校正】命令

【镜头校正】滤镜用于修复常见的镜头缺陷，如桶形失真、枕形失真、色差以及晕影等，也可以用来旋转图像，或修复由于相机垂直或水平倾斜而导致的图像透视现象。在进行变换和变形操作时，该滤镜比【变换】命令更为有用。同时，该滤镜提供的网格可以使调整更为轻松、精确。选择【滤镜】|【镜头校正】命令，或按 Shift+Ctrl+R 组合键，可以打开如图 12-22 所示的【镜头校正】对话框。对话框左侧是该滤镜的使用工具，中间是预览和操作窗口，右侧是参数设置区。

图 12-22 【镜头校正】对话框

**知识点**

【移去扭曲】工具：可以校正镜头桶形或枕形扭曲。选择该工具，将光标放在画面中，单击并向画面边缘拖动鼠标可以校正桶形失真；向画面的中心拖动鼠标可以校正枕形失真。

【例 12-6】使用【镜头校正】命令调整图像效果。

(1) 选择【文件】|【打开】命令，打开【打开】对话框。在该对话框中，选中需要打开的图像文件，单击【打开】按钮。然后选择【滤镜】|【镜头校正】命令，打开【镜头校正】对话框

框，并单击【自定】选项卡，如图 12-23 所示。

(2) 在【打开】对话框中，选中【显示网格】复选框，选择【拉直】工具依据图中景物的水平线，单击并进行拖动创建校正参考线，释放鼠标即可自动校正图中景物的水平，如图 12-24 所示。

图 12-23　打开【镜头校正】对话框

图 12-24　校正图像水平

(3) 【变换】选项组中提供了用于校正图像透视和旋转角度的控制选项。【垂直透视】用来校正由于相机向上或向下倾斜而导致的图像透视，使图像中的垂直线平行。【水平透视】也用来校正由于相机原因导致的图像透视，与【垂直透视】不同的是，它可以使水平线平行。【角度】可以旋转图像以针对相机歪斜加以校正，或者在校正透视后进行调整。它与【拉直】工具的作用相同。在【变换】选项组中，设置【垂直透视】数值为-20，如图 12-25 所示。

(4) 【晕影】选项组用来校正由于镜头缺陷或镜头遮光处理不正确而导致边缘较暗的图像。在【数量】选项中可以设置沿图像边缘变亮或变暗的程度。在【中点】选项中可以指定受【数量】滑块影响的区域的宽度，如果指定较小的数，会影响较多的图像区域；如果指定较大的数，则只会影响图像的边缘。在【晕影】选项组中，设置【数量】数值为 75。设置完成后，单击【确定】按钮应用【镜头校正】滤镜效果，如图 12-26 所示。

图 12-25　变换透视

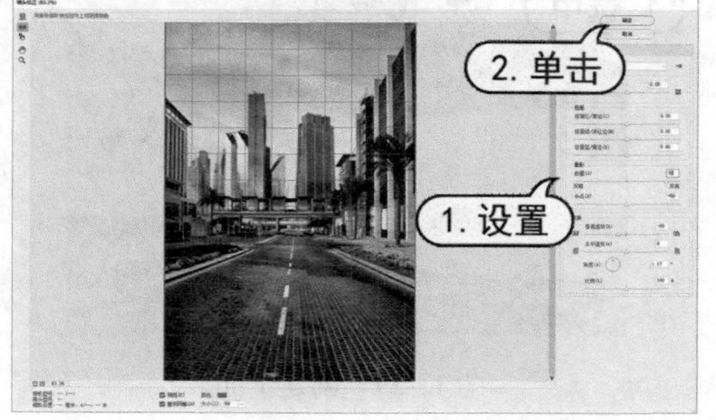


图 12-26　设置晕影

## 12.2.3　【消失点】命令

【消失点】滤镜的作用就是帮助用户对含有透视平面的图像进行透视调节和编辑。使用【消失点】工具，先选定图像中的平面，在透视平面的指导下，然后运用绘画、克隆、复制或粘贴

以及变换等编辑工具对图像中的内容进行修饰、添加或移动，使其最终效果更加逼真。选择【滤镜】|【消失点】命令，或按 Alt+Ctrl+V 组合键，可以打开【消失点】对话框。对话框左侧是该滤镜的使用工具，中间是预览和操作窗口，顶部是参数设置区。

【例 12-7】使用【消失点】命令调整图像效果。

(1) 选择【文件】|【打开】命令，打开【打开】对话框。在该对话框中，选中需要打开的图像文件，单击【打开】按钮，如图 12-27 所示。

(2) 打开另一幅素材图像文件。按 Ctrl+A 组合键将图像选区选中，然后按 Ctrl+C 组合键复制该图像，如图 12-28 所示。

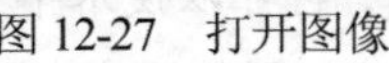

图 12-27　打开图像

图 12-28　打开并复制图像

(3) 切换到步骤(1)中打开的图像，选择【滤镜】|【消失点】命令，打开【消失点】对话框。选择【创建平面】工具在图像上通过拖动并单击添加透视网格，如图 12-29 所示。

(4) 按 Ctrl+V 组合键，将刚才所复制的对象粘贴到当前图像中。并选择工具栏中的【变换】工具，调整图像大小。完成设置后，单击【确定】按钮，即可将刚才所设置的透视效果应用到当前图像中，如图 12-30 所示。

图 12-29　创建平面

图 12-30　贴入并调整图像

## 12.2.4　【液化】命令

【液化】滤镜是修饰图像和创建艺术效果的强大工具，常用于数码照片修饰。【液化】命令的使用方法较简单，但功能相当强大，可以创建推、拉、旋转、扭曲和收缩等变形效果。选择【滤镜】|【液化】命令，可以打开如图 12-31 所示的【液化】对话框。在对话框右侧选中【高

级模式】复选框可以显示出完整的功能设置选项。

图 12-31　【液化】对话框

知识点

【液化】对话框中包含各种变形工具，选择这些工具后，在对话框中的图像上单击并拖动鼠标即可进行变形操作。变形效果集中在画笔区域的中心，并且会随着鼠标在某个区域中的重复拖动而得到增强。

【例 12-8】使用【液化】命令整形人物。

(1) 在 Photoshop 中，选择【文件】|【打开】命令打开照片文件。按 Ctrl+J 组合键复制背景图层，如图 12-32 所示。

(2) 选择【滤镜】|【液化】命令，打开【液化】对话框。在该对话框中，选中【向前变形】工具，在右侧的【属性】窗格中的【画笔工具选项】中，设置【大小】数值为 175，【压力】数值为 45，然后使用【向前变形】工具在预览窗格中调整人物身形，如图 12-33 所示。

图 12-32　打开图像文件

图 12-33　调整人物身形

知识点

在【画笔工具选项】栏中，【大小】选项用于设置所选工具画笔的宽度。【浓度】选项可以对画笔边缘的软硬程度进行设置，使画笔产生羽化效果，设置的数值越小，羽化效果越明显。【压力】选项可以改变画笔在图像中进行拖动时的扭曲速度，设置的画笔压力越低，其扭曲速度越慢，也能更加容易地在合适的时候停止绘制。【速率】选项用于设置使用工具在预览图像中保持单击状态时扭曲的速度。设置的数值越大，则应用扭曲的速度越快；反之，则应用扭曲的速度越慢。

(3) 选择【脸部】工具，将光标停留在人物面部周围，调整显示的控制点可以调整脸型，如图 12-34 所示。

(4) 在右侧的【属性】窗格中的【人脸识别液化】选项中，单击【眼睛】选项下【眼睛高度】选项中的8按钮，并设置数值为-100；设置【鼻子】选项下【鼻子宽度】数值为-100；设置【嘴唇】选项下【上嘴唇】数值为-100，【嘴唇宽度】数值为 100，【嘴唇高度】数值为-77，然后单击【确定】按钮应用调整，如图 12-35 所示。

图 12-34　调整脸型

图 12-35　调整五官



## 12.3 【滤镜库】命令

滤镜库是一个整合了多组常用滤镜命令的集合库。利用滤镜库可以累积应用多个滤镜或多次应用单个滤镜，还可以重新排列滤镜或更改已应用的滤镜设置。选择【滤镜】|【滤镜库】命令，打开【滤镜库】对话框。在【滤镜库】对话框中，提供了【风格化】、【画笔描边】、【扭曲】、【素描】、【纹理】和【艺术效果】这 6 组滤镜。

### 12.3.1 滤镜库的使用

【滤镜库】对话框的左侧是预览区域，用户可以更加方便地设置滤镜效果的参数选项。在预览区域下方，通过单击⊟按钮或⊞按钮可以调整图像预览显示的大小。单击预览区域下方的【缩放比例】按钮，可在弹出的列表中选择 Photoshop 预设的各种缩放比例，如图 12-36 所示。

【滤镜库】对话框中间显示的是滤镜命令选择区域，只需单击该区域中显示的滤镜命令效果缩略图即可选择该命令，并且在对话框的右侧显示当前选择滤镜的参数选项。用户还可以从右侧的下拉列表中，选择其他滤镜命令，如图 12-37 所示。

在【滤镜库】对话框中，用户还可以使用滤镜叠加功能，即在同一个图像上同时应用多个滤镜效果。对图像应用一个滤镜效果后，只需单击滤镜效果列表区域下方的【新建效果图层】按钮，即可在滤镜效果列表中添加一个滤镜效果图层。然后，选择所需增加的滤镜命令并设置其参数选项，这样就可以对图像增加使用一个滤镜效果。

在滤镜库中为图像设置多个效果图层后，如果不再需要某些效果图层，可以选中该效果图层后单击【删除效果图层】按钮，将其删除。

图 12-36　预设的缩放比例

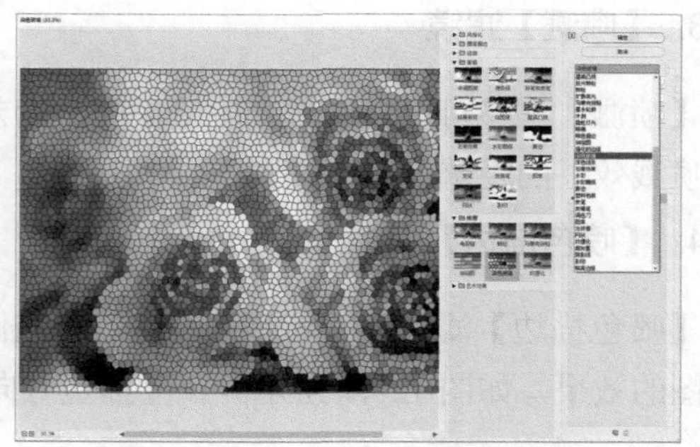

图 12-37　选择滤镜命令

## 12.3.2　【画笔描边】滤镜组

【画笔描边】滤镜组下的命令可以模拟出不同画笔或油墨笔刷勾画图像的效果，使图像产生各种绘画效果。

### 1. 【成角的线条】滤镜

【成角的线条】滤镜模拟画笔以某种成直角状的方向绘制图像，暗部区域和亮部区域分别为不同的线条方向，如图 12-38 所示。选择【滤镜】|【滤镜库】命令，在打开的【滤镜库】对话框中单击【画笔描边】滤镜组中的【成角的线条】滤镜，显示设置选项。

- 【方向平衡】文本框：用于设置笔触的倾斜方向。
- 【描边长度】文本框：用于控制勾绘画笔的长度。该值越大，笔触线条越长。
- 【锐化程度】文本框：用于控制笔锋的尖锐程度。该值越小，图像越平滑。

### 2. 【墨水轮廓】滤镜

【墨水轮廓】滤镜根据图像的颜色边界，描绘其黑色轮廓，以画笔画的风格，用精细的细线在原来细节上重绘图像，并强调图像的轮廓，如图 12-39 所示。

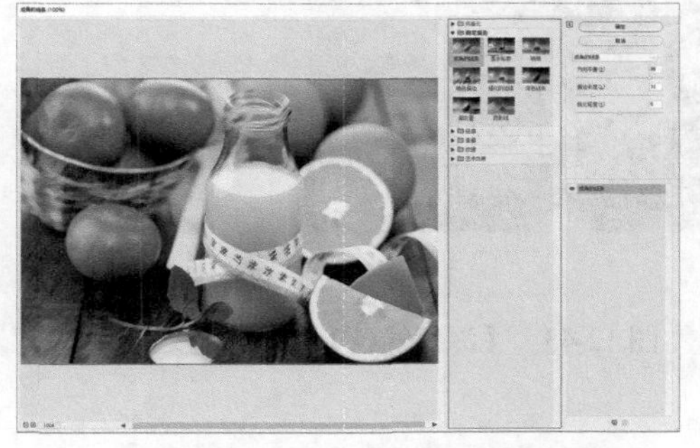

图 12-38　【成角的线条】滤镜设置选项

图 12-39　【墨水轮廓】滤镜设置选项

- 【描边长度】文本框：用于设置图像中生成的线条的长度。
- 【深色强度】文本框：用于设置线条阴影的强度，该值越高图像越暗。
- 【光照强度】文本框：用于设置线条高光的强度，该值越高图像越亮。

3. 【喷溅】滤镜

【喷溅】滤镜可以使图像产生笔墨喷溅的艺术效果。在相应的对话框中可以设置喷溅的范围、喷溅效果的轻重程度，如图 12-40 所示。

4. 【喷色描边】滤镜

【喷色描边】滤镜和【喷溅】滤镜效果相似，可以模拟用某个方向的笔触或喷溅的颜色进行绘图的效果，如图 12-41 所示。在【描边方向】下拉列表中可以选择笔触的线条方向。

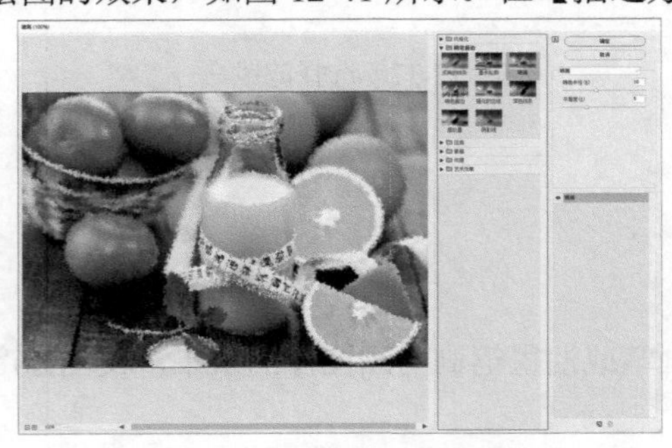

图 12-40 【喷溅】滤镜设置选项

图 12-41 【喷色描边】滤镜设置选项

5. 【强化的边缘】滤镜

【强化的边缘】滤镜可以对图像的边缘进行强化处理。设置高的边缘亮度值时，强化效果类似白色粉笔；设置低的边缘亮度值时，强化效果类似黑色油墨，如图 12-42 所示。

6. 【深色线条】滤镜

【深色线条】滤镜通过使用短而紧密的深色线条绘制图像中的暗部区域，用长的白色线条绘制图像中的亮部区域，从而产生一种强烈的反差效果，如图 12-43 所示。

图 12-42 【强化的边缘】滤镜设置选项

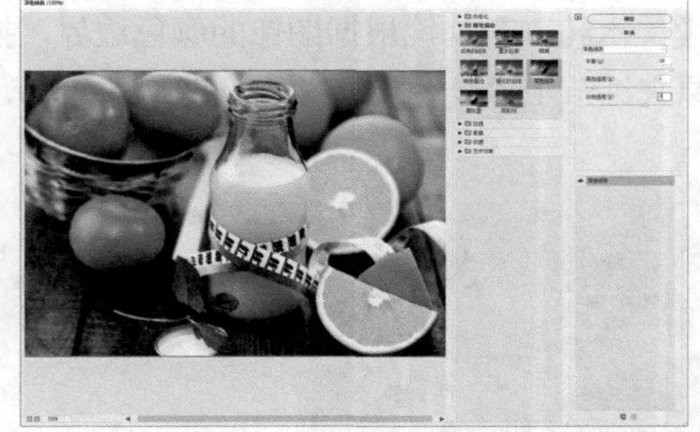

图 12-43 【深色线条】滤镜设置选项

7. 【烟灰墨】滤镜

【烟灰墨】滤镜和【深色线条】滤镜效果较为相似。该滤镜可以通过计算图像中像素值的分布，对图像进行概括性的描述，进而更加生动地表现出木炭或墨水被纸张吸收后的模糊效果，如图 12-44 所示。

8. 【阴影线】滤镜

【阴影线】滤镜可以保留原始图像的细节和特征，同时使用模拟的铅笔阴影线添加纹理，并使彩色区域的边缘变得粗糙，如图 12-45 所示。

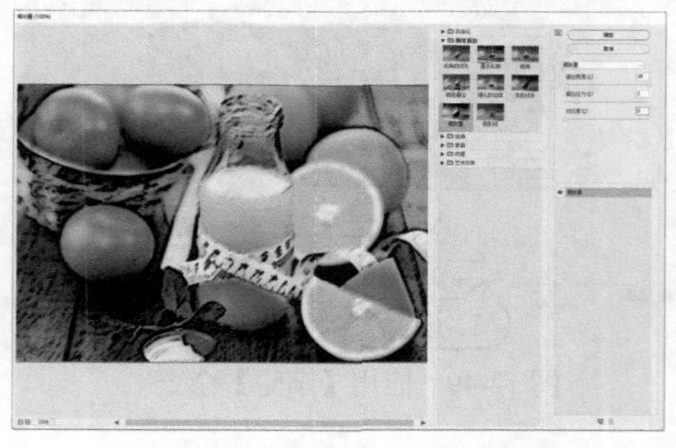

图 12-44　【烟灰墨】滤镜设置选项

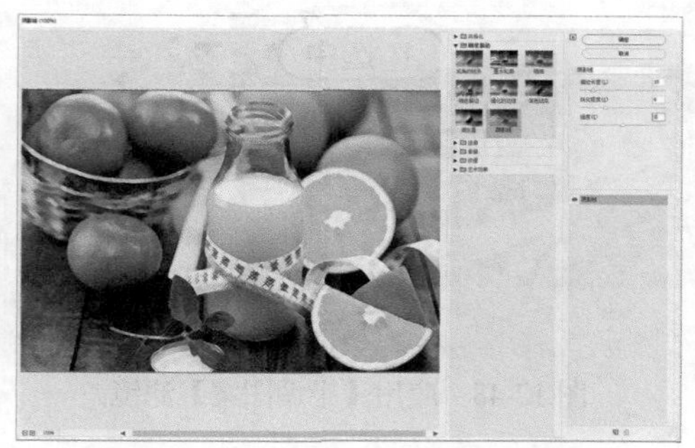

图 12-45　【阴影线】滤镜设置选项

## 12.3.3　【素描】滤镜组

【素描】滤镜组中的滤镜根据图像中色调的分布情况，使用前景色和背景色按特定的运算方式进行填充和添加纹理，使图像产生素描、速写和三维的艺术效果。

1. 【半调图案】滤镜

【半调图案】滤镜使用前景色和背景色将图像处理为带有圆形、网点或直线形状的半调网屏效果，如图 12-46 所示。

【例 12-9】使用【半调图案】滤镜制作图像抽丝效果。

(1) 选择【文件】|【打开】命令，选择打开一幅图像文档，并按 Ctrl+J 组合键复制【背景】图层。在【颜色】面板中，设置前景色颜色为 R:155 G:70 B:35，如图 12-47 所示。

图 12-46　【半调图案】滤镜设置选项

图 12-47　打开图像文件

(2) 选择【滤镜】|【滤镜库】命令，打开【滤镜库】对话框。在该对话框中，选中【素描】滤镜组的【半调图案】滤镜，在【图案类型】下拉列表中选择【直线】选项，设置【大小】数值为 1，【对比度】数值为 15，然后单击【确定】按钮，如图 12-48 所示。

(3) 选择【编辑】|【渐隐滤镜库】命令，打开【渐隐】对话框。在该对话框中，在【模式】

下拉列表中选择【浅色】选项，设置【不透明度】数值为 65%，然后单击【确定】按钮，如图 12-49 所示。

图 12-48 应用【半调图案】滤镜

图 12-49 应用【渐隐】命令

### 2. 【便条纸】滤镜

【便条纸】滤镜可以使图像产生类似浮雕的凹陷压印效果，其中前景色作为凹陷部分，而背景色作为凸出部分，如图 12-50 所示。

- 【图像平衡】文本框：用于设置高光区域和阴影区域相对面积的大小。
- 【粒度/凸现】文本框：用于设置图像中生成的颗粒的数量和显示程度。

### 3. 【粉笔和炭笔】滤镜

【粉笔和炭笔】滤镜可重绘高光和中间调，并使用粗糙粉笔绘制纯中间调的灰色背景。阴影区域用黑色对角炭笔线替换，炭笔用前景色绘制，粉笔用背景色绘制，如图 12-51 所示。

- 【炭笔区】/【粉笔区】文本框：用于设置炭笔区域和粉笔区域的范围。
- 【描边压力】文本框：用于设置画笔的压力。

图 12-50 应用【便条纸】滤镜

图 12-51 应用【粉笔和炭笔】滤镜

### 4. 【铬黄渐变】滤镜

【铬黄渐变】滤镜可以渲染图像，创建金属般效果。应用该滤镜后，可以使用【色阶】命令增加图像的对比度，使金属效果更加强烈，如图 12-52 所示。

- 【细节】文本框：设置图像细节的保留程度。
- 【平滑度】文本框：设置图像效果的光滑程度。

5. 【绘图笔】滤镜

【绘图笔】滤镜使用细的、线状的油墨描边来捕捉原图像画面中的细节。前景色作为油墨，背景色作为纸张，以替换原图像中的颜色，如图 12-53 所示。

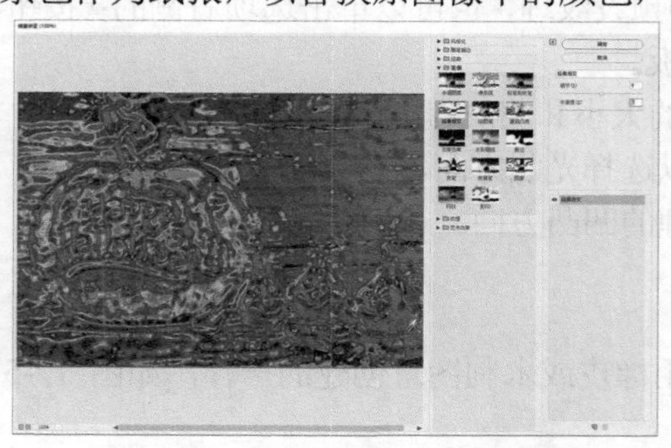

图 12-52　应用【铬黄渐变】滤镜

图 12-53　应用【绘图笔】滤镜

- 【描边长度】文本框：用于调节笔触在图像中的长短。
- 【明/暗平衡】文本框：用于调整图像前景色和背景色的比例。当该值为 0 时，图像被背景色填充；当该值为 100 时，图像被前景色填充。
- 【描边方向】下拉列表：用于选择笔触的方向。

6. 【撕边】滤镜

【撕边】滤镜可以重建图像，模拟由粗糙、撕破的纸片组成的效果，然后使用前景色与背景色为图像着色。对于文本或高对比度的对象，此滤镜尤其有用，如图 12-54 所示。

7. 【炭笔】滤镜

【炭笔】滤镜可以产生色调分离的涂抹效果。图像的主要边缘以粗线条绘制，而中间色调用对角描边进行素描。炭笔是前景色，背景色是纸张颜色，如图 12-55 所示。

图 12-54　应用【撕边】滤镜

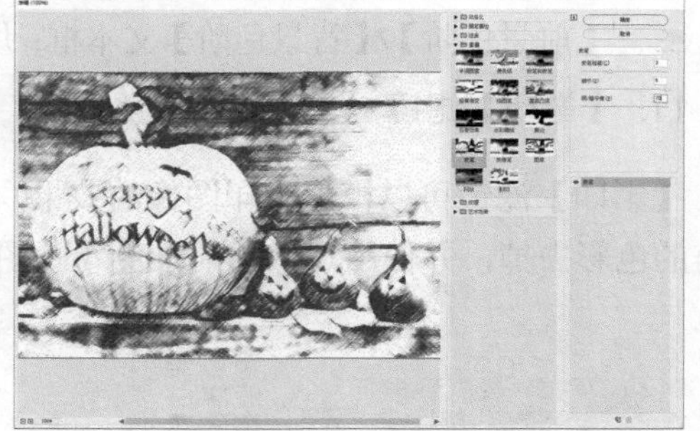

图 12-55　应用【炭笔】滤镜

8. 【炭精笔】滤镜

【炭精笔】滤镜可以在图像上模拟浓黑和纯白的炭精笔纹理，暗区使用前景色，亮区使用背景色，如图 12-56 所示。为了获得更逼真的效果，可以在应用滤镜之前将前景色改为常用的炭精笔颜色，如黑色、深褐色等。要获得减弱的效果，可以将背景色改为白色。在白色背景中

添加一些前景色，然后再应用滤镜。

- 【前景色阶】/【背景色阶】文本框：用来调节前景色和背景色的平衡关系，哪一个色阶的数值越高，它的颜色就越突出。
- 【纹理】选项：在下拉列表中可以选择一种预设纹理，也可以单击选项右侧的≡按钮，载入一个 PSD 格式文件作为产生纹理的模板。
- 【缩放】/【凸现】文本框：用来设置纹理的大小和凹凸程度。
- 【光照】选项：在该选项的下拉列表中可以选择光照方向。
- 【反相】复选框：选中该项，可以反转纹理的凹凸方向。

### 9. 【图章】滤镜

【图章】滤镜可以简化图像，使之看起来像是用橡皮或木制图章创建的一样，如图 12-57 所示。该滤镜用于黑白图像时效果最佳。

图 12-56　应用【炭精笔】滤镜

图 12-57　应用【图章】滤镜

### 10. 【网状】滤镜

【网状】滤镜使用前景色和背景色填充图像，在图像中产生一种网眼覆盖的效果，使图像的暗色调区域呈结块化，高光区域呈轻微颗粒化，如图 12-58 所示。

- 【浓度】文本框：用来设置图像中产生的网纹密度。
- 【前景色阶】/【背景色阶】文本框：用来设置图像中使用的前景色和背景色的色阶数。

### 11. 【影印】滤镜

【影印】滤镜可以模拟影印图像的效果，如图 12-59 所示。使用【影印】滤镜后会把图像之前的色彩去掉，并使用默认的前景色勾画图像轮廓边缘，而其余部分填充默认的背景色。

图 12-58　应用【网状】滤镜

图 12-59　应用【影印】滤镜

## 12.3.4　【纹理】滤镜组

【纹理】滤镜组中包含了 6 种滤镜，使用这些滤镜可以模拟具有深度感或物质感的外观。下面介绍几种常用的【纹理】滤镜效果

### 1. 【龟裂缝】滤镜

【龟裂缝】滤镜可以将图像绘制在凸现的石膏表面上，以循着图像等高线生成精细的网状裂缝，如图 12-60 所示。使用该滤镜可以对包含多种颜色值或灰度值的图像创建浮雕效果。

### 2. 【颗粒】滤镜

【颗粒】滤镜可以使用常规、软化、喷洒、结块、斑点等不同种类的颗粒在图像中添加纹理，如图 12-61 所示。

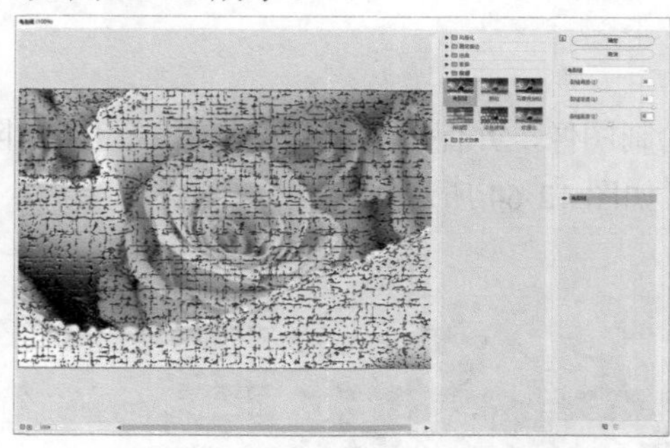

图 12-60　应用【龟裂缝】滤镜

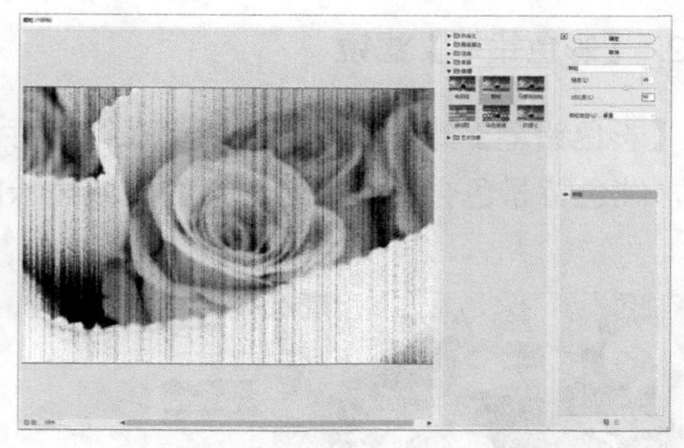

图 12-61　应用【颗粒】滤镜

- 【强度】文本框：用于设置颗粒密度，其取值范围为 0~100。该值越大，图像中的颗粒越多。
- 【对比度】文本框：用于调整颗粒的明暗对比度，其取值范围为 0~100。
- 【颗粒类型】下拉列表框：用于设置颗粒的类型，包括【常规】、【柔和】和【喷洒】等 10 种类型。

### 3. 【纹理化】滤镜

【纹理化】滤镜可以生成各种纹理，在图像中添加纹理质感，可选择的纹理包括砖形、粗麻布、画布和砂岩，也可以载入一个 PSD 格式的文件作为纹理文件，如图 12-62 所示。

图 12-62　应用【纹理化】滤镜

**知识点**

【纹理】下拉列表：提供了【砖形】、【粗麻布】、【画布】和【砂岩】4 种纹理类型。另外，用户还可以选择【载入纹理】选项来装载自定义的以 PSD 文件格式存放的纹理模板。

计算机基础与实训教材系列

- 【缩放】文本框：用于调整纹理的尺寸大小。该值越大，纹理效果越明显。
- 【凸现】文本框：用于调整纹理的深度。该值越大，图像的纹理深度越深。
- 【光照】下拉列表：提供了 8 种方向的光照效果。

## 12.3.5 【艺术效果】滤镜组

【艺术效果】滤镜组可以将图像变为传统介质上的绘画效果，利用这些命令可以使图像产生不同风格的艺术效果。

### 1. 【壁画】滤镜

【壁画】滤镜使用短而圆的，粗犷涂抹的小块颜料，使图像产生类似壁画般的效果，如图 12-63 所示。

### 2. 【彩色铅笔】滤镜

【彩色铅笔】滤镜使用彩色铅笔在纯色背景上绘制图像，并保留重要边缘，外观呈粗糙阴影线，纯色背景色会透过比较平滑的区域显示出来，如图 12-64 所示。

图 12-63 应用【壁画】滤镜

图 12-64 应用【彩色铅笔】滤镜

- 【铅笔宽度】文本框：用来设置铅笔线条的宽度，该值越高，铅笔线条越粗。
- 【描边压力】文本框：用来设置铅笔的压力效果，该值越高，线条越粗犷。
- 【纸张亮度】文本框：用来设置画质纸色的明暗程度，该值越高，纸的颜色越接近背景色。

### 3. 【粗糙蜡笔】滤镜

【粗糙蜡笔】滤镜可以使图像产生类似蜡笔在纹理背景上绘图产生的一种纹理效果，如图 12-65 所示。

**知识点**

【底纹效果】滤镜可以在带纹理的背景上绘制图像，然后将最终图像绘制在该背景上。它的【纹理】选项与【粗糙蜡笔】滤镜相应选项的作用相同，即：根据所选的纹理类型使图像产生相应的底纹效果。

4. 【干画笔】滤镜

【干画笔】滤镜可以模拟干画笔技术绘制图像，通过减少图像的颜色来简化图像的细节，使图像产生一种不饱和、不湿润的油画效果，如图 12-66 所示。

图 12-65 应用【粗糙蜡笔】滤镜

图 12-66 应用【干画笔】滤镜

5. 【海报边缘】滤镜

【海报边缘】滤镜可以按照设置的选项自动跟踪的图像中颜色变化剧烈的区域，在边界上填入黑色的阴影，大而宽的区域有简单的阴影，而细小的深色细节遍布图像，使图像产生海报效果，如图 12-67 所示。该滤镜作用是增加图像对比度并沿边缘的细微层次加上黑色，能够产生具有招贴画边缘效果的图像。

- 【边缘厚度】文本框：用于调节图像的黑色边缘的宽度。该值越大，边缘轮廓越宽。
- 【边缘强度】文本框：用于调节图像边缘的明暗程度。该值越大，边缘越黑。
- 【海报化】文本框：用于调节颜色在图像上的渲染效果。该值越大，海报效果越明显。

6. 【海绵】滤镜

【海绵】滤镜用颜色对比强烈、纹理较重的区域创建图像，可以使图像产生类似海绵浸湿的图像效果，如图 12-68 所示。

- 【画笔大小】文本框：用来设置模拟海绵的画笔大小。
- 【清晰度】文本框：调整海绵上气孔的大小，该值越高，气孔的印记越清晰。
- 【平滑度】文本框：可模拟海绵画笔的压力，该值越高，画面的浸湿感越强，图像越柔和。

图 12-67 应用【海报边缘】滤镜

图 12-68 应用【海绵】滤镜

7. 【绘画涂抹】滤镜

【绘画涂抹】滤镜可以使用【简单】、【未处理光照】、【宽锐化】、【宽模糊】和【火花】等软件预设的不同类型的画笔样式创建绘画效果，如图 12-69 所示。

8. 【胶片颗粒】滤镜

【胶片颗粒】滤镜能够在图像上添加杂色的同时，调亮并强调图像的局部像素，产生一种类似胶片颗粒的纹理效果，如图 12-70 所示。

图 12-69 应用【绘画涂抹】滤镜

图 12-70 应用【胶片颗粒】滤镜

9.【木刻】滤镜

【木刻】滤镜可以利用版画和雕刻原理，将图像处理成由粗糙剪切彩纸组成的高对比度图像，产生剪纸、木刻的艺术效果，如图 12-71 所示。

- 【色阶数】文本框：用于设置图像中色彩的层次。该值越大，图像的色彩层次越丰富。
- 【边缘简化度】文本框：用于设置图像边缘的简化程度。
- 【边缘逼真度】文本框：用于设置产生痕迹的精确度。该值越小，图像痕迹越明显。

10. 【水彩】滤镜

【水彩】滤镜能够以水彩的风格绘制图像，同时简化颜色，进而产生水彩画的效果，如图 12-72 所示。

图 12-71 应用【木刻】滤镜

图 12-72 应用【水彩】滤镜

11. 【调色刀】滤镜

【调色刀】滤镜可以减少图像的细节，并显示出下面的纹理效果，如图 12-73 所示。

12. 【涂抹棒】滤镜

【涂抹棒】滤镜可以使图像产生一种涂抹、晕开的效果。它使用较短的对角线来涂抹图像的较暗区域，较亮的区域变得更明亮并丢失细节，如图 12-74 所示。

图 12-73　应用【调色刀】滤镜

图 12-74　应用【涂抹棒】滤镜

## 12.4 【模糊】滤镜组

【模糊】滤镜组中的滤镜多用于不同程度地减少图像相邻像素间的颜色差异，使该图像产生柔和、模糊的效果。

### 12.4.1 【动感模糊】滤镜

【动感模糊】滤镜可以对图像像素进行线性位移操作，从而产生沿某一方向运动的模糊效果，使静态图像产生动态效果，如图 12-75 所示。

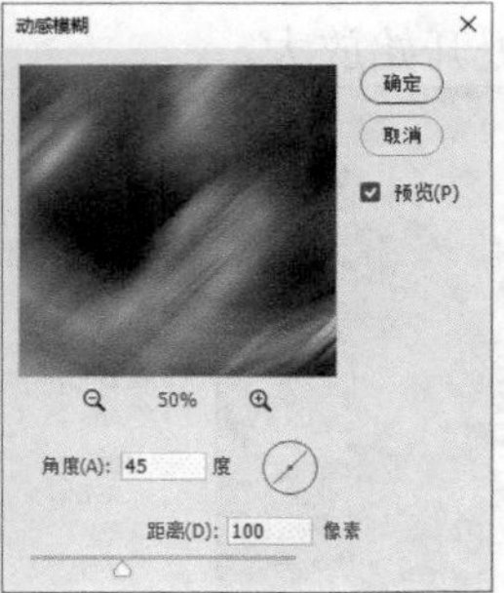



图 12-75　应用【动感模糊】滤镜

### 12.4.2 【高斯模糊】滤镜

【高斯模糊】滤镜可以将图像以高斯曲线的形式对图像进行选择性的模糊，产生一种朦胧效果，如图 12-76 所示。通过调整对话框中的【半径】值可以设置模糊的范围，它以像素为单位，数值越高，模糊效果越强烈。

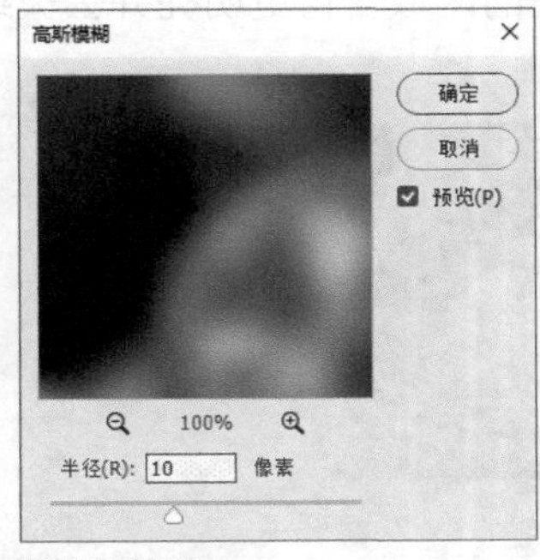


图 12-76　应用【高斯模糊】滤镜



**知识点**

【模糊】和【进一步模糊】滤镜都可以对图像进行自动模糊处理。【模糊】滤镜利用相邻像素的平均值来代替相似的图像区域，从而达到柔化图像边缘的效果；【进一步模糊】滤镜比【模糊】滤镜效果更加明显。这两个滤镜都没有参数设置对话框，如果想加强图像的模糊效果，可以多次使用。

### 12.4.3 【径向模糊】滤镜

【径向模糊】滤镜可以产生具有辐射性的模糊效果，模拟相机前后移动或旋转产生的模糊效果，如图 12-77 所示。在【径向模糊】对话框中的【模糊方法】选项组中选中【旋转】单选按钮时，产生旋转模糊效果；选中【缩放】单选按钮时，产生放射模糊效果，该模糊的图像从模糊中心处开始放大。

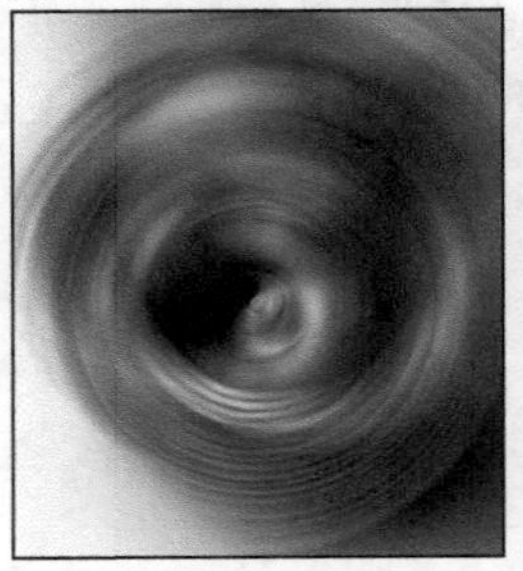
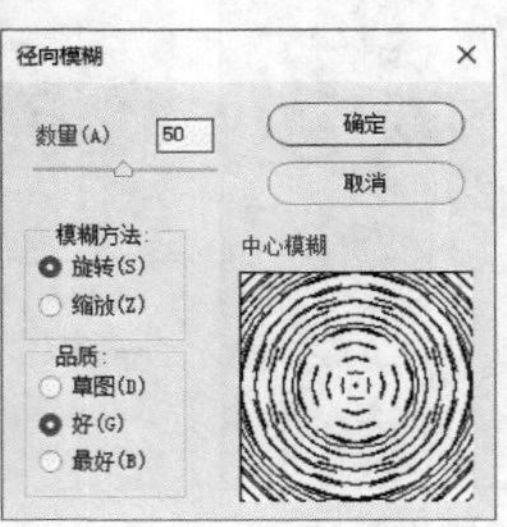

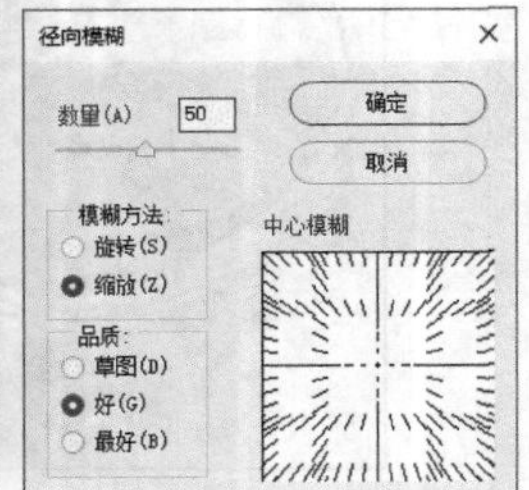


图 12-77　应用【径向模糊】滤镜

# 12.5 【扭曲】滤镜组

【扭曲】滤镜组中的滤镜可以对图像进行扭曲，使其产生旋转、挤压和水波等变形效果。在处理图像时，这些滤镜会占用大量内存，如果文件较大，可以先在小尺寸的图像上试验。

## 12.5.1 【波浪】滤镜

【波浪】滤镜可以根据用户设置的不同波长和波幅产生不同的波纹效果，如图 12-78 所示。

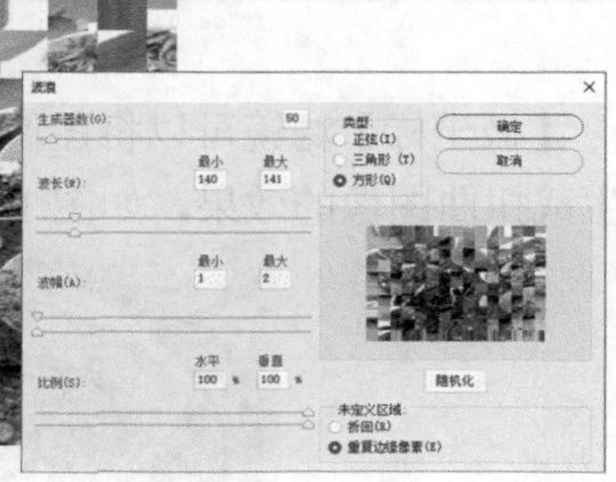


图 12-78　应用【波浪】滤镜

- 【生成器数】文本框：用于设置产生波浪的波源数目。
- 【波长】文本框：用于控制波峰间距。有【最小】和【最大】两个参数，分别表示最短波长和最长波长，最短波长值不能超过最长波长值。
- 【波幅】文本框：用于设置波动幅度，有【最小】和【最大】两个参数，表示最小波幅和最大波幅，最小波幅不能超过最大波幅。
- 【比例】文本框：用于调整水平和垂直方向的波动幅度。
- 【类型】控制面板：用于设置波动类型，有【正弦】、【三角形】和【方形】3 种类型。
- 【随机化】按钮：单击该按钮，可以随机改变图像的波动效果。
- 【未定义区域】：用来设置如何处理图像中出现的空白区域，选中【折回】单选按钮，可在空白区域填入溢出的内容；选中【重复边缘像素】单选按钮，可填入扭曲边缘的像素颜色。

## 12.5.2 【波纹】滤镜

【波纹】滤镜与【波浪】滤镜的工作方式相同，但提供的选项较少，只能控制波纹的数量和波纹大小，如图 12-79 所示。

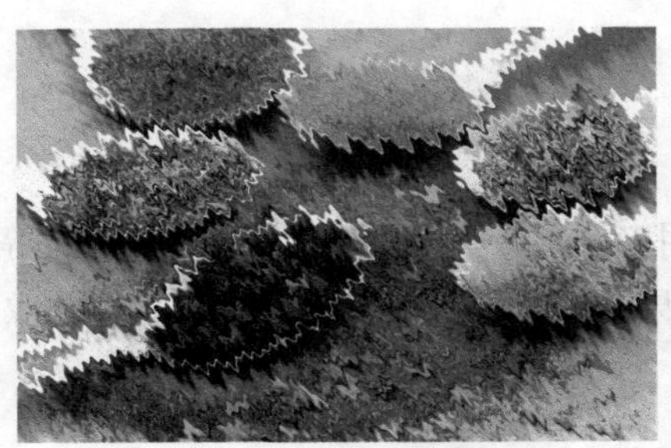
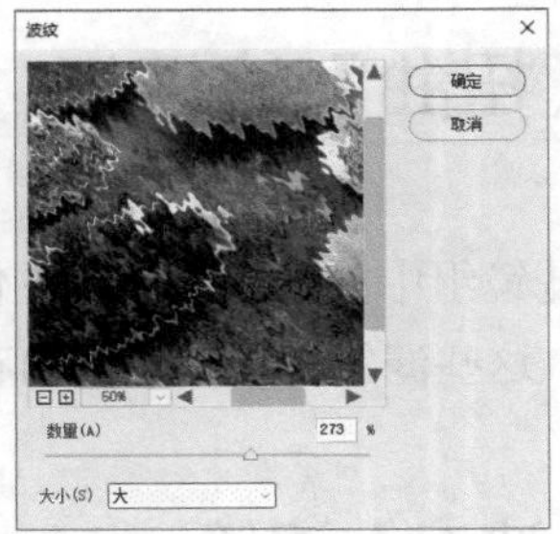

图 12-79 应用【波纹】滤镜

## 12.5.3 【极坐标】滤镜

【极坐标】滤镜可以将图像从平面坐标转换到极坐标，或将图像从极坐标转换为平面坐标以生成扭曲图像的效果，如图 12-80 所示。

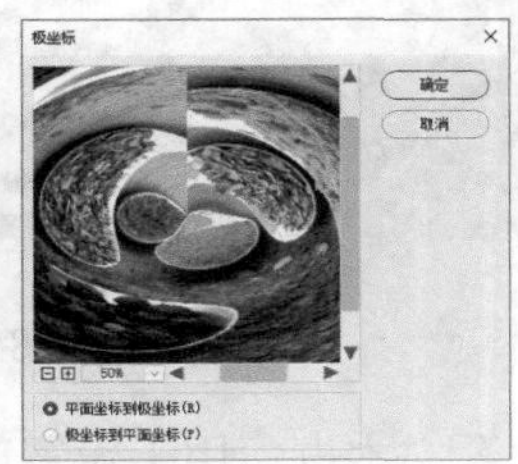

图 12-80 应用【极坐标】滤镜

## 12.5.4 【水波】滤镜

【水波】滤镜可根据选区中像素的半径将选区径向扭曲，制作出类似涟漪的图像变形效果，如图 12-81 所示。在该滤镜的对话框中通过设置【起伏】选项，可控制水波方向从选区的中心到边缘的反转次数。

## 12.5.5 【旋转扭曲】滤镜

【旋转扭曲】滤镜可以使图像产生旋转的效果，如图 12-82 所示。旋转会围绕图像的中心进行，且中心的旋转程度比边缘的旋转程度大。另外，在【旋转扭曲】对话框中设置【角度】为正值时，图像以顺时针旋转；设置【角度】为负值时，图像沿逆时针旋转。

图 12-81　应用【水波】滤镜

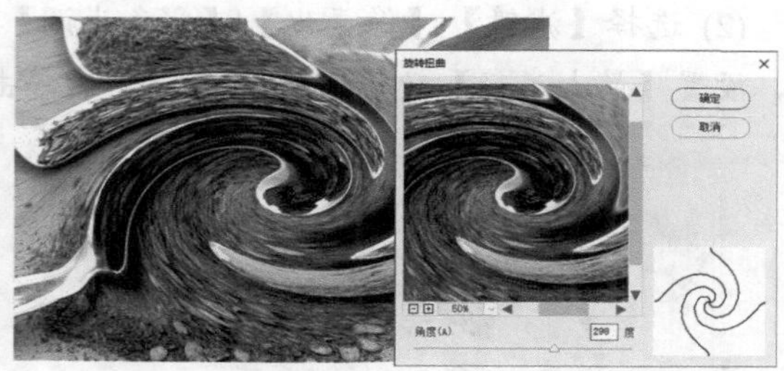

图 12-82　应用【旋转扭曲】滤镜

## 12.5.6　【玻璃】滤镜

【玻璃】滤镜可以制作细小的纹理，使图像看起来像是透过不同类型玻璃观察的效果，如图 12-83 所示。

## 12.5.7　【海洋波纹】滤镜

【海洋波纹】滤镜可以将随机分隔的波纹添加到图像表面，它产生的波纹细小，边缘有较多抖动，图像画面看起来像是在水下面，如图 12-84 所示。

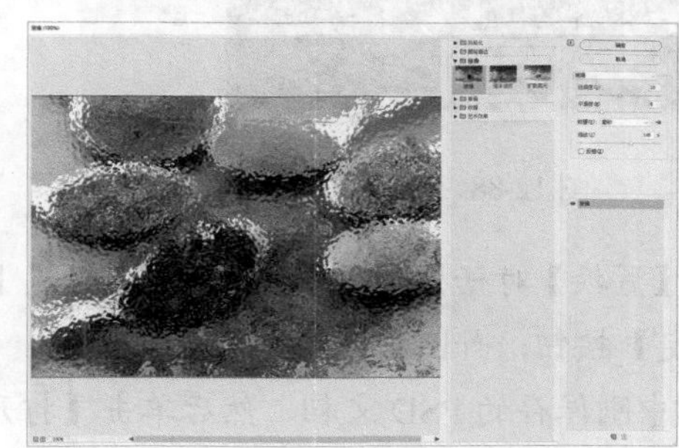

图 12-83　应用【玻璃】滤镜

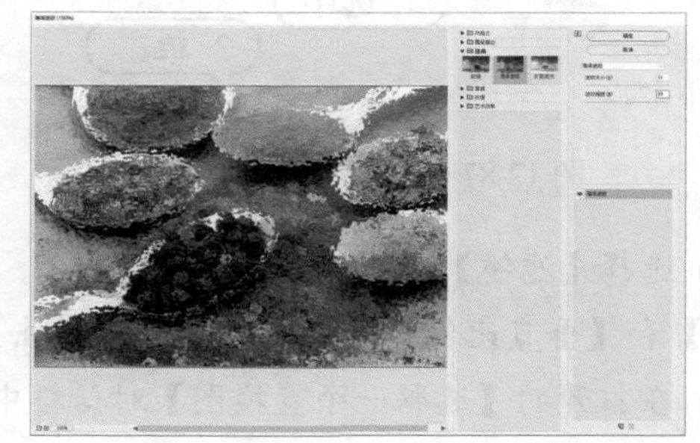

图 12-84　应用【海洋波纹】滤镜

## 12.5.8　【置换】滤镜

【置换】滤镜可以指定一个图像，并使用该图像的颜色、形状和纹理等来确定当前图像中的扭曲方式，最终使两幅图像交错组合在一起，产生位移扭曲效果。这里的另一幅图像被称为置换图，而且置换图的格式必须是 PSD 格式。

【例 12-10】使用【置换】滤镜制作图像艺术效果。

(1) 在 Photoshop 中，选择【文件】|【打开】命令，选择打开一幅图像文档，并按 Ctrl+J 组合键复制【背景】图层，如图 12-85 所示。

(2) 选择【滤镜】|【像素化】|【彩色半调】命令，打开【彩色半调】对话框。在该对话框中，设置【最大半径】数值为 10 像素，然后单击【确定】按钮，如图 12-86 所示。

图 12-85　打开图像文件

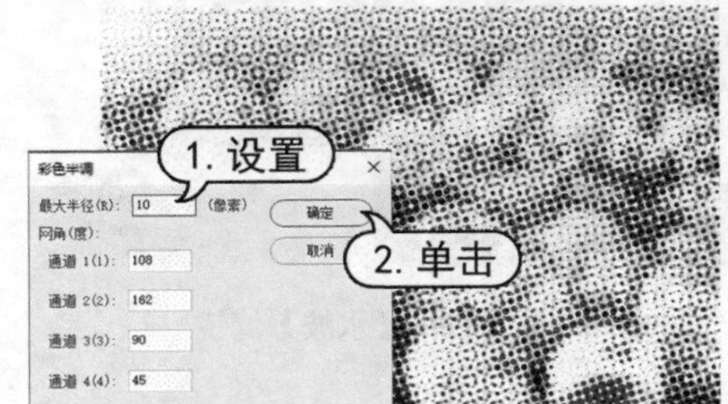

图 12-86　应用【彩色半调】滤镜

(3) 选择【文件】|【存储为】命令，打开【另存为】对话框。在该对话框的【保存类型】下拉列表中选择*.PSD 格式，然后单击【保存】按钮，如图 12-87 所示。

(4) 选择【文件】|【打开】命令，选择打开另一幅图像文档，并按 Ctrl+J 组合键复制【背景】图层，如图 12-88 所示。

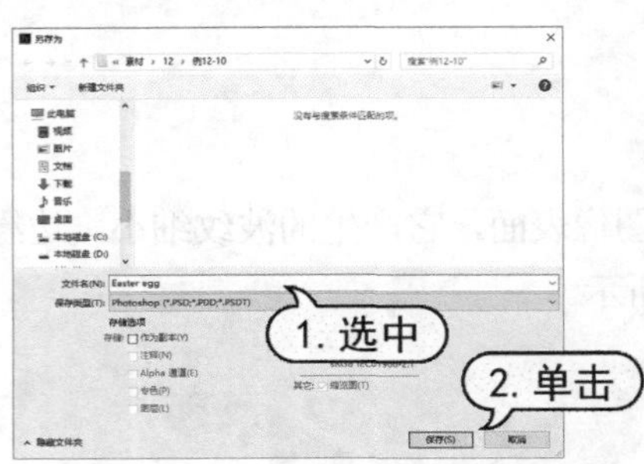

图 12-87　存储图像文件

图 12-88　打开图像文件

(5) 选择【滤镜】|【扭曲】|【置换】命令，打开【置换】对话框。在该对话框中，设置【水平比例】和【垂直比例】数值为 10，然后单击【确定】按钮，如图 12-89 所示。

(6) 在打开的【选取一个置换图】对话框中，选中刚保存的 PSD 文档，然后单击【打开】按钮即可创建图像效果，如图 12-90 所示。

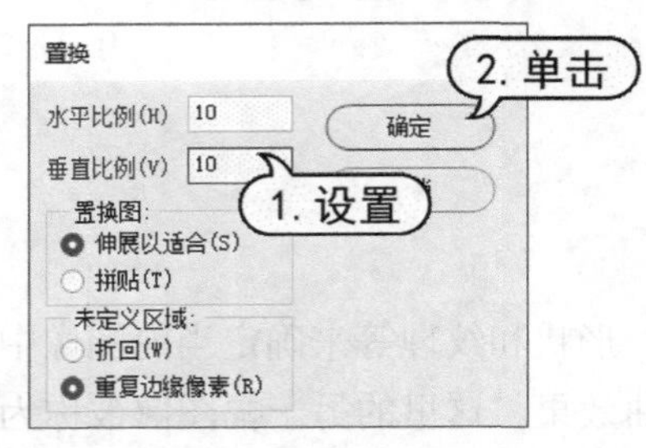

图 12-89　应用【置换】滤镜

图 12-90　选择置换图

## 12.5.9　【扩散亮光】滤镜

【扩散亮光】滤镜可以在图像中添加白色杂色，并从图像中心向外渐隐亮光，使其产生一种光芒漫射的效果，如图 12-91 所示。

图 12-91 应用【扩散亮光】滤镜

> **知识点**
>
> 【粒度】选项用来设置在图像中添加的颗粒的密度。【发光量】选项用来设置图像中生成的辉光的强度。【清除数量】选项用来限制图像中受到滤镜影响的范围。该值越高，滤镜影响的范围就越小。

# 12.6　【锐化】滤镜组

【锐化】滤镜组中的滤镜主要通过增强图像相邻像素间的对比度，使图像轮廓分明、纹理清晰，从而减弱图像的模糊程度。

## 12.6.1　【USM 锐化】滤镜

【USM 锐化】滤镜是通过锐化图像的轮廓，使图像的不同颜色之间生成明显的分界线，从而达到图像清晰化的目的，如图 12-92 所示。在该滤镜参数设置对话框中，用户可以设定锐化的程度。

图 12-92　【USM 锐化】滤镜

> **知识点**
>
> 【锐化边缘】滤镜同【USM 锐化】滤镜类似，但它没有参数设置对话框，且仅锐化图像的边缘轮廓，使不同颜色的分界更为明显，从而得到较清晰的图像效果，而且不会影响图像的细节。

- 【数量】文本框：设置锐化效果的强度。该值越高，锐化效果越明显。
- 【半径】文本框：设置锐化的范围。
- 【阈值】文本框：只有相邻像素间的差值达到该值所设定的范围时才会被锐化。该值越高，被锐化的像素就越少。

## 12.6.2 【智能锐化】滤镜

【智能锐化】滤镜具有【USM 锐化】滤镜所没有的锐化控制功能。在该滤镜对话框中可以设置锐化算法，或控制在阴影和高光区域中进行的锐化量，如图 12-93 所示。在进行操作时，可将文档窗口缩放到 100%，以便精确地查看锐化效果。

- 【数量】数值框：用来设置锐化数量，较高的值可以增强边缘像素之间的对比度，使图像看起来更加锐利。
- 【半径】数值框：用来确定受锐化影响的边缘像素的数量，该值越高，受影响的边缘就越宽，锐化的效果也就越明显。
- 【减少杂色】数值框：用来控制图像的杂色量，该值越高，画面效果越平滑，杂色越少。
- 【移去】下拉列表：在该选项下拉列表中可以选择锐化算法。选择【高斯模糊】，可使用【USM 锐化】滤镜的方法进行锐化；选择【镜头模糊】，可检测图像中的边缘和细节，并对细节进行更精确的锐化，减少锐化的光晕；选择【动感模糊】，可通过设置【角度】来减少由于相机或主体移动而导致的模糊。

在【智能锐化】对话框的下方单击【阴影/高光】选项右侧的 › 图标，将显示【阴影】/【高光】参数设置选项，如图 12-94 所示。在对话框中可分别调和阴影和高光区域的锐化强度。

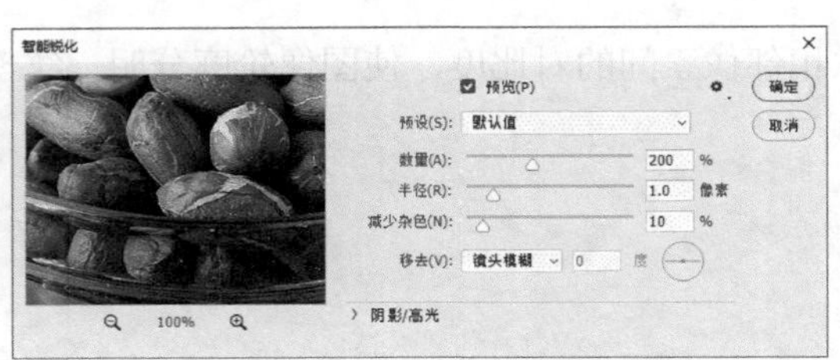


图 12-93 【智能锐化】对话框

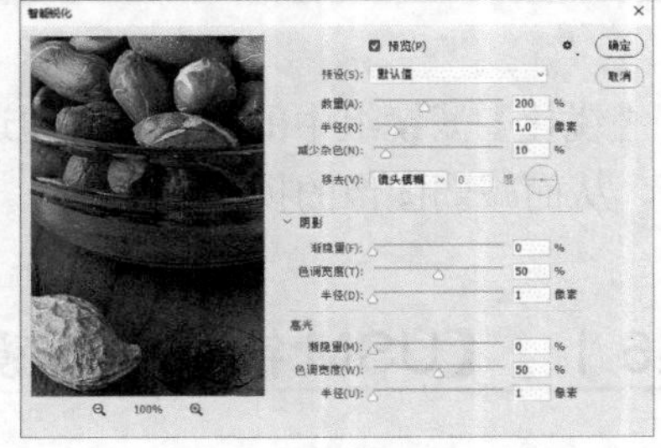

图 12-94 展开【阴影】/【高光】参数设置

- 【渐隐量】文本框：用来设置阴影或高光中的锐化量。
- 【色调宽度】文本框：用来设置阴影或高光中色调的修改范围的宽度。
- 【半径】文本框：用来控制每个像素周围的区域大小，它决定了像素是在阴影还是在高光中。向左移动滑块会指定较小的区域，向右移动滑块会指定较大的区域。

## 12.7 【像素化】滤镜组

【像素化】滤镜组中的滤镜通过将图像中相似颜色值的像素转化成单元格的方法，使图像分块或平面化，从而创建彩块、点状、晶格和马赛克等特殊效果。【像素化】滤镜组中包括【彩色半调】、【点状化】、【晶格化】、【碎片】和【铜板雕刻】等滤镜。

## 12.7.1　【彩色半调】滤镜

【彩色半调】滤镜可以将图像中的每种颜色分离，分散为随机分布的网点，如同点状绘画效果，将一幅连续色调的图像转变为半色调的图像，可以使图像看起来类似印刷效果，如图 12-95 所示。

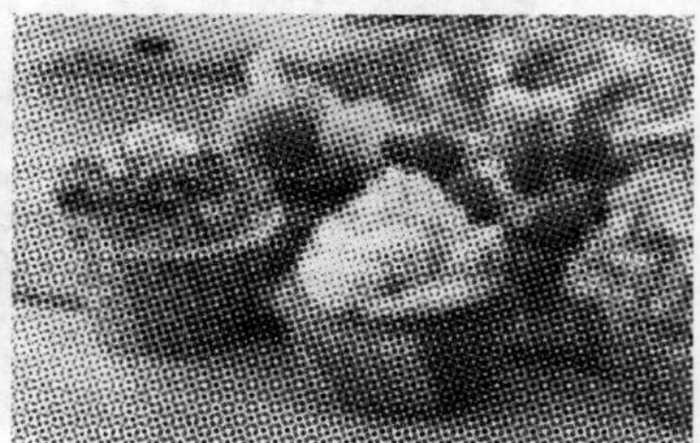

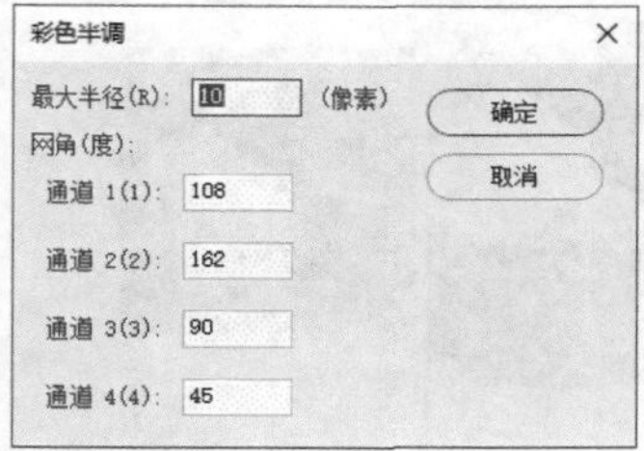


图 12-95　应用【彩色半调】滤镜

- 【最大半径】数值框：用来设置生成的最大网点的半径。
- 【网角(度)】数值框：用来设置图像各个原色通道的网点角度。如果图像为灰度模式，只能使用【通道 1】；图像为 RGB 模式，可以使用三个通道；图像为 CMYK 模式，可以使用所有通道。当各个通道中的网角设置的数值相同时，生成的网点会重叠显示出来。

## 12.7.2　【点状化】滤镜

【点状化】滤镜可以将图像中的颜色分散为随机分布的网点，如同点彩绘画效果，背景色将作为网点之间的画布区域，如图 12-96 所示。

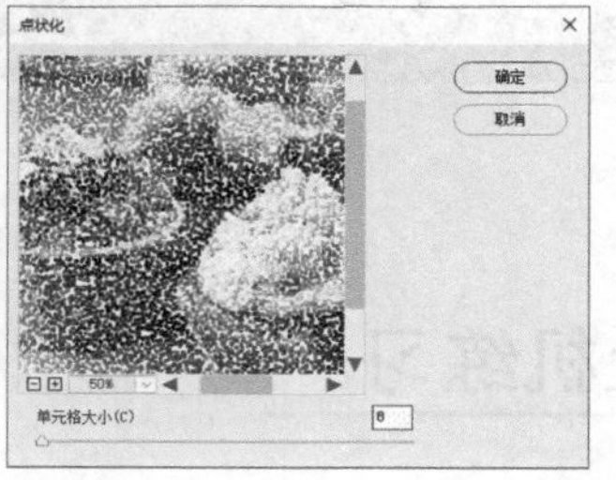


图 12-96　应用【点状化】滤镜

## 12.7.3　【晶格化】滤镜

【晶格化】滤镜可以使图像中相近的像素集中到一个多边形色块中，从而把图像分割成许多个多边形的小色块，产生类似结晶的颗粒效果，如图 12-97 所示。

## 12.7.4 【碎片】滤镜

【碎片】滤镜可以把图像的像素进行 4 次复制，然后将复制的像素等距位移并降低不透明度，从而形成一种不聚焦的重影效果。该滤镜没有参数设置对话框，如图 12-98 所示。

图 12-97 应用【晶格化】滤镜

图 12-98 应用【碎片】滤镜

## 12.7.5 【铜版雕刻】滤镜

【铜版雕刻】滤镜可以在图像中随机生成各种不规则的直线、曲线和斑点，使图像产生金属般效果。在【类型】下拉列表中可以选择一种网点图案，如图 12-99 所示。

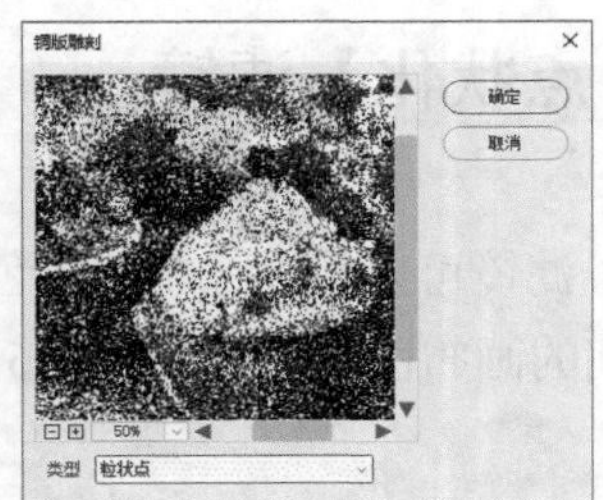

图 12-99 【铜版雕刻】滤镜

## 12.8 上机练习

本章的上机练习通过制作黑白水墨画效果的综合实例操作，使用户通过练习从而巩固本章所学知识。

(1) 在 Photoshop 中，选择【文件】|【打开】命令，选择打开一幅图像文档，并按 Ctrl+J 组合键复制【背景】图层，如图 12-100 所示。

(2) 选择【图像】|【调整】|【黑白】命令，打开【黑白】对话框。在该对话框中，设置【蓝色】数值为-130%，【绿色】数值为 264%，然后单击【确定】按钮，如图 12-101 所示。

图 12-100　打开图像文件

图 12-101　打开【黑白】对话框

(3) 选择【选择】|【色彩范围】命令，打开【色彩范围】对话框。在该对话框中，设置【颜色容差】数值为 60，再使用吸管工具在背景区域单击，然后单击【确定】按钮关闭对话框，创建选区，如图 12-103 所示。

(4) 选择【图像】|【调整】|【反相】命令，然后按 Ctrl+D 组合键取消选区，如图 12-104 所示。

(5) 按 Ctrl+J 组合键两次将当前图层复制两层，并设置最上面的图层混合模式为【颜色减淡】，如图 12-105 所示。

图 12-103　创建选区

图 12-104　使用【反相】命令

(6) 按 Ctrl+I 组合键反相图像，选择【滤镜】|【其它】|【最小值】命令，打开【最小值】对话框。在该对话框中，设置【半径】数值为 1 像素，然后单击【确定】按钮，如图 12-106 所示。

图 12-105　设置图层

图 12-106　使用【最小值】滤镜

(7) 按 Ctrl+E 组合键向下合并一层，关闭【图层 1 拷贝】图层视图，再选中【图层 1】图层。选择【滤镜】|【滤镜库】命令，在打开的对话框中选中【画笔描边】滤镜组中的【喷溅】滤镜，设置【喷溅半径】数值为 7，【平滑度】数值为 4，然后单击【确定】按钮，如图 12-107 所示。

(8) 打开【图层 1 拷贝】图层视图，设置图层混合模式为【线性加深】，如图 12-108 所示。

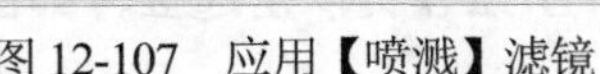
图 12-107　应用【喷溅】滤镜

图 12-108　设置图层

(9) 按 Shift+Ctrl+Alt+E 组合键盖印图层，生成【图层 2】。选择【滤镜】|【滤镜库】命令，在打开的对话框中选中【纹理】滤镜组中的【纹理化】滤镜，设置【缩放】数值为 90%，【凸现】数值为 5，在【光照】下拉列表中选择【右下】选项，然后单击【确定】按钮，如图 12-109 所示。

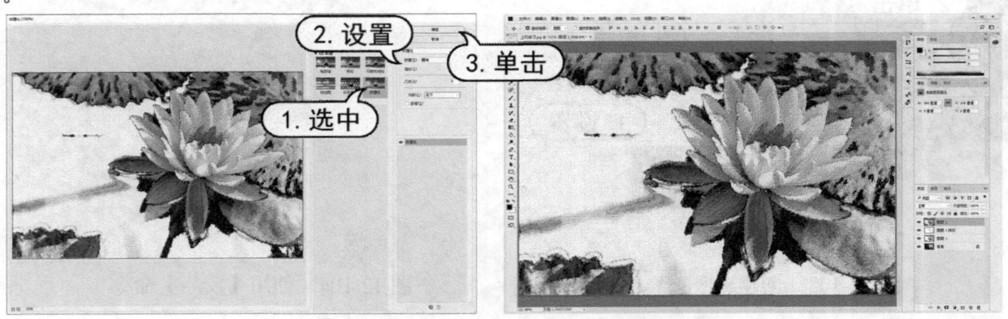


图 12-109　应用【纹理化】滤镜

## 12.9　习题

1. 打开图像文件，使用【镜头校正】滤镜调整图像，如图 12-110 所示。
2. 打开图像文件，使用【颗粒】滤镜添加纹理效果，如图 12-111 所示。

图 12-110　使用【镜头校正】滤镜

图 12-111　使用【颗粒】滤镜